Neredeyse
Her Şeyin Kökeni

Graham Lawton

Imperial College'ın Biyokimya Bölümü'nden mezun olduktan sonra yine aynı üniversitede bilim iletişimi yüksek lisansını tamamlayan Graham Lawton, *New Scientist* dergisine girmiş ve 21. yüzyılın neredeyse tamamını bu dergide, önce sorumlu yazı işleri müdürü, ardından günümüze kadar genel yayın yönetmeni olarak çalışarak geçirmiştir. Yazdığı ve yayıma hazırladığı eserlerle pek çok ödül kazanmıştır.

Jennifer Daniel

New York Times ve *New Yorker*'a düzenli olarak katkıda bulunan Jennifer Daniel, çeşitli yayıncılar için animasyonlar ve illüstrasyonlar yapmaktadır. *New York Times*'ın eski grafik editörü olan ve halen Google'ın kreatif direktörlüğünü yürüten Daniel, görsel hikâyecilik alanındaki çalışmaları dolayısıyla pek çok prestijli ödüle layık görülmüştür.

Neredeyse Her Şeyin Kökeni

New Scientist

Metin
Graham Lawton

Çizimler
Jennifer Daniel

Çeviren
Yonca Aşçı Dalar

İçindekiler

Giriş

Profesör Stephen Hawking

Varoluş: Biz Nereden Geldik?

Neden buradayız? Nereden geldik? Orta Afrika'da yaşayan Boshongo halkına göre, bizden önce yalnızca karanlık, su ve Büyük Tanrı Bumba vardı. Bir gün, şiddetli bir mide sancısıyla kıvranan Bumba, Güneş'i kustu. Güneş suyun bir kısmını buharlaştırınca kara göründü. Sancısı hâlâ dinmemiş olan Bumba'nın midesinden sırasıyla Ay, yıldızlar, leopar, timsah, kaplumbağa ve en sonunda insanlar çıktı.

Bu yaratılış efsanesi de, diğer birçokları gibi, bugün hâlâ kendi kendimize sorduğumuz sorulara yanıt aramaktadır. Neyse ki günümüzde artık, ilerleyen sayfalarda göreceğimiz gibi, bize yanıtlar veren bir araca sahibiz: bilim.

Varoluşun bu gizemleriyle ilgili ilk bilimsel kanıt, Edwin Hubble'ın 1920'lerde, California'daki Wilson Dağı'nın zirvesine yerleştirdiği teleskopla gözlemler yapmaya başlamasıyla elde edildi. Hubble, neredeyse bütün gökadaların bizden uzaklaştığını fark etmişti. En hızlı uzaklaşanlar da en uzaktaki gökadalardı. Evrenin genişlemesi, bütün zamanların en önemli keşiflerinden biri oldu.

Bu keşif, evrenin bir başlangıcı olup olmadığı konusundaki tartışmanın yönünü değiştirdi. Eğer gökadalar şu anda birbirlerinden uzaklaşıyorlarsa, geçmişte daha yakın olmuş olmalıydılar. Eğer hızları sabit idiyse, hepsi milyarlarca yıl önce birbirlerinin üstüne binmiş olmalıydı. Evrenin başlangıcı böyle miydi?

O dönemde birçok bilim insanı evrenin bir başlangıcı olması fikrinden hiç de memnun kalmadı, çünkü bu, fizik biliminin çökmesi demekti. Evrenin nasıl oluştuğu tanımlanırken, bir dış aracının –ki en kolayı bu dış aracının Tanrı olarak adlandırılmasıydı– devreye girdiği söylendi. Böylece kuramlar, evrenin hâlâ genişlemekte olduğu ama bir başlangıcının olmadığı şeklinde geliştirildi.

Söz konusu kuramların belki de en ünlüsü 1948'de ortaya atıldı. "Durağan Hal Kuramı" adı verilen bu kuram, evrenin ezelden beri var olduğunu ve hep aynı göründüğünü öne sürüyordu. Bu ikinci özelliğin en iyi yönüyse, bilimsel yöntemin en önemli bileşeni olan "test edilmeye" açık oluşuydu. Yapılan testlerse, bunun doğru olmadığını ortaya koydu.

Evrenin başlangıçta çok yoğun olduğu fikrini doğrulayan gözlemsel kanıtlara, Ekim 1965'te, uzay genelinde zayıf artalan mikrodalgaların keşfiyle ulaşıldı. En mantıklı açıklama, bu "kozmik mikrodalga artalan ışımasının" daha önce var olan sıcak ve yoğun bir durumdan artakalan ışıma olmasıydı. Evren genişledikçe, ışıma da bugün gözlemlediğimiz kalıntı haline gelene kadar soğumuştu.

Bu fikir çok geçmeden bir kuramla desteklendi. Oxford Üniversitesi'nden Roger Penrose ile birlikte, eğer Einstein'ın genel görelilik kuramı doğruysa, zamanın başlangıcında sonsuz yoğunlukta bir uzay-zaman eğriliği noktası, bir tekillik olması gerektiğini gösterdik.

Evren, Büyük Patlama (Big Bang) ile başladı ve hızla genişledi. "Enflasyon" (şişme) adı verilen bu genişleme inanılmaz bir hıza sahipti; evren, saniyenin küçücük bir bölümünde defalarca ikiye katlanarak genişledi.

Enflasyon, evreni çok büyük, çok düzgün ve çok düz bir hale getirdi. Bununla birlikte, tamamen düzgün de sayılmazdı; şurada burada hafif varyasyonlar gösteriyordu. İşte bu varyasyonlar, zamanla gökadaları, yıldızları ve güneş sistemlerini oluşturdu.

Varoluşumuzu bu varyasyonlara borçluyuz. Eğer genç evren tamamen düzgün ve tekbiçimli olsaydı, yıldızlar oluşamayacak, dolayısıyla da yaşam gelişemeyecekti. Bizler, bu başlangıç kuantum dalgalanmalarının bir ürünüyüz.

Açıkçası, hâlâ çözülememiş birçok derin gizem var. Hâlâ şu kadim sorulara yanıt aramakla uğraşıyoruz: Nereden geldik? Ve evrende bu soruları sorabilecek tek varlık biz miyiz?

Önsöz

Kökenler oldum olası beni büyülemiştir. Çocukken, annem babam ve kız kardeşimle birlikte gittiğimiz Yorkshire kıyılarında ammonit, belemnit ve "şeytanın ayak tırnağı" olarak bilinen bir kabuklunun fosillerini ararken, kendi kendime hep, "Bunlar nereden geldi?", "Bu canlılar yaşarken Dünya nasıl bir yerdi acaba?" diye sorardım.

Yalnızca doğal dünya değildi bir şeylerin nereden geldiğini bana sorgulatan. O zamanlar büyük olasılıkla siyah beyaz olan ama yine de bir teknoloji harikası olarak görülen televizyona bakıp düşünürdüm: "Bunu kim icat etti?" Birinin tutup da, çok uzaklardan gelen görüntüleri ekranına yansıtan bir kutuyu nasıl icat etmiş olabileceğini kavrayamazdım. "Ben kendi kendime hayatta böyle bir şey yapamam," derdim.

20 yıl önce bilim gazetecisi olduğumda, bir şeylerin kökeniyle ilgili hikâyelerin hayal gücümüzü ne kadar etkilediğini fark ettim. "Biz nereden geldik?" kendi kendimize sorduğumuz en derin ve temel sorulardan biridir. (Bunun yanında bir de "Nasıl yaşamalıyız?" ve "Nereye gidiyoruz?" soruları var ama bu soruları başka bir zamana bırakacağız.) Ben, bir şeye bakıp veya bazı varoluşçu sorgulamalara girişip de, "Bu nasıl oldu?" diye sormanın, insan doğasının bir parçası olduğuna inanıyorum.

Bildiğimiz bütün toplumların, evrenin ve evrende yaşayan canlıların kökeniyle ilgili hikâyeleri var. En eski yaratılış destanı, Tunç Çağı Babil'inden kalma 2700 yıllık kil tabletler üzerine kazınmış olan Enuma Eliş. Oysa yaratılış hikâyeleri kuşkusuz bundan çok daha gerilere, en az 40.000 yıl önce, atalarımızın davranışsal olarak modern insan olarak tanımlanan canlılar haline geldiği döneme kadar uzanıyor. Eldeki mevcut bilgilere göre, bu dönemde yaşayan insanların zihinleri bizimkiyle aynıydı. Bu da, zihinsel zaman yolculuğu yeteneğine sahip oldukları, yani, zihinlerinde kendilerini geçmiş veya geleceğe göndererek, içinde bulundukları anın ve hatta kendi yaşamlarının ötesine geçip, uzak geçmiş ve geleceğe kafa yordukları anlamına geliyor. Onlar da bizim gibi her şeyin nasıl başladığını merak etmiş olmalılar.

Hatta bu merakın geçmişi daha da eskilere dayanıyor olabilir. Belki de en eski atalarımızın bile bir yaratılış efsanesi vardı. Bir *Homo erectus* topluluğunun, yaktıkları kocaman ateşin etrafına oturup ilkel dilleriyle anlattıkları 1 milyon yıllık bir hikâye. Evet, köken hikâyeleri için bile bir köken hikâyesi gerekiyor.

Kuşkusuz bu eski hikâyeleri yaratanlar çok bilgiye sahip değillerdi; mevcut deneyimlerinden ve hayal güçlerinden başka bir şey yoktu ellerinde. Çoğu zaman doğaüstü açıklamalara başvurdular. Anglosakson kültürünün yaratılış efsanesi olan Yaratılış Kitabı da işte böyle bir hikâyedir. İki olasılığı, bilindik altı günlük yaratılış efsanesiyle, biraz daha farklı ve çelişkili bir versiyonu aynı anda ortaya koyar. Belki de bu, hiçbir zaman kesin olarak bilemeyecek olsak da denemeye istekli oluşumuzun üstü örtülü bir ifadesidir.

Fakat bilimsel yöntemin gücü eklendiğinde, zihinsel zaman yolculuğu anlamlı sonuçlar alınabilecek hassas bir alete dönüşür. Teleskoplarla ilksel evreni

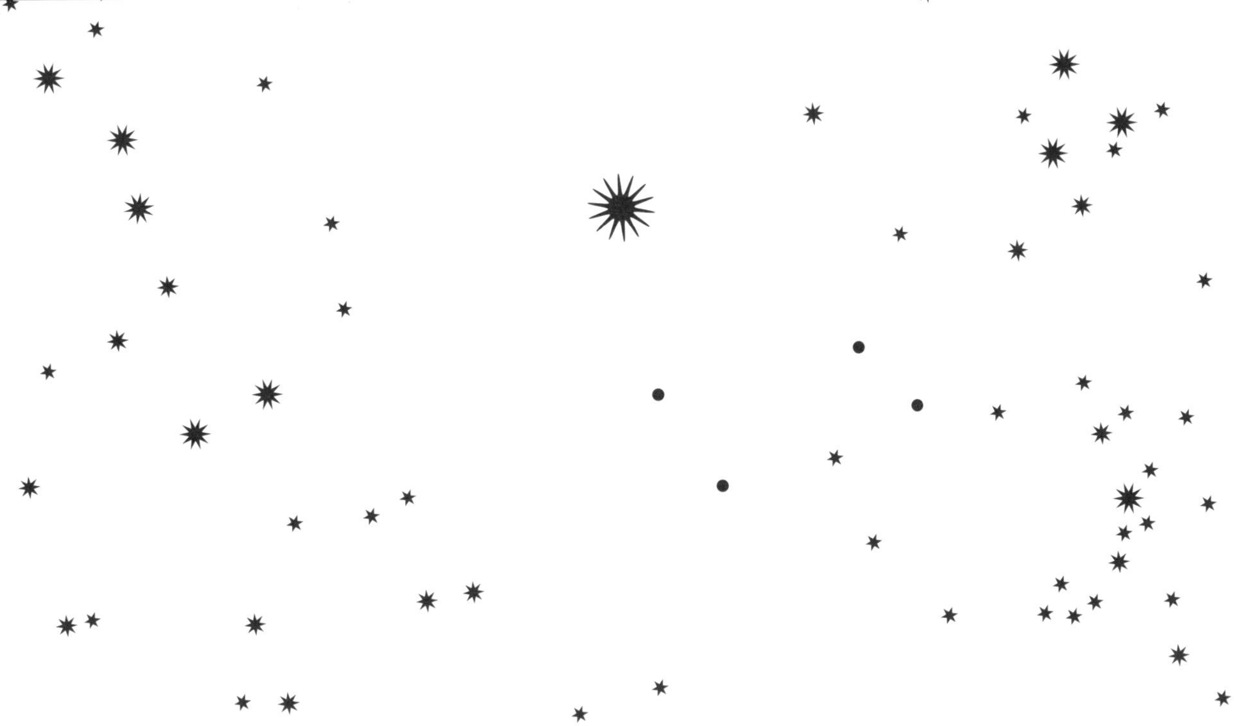

inceleyebilir ve özelliklerini anlamak için matematikten yararlanabiliriz. Zamanı böyle başa –Stephen Hawking'in giriş yazısında belirttiği gibi neredeyse evrenin başlangıcına kadar– sarabilmemiz uzun zamanımızı almıştır.

Bu arada, tarih bilimleri –jeoloji, evrim biyolojisi ve evrenbilim– insanların var olduğu zamandan çok önce, "derin zaman" dediğimiz dönemde yaşanan, Güneş Sistemi'mizin doğuşu, yaşamın kökeni, kendi türlerimizin evrimi gibi birçok olayı anlayabilmemizi sağlamıştır. Arkeoloji ve tarih gibi bilimler, kendi geçmişimizi ve pişirme gibi ilksel yeniliklerden, internet gibi çağdaş teknoloji ürünlerine kadar, insanlığın doğrudan sorumlu olduğu her şeyin kökenini anlamamıza yardımcı olur.

Neredeyse Her Şeyin Kökeni, bilimin gün ışığına çıkardığı modern yaratılış hikâyelerinin bir derlemesi. Tarihimizin en önemli, ilginç ve şaşırtıcı hikâyeleri, Jennifer Daniel'in canlı ve esprili görselleriyle zenginleştirilerek, 53 kısa başlıkta toplandı.

Kitap için fikir listesi oluşturmaya başladığımda, Büyük Patlama, yaşamın kökeni ve insanın evrimi gibi "olmazsa olmaz" bazı konular kendiliğinden öne çıktı. İnsan uygarlığının gelişimi de bir başka zengin alandı. 15.000 yıl önce yaşayan atalarımız, göçebe avcı toplayıcılardı; şimdiyse evlerde yaşıyor, süpermarketlerden alışveriş yapıyor ve araçların içinde yolculuk ediyoruz. Bütün bunlar nasıl oldu?

Diğer konularsa bu kadar bariz değildi; olağandışı başlıkların bir kısmını öneren *New Scientist* çalışanı parlak meslektaşlarımıza ve John Murray'e teşekkür ederim; bunlar arasında favorilerim "sıfır", "toprak" ve "kişisel hijyen" bölümleri. Sonuçta, elimizde tek bir kitaba sıkıştırabileceğimizden çok daha fazla malzeme birikti. Kriketin ve Vienetta dondurmasının kökeni, seçim barajını aşamayan fikirlerden yalnızca ikisi. Belki gün gelir, *Neredeyse Diğer Her Şeyin Kökeni*'ni de yazarım, kim bilir?

Neyse, bu kadar zihinsel zaman yolculuğu yeter. Bu kitapla gurur duyuyorum. Bu kitap benim için bir keşif yolculuğu oldu, umarım sizin için de olur. Burada yer alan hikâyelerin çoğu, biz kitap üzerinde çalışırken yapılan yeni keşiflerle değişti ve bir adım ileri gitti. Bilimin hareketli güzelliği de budur işte.

Pişman olduğum tek şey, düşündüğümüz alt başlığın kapağa taşınmaması oldu. (Merak ediyorsanız alt başlığımız, kitabın kapsamı hakkında iyi fikir verecek, *Büyük Patlamadan Göbek Deliği Pamuğuna* şeklinde olacaktı.) Bu, *New Scientist* ile John Murray arasındaki bir beyin fırtınasında ortaya çıksa da, ben asıl kaynağın, Yorkshire sahilinde, doğanın harikalarından esinlenen küçük bir oğlan çocuğunun kafası olduğuna inanıyorum.

Ama işte bakın, bir kez daha, her şeyin nasıl başladığını bulmak için zaman yolculuğuna çıktım. Bazı şeyler elimizde değil ne de olsa.

Graham Lawton
Londra, Mayıs 2016

1. Bölüm

Evren

Her şey nasıl başladı?

Evren büyüktür. Çok büyüktür. Bununla birlikte, eğer evrenin kökeniyle ilgili kuramımız doğruysa, evren bir zamanlar küçüktü. Çok, çok küçüktü. Aslında bir noktada, mevcut bile değildi. Yaklaşık 13,8 milyar yıl önce madde, enerji, zaman ve uzay, Büyük Patlama dediğimiz olayla bir anda yoktan var oldu.

Peki, bu nasıl gerçekleşti? Ya da başka türlü soracak olursak: Her şeyin kökeninde ne vardı? Başlangıcın gizemiyle ilgili temel sorudur bu.

Tarih boyunca çoğu kişi için bu sorunun tek makul yanıtı, "Bunu yapan Tanrı'dır," olmuştu. Uzun yıllar bilim bile bu konudan kaçındı. 20. yüzyılın başlarında çoğu fizikçi, evrenin sonsuz ve ebedi olduğuna inanıyordu. İşin aslının böyle olmadığına dair ilk ipucu, 1929'da Edwin Hubble'ın, gökadaların bir patlamadan sonra şarapnel gibi birbirinden uzaklaştığını keşfetmesiyle ortaya çıktı.

Bundan çıkan mantıksal sonuç, evrenin genişlediği, dolayısıyla da geçmişte daha küçük olduğuydu. Bu genişlemenin, aynı tersinden oynatılan bir film gibi geriye sarıldığını hayal eden gökbilimciler, oldukça tuhaf olsa da, başka bir mantıklı sonuca ulaştılar: Evrenin bir başlangıcı olmalıydı.

Her şeyden önceki başlangıç

İlk zamanlarda, birçok bilim insanı "her şeyden önceki başlangıç" fikrinden pek hoşnut kalmadılar, bu yüzden de böyle bir başlangıcı gerektirmeyen alternatif açıklamalar geliştirdiler. Bunların belki de en çok bilineni, 1948'de önerilen "durağan hal evreni" varsayımıydı. Bu varsayıma göre evren öteden beri mevcuttu ve hep aynı görünümü korumuştu. Çok geçmeden, gökbilimciler bu iddiayı test etmenin yollarını buldular ve varsayımın kusurlu olduğu ortaya çıktı. Bazı gök cisimleri, örneğin kuasarlar, yalnızca bizden uzak mesafelerde bulunuyorlardı; demek ki evren hep aynı görünümde *değildi*. Her şeye rağmen, durağan hal kuramcıları, başta alaycı bir reddetme olarak uydurulan "büyük patlama" terimini bize miras bıraktılar. Öldürücü darbeyse 1965'te, bütün uzay boşluğuna yayılmış alçak düzey artalan ışımasının kazara keşfedilmesiyle geldi. Bu kozmik mikrodalga artalan ışıması, bugünkünden çok daha sıcak ve yoğun bir evrenin "ardıl ışıması" olarak yorumlandı.

Bu gözlemler çok geçmeden kuramsal olarak desteklendi. Stephen Hawking ve Roger Penrose, eğer genel görelilik kuramı doğruysa, uzayın sonsuz derecede küçük ve yoğun olduğu bir zamanın, aslında zamanın kendisinin başladığı bir anın olması gerektiğini gösterdiler.

Büyük Patlama olmadıysa

Günümüzde Büyük Patlama, evrenin kökeni için genel kabul gören açıklama olsa da, bu alanda tek başına değildir. Alternatif olarak, bir patlama değil de, bir sıçrama olduğundan söz edilir. Bu senaryoda, evrenimizi geriye sarmak bizi, hayal edilemeyecek denli sıcak ve yoğun bir başlangıca ve öte yandan, bir önceki evrenin hayal edilemeyecek denli sıcak ve yoğun sonuna götürür. Bir başka düşünce de, bu patlamanın birçoklarından biri olduğu yönündedir. Çoklu evren kuramına göre, evrenimiz kaynayan evrenler çorbasının köpüklerinden yalnızca biridir. Bu iki düşüncede de evrenin bir başlangıcı yoktur. Bu ise, öylece ortaya çıkmaktan daha da zor anlaşılabilecek bir kavramdır.

Büyük Patlama veya Büyük Sıçrama: Her şeyin başlangıcı mı yoksa bir önceki evrene geri dönüş mü?

Büyük Patlama artık hâkim bilim anlayışınca kabul edilen bir öğe. Evrenbilimciler, evrenin gelişimini, "enflasyon" adı verilen kısa süreli hızlı genişleme dönemiyle ilk yıldızların doğuşu da dahil olmak üzere, başlangıcının bir an sonrasından bugüne kadar izleyebileceklerine inanıyorlar. Ne var ki, ilk yaratılma anı hâlâ büyük bir spekülasyon konusu. Bu noktada gerçeklik kuramlarımız çökmeye başlıyor. İlerleme kaydetmek için, genel göreliliğin kuantum kuramıyla nasıl uzlaştırılabileceği üzerinde çalışmamız gerekiyor. Ancak, onlarca yıldır süren entelektüel çalışmaya rağmen, fizikçiler hâlâ bu noktada takılmış durumdalar. Yine de, Büyük Patlama'yla ilgili en rahatsız edici soruya, "Hiçbir şeyden nasıl bir şey elde edilebilir?" sorusuna nasıl yanıt vereceğimize dair birkaç fikrimiz var.

Hiçbir şeyden nasıl bir şey elde edilebilir?

Aslında bu çok mantıklı bir soru, çünkü bazı temel fizik kuralları, evrenin var olma olasılığının çok düşük olduğunu gösteriyor. Termodinamiğin ikinci yasasına göre düzensizlik veya entropi, zaman içinde hep artmaya eğilimli. Entropi, bir sistemin bileşenlerini, sistemin genel görünümünü değiştirmeden kaç kez yeniden düzenleyebileceğinizi ölçüyor. Örneğin, sıcak gaz içindeki moleküller, aynı genel sıcaklık ve basıncı yaratacak şekilde birçok farklı şekilde düzenlenebilirler; bu nedenle gaz, yüksek bir entropi sistemidir. Buna karşılık yaşayan bir şeyin moleküllerini, onu yaşamayan bir şeye dönüştürmeden yeniden düzenlemek olanaksızdır; işte bu yüzden bizler düşük entropi sistemleriyiz.

Aynı mantıkla yaklaştığımızda, hiçliğin karşımıza çıkabilecek en yüksek entropi sistemi olduğunu fark ediyoruz. Hiçliği istediğiniz kadar karıştırın, yine hiçlik olarak görünecektir.

Bu yasa göz önünde bulundurulduğunda, hiçin nasıl bir şeye, kaldı ki evrene dönüşebileceğini anlayabilmek kolay değil. Ayrıca entropi işin yalnızca bir yanı. Diğer yanda, fizikçilerin simetri olarak adlandırdığı bir özellik yer alıyor (ancak bu, bizim gündelik yaşamda şekillerle ilişkilendirdiğimiz simetriden farklı). Fizikçilere göre bir sistemin simetrik olması için, sisteme bir şey yaptığınızda, o sistemin bunu yapmayı bitirdikten sonra da daha önce olduğu gibi görünmesi gerekiyor. Bu tanım gereği, hiçlik tamamen simetrik: Ne yaparsanız yapın, hiçlik yine hiçlik olarak kalıyor.

Fizikçilerin bildiği üzere, simetriler bozulmaya mahkûm ve bozulduklarında evreni derinden etkiliyorlar.

Aslında kuantum kuramı, bize boşluk diye bir şey olmadığını söylüyor. Kusursuz simetrisi sonsuza dek süremeyecek denli kusursuz; ortaya çıkıp kaybolan parçacıklardan oluşan bulamaç onu bozuyor. Bu da bizi kaçınılmaz olarak, entropiye rağmen, şeyin hiçlikten daha doğal bir durum olduğu sonucuna götürüyor. Bu anlamda, evrenimizdeki her şey kuantum boşluğunun uyarımlarından ibaret. Peki, bizzat evrenin kendisinin kökeni için de benzer bir açıklama yapılabilir mi? Bu oldukça mantıklı olabilir. Belki de Büyük Patlama, yani yalnızca doğasında olanı yapan hiçlik, tüm bir evrenin ortaya çıkmasına neden olan bir kuantum dalgalanmasıydı.

Zaman ve mekânın ötesinde

Tabii bu, Büyük Patlama'dan önce ne olduğu ve bu durumun ne kadar sürdüğü sorusunu akla getiriyor. Ama ne yazık ki bu noktada, *önce* gibi sağduyulu kavramlar anlamını yitiriyor. Hatta daha da çetin bir soru çıkıyor ortaya. Bu yaratılış anlayışı, fizik yasalarının geçerliliğine dayanıyor. Fakat bu da, evrenden önce bu yasaların bir şekilde mevcut olduğunu anıştırıyor. Peki, fiziksel yasalar zamanın ve mekânın ötesinde, kendi nedenleri olmaksızın nasıl var olabilirler? Ya da başka bir şekilde soracak olursak, neden hiçlik değil de bir şey var?

Hiçbir şey hakkında bir şey...

Aslında söyleyemeyiz. Aralarında bir fark yoktur. Kuantum kuramı hiçlik diye bir şeyin olamayacağını söyler. Hiçlik her zaman bir şeyin, belki de bir evrenin ortaya çıkmasına neden olacaktır. Aslında bu, Büyük Patlama'yı açıklayabilir. Evrendeki tüm madde ve enerjinin –negatif enerjili kütle çekim de dahil olmak üzere– toplam enerjisi sıfırdır. Yani aslında evrenin tamamı hiçlikten ibarettir.

...söyleyebilir miyiz?

Yıldızlar neden parlar?

Gece gökyüzüne bakın; aslında geçmişe bakıyor olacaksınız. En parlak yıldız Sirius A'nın ışığının yıldızlararası uzaydan Dünya'ya kadar ulaşması 8,5 yıl sürer. Çıplak gözle görülebilen en uzak yıldız olan Deneb ise bizden yaklaşık 2600 ışık yılı uzaklıktadır. Kim bilir, belki de gördüğümüz yıldızlar artık yoktur.

Daha ileri baktığımızda, geçmişte daha da geriye gideriz. 2012'de, gökyüzünün küçük bir bölgesinden gelen zayıf ışığın Hubble Uzay Teleskobu'yla 23 gün süreyle toplanmasıyla oluşturulan "Ekstrem Derin Alan" adlı bir görüntü yayınlandı. Görüntü, uzak gökadaların ışıklarıyla bezeliydi, hatta bu gökadalardan bazıları o kadar uzaktılar ki, bize ulaşan ışıkları, evren daha yarım milyar yıl yaşındayken yola çıkmıştı.

Görüntü, gökbilimcilerin uzun zamandır şüphelendikleri şeyi doğruladı: Bizimkinden pek de farklı olmayan yıldızlar ve gökadalarla dolu olan evren, aslında temelde her yönde aynıydı. Oysa eğer Hubble daha da uzak bir geçmişi gözleyebilseydi, çok farklı bir evren görecekti.

Günümüzde, evrenin yaşamına, madde ve enerjiden oluşan, hayal edilemeyecek kadar küçük, yoğun ve sıcak bir ateş topu olarak başladığı kabul edilir. Bu evrende yıldızlar veya gökadalar yoktu ve 500 milyon yıl boyunca da olmamıştı.

Bildiğimiz en yaşlı gökada, Büyük Patlama'dan 600 milyon yıl sonra doğan EGSY8p7'dir. Sonra evren, yarım milyar yıl içinde, her biri milyarlarca yıldız içeren gökadalarla doldu. Peki, o noktadan bu noktaya nasıl gelindi?

Bu soruyu yanıtlayabilmek için çok çok gerilere, Büyük Patlama'dan tam 3×10^{-44} saniye sonrasına gitmemiz gerekiyor. Bu, evrenin milisaniyenin küçük bir kesri kadar bir sürede inanılmaz bir hızla genişlediği, enflasyonun başladığı andı.

Bir balon gibi şişen evren

Enflasyon sonucunda evren, kaynayıp dönen bir madde ve enerji düğümünden, çok daha yumuşak ve homojen bir şeye dönüştü. Bu biraz, büzüşmüş bir balonun şişirilmesine benziyordu. Yine de, tam bir homojenlik ortaya çıkamadı: Orada burada ufak varyasyonlar, Büyük Patlama'ya yol açan kuantum dalgalanmalarının her yöne uzanmış kalıntıları vardı. Enflasyon sona erince evren, bu ufak varyasyonlarla birlikte, daha yavaş bir hızda genişlemeye devam etti. Bunlar, gelişecek olan yıldızların ve gökadaların tohumlarıydı.

Bunları, genellikle Büyük Patlama'nın "ardıl ışıması" olarak adlandırılan ve tüm uzaya yayılmış mikrodalgaların zayıf parlaması olan "kozmik artalan ışıması" gözlemlerinden biliyoruz. Önce kozmik mikrodalga artalanının her yerde aynı sıcaklıkta (aslında mutlak sıfırın 2,7°C üstünde, aşırı bir soğuklukta) olduğu düşünülüyordu. Ne var ki NASA'nın Kozmik Artalan Keşif Uydusu COBE (Cosmic Background Explorer) 1992'de bu artalan ışımasının ayrıntılı bir dökümünü yaparak, ortalamadan hafifçe daha soğuk ve hafifçe daha ılık olan bölgeleri saptadı.

Kara deliğin ürünü

Gökadaların kütle çekimi etkisiyle yavaş yavaş oluştukları düşünülür, ancak daha görkemli bir başka olasılık da söz konusudur. Gökadalar, yüksek enerjili maddelerin kuvvetli bir püskürmeyle gaz bulutlarına çarpmasıyla da meydana gelmiş olabilirler. Püsküren maddeler, merkezlerindeki dev kara delikten güç aldığı düşünülen aşırı parlak gök cisimleri olan kuasarlardan çıkmaktadır. Eğer bu doğruysa, çoğu gökadanın merkezinde yer alan devasa kara deliklerin, çevrelerindeki gök cisimlerinin ürünü değil de kaynağı olduklarını söyleyebiliriz.

Üç temel gökada tipi vardır

Bunlar çok küçük –100.000'de birkaç birim– farklardı ama yine de yeterliydi. Bu soğuk noktalar, erken dönemdeki evrenin daha fazla madde –büyük oranda hidrojen ve helyum– içeren bölgelerine karşılık geliyordu, dolayısıyla da ortalamaya kıyasla daha yoğundular. Gerisini, bu maddeyi giderek daha büyük ve daha yoğun kütlelere dönüştüren kütle çekimi halletti. Bu kütleler öyle genişlediler ve yoğunlaştılar ki, çekirdeklerinde nükleer füzyon başladı. İşte yıldızlar böyle doğdu.

Gökada diye adlandırdığımız yıldız kümelerinin ve gökada kümeleri diye adlandırdığımız, ee... gökada kümelerinin oluşmasını da kütle çekimi sağladı. Böylelikle, 100 milyon ışık yılından daha geniş çapa ulaşabilen gökada kümeleri oluştu.

Bizim gökadamız da bu şekilde meydana geldi ve süreç hâlâ devam ediyor. Örneğin Samanyolu Gökadası, yakındaki iki uydu gökadadan, Büyük ve Küçük Macellan Bulutu gökadalarından madde almasının yanı sıra, uzaydan gaz da emer. Zaten diğer birçoğundan daha büyük ve daha parlak, dev bir gökada olan Samanyolu'nun, yakındaki bir başka dev gökada olan Andromeda ile birleşerek, sonunda daha da büyümesi olasıdır.

Yıldız oluşumu, yıldızlararası tozların yoğun olduğu, "yıldız doğumevleri" olarak bilinen bölgelerde hâlâ devam etmektedir. Hubble Uzay Teleskobu, yeni doğan yıldızların, bulutlar arasından çıktığı dev gaz ve toz sütunlarının yanı sıra ileride güneş sistemlerine dönüşecek olan gezegen öncesi disklerin çarpıcı görüntülerini çekmiştir. Samanyolu Gökadası, yılda yaklaşık on yıldız üretmektedir.

Hepsi de aynı şekilde doğmalarına rağmen, yıldızlar çok çeşitlidir. Kimisi parlak, kimisi soluk; kimisi mavi, kimisi beyaz, sarı, turuncu veya kırmızı; kimisi kocaman, kimisi miniciktir.

Hızlı yaşa genç öl

Bu farklılıklar, yıldızların kütlelerindeki rasgele değişikliklere bağlıdır. Yıldızların yaklaşık yüzde 90'ı anakol yıldızlarıdır ve hepsinde aynı olay gerçekleşir: Yıldız çekirdeğindeki hidrojen çekirdekleri, füzyon adı verilen bir süreçle kaynaşarak helyuma çevrilir. Bir yıldızın kütlesi ne kadar büyükse, merkezi de o kadar sıcaktır ve hidrojeni de o kadar hızlı kaynaştırır –dolayısıyla yıldız da o kadar parlak olur. Yıldızın parlaklığı arttıkça, maviliği de artar.

Bir yıldızın kütlesi, o yıldızın ne kadar yaşayacağını da belirler. Büyük yıldızlarda yanacak daha fazla yakıt olmasına rağmen, bu yakıt çok daha hızlı yanar ve yıldız erken ölür. En büyük yıldızlar hidrojeni yalnızca birkaç milyon yıl içinde tüketirler. Buna karşılık, Güneş 4,6 milyar yıldır yanmaktadır ve milyarlarca yıl daha yanmaya devam edecektir.

Bütün anakol yıldızları, günün birinde çekirdeklerindeki hidrojeni tüketirler ve çekirdek dışındaki hidrojeni yakarak genişlemeye ve soğumaya başlarlar. Dev veya süperdev yıldızlara dönüşürler.

Bu devasa yıldızlar, artık kısa ama hareketli bir yaşam evresine geçmişlerdir. Helyum, karbon, neon, oksijen, silisyum ve kükürt füzyonuna başlarlar. Silisyum ve kükürt kaynaşarak demir oluşturur ama demir daha ağır elementlere dönüşemez ve bu noktada yıldız bir süpernova olarak patlamaya mahkûm olur. Patlamanın ardından kalıntılar küçük ama yoğun bir küre şeklinde içine çökerek, bir kara deliğe veya bir nötron yıldızına dönüşür.

Daha küçük dev yıldızlar patlamaz, zaman içinde yavaş yavaş beyaz cüce olarak adlandırılan sıcak, yoğun hayaletlere dönüşürler. Yeterli süre geçtiğinde, beyaz cüceler tamamen sönüp siyah cüceler haline geleceklerdir. Ama evren yeterince yaşlı olmadığı için henüz bu aşamaya geçilememiştir.

Yıldızların altında

Görünen yıldızları parlaklıklarına ve renklerine göre sıralarsanız, bir örüntü ortaya çıkar. Yıldızlar, rasgele bir dağılım göstermek yerine, yaşam süreleri ve nasıl geliştikleri hakkında bize çok şey anlatan üç küme oluştururlar.

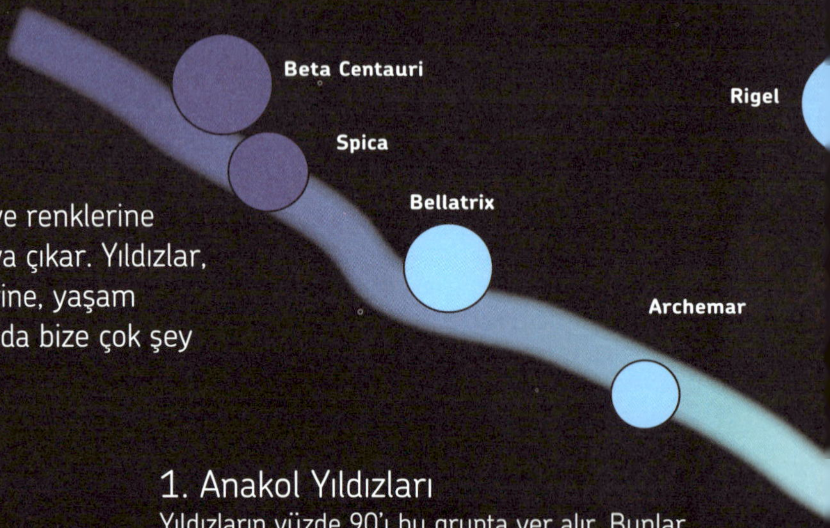

10^2

10

1

0,1

10^{-2}

10^{-3}

10^{-4}

10^{-5} **Güneşsel aydınlatma gücü**

Yıldızlar teleskopla görülebilen iki parametreye göre sınıflandırılırlar. Bu iki parametre, **parlaklık** ve **renk**tir. Çıplak gözle bakıldığında beyaz veya sarı görünseler de aslında renkleri maviden koyu kırmızıya kadar değişir

1. Anakol Yıldızları

Yıldızların yüzde 90'ı bu grupta yer alır. Bunlar genç yıldızlardır ve genç yıldızlar ne yaparsa onu yaparlar: Merkezlerinde hidrojen çekirdeklerinin füzyonuyla helyum çekirdekleri oluştururlar. Resimde en büyük yıldızlar yukarıda solda, en küçükleri altta sağda yer almaktadır. Çünkü bir yıldız ne kadar büyükse, o kadar sıcak ve parlak olur.

Sirius B

3. Beyaz Cüceler

Anakol yıldızı ve dev yıldız dönemlerini tamamlamış yaşlı yıldızlardır. Bunlar küçük, yoğun, sıcak ve çıplak gözle görünmeyen yıldızlardır. Yeterli zaman geçtiğinde, beyaz cüceler tamamen sönüp siyah cücelere dönüşürler.

↑

Parlaklık ekseni
Güneşsel aydınlatma gücü birimiyle ölçülür ($L_{\odot}$). 1 birim Güneş'in aydınlatma gücüne eşittir

→

Renk ekseni
Sıcaklığın bir göstergesidir. Bir yıldız ne kadar maviyse, o kadar sıcaktır

ARTAN SICAKLIK

2. Devler ve Süperdevler

Bir zamanlar anakol yıldızı olup da, çekirdeklerindeki bütün hidrojeni yakmış yaşlı yıldızlardır. Şimdi çekirdeklerinin dışındaki hidrojeni yakmaya başlamışlardır, bu da genişlemelerine neden olur.

Devler ve süperdevler kısa ama hareketli bir yaşam sürerler. Çok geçmeden helyum, karbon, neon, oksijen, silisyum ve kükürt füzyonuna başlarlar. Silisyum ve kükürt kaynaşarak demir oluşturur ama demir daha ağır elementlere dönüşemez ve bu noktada yıldız bir süpernova olarak patlamaya mahkûm olur.

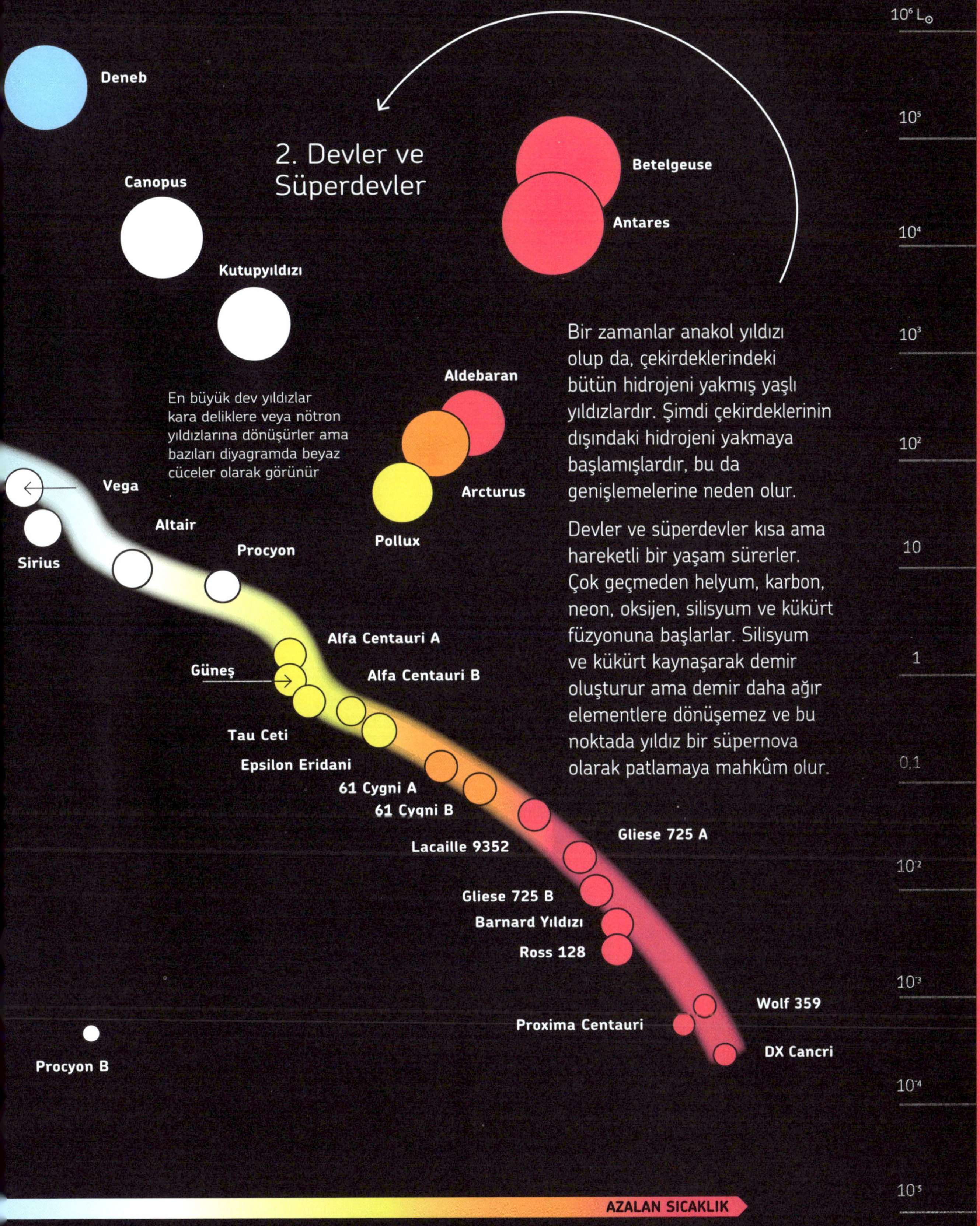

Madde neyden oluşur?

İlk doğum gününüzde oldukça tuhaf bir hediye, bir şişe hidrojen gazı aldığınızı düşünün. Ertesi yıl bir miktar helyum, üçüncü yaşınızda biraz lityum almış olun. Bu böyle giderse, yirmi birinci doğum gününüzde gururla bir miktar skandiyum sahibi olursunuz. Kırkıncı yaş hediyeniz, kristal halde bir parça zirkonyum olacaktır. Doksan ikinci yaşa ulaşırsanız, uranyum alabilirsiniz. Ancak koleksiyonunuzu tamamlamak için biraz daha uzun yaşamanız gerekir.

Kesin olarak söyleyelim, tam 118 yıl yaşamalısınız. Çünkü bildiğimiz kimyasal elementlerin sayısı bu kadar. Bunlardan bir kısmı katı, sıvı veya gaz; bir kısmı metal, bir kısmı ametal; bir kısmı nadir, bir kısmı yaygın; bir kısmı yararlı, bir kısmı yararsız elementlerdir. Elementler, kimyanın ve yaşamın yapıtaşlarıdır. Peki, bu elementler nereden geldiler?

Sorunun en kolay yanıtı, Büyük Patlama olacaktır. Ne var ki patlamada sadece en hafif üç element, yani hidrojen, helyum ve bir miktar lityum açığa çıktığından, bu yanıt tatmin edici olamaz. Ya geri kalanlar?

Tam yanıt, atomların yapıtaşları ve temel aritmetik hakkında bilgi sahibi olmayı gerektirir. En basit atom, bir proton ve bir elektrondan oluşan hidrojendir. Bunu, hidrojenin bir veya iki nötron eklenmiş hali olan döteryum ve trityum izler. Ardından, her birinden ikişer tane içeren helyum, sonra da üçer tane içeren lityum gelir. Sağduyu, daha büyük elementlerin küçüklerin birleşmesiyle oluşabileceğini söyler ve gerçekten de tam olarak böyle olur.

Büyük sıkışma

Yalnız iş bu kadar basit değildir tabii ki. Bu tür reaksiyonların gerçekleşmesi çok zordur, çünkü iki çekirdeğin kaynaşması için çok büyük miktarda sıcaklığa gereksinim vardır. Bu da, en az 10 milyon santigrat derecedir. Evrende bunun için gereken özellikleri sağlayan yalnızca iki durum/yer vardır: Büyük Patlama'dan hemen sonrası ve yıldızların içi.

Element yapımının ilk aşaması olan "nükleosentez", Büyük Patlama'dan hemen sonra gerçekleşti. Saniyenin yüzde biri kadar bir sürede, ateş topundan protonlar, nötronlar ve elektronlar oluştu. Birkaç saniye sonra, ateş topunun muazzam enerjisinin bir araya gelmeye zorladığı protonlar ve nötronlar birleşip, nükleer güç sayesinde ayrılmaz şekilde yapıştılar. Bu füzyon reaksiyonları sayesinde önce döteryum çekirdekleri oluştu, ardından bu çekirdekler başka protonlarla reaksiyona girip, daha stabil helyum çekirdeklerini oluşturdular.

Ama devamı gelmedi. Helyum ortaya çıktığında, sıcaklık kayda değer düzeyde füzyon gerçekleşebilmesi için gereken derecenin çok altına düştü. Belki

Çok ağır metaller

Dünya üzerindeki uranyumdan daha ağır elementler, kimyagerlerin uranyumu nötron bombardımanına tutmak için plutonyum ve neptunyumu yarattığı 1940'lı yıllara kadar bilinmiyordu. O zamandan bu yana, laboratuvarlarda 24 yeni *transuranyum* (uranyum ötesi) element daha sentezlendi. Şimdilik bunların en büyüğü, 118. element olan oganesondur.

Genelikle, uranyum ötesi elementlerin tamamen yapay olduğu düşünülür, ancak bu doğru değildir. Bunlar da, sıradan ağır elementler gibi süpernova patlamaları sırasında açığa çıkmışlardır. Bununla birlikte kararsızdırlar ve hızla parçalanma eğilimindedirler. Doğal olarak meydana gelenler, Güneş Sistemi'nin oluşmasından bu yana tamamen bozunup parçalanmış olduklarından, Dünya üzerinde laboratuvarların dışında bulunmamaktadırlar.

95 amerikyum, Am
96 küriyum, Cm
97 berkelyum, Bk
98 kaliforniyum, Cf
99 aynştaynyum, Es
100 fermiyum, Fm
101 mendelevyum, Md
102 nobelyum, No
103 lavrensiyum, Lr
104 rutherfordiyum, Rf
105 dubniyum, Db
106 seaborgiyum, Sg
107 bohriyum, Bh
108 hassiyum, Hs
109 meitneriyum, Mt
110 darmstadtiyum, Ds
111 röntgenyum, Rg
112 kopernikyum, Cn
113 nihonyum, Nh*
114 flerovyum, Fl
115 moskovyum, Mc*
116 livermoryum, Lv
117 tennesin, Ts*
118 oganeson, Og*

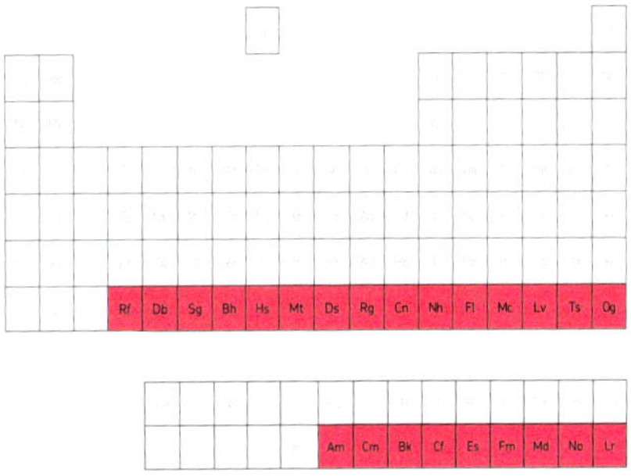

* geçici isim

biraz lityum oluştu, ama daha ağır bir element meydana çıkamadı. Nükleosentez, neredeyse başlar başlamaz sona ermişti.

Yaklaşık 377.000 yıl sonra, iş kaldığı yerden devam etti. Sıcaklık 3000 dereceye, yani atomların var olması için yeterince soğuk bir düzeye düştü. Hidrojen ve helyum çekirdekleri serbest elektronları çekerek, ilk tam atomları, 1. ve 2. elementi oluşturdular. Bunlar hâlâ, görünür evrenin yüzde 99'undan fazlasını meydana getiriyor olsalar da, evrenin tek bileşenleri değildir. Daha ağır, daha ilginç elementlerin oluşabilmesi için yıldızlara gereksinim vardır.

Bir yıldız, büyük bir gaz kütlesinin kendi kütle çekimsel kuvveti altında çökmesiyle oluşur. Merkezdeki sıcaklık basınç altında giderek artar ve çekirdek füzyonunun başlayabileceği noktaya ulaşır. Yaklaşık 10 milyon santigrat derecede gerçekleşen ilk reaksiyon, hidrojen çekirdeklerinin füzyonla helyum oluşturmasıdır. Bu reaksiyon, mevcut hidrojen tükeninceye kadar devam eder.

Füzyona devam

Daha sonra olanlar, yıldızın kütlesine bağlıdır. Eğer yıldız çok küçükse, füzyon durur ve yıldız çekirdeği beyaz cüceye dönüşür. Yok, yıldız Güneş'in sekiz katından daha büyükse füzyon devam eder. Helyum çekirdekleri, berilyum (4. element) oluşturmak üzere birleşir; ardından berilyum, daha çok helyumla reaksiyona girerek karbon ve oksijen oluşturur. En büyük yıldızlarda, çekirdek o kadar sıcak hale gelir ki, karbon ve oksijen de birleşerek demir (26. element) kadar ağır elementleri oluşturabilir. Bu noktada reaksiyonlar sona erer, çünkü demir bütün elementler içinde en kararlı çekirdeğe sahiptir ve bu koşullar altında füzyona uğramaz. Fakat yıldızın dış katmanlarında devam eden, nötron yakalanmasının da gerçekleştiği diğer nükleer reaksiyonlarla, bizmut elementine (83. element) kadar giden daha büyük çekirdekler oluşur.

Çekirdekte demir biriktikçe, yıldızın vadesi de dolmaya başlar. Yıldız artık füzyon yoluyla enerji üretemez hale gelir. Ancak kütle çekimi acımasızdır, çekirdeği sıkıştırmaya devam ederek sıcaklığı milyarlarca dereceye çıkarır. Bu noktada, yıldızın merkezi aniden çöker, dış katmanlar atılır ve yıldızın içeriği, bir süpernova patlamasıyla uzaya saçılır. Patlamada açığa çıkan bol miktarda nötron, uranyuma (92. element) kadar olan daha ağır elementleri meydana getirir. Uranyum, Dünya'da ve uzayda doğal olarak bulunan en ağır elementtir. Süpernova patlamasıyla uzaya saçılan kalıntılar, yeni yıldızlara ve gezegenlere –ki bizimki de bunlardan biridir– dönüşecektir.

Yıldız kökenli elementlerin istisnası, lityum, berilyum ve boron üçlüsüdür. Bunların çekirdekleri kararsızdır ve yıldızlardaki nükleer reaksiyonlar sırasında hemen tüketilirler. Nadir elementlerdir, ancak (Büyük Patlama'da oluşan lityum hariç) az miktardaki varlıklarının da, kozmik ışınlardan –uzayda yüksek hızla ilerleyen büyük çekirdekler– kaynaklandığına inanılmaktadır. Enerjileri o kadar yüksektir ki, diğer atomlarla çarpıştıklarında çekirdekler daha küçük parçalara bölünebilir.

Yapay elementleri bir tarafa bırakacak olursak, Dünya üzerindeki tüm atomlar ya Büyük Patlama'nın artıkları ya uzun süre önce ölmüş yıldızların parçaları ya da kozmik ışınlardır. Kendi yıldızımız er geç ölünce, bu atomlar uzaya geri dönüp, yeni bir güneş sisteminde tekrar yoğunlaşacaklardır. Ne muhteşem bir geri dönüş değil mi?

Hepimiz (büyük oranda) yıldız tozuyuz

İnsan vücudu yaklaşık 20 farklı element içerir. Bunların büyük bir kısmı eski yıldızların içinde oluşmuştur. 80 kg'lık bir insanı atomlarına ayıracak olsanız, şunları elde edersiniz:

Vücudumuzda bulunan hidrojen atomları Büyük Patlama sırasında oluşmuştur. Diğer bütün atomlarsa, çok uzun zaman önce bir yıldızın içinde oluşmuş ve bir süpernova patlamasıyla uzaya saçılmışlardır. Bu yüzden, eğer "hepimiz yıldız tozuyuz" sözünü duyduysanız, bu tam olarak doğru değil.

Oksijen 52 kg

Bu element beden kütlemizin yüzde ellisinden fazlasını, ancak atomlarımızın yalnızca dörtte birini oluşturur

İnsan vücudunda en fazla bulunan dört element -hidrojen, oksijen, karbon ve azot- içimizde bulunan atomların yüzde 99'undan fazlasını oluşturmaktadır. Vücudumuzda çoğunlukla su şeklinde ve bunun yanı sıra, protein, yağ, DNA ve karbonhidrat gibi biyomoleküllerin bileşenleri olarak bulunurlar.

Klor 120 g

Bakır 0,08 g
Pek çok enzimin bileşenidir. Eksikliği nörolojik sorunlara ve kan rahatsızlıklarına neden olur

Vücudumuzdaki atomların yüzde 12'si karbon atomudur

Karbon 14,4 kg
.n önemli yapısal element karbon bazlı yaşam formu olarak tanımlanmamızın nedenidir

Fosfor 880 g

Manganez 0,0136 g

Flor 3,0 g
Yaşamsal açıdan elzem elementlerden biri olarak kabul edilmese de, dişleri sertleştirir

Sodyum 120 g

Stronsiyum 0,37 g
Hemen hemen tamamı kemiklerde bulunur; kemik büyümesini ve yoğunluğunu olumlu yönde etkiler

Azot 2,4 kg

Demir 4,8 g
Alyuvarların içinde hemoglobin molekülünün oksijen taşıyan parçası olan hem grubunda yer alır

Molibden 0,0104 g

Kükürt 200 g

Silisyum 1,6 g
Biyolojik rolü doğrulanmamış olmakla birlikte, kalpten çıkan en büyük damar olan aortta bulunur

Hidrojen 8 kg
Bedenimizde bulunan yaklaşık 7×10^{27} atomun büyük bir kısmını, su molekülleri içindeki hidrojen atomları oluşturur

Kalsiyum 1,12 kg

Magnezyum 40 g
En önemli antioksidan enzimlerden biri olan süperoksit dizmutazın ana bileşenlerinden biridir

İyot 0,0128 g
Tiroit hormonlarından tiroksinin temel bileşenidir. İnsan vücudu için gerekli olan en ağır elementtir

Çinko 2,6 g

Potasyum 200 g

Göktaşları nereden geliyor?

15 Şubat 2013'te, Rusya'nın güneyindeki Ural Dağları'nın hemen doğusunda yer alan Çelyabinsk semalarında kocaman bir şey patladı. Patlayan nesnenin büyük bir kısmı atmosferde yandıysa da, bazı parçalar Dünya'ya ulaşabildi. Parçalardan biri, donmuş Çebarkul Gölü'ne düşerek 7 metre genişliğinde bir çukur açtı. Ekim 2013'te bir dalgıç tarafından çıkarılan bu parça 570 kg ağırlığındaydı. Ayrıca bölgeden daha küçük parçalar da toplandı.

Gökbilimciler, patlayan cismin 17-20 metre genişliğinde, 10.000 ton ağırlığında bir asteroit olduğu sonucuna vardılar. 30 kilometre yükseklikte gerçekleşen ilk patlamada, 500 kiloton TNT'ye –Hiroşima'ya atılan atom bombasının 30 katına– eşdeğer bir enerji açığa çıktı. Bu, bilinen tarihte Dünya'nın maruz kaldığı en büyük dünya dışı darbeydi.

Çelyabinsk göktaşı, Dünya yüzünde keşfedilen 30.000 göktaşından yalnızca biridir. Göktaşları bazen hemen düşmelerini takiben bulunsalar da, genellikle olayın ardından uzun süre oldukları yerde kalır, ancak daha sonra keşfedilirler. Hepsinin de ilginç bir öyküsü vardır.

Kaya artıkları

Göktaşlarının çoğu asteroit parçalarıdır; asteroitlerse, Güneş Sistemi'nin oluşumundan kalan artıklardır. Asteroitler genellikle iç gezegenler ile dıştaki gaz ve buz devleri arasında yer alan asteroit kuşağında, pek bir şey yapmadan öylece dururlar. Ancak şu veya bu nedenle yörüngelerinden sapar veya birbirleriyle çarpışırlarsa, şans eseri Dünya'ya çarpabilirler. Bu sürüklenen uzay kayalarına meteor denir.

Göktaşları, yere indikleri veya bulundukları anda, Güneş Sistemi'nin geçmişiyle ilgili sırları gün ışığına çıkarmak isteyen gezegen bilimciler için çok değerli nesneler haline gelirler.

Yapılacak ilk iş, bunun hangi tür bir göktaşı olduğunu belirlemektir; böylelikle nereden geldiği hakkında fikir sahibi olunabilir. Göktaşı sınıflandırması karmaşıktır ama genel hatlarıyla, taş, demir ve taş-demir karışımı göktaşları olmak üzere üç grupta toplanabilirler.

Çelyabinsk göktaşı, kondrit denilen, oldukça yaygın, hatta "bahçe tipi" denilebilecek bir göktaşı grubuna aittir. "Kondrit", gök kumu (ya da kondrul) denilen, küçük, yuvarlak silikat parçacıkları içeren göktaşlarına verilen isimdir.

Gök kumlarının kökeni bilinmemekle birlikte, Güneş Sistemi'ni oluşturan toz ve gaz bulutunda erimiş kaya topaklarından köken aldıkları sanılmaktadır. Göktaşlarının yüzde 86'sı kondrit grubunda yer alır. Büyük oranda taştan oluşurlar ve asteroit kuşağından gelirler; yani Güneş Sistemi'ni oluşturan malzemenin neredeyse hiç bozulmamış kalıntılarıdır.

Gezegen organiği

Taş göktaşlarının daha az rastlanan bir alt grubu karbonlu kondritlerdir. Bu adı, aşırı düzeyde organik madde –örneğin aminoasitler– içerdikleri için alırlar. Bu göktaşlarının da Güneş Sistemi'ni oluşturan ilksel maddenin bozulmadan kalmış parçaları olduğu düşünülmektedir.

Taş göktaşlarının üçüncü alt grubunu, gök kumu içermedikleri için "akondritler" olarak anılan göktaşları oluşturur. Göktaşlarının yaklaşık olarak yüzde 8'i bu gruptandır. Akondritlerin ilksel maddenin kalıntıları olmayıp, maddenin proto-gezegenleri oluşturmak üzere kütle çekiminin etkisiyle birleştiği gezegen oluşumunun erken evrelerinin ürünü olduğu sanılmaktadır. Proto-gezegenler büyüyüp ısındıkça erimeye başladılar. Bu, gök kumlarının imha olmasına, demir ve nikel gibi ağır elementlerin, arkalarında kayasal bir kabuk bırakarak merkeze çökmesine neden oldu. Bu dış kabuğun, akondritlerin büyük bir kısmının kaynağı olduğu düşünülmektedir; diğer bir deyişle akondritler, büyümeyi başaramayan proto-gezegenlerin kalıntılarıdır. Akondritlerin çok az bir kısmınınsa daha belirgin bir kökeni vardır: Bunlar bir zamanlar Ay'ın veya Mars'ın parçası olmuşlardır.

Her yirmi göktaşından biri demir grubundandır. Büyük oranda demir ve nikel içeren bu göktaşları da gezegen oluşumunun –proto-gezegenlerin daha sonra çarpışmalarla çok küçük parçalara ayrılmış zengin çekirdeklerinin– kalıntılarıdır. Bu uzay metali parçaları, kendi gezegenimizin de çekirdek, manto ve kabuk şeklinde katmanlara niye sahip olduğunu anlamamıza yardımcı olur.

Son grubu oluşturan taş-metal karışımı göktaşları, biraz ondan biraz bundan olacak şekilde, taş ve demir içeren yapıdadırlar. Bu nadir kayaların –göktaşlarının yalnızca yüzde 1'i bu gruba girer– yine gezegen olmayı başaramamış proto-gezegenlerin iç kısımlarında, demir çekirdek ile taş dış katmanlar sınırındaki bölgelerden köken aldıkları düşünülmektedir.

Bir göktaşı bulmak kolay değildir. Çorak yerlerde fark edilmeleri daha kolaydır. Özellikle Antarktika bu iş için biçilmiş kaftandır, çünkü hem arazi bembeyazdır hem de buzulların hareketi göktaşlarının dağ eteklerinde birikmesini sağlar.

Kafaya dikkat!

Eğer bir göktaşı bulursanız, bu 470 milyon yıl önce parçalanmış dev bir asteroide ait olabilir. Bu asteroit, Ordovisiyen Dönemi'nde Dünya'ya yağmur gibi kondrit yağmasına neden olmuştu. Parçaların çoğu halen düştükleri yerde duruyor ve günümüzde bile Dünya'ya düşen göktaşlarının çoğunluğunu oluşturuyorlar.

Göktaşları, nadiren insanların kafasına düşebilir, ama şimdiye kadar buna bağlı olduğu doğrulanmış bir ölüm vakası yoktur. Kasım 1954'te bir göktaşı Alabama'da bir evin çatısını delerek içeri düşmüş, evdeki mobilyalardan birinden sekerek 34 yaşındaki Ann Elizabeth Hodges'a çarpmıştır. Neyse ki kadın, ağır yaralanmasına rağmen iyileşmiştir. Ağustos 1992'de Uganda, Mbale'de gerçekleşen göktaşı yağmurunda ağaca çarpıp seken bir göktaşı bir çocuğun kafasına gelmiş, ama çocuk yara almadan kurtulmuştur.

Ay ve Mars parçaları

1969-1976 yılları arasında ABD ve Sovyetler Birliği uzaydan Dünya'ya yaklaşık 380 kg Ay kayası getirdi. Ancak Dünya'daki Ay kayaları bunlarla sınırlı değildir. Büyük miktarda Ay taşı, muhtemelen Ay'a başka bir büyük cismin çarpmasıyla, yüzeyden koparak Dünya'ya göktaşı olarak düşmüştür.

Mars da düzenli olarak Dünya'mıza kayalar fırlatır. Kızıl gezegenin ellerimizle tutabildiğimiz yegâne parçaları, Mars'tan dünyamıza ulaşan 130 göktaşından ibarettir. Bunların en ünlüsü, Antarktika'da bulunan ALH 84001'dir. 1996 yılında NASA'daki bilim inasanlarının, bu göktaşında Mars bakterilerinin fosillerinin bulunduğunu öne sürmeleri büyük sansasyon yaratmıştır. Ne yazık ki, bilim camiasının ortak görüşü eldeki kanıtların uzaylıların kesin varlığına işaret etmeyeceği yönündedir.

Gökten uzay kayası yağıyor!

Dünya yüzeyinde, düşen veya çarparken gözlenen göktaşlarının sayısı 34.000'den fazladır.

DAHA AZ GÖKTAŞI ● ● ● ● ● **DAHA FAZLA GÖKTAŞI**

DÜŞME TARİHİ: 861
Nogata, Japonya
Düşme tarihi bilinen en eski göktaşı

BULUNMA TARİHİ: 1805
Bitburg, Almanya
Demir. Avrupa'da bulunan en büyük göktaşı (1,6 ton)

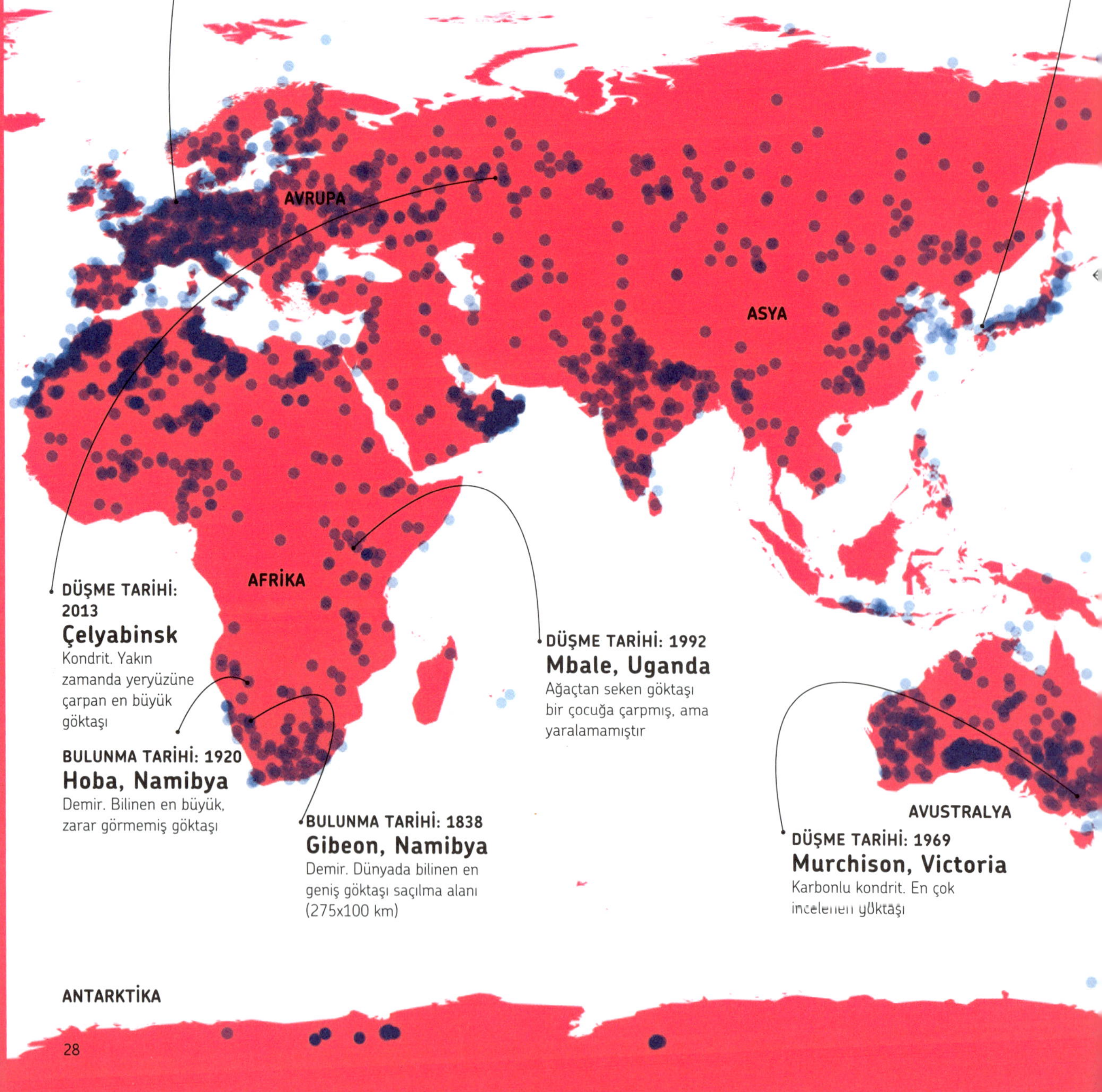

DÜŞME TARİHİ: 2013
Çelyabinsk
Kondrit. Yakın zamanda yeryüzüne çarpan en büyük göktaşı

DÜŞME TARİHİ: 1992
Mbale, Uganda
Ağaçtan seken göktaşı bir çocuğa çarpmış, ama yaralamamıştır

BULUNMA TARİHİ: 1920
Hoba, Namibya
Demir. Bilinen en büyük, zarar görmemiş göktaşı

BULUNMA TARİHİ: 1838
Gibeon, Namibya
Demir. Dünyada bilinen en geniş göktaşı saçılma alanı (275x100 km)

DÜŞME TARİHİ: 1969
Murchison, Victoria
Karbonlu kondrit. En çok incelenen göktaşı

DÜŞME TARİHİ: 1954

Sylacauga, Alabama

Kondrit. Çatıyı delerek 34 yaşındaki Ann Elizabeth Hodges'a çarpması sonucu bir insanı yaraladığı belgelenen ilk göktaşı

BULUNMA TARİHİ: 1894

Cape York, Grönland

Demir. Amerikan Doğa Tarihi Müzesi'nde 34 tonluk bir parçası sergilenen bu göktaşı, halka teşhir edilen en büyük göktaşıdır

YAKLAŞIK DÜŞME TARİHİ: 50.000 YIL ÖNCE

Diablo Kanyonu, Arizona

Demir. Meteor Krateri ile ilişkilendirilen göktaşları

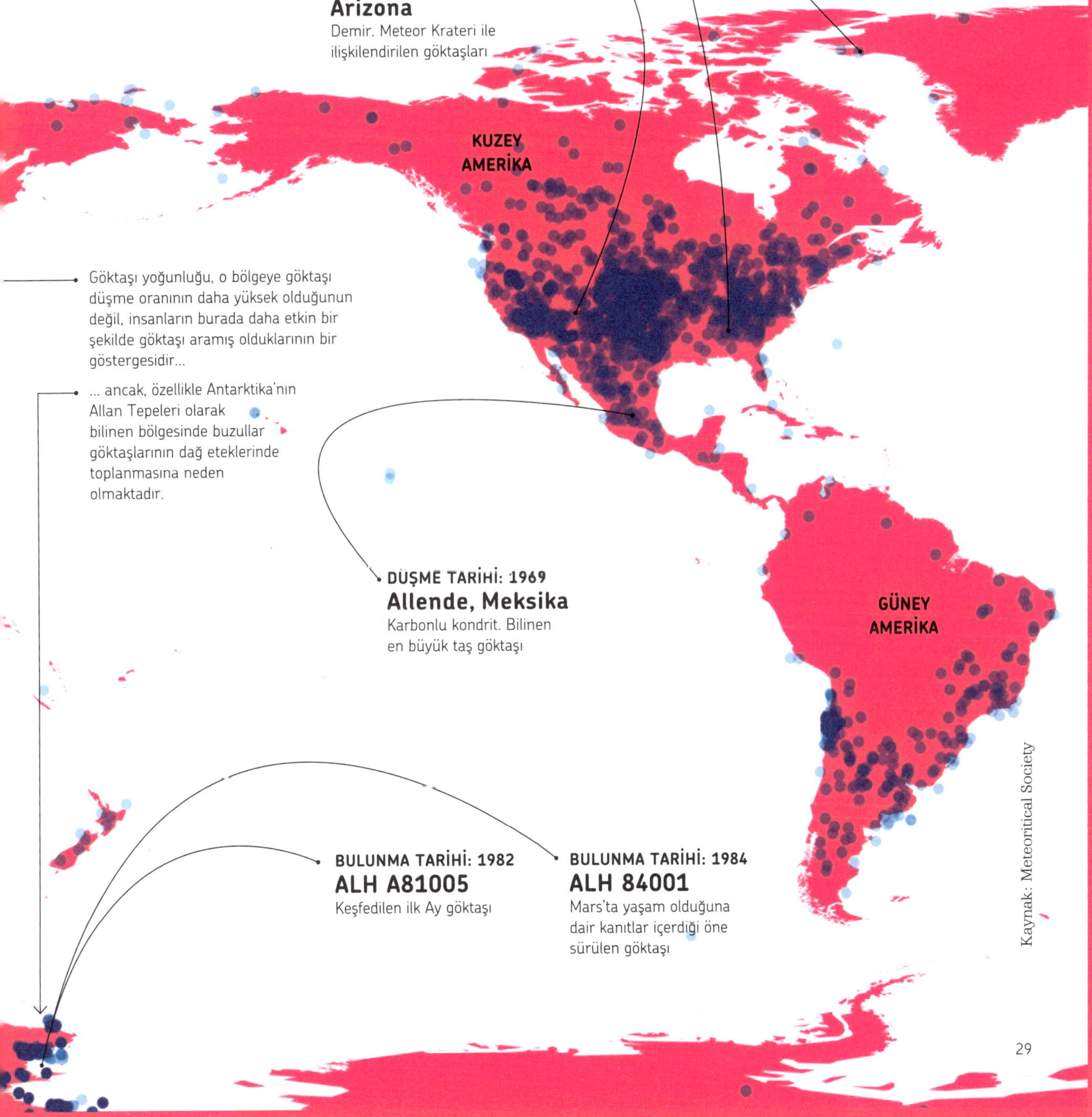

Göktaşı yoğunluğu, o bölgeye göktaşı düşme oranının daha yüksek olduğunun değil, insanların burada daha etkin bir şekilde göktaşı aramış olduklarının bir göstergesidir...

... ancak, özellikle Antarktika'nın Allan Tepeleri olarak bilinen bölgesinde buzullar göktaşlarının dağ eteklerinde toplanmasına neden olmaktadır.

DÜŞME TARİHİ: 1969

Allende, Meksika

Karbonlu kondrit. Bilinen en büyük taş göktaşı

BULUNMA TARİHİ: 1982

ALH A81005

Keşfedilen ilk Ay göktaşı

BULUNMA TARİHİ: 1984

ALH 84001

Mars'ta yaşam olduğuna dair kanıtlar içerdiği öne sürülen göktaşı

Kaynak: Meteoritical Society

Evren gerçekte neyden yapılmıştır?

Evrende gözle görünenden daha fazlası vardır. Çok daha fazlası... Aslında evrenin bütününe kıyaslandığında, bizler tuhaf ve incir çekirdeğini doldurmayacak kadar önemsiz kalırız. Kendimiz ve önem verdiğimiz her şey, evrenin yüzde 10'undan azını oluşturur. Geri kalan kısım, karanlık madde ve karanlık enerji gibi gizemli oluşumlardır. Bu ikisi, günümüzün en büyük kozmolojik gizemlerinden birini meydana getirir. Aslında ne olduklarınıysa kimse kesin olarak bilmemektedir.

Bu irkiltici oluşumlardan sahneye ilk çıkanı karanlık maddeydi. 1930'ların başında, Hollandalı gökbilimci Jan Oort, yıldızların Samanyolu'nda yörüngede dönme biçiminde bazı anormallikler gördü. Bu davranışı açıklamanın tek yolu, uzayın büyük bir kısmını karanlık, görünmez bir maddenin kapladığını düşünmekti.

Daha sonra, İsviçreli gökbilimci Fritz Zwicky, 320 milyon ışık yılı uzaklıkta bir gökada kümesinde benzer bir anormal davranış gözlemledi. Gökadaların birbirleri etrafında, içerdikleri yıldızların toplam kütlesine bağlı olan kütle çekim kuvvetinin gerektirdiğinden çok daha hızlı döndüklerini saptadı. Bu durumda ya gökadalar göründüğünden daha fazla madde içeriyorlardı ya da Newton'un kütle çekim kuramı yanlıştı. Zwicky ilk olasılıkta karar kıldı ve gökadaların büyük miktarda görünmeyen gazla kuşaltılmış olduğu sonucuna vardı.

Akıllar karışıyor

1970'lerde gökbilimciler tek tek gökadalarda da aynı gözlemi yaptılar. Gökadalar öyle hızlı dönüyorlardı ki, parçalanıp dağılmaları gerekirdi. Önce Zwicky'nin görünmeyen gaz açıklamasını benimsedilerse de, bir noktada tıkanıp kaldılar. Eğer bu görülmeyen şey, proton, nötron ve elektronlardan oluşan normal bir maddeyse, yıldızların ve gökadaların oluşumuyla ilgili bildiklerimiz yanlış olacaktı, çünkü ilk yıldız ve gökadaların oluşmasını sağlayacak kadar hızlı bir çökme hiçbir zaman gerçekleşemeyecekti.

Böylece, orada başka bir şey, ışığı veya diğer elektromanyetik ışınımları emmeyen veya yaymayan, dolayısıyla da göremediğimiz gizemli bir madde türü olması gerektiğini düşünmeye başladılar. Fakat bu şey kütle çekimiyle etkileşime giriyordu, bu yüzden de etkilerini sıradan madde üzerinde görebiliyorduk. Buna karanlık madde adını verdiler.

Kozmologlar artık karanlık maddenin evrenin önemli bir bileşeni olduğuna ve yaklaşık yüzde 27'sini oluşturduğuna inanıyorlar. Karanlık maddenin getirdiği fazladan kütle çekimi olmasaydı, ne gökadalar yeterince hızlı bir şekilde oluşabilecek ne de bugün gözlemlediğimiz kümeleri ve süperkümeleri oluşturabileceklerdi.

Karanlık madde büyük ölçüde gökadaların çevresindeki yuvarlak halelerde yoğunlaşmış haldedir. Aslında, gökadamız Samanyolu gibi sarmal gökadaların kütlesinin çoğu, yıldızlarda ve gezegenlerde değil, onları çevreleyen görünmez madde içinde bulunur.

Zayıf etkileşimli büyük kütleli parçacıklar

Öte yandan, sinir bozucu gerçek şu ki, karanlık maddenin ne olduğunu hâlâ bilmiyoruz. En iyi kurama göre bu madde, WIMP (Weakly Interacting Massive Particles), yani "zayıf etkileşimli büyük kütleli parçacıklar" adı verilen varsayımsal parçacıklardan oluşur. Eğer bu doğruysa, her saniye bunlardan trilyonlarcası gezegenin içinden geçmektedir. Bu parçacıkları saptamak veya laboratuvarda üretmek için birçok deney yapılmış ama hiçbirinde başarıya ulaşılamamıştır.

Gökbilimsel gözlemler ayrıntılı hale geldikçe, her şey daha da karanlıklaşmaktadır. Bazen, Samanyolu çevresinde dönen cüce gökadalarda olduğu gibi, aşırı miktarda karanlık madde varmış sanısı doğar. Bu gökadalar öylesine hızlı bir şekilde dönerler ki, içleri tıka basa karanlık maddeyle dolu gibidir. Ancak bu, "gökadalardaki karanlık madde miktarı, gökadanın büyüklüğüyle doğru orantılı olmalıdır" diyen gökada oluşumu kuramından anladıklarımızın tamamen karşıtıdır.

Bazen de çok az karanlık madde varmış sanısına kapılırız. Evrende, gökada oluşum kuramının öngördüğünün onda veya yüzde 1'i kadar küçük gökada vardır. Ayrıca, çevrelerinde dönen yıldız kümeleri fazladan bir kütle çekime maruz kalıyor gibi dursa da, hiç karanlık madde içermiyor gibi görünen gökadalar da mevcuttur.

Kütle çekimi sorunu

Uzun lafın kısası, karanlık maddenin neyden oluştuğunu öğrenmeye şiddetle ihtiyacımız var. Eğer böyle bir madde yoksa kütle çekimiyle ilgili bilgilerimizin yanlış olduğu ortaya çıkacak. Karanlık maddenin varlığına umut bağlamayı sürdüren ve gökadaların hareket ve dönme şekilleriyle ilgili gözlemleriyle karanlık maddenin özelliklerini belirlemeye çalışan birçok gökbilimci için bu, düşünülmesi bile hoş olmayan bir durum.

Evrenin yüzde 27'si hakkındaki bilgi eksikliğimiz zaten pek de hoş değilken, yüzde 70'lik bir kısım hakkında hiçbir şey bilmemeye ne demeli? İşte 1998 yılında kozmologlar, günümüzde karanlık enerji olarak bilinen, kütle çekimine zıt bir tür enerjinin keşfedilmesiyle kendilerini bu nahoş konumda buldular.

Her şey, evrenin genişleme hızını hesaplamaya yönelik rutin bir deneyle başladı. Kütle çekiminin, Büyük Patlama'yla başlayan genişlemenin hızını yavaşlatması bekleniyordu. Gökbilimciler süpernovaların, bu ayrıntılara ışık tutacak patlayan yıldızların arayışı içindeydiler.

Ne var ki incelenen süpernovalar bu görüşü doğrulamadı. Uzaktaki süpernovaların, evrenin genişleme hızında bir azalma olduğu takdirde bulunmaları gereken yerden çok daha uzakta oldukları ortaya çıktı. Kaçınılmaz sonuç gökbilimcileri şaşkına çevirdi: Evrenin genişlemesi yavaşlamak yerine giderek hızlanıyordu! Ama neden?

Bu, astrofiziğin en kafa karıştırıcı ve yanıtlanması zor sorusu haline geldi. Çoğu fizikçi çözümün, uzay boşluğunda dolaşan, evrendeki maddenin ve enerjinin yaklaşık yüzde 70'ini oluşturan ve evrenin genişleme hızının giderek artmasından sorumlu olan tanımlanması zor bir kuvvette, karanlık enerjide saklı olduğunu düşünüyor.

Einstein'ın muhteşem hatası

Modern karanlık enerji kavramı ancak yirmi yıl öncesine uzanır. Oysa Albert Einstein buna çok benzer bir şeyi, genel görelilik kuramına ek olarak 1917'de keşfetmişti. Kütle çekiminin evrenin kendi içine çökmesine neden olacağını fark edince, kuramına bir düzeltme faktörü ekleme gereği duydu (uzay boşluğuna özgü, kütle çekimi karşıtı gizemli bir kuvvet olan kozmolojik sabit). Sonra fikrini değiştirerek bu sabit için, "hayatımın en büyük hatası" diyecekti. Bugünse artık, Einstein'ın zamanının ne kadar ötesinde olduğunu biliyoruz.

Peki, karanlık enerji tam olarak nedir? Ee, şey... bilmiyoruz. Ama bu konuda bazı fikirler de yok değil. Bu, uzayın kendi dokusuna özgü bir enerji olabilir. Evreni değişen hızlarda genişleten ve "öz" adı verilen farklı bir enerji alanı olabilir. Belli koşullar altında çekmek yerine iten, bir tür yerçekimi şekli olabilir. Hatta bir yanılsama bile olabilir.

Neden yüzde 95 oranında karanlıktayız

Bu sayfalarda gördüğünüz jelibonlara benzer şekilde, evren de büyük oranda karanlıktır. Evrenin yüzde 68'i karanlık enerjiden, yüzde 27'si karanlık maddeden oluşur. Bu, evrenin yaklaşık yüzde 95'inin göremediğimiz ve anlayamadığımız şeylerden meydana geldiğini gösterir. Sayfadaki beyaz jelibonlarsa, evrenin algılayabildiğimiz küçücük kısmını ifade etmektedir.

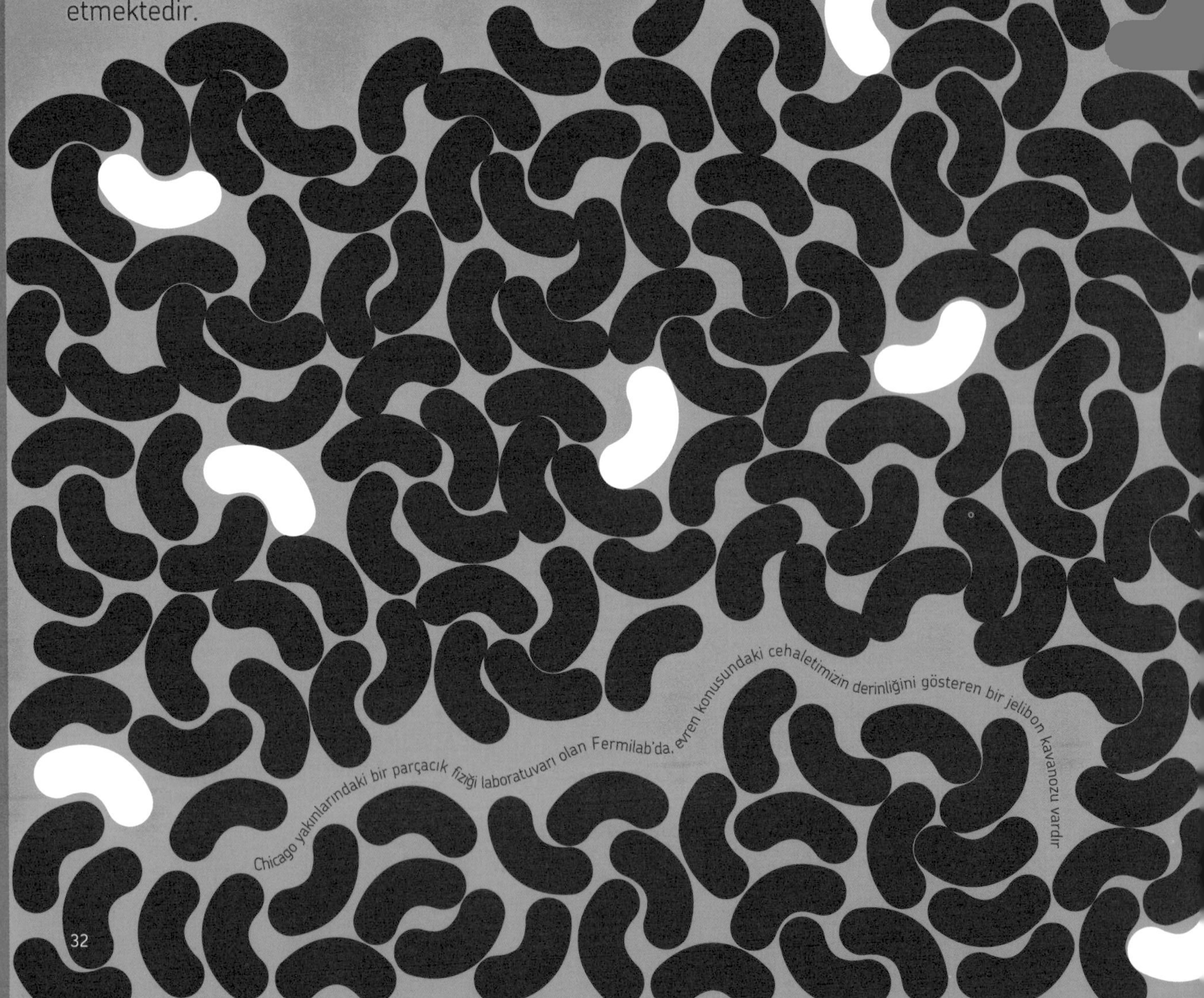

Karanlık evren
Bildiğimiz tek şey, karanlık maddenin evreni bir arada tutmaya, karanlık enerjininse ayrılmaya zorladığı
Gözlemlenebilen kozmos
Gözlerimiz ve teleskoplarla görebildiğimiz her şey. Algılayabildiğimiz evren, gökadalararası ve yıldızlararası gaz ve tozları, yıldızları, gezegenleri ve yaşam formlarını içerir

Kara delikler nereden çıktı?

Bulutsuz karanlık bir gecede dışarı çıkın ve gözlerinizle Yay Takımyıldızı'nı arayın. Onun da ötesinde pusuya yatmış bir göksel canavar vardır, ama endişelenmeyin. Buradaki devasa kara delik bizden çok çok uzaklardadır. Onu göremezsiniz, çünkü aşırı kara ve 27.000 ışık yılı uzakta olmasının yanı sıra, tozlarla örtülüdür. Ancak biz onun orada, gökadamızın ortasında olduğunu biliyoruz.

Peki, bundan nasıl bu kadar emin olabiliyoruz? Ve bu kara delik oraya nasıl geldi?

İşin doğrusu, şimdiye kadar kimse bir kara delik görmedi. Peki, onlarla ilgili bilgileri nasıl edindik?

Kara delikler genellikle 20. yüzyılın bir keşfi olarak görülse de, aslında fikir ilk olarak 1783'te, Yorkshire'lı din adamı ve amatör filozof John Michell'in Londra'da Kraliyet Derneği'ne (Royal Society) sunduğu kurgusal makalede ortaya atıldı.

Michell, yıldızların uzaklıklarını ve büyüklüklerini nasıl ölçebileceği sorununu (ki bu, günümüzde bile gökbilimcileri baş ağrılarına sürükleyen bir konu) çözmeye çalışıyordu. Çıkış noktası, Isaac Newton'un ışığın son derece küçük parçacıklardan oluştuğunu öne süren "ışığın tanecik kuramıydı". Michell, bir yıldızın yaydığı ışığın, yıldızın kütle çekimi etkisiyle yavaşlaması gerektiğini düşündü. Bu yavaşlamanın büyüklüğü, yıldızın kütlesini ve Dünya'ya olan uzaklığını ölçmek için kullanılabilirdi.

Michell'in 1784 yılında Kraliyet Derneği'nin bilimsel dergisi *Philosophical Transactions*'da yayımlanan hayli uzun makalesi, esas olarak Dünya'da bu ölçümlerin prizmalar yardımıyla nasıl yapılabileceğini konu alıyordu. Ama biraz da hayal ürünü öğeler içeriyordu.

Michell, eğer yıldız yeterince büyükse, kütle çekiminin, ışığın bile kaçmasına izin veremeyecek ölçüde güçlü olacağını iddia ediyordu. Işığı bu şekilde tutabilecek bir yıldızın çapının, Güneş'inkinden yaklaşık beş yüz kat daha büyük olması gerektiğini hesaplamıştı. Eğer böyle bir nesne varsa, "ışığı hiçbir şekilde bize ulaşamaz," diye yazmıştı.

Bu bütünüyle özgün fikir, Michell'in hedefine oldukça uzak olduğundan, "bu konuda daha fazla çalışma yapmayacağım," diyerek fikrini bir kenara bıraktı.

Michell sözünün eriydi. 1793'te ölünceye kadar bu fikirden bir daha hiç söz etmedi.

Birkaç yıl sonra, Fransız bilim insanı Pierre-Simon Laplace, çok büyük yıldızların özelliklerinden bahsederken aynı fikri öne sürdü. Bu dev yıldızların kütle çekimleri öyle büyüktü ki, hiçbir ışık yüzeylerinden kurtulamazdı. Bu nedenle, evrendeki en büyük cisimler görünmüyor olabilirdi.

Laplace bu fikri daha da ileri götürmeyi amaçlamış olabilir. Fakat 1804'te, ışığı parçacık olarak değil de bir dalga olarak tanımlayan yeni kuramın ortaya çıkışı, bu fikri hükümsüz kıldı. Bu durumda ışık, kütle çekiminden etkileniyor olamazdı. Böylece, fikir unutuldu gitti.

Karaya dönüş

1915'te, Albert Einstein'ın genel görelilik kuramıyla, yıldız gibi dev kütleli cisimlerin kütle çekiminden dolayı uzay-zamanda bükülmelere neden olacağının saptanması işleri değiştirdi.

Kuram, Einstein'ın kendisi bunu fark etmemiş olsa da, tuhaf bir öngörüde bulunmuştu. Bunu Einstein'a, Doğu Cephesi'nde boş zamanlarında bu

Spagettileşme

Bir kara deliğin olay ufkuna erişen her şey, bir daha asla görülemeyecek şekilde içine emilir. Bu sürece "spagettileşme" denir. Kütle çekimi o kadar güçlüdür ki kara delik, talihsiz nesneyi (örneğin bir uzay gemisi veya astronotu) uzun ince bir çubuğa dönüştürür ve spagetti makarnayı emerek yutar gibi içine alır.

Bir deliğin hikâyesi
"Kara delik" adının nereden geldiğinden kimse tam olarak emin değil. Bu terimin ilk olarak, 1967 yılında bir konferansta fizikçi John Archibald Wheeler tarafından kullanıldığı söyleniyor. *Yale Alıntılar Kitabı*'ndaysa, terimin ilk kez 1964'te American Association for the Advancement of Science'ın toplantılarından birinin raporunda kullanılmış olduğu yazıyor. Öyle görünüyor ki, akılda kalıcı sözlere ilgisi olan Wheeler, astrofizikçiler arasında daha önce de kullanılan bu terimi alıp popülerleştirmiş.

durumu keşfeden gökbilimci Karl Schwarzschild gösterdi. (Schwarzschild, 1914'te 40 yaşındayken Alman ordusuna gönüllü yazılmıştı.)

Schwarzschild, yeterli miktarda kütlenin yeterince küçük bir alanda yoğunlaşması halinde, uzay-zamandaki eğriliğin sonsuz olacağını kanıtlamıştı. Sonuç "tekillik", yani uzay-zamanda, kütle çekiminin ışığın bile kaçamayacağı kadar güçlü olduğu bir noktaydı. Einstein etkilendi, ancak böyle bir nesnenin gerçekten var olabileceğine inanmadı. Schwarzschild, 1916'da siperlerde kaptığı bir hastalıktan ölünce, ortaya attığı tekillik, tamamen kuramsal bir kavram olduğu düşüncesiyle reddedildi. Daha sonra Einstein, 1939'da bu noktayı varsayımsal olarak "kanıtlayan" bir makale yayımladı ve konu rafa kaldırıldı. En azından bir süreliğine.

1950'lerde gökbilimciler, uzayın derinliklerini araştırmak için radyo dalgalarını kullanmaya başladılar ve ancak genel görelilik kuramıyla anlaşılabilecek kadar aktif olan, kuasarlar gibi çok çok uzaktaki nesneleri keşfettiler.

Buradan, çok büyük nesnelerin fiziğiyle ilgili yeni bir değerlendirme şekli gelişti ve fizikçiler bu tekilliklerin var olabileceğini ve muhtemelen var olduklarını sonunda kabul ettiler. Buradaki kilit noktalardan biri "olay ufku" kavramıydı. Bu, kara deliğin "yüzeyi" yani uzay-zamanda kütle çekiminin hiçbir şeyin kaçamayacağı kadar güçlendiği bir sınırdı. 1960'ların sonunda, çoğu fizikçi kara deliklerin Einstein'ın kuramının kaçınılmaz bir sonucu olduğunu kabul etti.

Kara delikler nasıl oluşur?

Güneş'in kabaca iki veya daha fazla katı büyüklüğündeki bütün yıldızlar kara deliğe dönüşürler. Bu yıldızlar, içe doğru bir basınç yaratan muazzam bir kütle çekim alanına sahiptirler. Ömürleri boyunca, çekirdeklerindeki nükleer füzyon reaksiyonları sayesinde buna karşı koyarlar. Fakat yakıt bittiğinde artık direnemez hale gelirler ve "kütle çekimsel çökme" adı verilen süreçle, kendi içlerine çökmeye başlarlar.

Bu, bazen doğrudan bir kara deliğin oluşmasıyla sonlanır, bazen de "süpernova patlaması" olarak adlandırılan ve yalnızca çekirdeği geride bırakarak, yıldızın dış tabakalarını havaya uçuran büyük bir patlamaya neden olur. Eğer yıldız yeterince büyükse, çökme devam eder. Çöken madde giderek yoğunlaştıkça kütle çekim alanı o kadar güçlenir ki, ışığın bile kaçamayacağı geri dönüşsüz noktanın ötesine geçer. Bir kara delik doğmuştur.

Ancak bu süreç, Güneş'in en az 100.000 katı büyüklüğündeki dev kara deliklerin kökenini açıklamaz. Bu dev kara delikler, çok büyük miktarda maddenin çok uzun bir zaman boyunca basit bir kara deliğe çekilmesiyle, birçok olağan kara deliğin birleşmesiyle ya da evrenin erken döneminde süperdev yıldızların içe çökmesiyle oluşmuş olabilirler.

Ancak ilginç olan, genel olarak kara deliklerin varlığını kabul etmiş olsak da, henüz kimsenin bir kara delik görmemiş olması. Bu konuda ulaşabildiğimiz en büyük başarı, kısa süre önce iki kara deliğin çarpışmasının neden olduğu kütle çekim dalgalarının saptanması.

Doğrudan bir kara deliği görüntülemek ve böylece aynı içlerine hapsolan ışık gibi, onların da var olduğunu kaçınılmaz bir şekilde kanıtlamak için çalışmalar devam ediyor.

Zaman ve uzayda nasıl delik açılır?

Kara delikler görülemezler ve kavranamazlar ama biz yine de oralarda bir yerlerde var olduklarını biliriz...

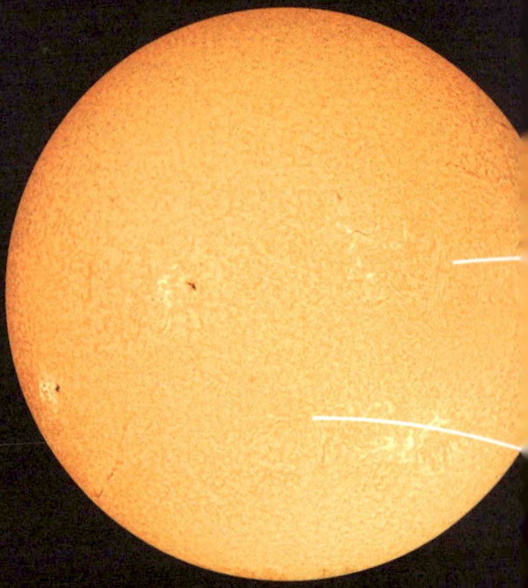

Dev Yıldız
Güneş'in iki katından büyük olan bütün yıldızlar kara deliğe dönüşür

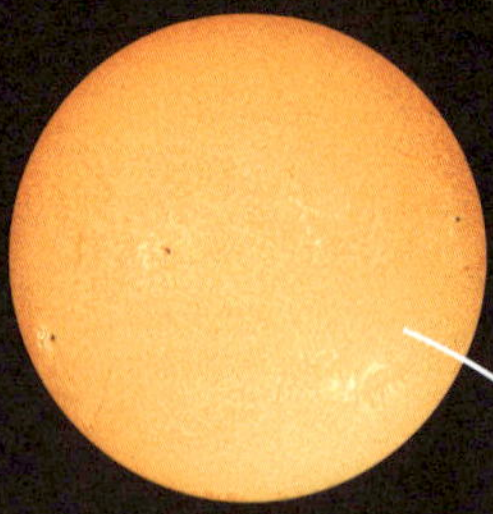

Yıldız
Daha küçük yıldızlar da içlerine çökerler ama bunu tamamlayabilecek kütle çekim gücüne sahip değillerdir. Sonunda beyaz cüceye veya nötron yıldızına dönüşürler

Yıldızlar, yaşamları boyunca, çekirdeklerindeki nükleer füzyon sayesinde kendi kütle çekimlerine karşı koyarlar.

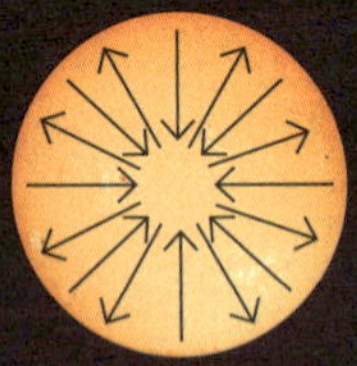

Ancak yakıtı biten yıldız artık kütle çekimine karşı koyamaz hale gelir ve kendi içine çökmeye başlar.

Beyaz Cüce

Bu kütle çekimsel çökme, doğrudan bir kara delik oluşturabilir veya yıldızın dış katmanlarını patlatan bir süpernova yaratabilir.

Eğer geriye kalan kütle miktarı yeterliyse içe çökme süreci, kütle çekimi alanı ışığın bile kaçamayacağı kadar güçleninceye kadar devam eder.

Kara Delik
Uzay-zaman içinde sonsuz derecede küçük, sonsuz derecede yoğun, görünmez bir bölge

Süpernova
Kütlesinin çoğunu dışarı atmasına yol açan bir patlamanın ardından birdenbire parlaklığı artan yıldız

Eğer Dünya bir kara deliğe dönüşseydi (ki böyle bir şey mümkün değildir), olay ufku yaklaşık bu büyüklükte olurdu ama ağırlığı değişmezdi

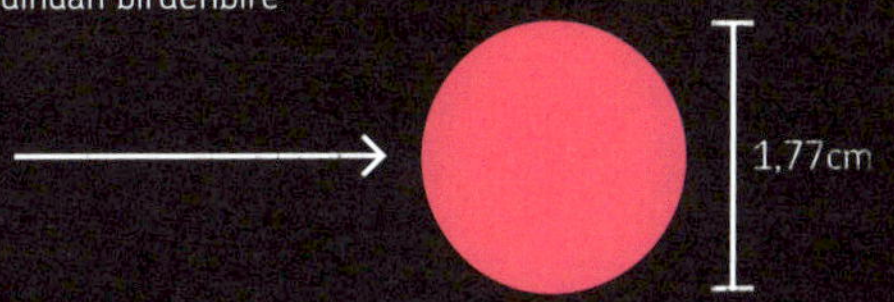

2. Bölüm

Gezegenimiz

Neden Güneş'e en yakın üçüncü gezegendeyiz?

Güneş Sistemi'mizin sekiz gezegenine baktığınızda, bir aile benzerliği görmekte epey zorlanırsınız. Oysa Güneş Sistemi'nin kökeninin hikâyesi, bütün gezegenlerin aynı hammaddeden yaratılmış olduklarını ortaya koyar.

Bu cisimlerin Güneş Sistemi'ne gelişigüzel bir şekilde dağılmış olduğunu da düşünebilirsiniz. Ama bugün, Güneş Sistemi'nin herhangi bir parçasını yerinden oynatsanız veya içine başka bir şey daha katmaya çalışsanız, bütün yapının ayarı ölümcül bir şekilde bozulur.

Peki, bu narin yapı tam olarak nasıl oluştu? Hikâye, 4,6 milyar yıl önce, Samanyolu'nun durgun derinliklerinde bir şeylerin demlenmesiyle başladı. Gökadaların arasına yayılmış ince ve seyrek özdek –hidrojen, helyum gazı ve bir tutam toz– yoğunlaşmaya başlamıştı. Bu bulutun bir kısmı, kendi kütle çekimine direnemeyerek içe çöktü. Bunu izleyen yüksek sıcaklık ve karışıklıkta, bir yıldız, Güneş'imiz doğdu.

Ölen bir yıldızdan doğmak

Bu süreci tetikleyenin ne olduğunu bilmiyoruz. Bu belki de, yakınlarda patlayan bir yıldızın ölüm sancılarının şok dalgasıydı. Ancak bu, alışılmadık bir olay değildi. Samanyolu'nun yaklaşık 8 milyar yıl önce oluşmasından bu yana sayısız kez tekrarlanan, hatta gökadamızın uzak kısımlarında hâlâ devam ettiğini gördüğümüz bir olaydı.

Güneş oluşunca, buluttaki maddenin yüzde 99,8'ini yuttu. Geriye kalan az miktardaki artık madde, yeni doğan yıldızın çevresinde kütle çekiminin etkisiyle şekillenen düz diski oluşturdu. Bu proto-gezegen diskinin toz taneleri Güneş'in etrafında döndükçe çarpışarak, giderek "gezegenimsi" adı verilen daha büyük gökcisimlerini oluşturdu.

Bu gökcisimleri 1 kilometrelik bir çapa ulaştıklarında, kütle çekimleri, diğer gezegenimsiler de dahil olmak üzere çevrelerindeki maddeleri kendilerine doğru çekecek kadar güçlendi ve böylece gezegenlerin oluşumuyla sona erecek bir süreç başlamış oldu.

Sürecin işleyişi, Güneş'e olan yakınlığa bağlıydı. Diskin en içteki bölgesi çok sıcaktı, yani burada yalnızca erime noktası yüksek olan metaller ve mineraller katı halde bulunabiliyordu. Bu yüzden, bu bölgedeki gezegenler ancak belirli bir dereceye kadar büyüyebildiler ve İç Güneş Sistemi'nin dört küçük karasal gezegeni ortaya çıktı: Merkür, Venüs, Dünya ve Mars.

Gaz ve buz

Metan ve suyun yoğuşarak katı hale geçtiği "buz hattının" ötesindeyse böyle sınırlamalar henüz mevcut değildi. Burada gezegenler, hidrojen moleküllerini ve diğer gazları toplamaya başlayacak kadar büyüyebiliyorlardı. Gaz devleri Jüpiter ve Satürn böyle oluştu; hâlâ daha soğuk olan bölgelerde ise, buz devleri Uranüs ve Neptün ortaya çıktı.

Buraya kadar her şey çok açık görünse de, ayrıntılar söz konusu olduğunda model belirsizleşiyor. Küçük kaya parçalarının, nasıl olup da birbirlerine binlerce kilometre uzaklıkta gökcisimleri oluşturacak şekilde birleştikleri bilinmiyor. Bu kadar küçük gökcisimlerinin, etraflarındaki gaz aracılığıyla sarsılıp savrularak, birbirlerine yapışamadan Güneş'e doğru çekilmeleri gerekirdi. Ama belki de, oluşan bölgesel türbülanslar daha düşük basınçlı girdaplar yaratarak, kayaların bir araya gelip yapışmalarını sağlamış olabilir.

Gaz devleri konusunda da benzer bir sorun kafaları karıştırıyor. Diğer gezegen sistemlerinde bulunan "sıcak Jüpiterler", bu tür gezegenlerin Güneş'e doğru göç etme riski olduğunu gösteriyor. Bunlar aşağı yukarı bizim Jüpiter'imizin boyutunda olmalarına rağmen, kendi yıldızlarının çevresinde, Dünya'ya eşdeğer veya daha yakın mesafelerde dönüyorlar. Güneş Sistemi'nin ilk dönemlerinde böyle bir durum olmuş olsaydı, Dünya ve diğer iç gezegenler yörüngelerinden tamamen sapmış olabilirlerdi.

Güneş Sistemi'nin dış kısmı, Güneş'in doğumundan birkaç yüz milyon yıl sonra şiddetli bir karışıklığa maruz kalmış gibi görünüyor. Kuramlarda, gaz devlerinin önceleri birbirine daha yakın durduğu, daha sonra bu düzenlemeyi kararsız hale getirerek gezegenleri bugünkü konumlarına iten bir olay olduğu öne sürülüyor. O zamandan bu yana, Güneş Sistemi'mizi oluşturan gökcisimleri, hassas olmakla beraber huzurlu bir dengeye yerleşmiş haldeler.

Kuşkusuz Güneş Sistemi sadece Güneş ve gezegenlerden ibaret değil. Mars'la Jüpiter arasında, büyük olasılıkla Jüpiter'in kütle çekimi etkisinden dolayı birleşemeyen proto-gezegen malzemesinden oluşan bir asteroit kuşağı yer alıyor. Daha çok kayalarla dolu olan kuşak, dört büyük gökcismini de içeriyor: Ceres, Vesta, Pallas ve Hygiea. Bunlar, asteroit kuşağının toplam kütlesinin yarısını oluşturuyor.

Ay bolluğu

Güneş Sistemi'nde bol bol da uydu var. Bugüne kadar, bunlardan ancak 180 kadarına ad verilmiş. Güneş Sistemi'nin iç kesiminde, biri Dünya'ya, ikisi Mars'a ait olmak üzere yalnızca üç uydu bulunuyor. Diğer uydularsa, gaz ve buz devlerinin çevresinde yer alıyor. Birçoğunun, ya toplanma diskinin kalıntılarından ya da gezegenin kütle çekimine yakalanan asteroitlerden oluştuğu düşünülüyor. Satürn'ün ve Neptün'ün halkaları, Güneş Sistemi'ni oluşturan maddenin kalıntıları da olabilir, ancak kökenleri kesin olarak bilinmiyor.

Buz devlerinin ötesinde, eski gezegen Plüton ve uydusu Charon da dahil olmak üzere 100.000 kadar buzlu gökcisminden oluşan ve Kuiper Kuşağı adı verilen soğuk bir deniz uzanıyor. Bu gökcisimleri de Güneş Sistemi'nin oluşumunun kalıntıları. Bu muazzam genişlikteki kuşak, Neptün'ün yörüngesinden –30 Astronomik Birim (AU) veya Güneş'le Dünya arasındaki mesafenin 30 katı– yaklaşık 50 AU'luk mesafeye kadar uzanıyor.

Güneş Sistemi burada da sonlanmıyor. Bu kuşağın ötesinde, esas olarak buzlu gökcisimlerinden oluşan yaklaşık 2 ışık yılı çapında bir küre olan Oort Bulutu yer alıyor. Burası Güneş'in kütle çekimi etkisinin kalmadığı bir bölge. Oort Bulutu şimdiye kadar doğrudan gözlemlenmemiş olsa da, bazı gökbilimciler bu bölgenin Güneş Sistemi'yle ilgili görüşümüzü kökten değiştirecek bir şeyi, henüz gözlemlenmemiş bir buz devini gizlediğinden şüpheleniyorlar.

Kim demiş Güneş'in altında yeni bir şey yok diye!

Jüpiter'i ne yiyip bitiriyor?

Biz onlara gaz devleri diyoruz ama birçok gökbilimci Jüpiter ve Satürn'ün kaya çekirdeğe sahip olduğuna inanıyor. Bu gezegenler de Dünya'yla aynı şekilde oluştular, ancak Dünya'nın 10 katı boyutuna eriştiklerinde, kütle çekimleri gazları kendine çekerek, yoğun bir atmosfer oluşmasına neden oldu.

Ne var ki bazı çalışmalarda Jüpiter'in çekirdeğinin, olması gerektiğinden daha hafif olduğu öne sürülüyor. Bunun nedeni çekirdeğin çözünme halinde olması olabilir. Çekirdek muazzam sıcaklık ve basınçlara maruz kalmaktadır. Bu koşullar altında –çekirdeğin ana bileşeni olduğu düşünülen– magnezyum oksit minerali çözünerek atmosfere karışmış olabilir.

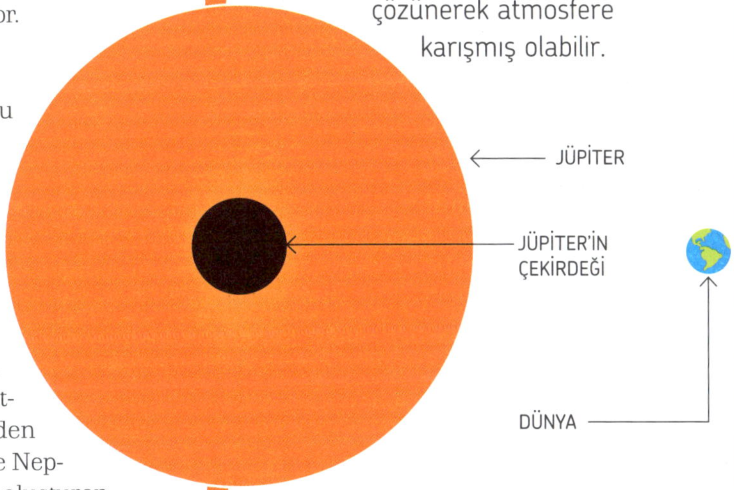

Başka dünyaların güneş sistemleri

Güneş Sistemi dışındaki gezegenleri keşfettikçe, kendi Güneş Sistemi'mizin ne kadar sıra dışı olduğunu anlıyoruz.

Güneş Sistemi'miz

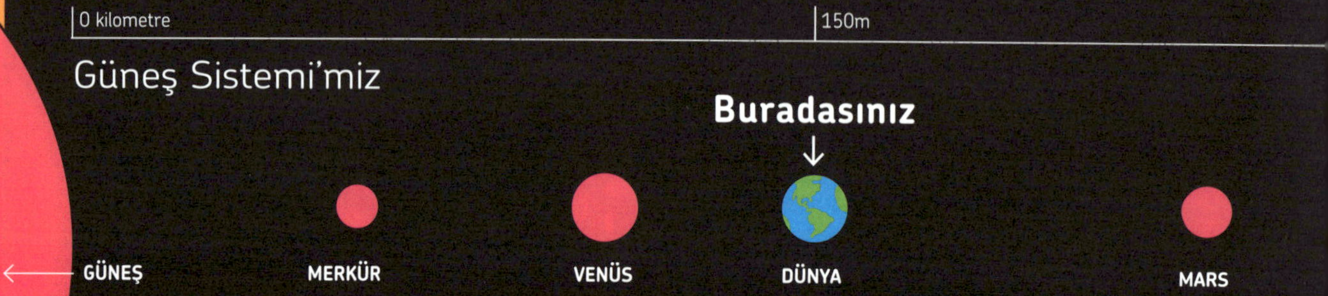

Gliese 876: Komşu güneş sistemi

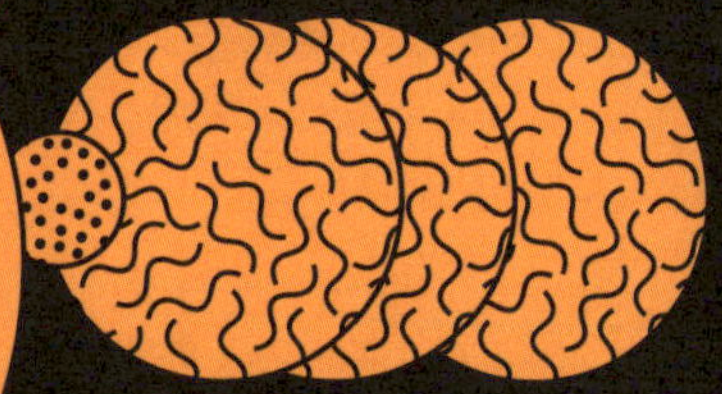

Gliese 876, Dünya'dan yalnızca 15 ışık yılı uzaklıkta bulunan bir kırmızı devdir ve bilinen, bize en yakın çokgezegenli sistemdir

HD 1080: Kendimizinkinin dışında bilinen en büyük güneş sistemi

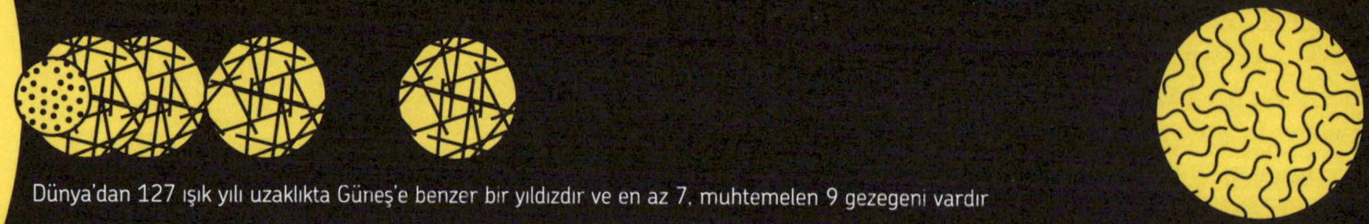

Dünya'dan 127 ışık yılı uzaklıkta Güneş'e benzer bir yıldızdır ve en az 7, muhtemelen 9 gezegeni vardır

Gliese 667 C: Gezegenleri de bulunan üç güneşli bir sistemdir

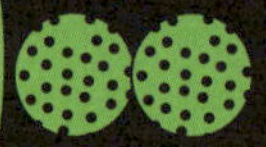

Bu gezegenler, kendisi de (burada gösterilmeyen) bir çift yıldızın yörüngesinde bulunan kırmızı bir cücenin etrafında dönerler. Bu sistem Dünya'mızdan 23,6 ışık yılı uzaklıktadır

Kepler 80: Bugüne kadar bulunan en sıkışık düzenli güneş sistemidir

1100 ışık yılı uzaklıkta ve birbirlerine çok yakın duran en az 5 gezegeni bulunan, Güneş benzeri bir yıldızdır

SÜPER DÜNYA
Dünya'dan büyük, kütlesi Dünya'nınkinin yaklaşık 17 katı olan Neptün'den küçük gezegen

SICAK NEPTÜN
Yaklaşık Neptün ve Uranüs boyutunda, yıldızına yakın dolanan gezegen

GAZ DEVİ
Büyüklüğü ve bileşimi bakımından, hacmi Dünya'nınkinin yaklaşık 1300 katı olan Jüpiter'e benzeyen gezegen

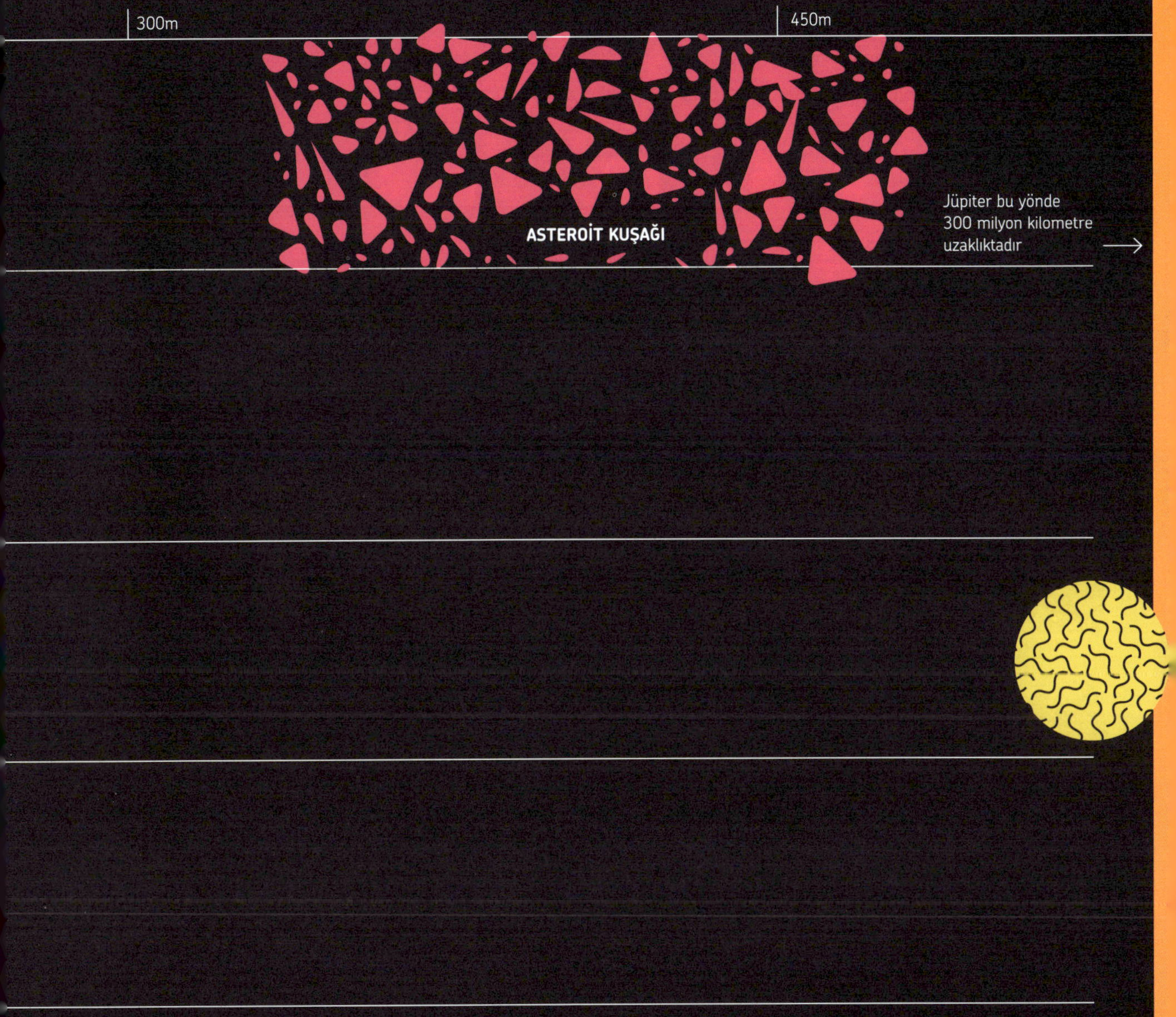

Ay gerçekten bir gezegen midir?

Güneş Sistemi'ndeki uydu sayısı 180'in üzerinde ancak bizimkisinin bir eşi daha yok. Bizim uydumuz Ay, Güneş Sistemi içindeki en büyük uydu olmayabilir. Güneş Sistemi'nin dış kısmındaki buzdan uyduların bazılarından farklı olarak, yaşam barındırma umudu yoktur. Bazı rakiplerinden daha soğuk, daha sessiz ve ciddi şekilde daha yuvarlak olabilir. Ama kökenleri söz konusu olduğunda, başka hiçbir ayın bizimkisi kadar büyüleyici ve fırtınalı bir öyküsü olmadığını söyleyebiliriz.

Satürn'ün Titan'ı ile Jüpiter'in Ganymede, Callisto ve Io uydularının yanında bodur kalsa da, Güneş Sistemi'nin beşinci en büyük uydusu olan Ay, yine de son derece büyüktür. Çapı, Dünya'nın çapının dörtte birini aşan Ay, Güneş Sistemi içinde, yörüngesindeki gezegene kıyasla en büyük uydudur.

Ay'ın anormal boyutu, kökenleri hakkında sorun oluşturur. Diğer uydular ya kütle çekimine yakalanmış asteroitlerdir ya da Güneş Sistemi'ni oluşturan toz ve gaz diskinin kalıntılarından meydana gelmişlerdir.

Charles Darwin'in gökbilimci oğlu George, 1879 yılında bu konuda bir çözüm önerisinde bulundu. Ona göre Dünya ile Ay bir zamanlar yekvücuttular ama bu gökcismi yörüngede o kadar hızlı dönüyordu ki parçalandı ve bir parçası savrularak büyüğünün yörüngesine oturdu. Bu kopan erimiş kaya da, sonunda yoğuşup sertleşerek Ay'ı oluşturdu.

Bu fikir bir dönem epey rağbet gördü –hatta Büyük Okyanus'un da bu olaydan artakalan bir iz olduğu görüşü ileri sürüldü– ancak 20. yüzyılda, hesapların tutmadığı anlaşılınca fikir terk edildi. Genç Dünya'nın Ay'ı fırlatabilmesi için, gerçekleşmesi olanaksız bir hızla, bir tam turunu 2 saatte tamamlayarak dönmesi gerekiyordu!

Büyük Çarpışma

Darwin'in gözden düşen fikri, yerini bir başkasına bıraktı. Dev etki hipotezi veya "Büyük Çarpışma" adıyla bilinen bu kurama göre, Güneş Sistemi'nin oluşmaya başlamasından 50 milyon yıl sonra, Theia adı verilen, Mars boyutlarında bir gökcismi Dünya'ya çarptı. Gökcismi, çarpışmanın etkisiyle parçalandı ve uzaya fırlayan kalıntılar zamanla birleşerek Ay'ı oluşturdu.

Başlangıçta Büyük Çarpışma kuramının diğerlerinden üstün olduğuna dair bir kanıt yoktu. Diğerleri bir işe yaramadığı için ortaya atılmıştı. Ne var ki gökbilimciler, erken Güneş Sistemi'nin neye benzediği hakkında düşünceler geliştirdikçe durum değişti. Dev çarpışmaların gezegen oluşumunda önemli bir etken olduğu artık anlaşılmıştı çünkü.

Büyük Çarpışma şu anda en yaygın kabul gören açıklamadır, ancak bazı gökbilimcileri Darwin'in kuramının biraz değişik bir versiyonuna geri döndüren bazı sorunlar içerir. Büyük Çarpışma kuramına göre Ay'ın büyük bölümü Theia kaynaklıdır ve çok az miktarda Dünya kaynaklı madde içerir. Durum böyleyse, –çok büyük bir rastlantı eseri Theia ile Dünya'nın tamamen aynı maddeden oluşması olasılığını bir kenara bırakırsak– Ay kayaçlarıyla Dünya kayaçlarının bileşimlerinin önemli ölçüde farklı olmasını bekleriz. Ancak Ay kayaçları üzerinde yapılan analizler bunu doğrulamamıştır.

Sulu Ay

Aslında Ay'ın oksijen, krom, potasyum ve silisyum içeren bileşimi, Dünya'nın bileşimiyle aynıdır. Ayrıca Ay kayaçları, şaşırtıcı bollukta su içerir. Oysa dev bir darbenin ardından yaşanan cehennem şartlarında, açığa çıkan ısının suyu dışarı atmış olması gerekirdi.

Bu bulgular, Ay'ın bir zamanlar Dünya'nın bir parçasıyken, çarpan bir gezegenle karışmadan, bir şekilde koparak uzaya fırlamış olduğunu gösteriyor. Ne var ki, Darwin'in çözümü açısından sıkıntı yaratan sorunu bertaraf etmek için, bir yerden büyük enerji girişinin olması gerekiyor. Çarpıcı ama yine de çok spekülatif bir kurama göre, 40 milyon kere milyar Hiroşima bombasına eşdeğer olan bu enerji, yine Dünya'nın içinden, dev bir nükleer patlama şeklinde gelmiş olabilir.

Aslında bu kuram ilk bakışta göründüğü kadar tuhaf değildir. Dünya'nın bir zamanlar, doğal yolla oluşmuş ve nükleer reaktör gibi davranabilecek uranyum kaynaklarına sahip olduğunu biliyoruz. Başta Gabon olmak üzere, dünyanın birçok yerinde bu kaynakların etkisiz kalıntıları bulunmuştur. Bu reaktörler yaklaşık 2 milyar yıl önce aktiftiler ve muhtemelen birkaç yüz bin yıl boyunca yanarak uranyum stoklarını bitirdiler. Fakat çapları 10 metreyi aşmayan bu kaynaklar, Dünya'yı parçalayamayacak kadar küçüktüler.

Ancak yine de buna benzer bir şey Ay'ın kökenini açıklayabilir. Temeldeki fikir, uranyum, toryum ve plutonyum gibi radyoaktif elementlerin, oluştuktan kısa bir süre sonra Dünya'nın derinliklerine batan ağır kayalarda yoğunlaşmış olmasıdır. Dış çekirdekle manto arasındaki sınırda biriken bu kayalar, jeolojik kuvvetler aracılığıyla birbirlerine daha da yakınlaşıp, devasa bir nükleer reaktör oluşturacak şekilde birleşmiş ve sonunda süperkritik hacme ulaşarak, Ay boyutunda bir kayayı yörüngeye fırlatacak kadar kuvvetle patlamış olabilirler.

Daha küçük bir çarpışma olmuş olabilir mi?

Büyük Çarpışma kuramının sorunlarına çözüm getiren başka kuramlar da var. Bunlardan ilki, Theia'nın yarısı büyüklüğünde bir gökcisminin Dünya'ya çarpıp yeryüzünün derinliklerine gömülmüş olması olasılığı. Bilgisayar simülasyonları, böyle bir çarpışmanın Dünya'nınkine benzer kayalardan oluşmuş Ay büyüklüğünde bir kütleyi yörüngeye fırlatacak kadar enerji yaratabileceğini gösteriyor.

Bir başka "küçük çarpışma" kuramındaysa, her biri Dünya'nın yarısı büyüklüğünde iki gezegenin yavaşça çarpışmış olabileceği ileri sürülüyor. Bu gezegenlerin birleşmesi sonucunda Dünya'mız oluşmuş, arta kalan materyal ise Ay'ı oluşturmuş olabilir.

Burada en çok sevineceğimiz haberse, nükleer patlama olasılığı doğru olsa bile, aynı şeyin bir daha tekrarlanma riskinin bulunmaması. Patlamaya neden olan radyoizotopların büyük bir kısmı o zamandan bu yana çoktan bozunmuş durumda. Ne var ki, bir başka korkunç çarpışma olasılığı konusunda o kadar şanslı olmayabiliriz.

Öğlen çöken karanlık

Daha önce tam güneş tutulmasına şahit olduysanız, Güneş Sistemi'nin en şaşırtıcı rastlantılarından birini deneyimlediniz demektir. Ay, Güneş'in önünden geçerken Güneş'i tam olarak kapatır ve ancak etrafındaki parlak hale görülebilir. Bu manzaranın ortaya çıkabilmesinin nedeni, gökyüzündeki Ay'la Güneş'in hemen hemen aynı boyutlarda olmasıdır (Güneş'in çapı Ay'ın çapının 400 katıdır ama öte yandan bize 400 kat daha uzaktadır).

Bu durumun bir anlamı olması gerektiğini düşünebilirsiniz, ama aslında tamamen bir rastlantıdır. Bir zamanlar Dünya'ya çok daha yakın olan Ay, yılda 3,78 cm kadar bizden uzaklaşmaktadır. Bu da, çok uzak geçmişte ve uzak gelecekte, tam güneş tutulmalarının çok daha az etkileyici olduğu ve olacağı anlamına gelir.

Ay'ın büyüklüğü ne kadar?

Ay'ın gerçek büyüklüğünü kavramak güç olsa da, yüzölçümünün Rusya, Kanada ve Çin'in toplamından daha büyük olduğunu söyleyebiliriz. Ay, İç Güneş Sistemi'nin açık arayla en büyük uydusudur ve Satürn'le Jüpiter'in dev uydularından yalnızca biraz daha küçüktür.

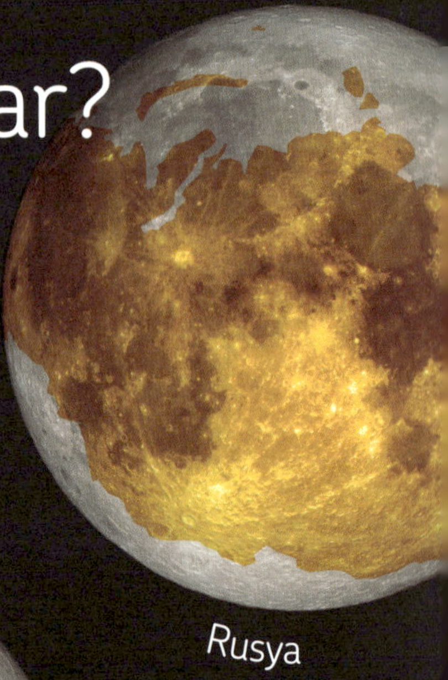

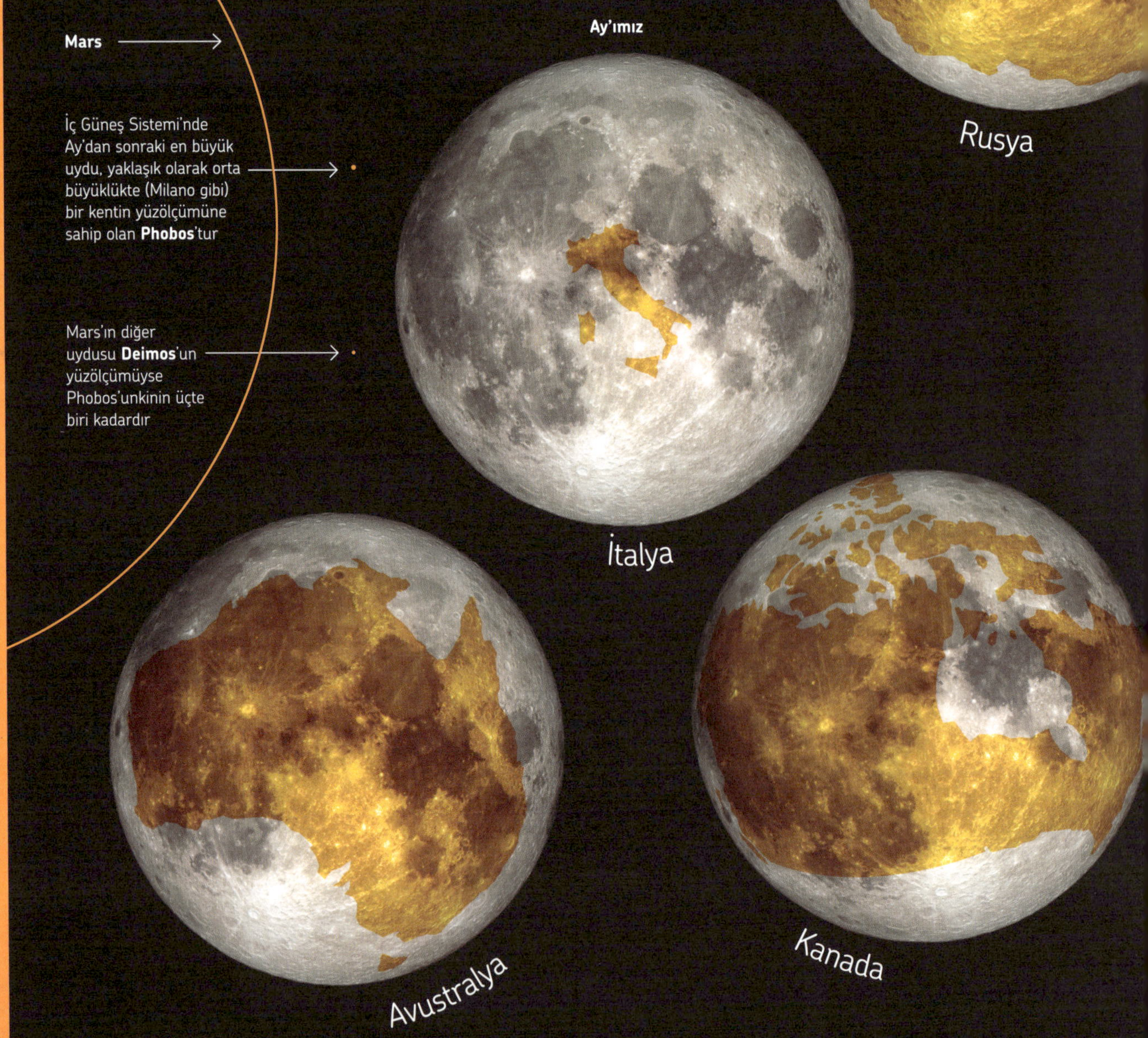

Amerika Birleşik Devletleri
Antarktika
Çin
Sulu Ay
Dünya'nın bütün okyanusları Ay'a taşınsa, Ay'ın çapı yüzde 2 oranında artardı

Dünya üzerinde neden karalar ve okyanuslar var?

Dünya'mız, Mars, Venüs ve Merkür'le birlikte, Güneş Sistemi'ndeki dört karasal gezegenden biri. Ama pek çok açıdan, yalnızca üzerinde yaşam olması nedeniyle de değil, diğer üç gezegenden farklı. Dünya, yavaş ama önüne geçilemez levha tektoniği süreci aracılığıyla sürekli olarak kendi kendini yeniden düzenleyen, hareketli bir yüzeye sahip. Daha da tuhafı, yüzeyinin yüzde 70'i sularla kaplı.

Arthur C. Clarke, "Bu gezegene Suküre yerine Yerküre denmesi ne kadar da tuhaf," demiş. Dünya'nın sürekli değişen, sularla kaplı yüzeyine nasıl sahip olduğunu anlamak içinse, gezegenin ilk dönemlerine geri dönmemiz gerekiyor.

Güneş Sistemi'nin 4,567 milyar yıl önce oluştuğu kabul ediliyor. Bu sırada, bugünkü şekliyle bir Dünya yoktu. Gezegenimiz henüz, gezegenimsilerin birbirleriyle şiddetli çarpışmalarıyla oluşum sürecindeydi. 4,55 milyar yıl önce Dünya'nın yaklaşık yüzde 65'i bir araya gelmişti. Bu bebek gezegen çok sıcak, tamamen erimiş kayaçlardan oluşan bir "magma dünyası" idi. Fakat muhtemelen soğumaya başladı ve kayalık bir kabuk oluşturdu.

Ardından, 20 milyon yıl kadar sonra, tam bebek Dünya katılaşmaya ve Güneş etrafındaki yörüngesine yerleşmeye başlamışken, bu süreç aniden kesintiye uğradı. Genç gezegene Mars büyüklüğünde bir gökcismi çarptı. Çarpışma sonrası ortaya çıkan artıklar Dünya'nın yörüngesine fırladı ve sonunda Ay'ı oluşturdu. Gezegenin atmosferi, bir süre sonra yoğuşarak lav yağmuruna dönüşen, buharlaşan kayalarla doldu. Böylece yeryüzüne, günde 1 metreye kadar ulaşabilen erimiş kaya yağmaya başladı.

Dünya'nın aldığı darbe

Bu çarpışmayla, Dünya'yı bir kez daha belki de çekirdeğine kadar eritecek büyüklükte enerji açığa çıkmıştı. Böylece yeniden oluşan magma okyanusları, gezegenimizin o güne kadarki jeolojik kayıtlarını sildi.

Bu yetmezmiş gibi, yaklaşık 4,1 milyar yıl önce Geç Dönem Ağır Bombardıman başladı. Büyük bir olasılıkla gaz devlerinin yörüngelerindeki yeni bir düzenlemenin tetiklediği bu olayda, asteroit kuşağından Dünya'ya yağmur gibi yağan göktaşları, yüzeyin bir kısmını yeniden eritti. Yerkabuğundaki bu aşırı ve ani değişimler, ardından gelen levha tektoniği ve hava şartlarının da etkisiyle birleşerek, Dünya'nın ilk yarım milyar yıllık tarihiyle ilgili bilgilerimizde derin bir gedik açtı (yeryüzünde cehennem koşullarının hâkim olduğu bu döneme Hadean Devri adı verilir).

Dünya 4 milyar yıl önce Hadean Devri'nden çıktığında, yeryüzünde kuru topraklar, okyanuslar, levha tektoniği hareketleri ve muhtemelen yaşam vardı. O günlerde tam olarak bugünkü gezegenimize benzemiyordu (örneğin bambaşka bir atmosfere sahipti) ama Ay çarpışmasından çıkan erimiş kaya topundan da oldukça farklıydı. Peki, bu değişim nasıl olmuştu?

Dünya'nın bugünkü kabuğu, neredeyse tamamen, 3,6 milyar yıldan daha yaşlı olmayan kayaçlardan oluşur ve bu nedenle Hadean ortamının izleri çok hafiftir. Bugüne kadar gelebilmiş gerçekten eski kayaların çoğu –ki bunlar yerkabuğunun yalnızca 1 milyonda 1'ini oluşturmaktadır– o dönemden bugüne erimiş, sıkıştırılmış, daha sonra yeniden eriyip sıkıştırılmış ve böylece tanınmaz hale gelmiştir. Ancak, zirkon adı verilen küçük, dayanıklı kristaller sayesinde olanlar hakkında bazı ipuçları elde edebiliriz.

Nuh Nebi'den kalma

Çoğunlukla Batı Avustralya'nın Jack Hills bölgesinde bulunan zirkonlar, Dünya'nın en eski mineralleridir. Bunlar son derece dayanıklı zirkonyum silikat kristallerinden oluşur ve yüksek konsantrasyonda uranyum içerirler. Bu özellik, geriye kalan radyoaktivite miktarının ölçümüyle tarihlendirilmelerini sağlar. Birçok zirkonun yaşı 4 milyarın üzerindedir, yani Hadean Devri'nde oluşmuşlardır.

Zirkon kristalleri, badireler atlatan gezegenimizde tam olarak neler olduğunu bize anlatamazlar ama oksijen içerikleri, suda oluştuklarını gösterir. Buradan yola çıkarak, Okyanusların 4 milyar yıl

önce de var olduklarını söyleyebiliriz. Bu da, suyun nereden geldiği ve nasıl olup da buharlaşıp uçmadığıyla ilgili pek çok yeni soruyu getirmektedir. Diğer taraftan, okyanusların sert bir yüzey üzerinde durma zorunluluğundan dolayı, Hadean Devri'nde Dünya'nın bir kabuğunun olması gerektiğini de bize anlatmaktadır.

İlk kabuk, günümüzde de okyanus ortası sırtlarını oluşturan yoğun, siyah, volkanik bir kayaç olan bazalttan oluşuyordu. Okyanus tabanının büyük kısmını meydana getiren bazalt, o kadar büyük miktarlarda birikebilir ki, okyanusun ortasında yükselen kara parçaları oluşturabilir –İzlanda ve Hawaii, bu şekilde deniz tabanından yükselen muazzam bazalt yığınlarıdır. Bu süreç Dünya oluşumunun erken dönemlerinde de gerçekleşmiştir. Dünya'nın yüzeyi, ilk birkaç milyar yıl boyunca, volkanik ada zincirlerinin ayırdığı denizlerden oluşuyordu.

Hareket halindeki Dünya

Bu sırada, ilk kıtalar da oluşmaya başlamıştı. Kıtalar, bir başka volkanik kayaç olan granitten meydana geldiler. Granit, dalma batma zonlarında –okyanus tabanındaki levhaların birbirlerinin veya kıtaların altına kaydığı bölgelerde– ortaya çıkan hafif bir kayaç türüdür. Granit bazalttan daha az yoğundur, dolayısıyla da daha yoğun kayaçların üzerinden akmıştır. İlk gerçek kıtasal kabuklar işte bu şekilde oluşmuştur. 4 milyar yıl önce oluşmuş kıtasal kabukların bir kısmı bugün de yerinde durmaktadır.

Granitin varlığı, levha tektoniği hareketlerinin, bugün –aşırı yavaş da olsa– gerçekleşen hareketlere hiç benzememekle beraber o dönemde de devam ettiğini göstermektedir.

Yaşamın Hadean Devri'nde başladığı bile ileri sürülmektedir. En eski güvenilir fosiller 3,43 milyar yaşındadır, ancak 4,1 milyar yıllık zirkon kristallerinde, yaşayan organizmaların kalıntıları olabilecek kimyasal izlere rastlanmıştır. Eğer bu gerçekse, o cehennem şartlarında nasıl hayatta kalabildikleri konusu çözülmeyi bekleyen ayrı bir sır olacaktır.

Kozmik kokteyl

Dünya üzerindeki okyanuslar, tarihin çok erken dönemlerinde ortaya çıktılar ama nasıl oluştukları bizler için hâlâ bir sır. Güneş'e bu kadar yakın olunduğunda, protogezegensel madde içinde suyun tutulabilmesi pek olası değil. Stardart açıklama, okyanusların Geç Dönem Ağır Bombardıman sırasında kuyrukluyıldızlar ve asteroitler gibi buzlu gökcisimleriyle birlikte geldiği yönünde.

Ne var ki, 67P Çuryumov-Gerasimenko kuyrukluyıldızına inceleme için gönderilen Rosetta adlı uzay aracının elde ettiği bilgiler bu fikre gölge düşürüyor. Kuyrukluyıldızın suyu, Dünya'nınkiyle aynı bileşime sahip değil.

Bu, diğer kuyrukluyıldızlarla asteroitler üzerindeki suyun büyük değişkenlik göstereceği anlamına geliyor. Görünen o ki Dünya'daki su, 4 milyar yıl önce Dünya'ya yaşam getiren bir gökcismi bombardımanı sırasında, Güneş Sistemi'ndeki farklı kaynaklardan gelen bir karışım. Bir dahaki sefer su kaynattığınızda bunu düşünün.

Ebedi zirkonlar

4 milyar yıl öncesine ait bu küçük ama sağlam kristaller, Dünya'nın ilk zamanlarından günümüze dek bozulmadan gelebilen yegâne parçalardır. Bu kristaller, kıtaların ve okyanusların şaşırtıcı bir hızla oluştuğunun kanıtıdırlar.

Her 500 milyon yılda bir, Dünya üzerindeki büyük kara parçaları tek bir süperkıta şeklinde birleşir. Sonuncusu Pangea olan bu süperkıtalardan, daha önce altı tane daha oluşmuştur

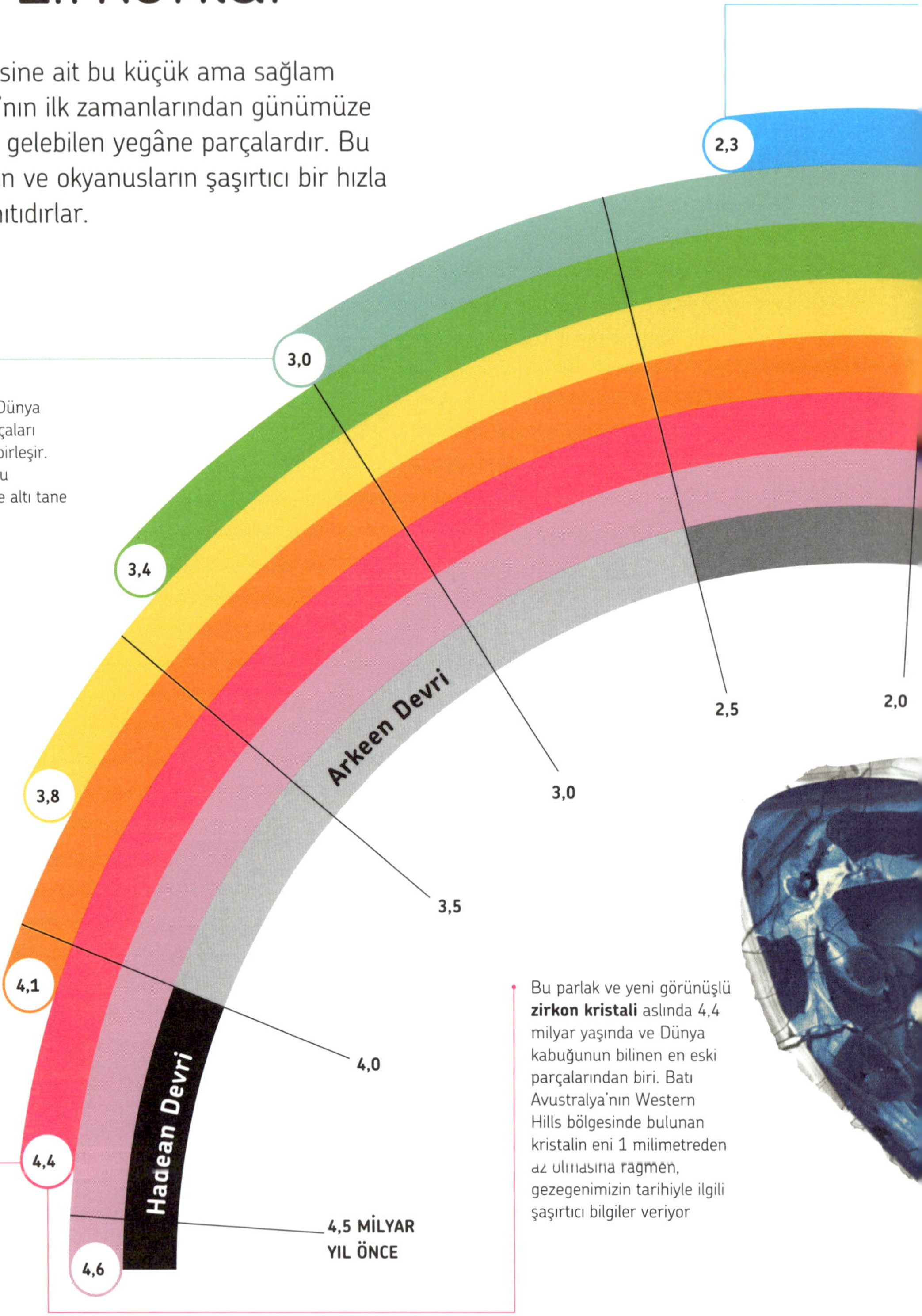

Ay'ın oluşumu ile ilgili en fazla kabul gören kuram, Dünya'ya erken dönemde bir proto-gezegenin çarptığını öngörür

Bu parlak ve yeni görünüşlü **zirkon kristali** aslında 4,4 milyar yaşında ve Dünya kabuğunun bilinen en eski parçalarından biri. Batı Avustralya'nın Western Hills bölgesinde bulunan kristalin eni 1 milimetreden az olmasına rağmen, gezegenimizin tarihiyle ilgili şaşırtıcı bilgiler veriyor

Yeni evrimleşen **fotosentez**, atmosfere toksik oksijen pompalayarak neredeyse tüm yaşamın ortadan kalkmasına neden oldu

İlk **çok hücreli hayvanlar**, “Kambriyen Patlaması” sırasında yok olmadan önce yaklaşık 10 milyon yıl boyunca okyanuslara egemen olan gizemli Edikara faunasına dahildiler

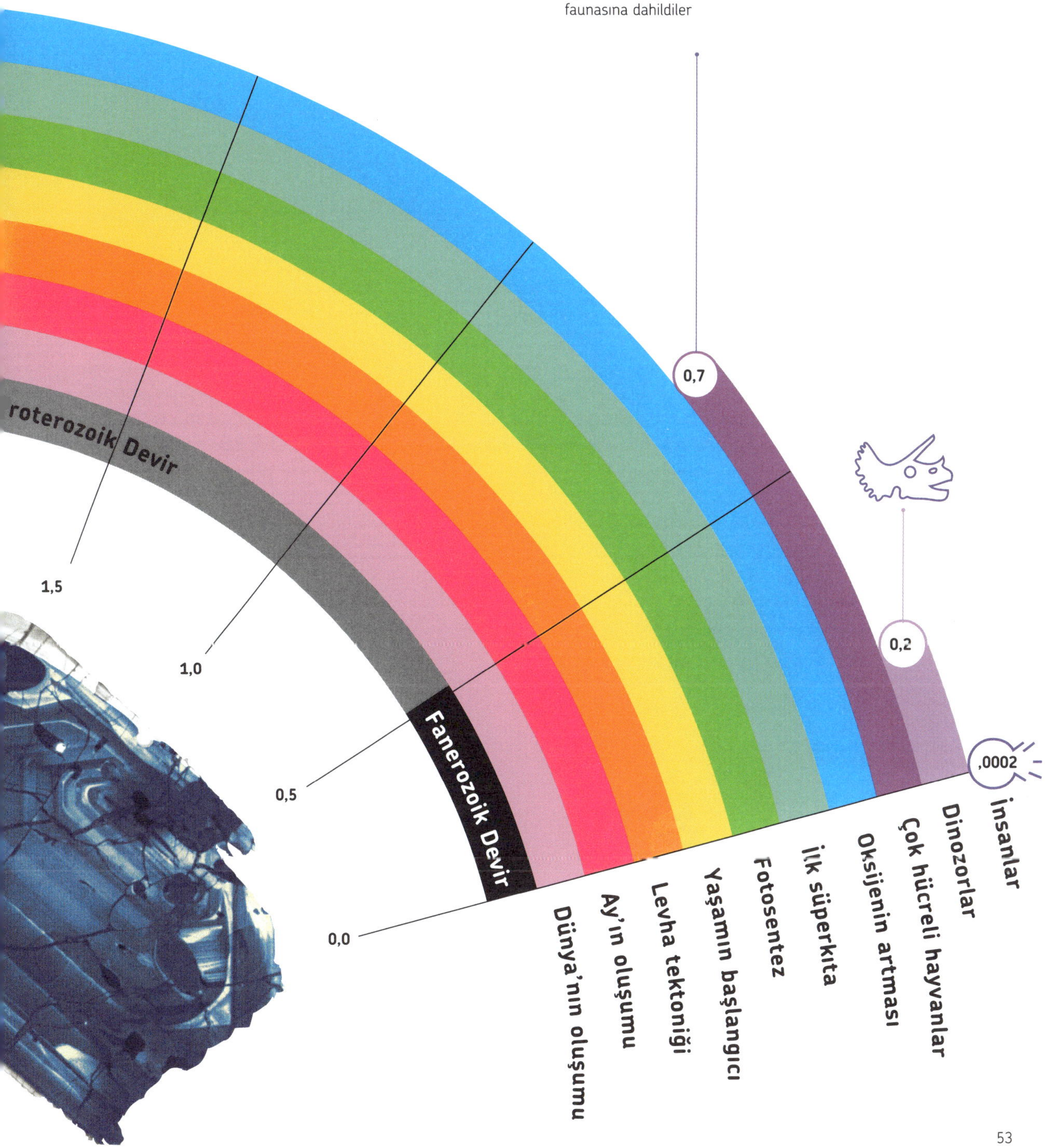

Neden hava durumu sürekli değişiyor?

Dünya üzerinde rasgele bir yer seçip orada bir yıl durursanız hemen her türlü hava koşuluyla karşılaşırsınız. Örneğin, Londra'daki Trafalgar Meydanı'nı seçerseniz, 10 sağanak yağmurlu gün, 50 buz gibi sabah, 5 karlı gün, yaklaşık 15 gökgürültülü fırtına, 1 veya 2 bora, 1500 saat güneş ışığı ve pek çok bulut sizi bekliyor demektir.

Peki, Dünya'nın aynı yerinde neden bu kadar farklı hava durumları ortaya çıkıyor? Yanıt, başımızın üzerinde Dünya'yı kuşatan ince gaz katmanı ile 150 milyon kilometre uzaktaki sıcak gaz topunda saklı.

Hava durumu Güneş'in eseri

Hava ister sıcak ister soğuk olsun, kaynak değişmez. Değişen hava şartlarının kaynağı, Güneş'ten gelen ışınımın, dönen, bir atmosfere sahip olan ve küremsi şekilli bir gezegene, yani Dünya'ya ulaşmasıdır. Bu basit düzenek nedeniyle atmosfer eşit olmayan bir şekilde ısınır. Güneş ışığı Dünya'ya ekvatorda dik, kutuplarda aşırı derecede eğimli olarak gelir. Bu nedenle kutup bölgeleri, ekvatordaki bir bölgeye kıyasla daha az günışığı alır. İşte bu yüzden kutuplar soğuk, ekvator sıcaktır.

Hava durumu işte bu farktan doğar. Sıcaklık kendiliğinden sıcak bölgelerden soğuk bölgelere doğru hareket eder, böylelikle atmosfer ve okyanuslar, sıcaklığı ekvatordan kutuplara doğru taşır. Sıcaklık farklarının bulunmadığı bir gezegende hava durumu da olmaz.

Eğer durum yalnızca bundan ibaret olsaydı, Dünya'nın hava şartları çok yalın olacaktı. Sıcak hava ekvatorda yükselecek ve kutuplara doğru ilerleyecekti. Orada soğuyacak, aşağı çökecek ve ekvatora geri dönecekti. Yüzey rüzgârları da böylece dönencelerden kutuplara doğru daima aynı şekilde esecekti.

Ne var ki durum böyle değil ve bunun da çok basit bir nedeni var: Dünya dönüyor. Dönen bir kürede, yüzeyin –ve üzerindeki havanın– dönme hızı kutuplarda hemen hemen sıfırken ekvatorda en yüksektir. Dünya'nın dönüşü kuzey-güney rüzgârlarını yana doğru saptırır. Bu sapmaya Coriolis etkisi adı verilir.

Dünya'nın dönüşü, kuzey-güney akımını bozarak her yarıkürede üçer tane olmak üzere toplam altı yüzey rüzgârı kuşağı oluşturacak kadar güçlü bir Coriolis etkisi yaratır. Bunlar, kutuplardaki doğu rüzgârları, orta enlemlerdeki batı rüzgârları ve ekvator bölgesindeki alizelerdir. Alizelerin kesiştiği yerde, İntertropikal Konverjans Zonu adı verilen, değişken bir hava kuşağı vardır.

Mutlu ama sıkıcı

Şiddetli hava şartları hep manşetlere çıkar ve Britanya Adaları'nın değişken hava durumu burada yaşayanların dilinden düşmez. Peki, dünyada en yumuşak, en az değişken hava şartları nerede acaba diye hiç düşündünüz mü? *Weatherwise* dergisi bu konuyu araştırmış ve dünyanın en heyecansız ikliminin, Şili'de Valparaiso yakınlarındaki bir kıyı kasabası olan Viña del Mar'da görüldüğünü saptamış. Burada yıl boyunca günlük sıcaklık 15-25°C arasında değişiyor. Hava genellikle biraz kapalı ve çoğu zaman yağmur çiseliyor. Rüzgâr nadiren sert esiyor. Hiçbir zaman don olmuyor veya kar yağmıyor. Bu sıkıcılık, sadece ara sıra yağan sağanak yağışlarla kırılıyor.

Coriolis kuvveti yerin çok üzerinde de rüzgârlar yaratır. Batı-doğu yönünde esen ve hızlı hareket eden bu rüzgâr kuşaklarına jet akımları denir. Dünya'da her yarıkürede ikişer tane olmak üzere –kutupsal ve subtropikal jet akımları– toplamda dört tane jet akımı vardır.

Bu temel model hâkim olmakla birlikte rüzgârlar daha karmaşık ve değişkendir. Bunun nedeni de Dünya'nın muntazam bir küre olmayıp, üzerindeki okyanusların, dağların, ormanların ve çöllerin, havanın hareketini etkilemesidir.

Kocaman pofuduk bulutlar

Rüzgârlar dışında hava durumunun diğer temel bileşeni, bizim karşımıza bulut veya yağmur olarak çıkan sudur.

Bulutların oluşması için iki unsurun mevcut olması gerekir: havada su buharı ve bu buharı yükseltecek bir mekanizma. Su buharı, gerek yüzey sularının buharlaşması gerekse bitkilerin topraktaki suyu emip yaprakları aracılığıyla havaya verdiği bitki terlemesi yoluyla havaya karışır. Yukarı yükseltme mekanizması ise üç şekilde oluşur. Bunlardan birincisi, "termal" adı verilen sıcak hava sütunlarının yükselmesi; ikincisi, farklı yoğunluklardaki hava kütlelerinin karşılaşıp cepheler oluşturması; üçüncüsü, dağ yamaçlarına çarpan havanın yükselmek zorunda kalmasıdır.

Hava yükselirken soğur ve genleşir. Bir noktada, su buharının gaz halinde kalmaya devam edemeyeceği kadar soğur. Hava bu çiylenme sıcaklığına eriştiğinde su, minik damlacık kümeleri –yani bulutlar– halinde yoğuşmaya başlar. Damlacıklar yeterince büyüdüklerinde yağmur, karla karışık yağmur, kar veya dolu olarak gökyüzünden yeryüzüne inerler.

Bütün bunlar atmosferin 7-20 kilometreye kadarki en alçak katmanlarında, yani troposferde gerçekleşir. Bu yüksekliğin üzerinde hava, ozonun ultraviyole ışınını emmesine bağlı olarak aniden tekrar ısınmaya başlar. Burası stratosferin alt sınırıdır. İşte hepsi bu kadar! Bu etkenler, yumuşak ve ılık günlerden korkunç fırtınalara kadar yaşadığımız tüm hava olaylarını açıklamak için yeterlidir.

Dikkat: Gök gürültüsü ve sağanak!

Hava olaylarının en şiddetlisi fırtınalardır. Güneş'ten gelen ısı yeterince güçlü olduğunda termal hava sütunları, troposferin en üst kısmına kadar yükselebilen karnabahar şeklinde kümülüs bulutlarını meydana getirir. Üst katmanlardaki dondurucu sıcaklıklar buz kristallerinin oluşmasına yol açar ve bunların çarpışmasıyla elektrik yükleri birbirinden ayrılır. Ayrılma kritik bir düzeye eriştiğinde yükler şimşek çakmasıyla yeniden birleşir. Gök gürültüsünün nedeni hâlâ açıklık kazanmamış olsa da, bulut artık gök gürültülü sağnak yağışa dönüşmüştür.

Dünyanın en şiddetli yağışlarına her zaman gök gürültülü sağanaklar neden olur. Ve doğru (ya da yanlış, bu hangi açıdan baktığınıza bağlıdır) rüzgâr şartları denk geldiğinde gök gürültülü sağanaklar doğanın en şiddetli fırtınaları olan kasırgalara neden olurlar. 1999 Mayıs'ında Oklahoma'da gerçekleşen kasırgada radarlarla rüzgâr hızının 486 kilometreye ulaştığı kaydedilmiştir –bu, şimdiye kadar kaydedilmiş en yüksek rüzgâr hızıdır.

Bir diğer aşırı hava durumu da boraların ve tayfunların görüldüğü tropikal siklonlardır. Kasırgalar kadar şiddetli olmasalar da muazzamdırlar; 2000 kilometrelik bir alana yayılarak, 10 metreyi aşan fırtına dalgalarına ve günde 1 metreye varan yağışlara neden olabilirler.

Tropikal siklonlar, yüzey sıcaklığının 27°C'yi aşarak yoğun buharlaşmaya neden olduğu okyanusların üzerinde oluşur. Bu su buharı yoğuştuğunda açığa çıkan gizil ısı tropikal fırtınaya yol açar. Fırtına, rüzgâr ve Coriolis kuvvetiyle birlikte dönerek ortaya çıktıysa, sonuç Dünya üzerindeki en yıkıcı hava sistemi olabilir.

Rüzgârın izinde

Hava durumu tam olarak öngörülemese de, temelini oluşturan model basittir. Bütün hava olaylarının altında, sıcaklığı tropikal bölgelerden kutuplara aktaran, birbirine bağlı atmosferik burgaçlardan oluşan bir sistem vardır.

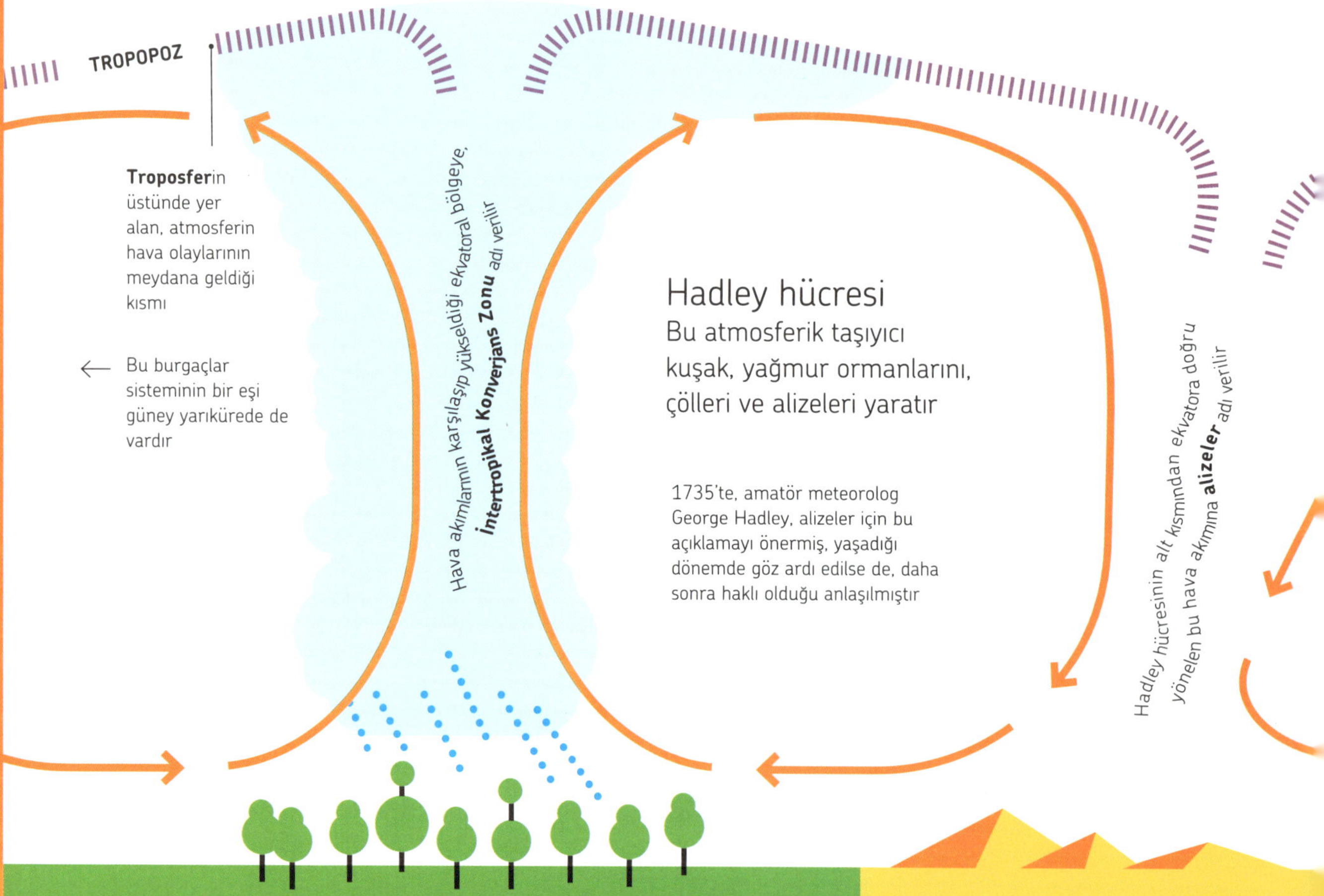

KUZEY ⟵ **Ekvator** ⟶ **GÜNEY**

Ekvatora yakın bölgelerde sıcak ve nemli hava yükselir, soğur ve nemini yağmur şeklinde yere indirerek yemyeşil yağmur ormanlarına can verir. Hava stratosferin sınırına çarptığında kutuplara doğru sapar. Bu sırada yüzeydeki hava, yükselen havanın yerini doldurmak için hızla ekvatora doğru akar. Hareket eden bu hava Dünya'nın dönüşüyle saparak doğu rüzgârlarını (alizeleri) oluşturur.

30°K

Sıcak hava sonunda soğur ve yere iner. Aşağıya çöken bu kuru havanın altında neredeyse hiç yağış olmaması, Dünya'nın çevresini bir kuşak gibi saran çölleri yaratır.

Güneş Dünya'daki rüzgârları nasıl yaratıyor?
Güneş ışınları ekvatorda Dünya'ya dik olarak düşer. Kutuplara yakın bölgelerde ise bir açı yaparlar.

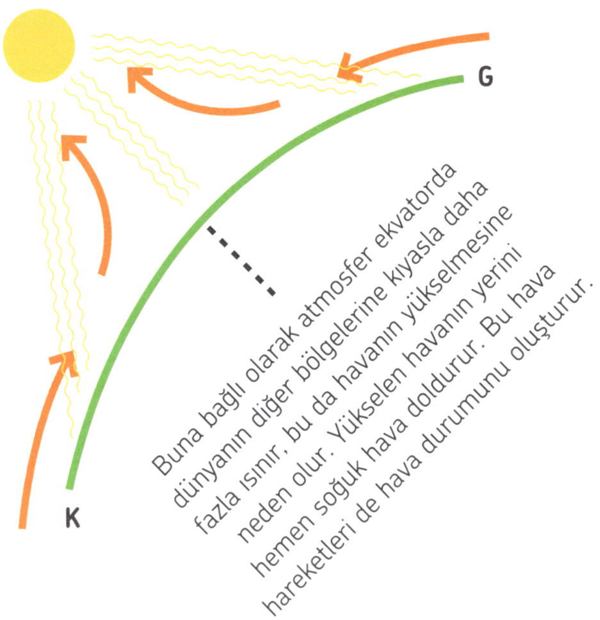

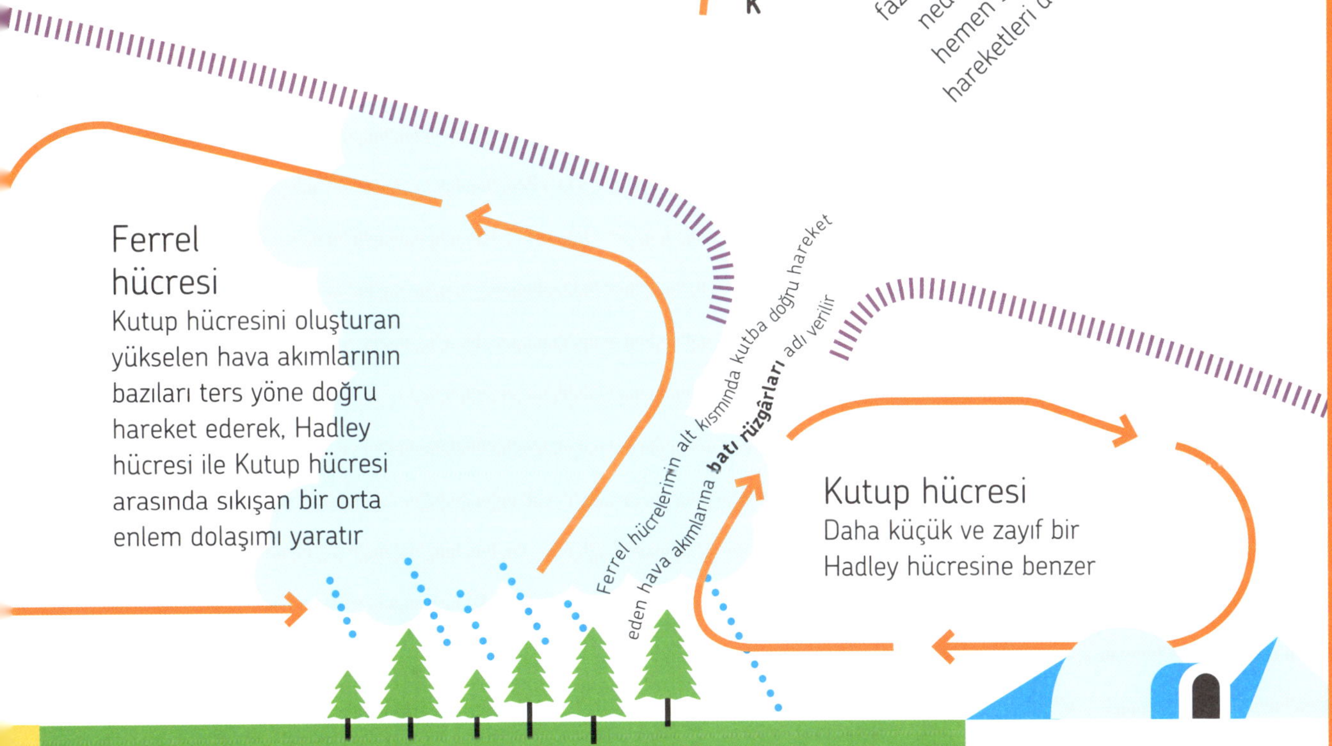

Ferrel hücresi
Kutup hücresini oluşturan yükselen hava akımlarının bazıları ters yöne doğru hareket ederek, Hadley hücresi ile Kutup hücresi arasında sıkışan bir orta enlem dolaşımı yaratır

Kutup hücresi
Daha küçük ve zayıf bir Hadley hücresine benzer

60°K
Ferrel hücresi, komşu hücrelerin ters yönünde dönerek, yüzeydeki subtropikal havayı kutba doğru sürükler. Bu hava akımının Dünya'nın dönüşüyle sapması, Britanya Adaları'nda ve diğer orta enlem ülkelerindeki değişken hava şartlarından sorumlu olan batı rüzgârlarını yaratır.

Kuzey Kutbu
Kutup hücresi, Dünya yüzeyinin düzensiz ısınmasına bağlı olarak oluşur. Nispeten sıcak olan hava yükselir, tropopoza çarpar, kutuplara doğru hareket eder ve sonra soğur.

Toprak nereden geliyor?

Toza toprağa bulanmak... Çamur atmak... Balçığa batmak... Ayaklarımızın altındaki toprağın insanı nadiren şiir yazmaya yönelttiği bir gerçektir, ama ona yakından bakarsanız içinde bin bir güzellik görebilirsiniz.

Dünya yüzeyinin büyük bir kısmı toprakla kaplıdır. Eğer toprak olmasaydı gezegenimiz çok farklı –ve yaşanılması çok güç– bir yer olurdu.

Topraklar büyük çeşitlilik gösterir ama aşağı yukarı hepsinin yarısı katı madde diğer yarısı boşluktur. Katı madde, büyük oranda küçük kaya parçaları ve organik maddelerden (canlı veya ölü) oluşur. Boşlukların içiyse aslında boş olmayıp, değişen oranlarda su ve gazla doludur. Ancak toprak yalnızca bu basit malzeme listesinden oluşmaz. Son ürünü elde edebilmek için her şeyin karmaşık ve çok uzun süren bir tarife göre pişirilmesi gerekir.

Çoğu toprakta başlangıç noktası çıplak anakayadır. Kaya, hava koşulları nedeniyle aşınır ve yüzeyde biriken daha küçük parçalara ayrılır. Daha detaylı söylemek gerekirse kaya rüzgâr, yağmur ve dolu etkisiyle yıpranır, donma ve çözülme döngüleriyle daha da zayıflar ve ufalanır. Sıcaklığın yükselip düşmesine bağlı ısıl genleşme ve büzülme de benzer bir etki gösterir.

Kayalar, yağmur suyunun içinde bulunan ve bazı mineralleri çözen kimyasallarla da aşınır. Son olarak bir de biyolojik aşınma vardır. Çıplak anakaya önce aşındırıcı asitler salgılayan bakteriler ve diğer mikroplar tarafından kolonize edilir. Ardından likenler ve yosunlar gelir; bunların kayaya fiziksel olarak yapışması güçlü bir aşınma etkenidir. Hawaii'deki kıraç arazilerde yapılan deneyler, likenlerin aşınma işlemini en az 100 kez hızlandırdığını ortaya koymuştur.

Olgun topraklarda biyolojik çözünme daha da fazla olur. Omurgasız canlılar, mantarlar ve bakterilerin solunumuyla açığa çıkan karbondioksit, toprak parçacıkları arasında birikir. Topraktan süzülen yağmur suyu CO_2'yı çözerek karbonik asit oluşturur. Diğer asitler toprakta yaşayan organizmalar tarafından üretilir. Toprak aynı zamanda bir sünger gibi işlev görerek, alttaki kayanın yağmurdan sonra ıslak kalmasını ve böylelikle kimyasal çözünme süresinin uzamasını sağlar. Böylece toprak, kendi kendisinin üretiminde bir katalizör rolü oynar.

Topraktaki organik maddelerin oluşumunu başlatanlar da yine bu ilk yerleşen bakteri kolonileridir. Bakterilerin arkalarında bıraktıkları maddelerden yararlanan likenler ve yosunlar, zamanla kayayı önce canlı ardından ölü organik maddeyle kaplarlar. Yeterince liken ve yosun oluştuğunda solucanlar ve eklembacaklılar gibi organizmalar sökün ederler. Açtıkları oyuklar, organik maddelerle mineral taneciklerini birleştirerek gözenekli boşluklar oluşturur. Bunun yanı sıra, solucanların ürettiği mukus, oluşan maddeleri yapıştırarak sağlamlaştırır. Toprak oluşmuştur.

Zarafetle yaşlanmak

Toprak derinleşip olgunlaştıkça, en yukarıda üst tabaka ve altında alt tabakalar olmak üzere çeşitli katmanlara ayrılabilir. Olgun toprak yaşamla dopdoludur. Tek bir gramında, büyük organizmalar ve bitki köklerini saymazsak, 100 milyon bakteri ve arke, 10 milyon virüs ve 1000 mantar içerebilir. Yalnızca bakterilerin milyonlarca türü vardır.

Kuşkusuz bütün bunlar zaman alır. Çözünme zahmetli bir iştir. Likenler, kayanın içine işleyerek yavaş yavaş büyürler. Hawaii'deki lav akıntılarında son yıllarda yapılan araştırmalar, ilkel toprağın oluşumu için en az 100 ila 10.000 yıllık bir süre gerektiğini ortaya koymuştur. 100 yıl önce oluşmuş lav akıntıları neredeyse tamamen kıraç kalırken 10.000 yıllık lav akıntılarının üzerindeyse ancak toprağa benzer bir şey oluşabilmiştir. Bu veriler, dünyanın büyük bölümünü kaplayan zengin toprakların oluşumunun binlerce yıl aldığını ortaya koymaktadır. Afrika ve Avustralya'daki bazı toprakların tarihiyse 144 milyon yıl öncesine, Kretase Dönemi'ne kadar gider.

Geçmişi çok daha eskilere kadar uzanan topraklar da vardır. Bilinen en eski paleosoller –fosil topraklar– 2 milyar yıl önce, daha bitkiler bile var olmadan yeryüzünü kaplamıştır. Bunlar ilkel olmaktan çok uzak, kalın ve iyi gelişmiş topraklardır. Bazıları yüzde 50

Kahverenginin 20.000 tonu
Günümüzde topraklar inanılmaz derecede büyük bir çeşitlilik gösterir. Toprağın bileşimini, anakaya, iklim, arazi, bölgenin ekosistemi ve toprağın yaşı etkiler. Bu çeşitliliği tanımlamak için, yaşam formlarını sınıflandırmada kullandığımız kadar kapsamlı bir sınıflandırma sisteminden yararlanılmaktadır. Örneğin ABD Tarım Bakanlığı, toprağı ordo, alt ordo, büyük grup, alt grup, familya ve seriler (türün eşdeğeri) şeklinde sınıflandırır. Yalnızca ABD'de 20.000'den fazla toprak çeşidi listelenmiştir.

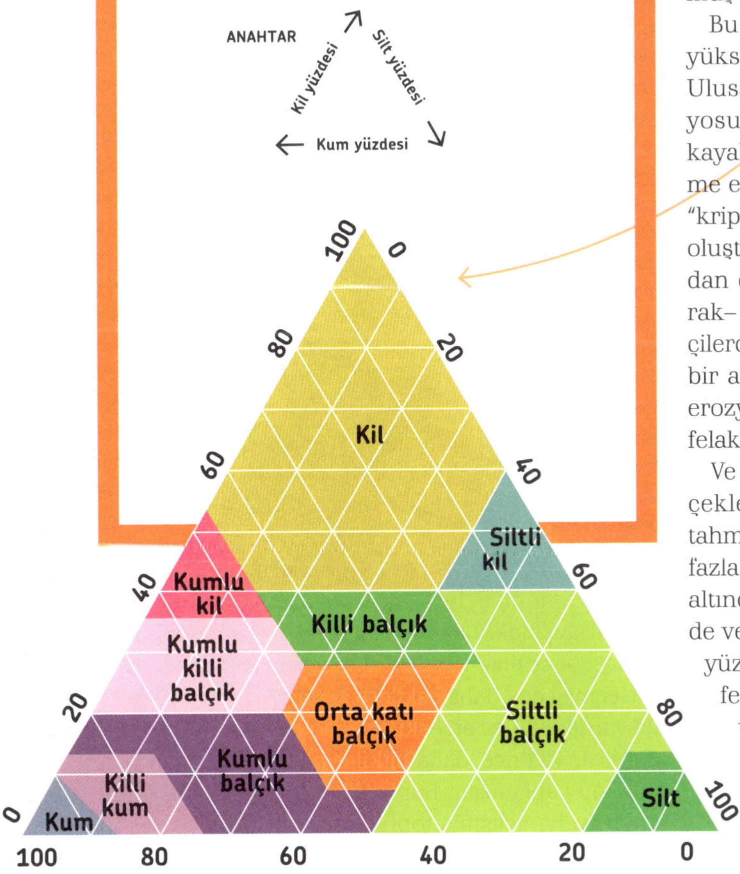

oranında kil minerali içerir (kil mineralleri, yoğun anakaya çözünmesinin son ürünüdür). Bu, en az yüz binlerce yıldır stabil kalan toprağın bir özelliğidir.

Tükenmiş topraklar

O dönemde hünerlerini gösterecek bitkiler, solucanlar ve eklembacaklılar gibi çok hücreli organizmalar bulunmasa da paleosollerin günümüz topraklarından farklı bir süreçle oluştuğunu düşünmek için hiçbir neden yok. Fosil kayıtları çok nadir olduğu için kesin olarak emin olamasak da, o dönemde muhtemelen likenler de mevcut değildi. En makul senaryo, toprağın milyarlarca yıl önce yeryüzünü kolonize eden dirençli bakterilerin etkisiyle oluşmuş olmasıdır.

Bu kayıp dünyaya en çok benzeyen yer, Utah'ın yükseklerdeki çöllük kesimlerindeki Canyonlands Ulusal Parkı'ndadır. Burada bakteriler, likenler ve yosunlar, yakıcı güneş ve sert rüzgârlar altında, kayaların yüzeyinde zorlukla riskli bir yaşamı idame ettirmektedir. Bir araya gelerek kaya yüzeyinde "kriptogamik kabuk" olarak adlandırılan bir kabuk oluştururlar. Bu kabuk, mineral ve organik artıklardan oluşan ince bir tabaka –diğer bir deyişle toprak– ile iç içe geçmiştir. Uyarı levhalarıyla ziyaretçilerden bu kırılgan toprağı korumaları istenir; tek bir adım bile kabuğu kırabilir ve altındaki toprağı erozyona uğratabilir. Erozyon bir kez başladı mı da, felaketle sonuçlanacak şekilde yayılabilir.

Ve bizlerin bu korumayı, küresel ölçekte gerçekleştirmemiz gerekiyor. Birleşmiş Milletler'in tahminlerine göre, dünya toprağının üçte birinden fazlası tarım ve inşaat faaliyetleri nedeniyle tehlike altında ve dakikada 30 futbol sahası büyüklüğünde verimli toprak kaybediliyor. Yediğimiz besinlerin yüzde 95'inin toprakta yetiştiğini, toprağın atmosferin tamamının üç katı kadar karbon tuttuğunu ve yeniden oluşması için binlerce yıl gerektiğini düşünürsek, gerçekten harekete geçmemiz gerekiyor. Topraklarımızı koruyalım!

Toprağın derinlikleri

Dünya topraklarının üçte biri tehlike altındadır

Toprağa çıplak gözle bakarsanız pek bir şey göremezsiniz ama büyüterek incelediğinizde, bir toprak safarisinde bulursunuz kendinizi.

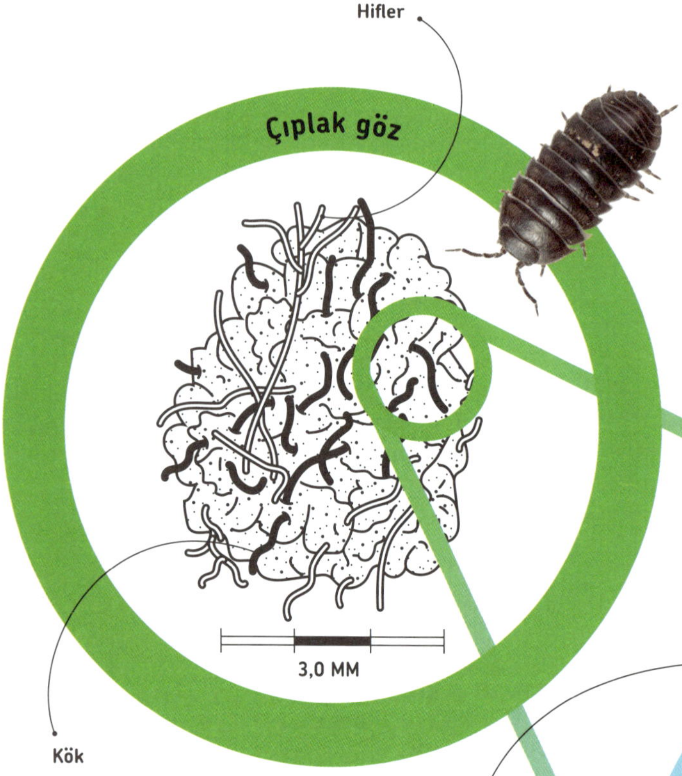

Toprak taneciklerinin kümeleşmesiyle oluşan en büyük yapıya **makroagregat** adı verilir. Makroagregat, mineral ve organik maddenin, suyla ve toprakta yaşayan organizmaların salgıladığı mukusla birbirine yapışması sonucu oluşan kümeleşmelerdir. Kökler, küf lifleri ve yuvarlak solucanlar da görülebilir.

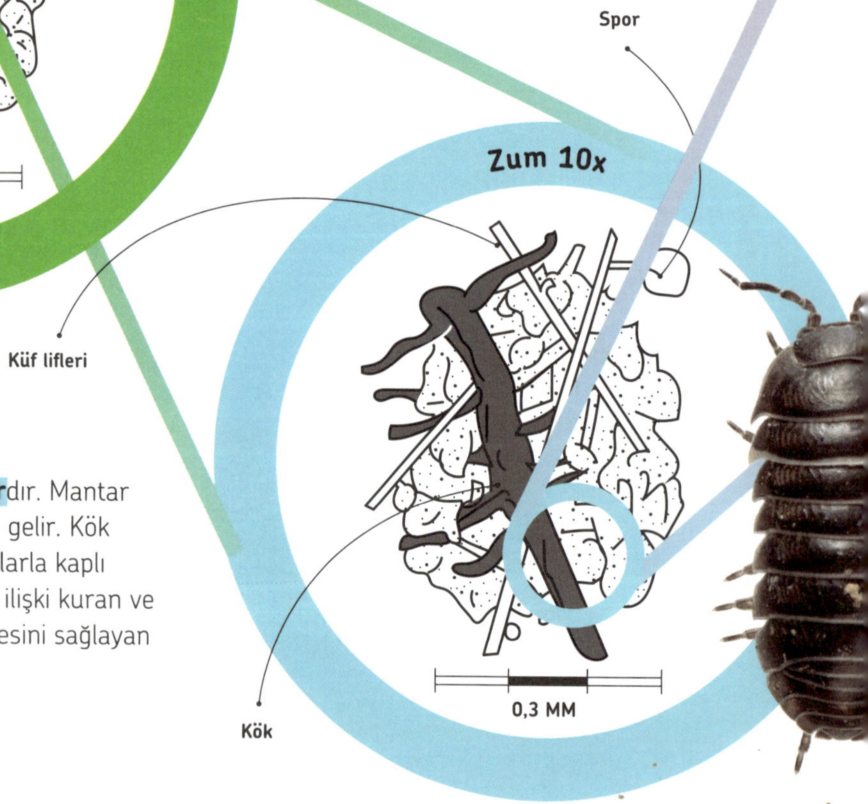

Bir sonraki düzey **mikroagregatlar**dır. Mantar sporları ve kök tüyleri görünür hale gelir. Kök tüyleri, rizobakterileri içeren yumrularla kaplı olabilir. Bunlar, bitkilerle simbiyotik ilişki kuran ve bitkinin havadaki azotu kullanabilmesini sağlayan bakterilerdir.

20.000'den fazla toprak çeşidi saptanmıştır

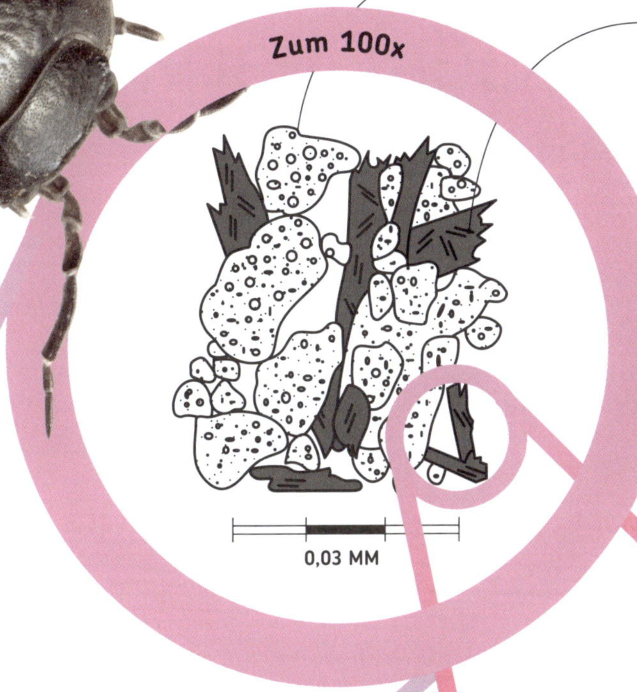

Mikroagregat altı seviyesinde, mineral taneciklerinin yanı sıra mikrop kolonileri ve kille kaplı ölü bitki parçaları ayırt edilir. Bu düzeyde ayrıca, bitkinin topraktan besin maddelerini almasına yardımcı olan mikorizalar da görülebilir. Bunlar, köklerle mantarlar arasındaki karşılıklı yarara dayalı bir yaşam biçimidir.

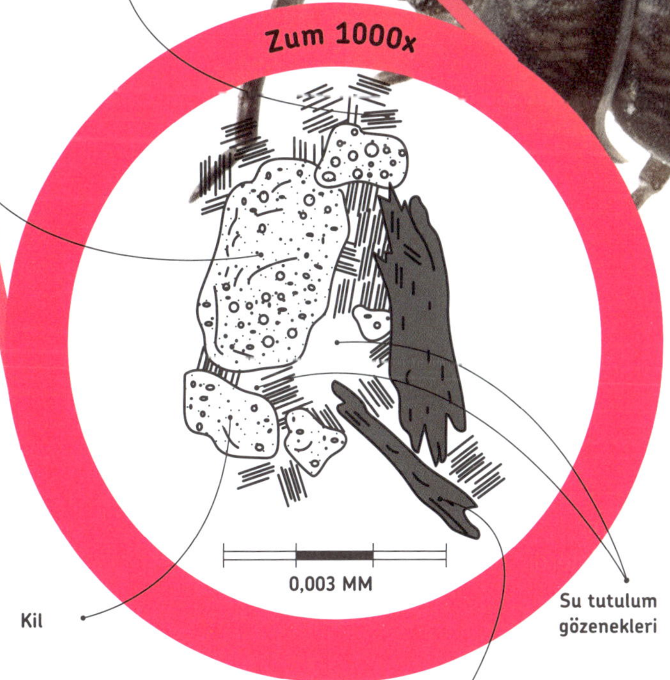

Toprağın en küçük bileşenleri, **birincil toprak tanecikleri** olarak adlandırılır ve silt, kil ve bitki artıklarını kapsar. Bu taneciklerin arasında hava veya su dolu gözenekler vardır. Tek hücreli mikroorganizmalar da görülebilir. 1 gram toprak 100 milyon mikrop içerebilir.

Kaynak: *The Nature and Properties of Soils*, Nyle C. Brady ve Raymond R. Weil (Prentice Hall, 2007)

Dünya neden bu kadar harika bir atmosfere sahip?

Derin bir nefes alın. Az önce aldığınız nefesle, çoğu azot ve oksijen olmak üzere, yaklaşık 26 trilyon kere milyar gaz molekülünü içinize çektiniz. Ancak bu nefesi genç Dünya'nın yüzeyinde almış olsaydınız, çoğu karbondioksit ve kükürtdioksit olmak üzere, çok farklı bir 26 trilyon kere milyar molekülü içinize çekmiş olacaktınız. (Ardından pek fazla nefes de alamayacaktınız zaten.) Havamız büyük oranda gözden ırak gönülden ırak da olsa, varlığı Dünya'yı bildiğimiz diğer bütün gezegenlerden ayıran mucizelerden biridir.

Günümüzde, Dünya'nın atmosferi yaklaşık yüzde 78 oranında azot, yüzde 21 oranında oksijen, yüzde 1 oranında argon ve farklı miktarlarda su buharından oluşur. Bunun yanı sıra, eser miktarda karbondioksit, kükürtdioksit, karbonmonoksit, metan, helyum, neon, kripton hatta daha da az miktarda ozon, hidrojen, ksenon, radon, azotoksitler ile kloroflorokarbonlar gibi, insan elinden çıkma çevreyi kirleten endüstriyel atıklar içerir.

Bu bileşim, atmosferin ilk oluşumundan bu yana büyük ölçüde değişime uğramıştır. İlk dönemlerde Dünya muhtemelen, gezegenimizin oluşumundan kalan gazlardan –büyük oranda hidrojenden– oluşan ince bir atmosferle çevriliydi. Fakat bu "ilk atmosfer" yerinde çok uzun süre kalamayıp, kuvvetli güneş rüzgârlarıyla uzaya süpürüldü. Yani, bugün soluduğumuz havanın kaynağının buradan gelmediğini söyleyebiliriz.

Bunun üzerine Dünya hemen ikinci atmosferini, bu kez alışılmadık bir kaynaktan, kendi derinliklerinden oluşturdu. Volkanlardan püsküren daha ağır gazlar, Dünya'nın yerçekiminin etkisiyle tutularak uzaya kaçamadılar. Gezegenimize çarpan kuyrukluyıldızlar ve asteroitlerle de büyük olasılıkla atmosfere bazı gazlar eklendi. Böylece bugünkü atmosferimiz, Dünya'nın yellenmesinin ve uzayın geğirtilerinin karışımından meydana geldi.

İkinci atmosfer muhtemelen daha çok buhar, karbondioksit ve kükürtdioksitten oluşan, yoğun ve boğucu bir atmosferdi. Bunu, günümüzde volkanlardan püsküren gazlar bunlar olduğu için tahmin edebiliyoruz. O dönemde volkanlar son derece aktifti ve atmosfer basıncı muhtemelen şimdiki düzeyinin on katı kadardı –bu da, erken dönem okyanuslarının neden kaynayıp buharlaşarak uzaya uçmadığını açıklıyor.

Güneş ışığının karbondioksit ve su gibi molekülleri parçaladığı bu dönemde, oksijen de yavaş yavaş birikmeye başladı. Ama çok daha geç dönemlere kadar atmosferin önemsiz bir bileşeni olarak kalmaya devam etti.

Peki, öyleyse nasıl oldu da milyonlarca yıl boyunca volkanlardan püskürerek atılan karbondioksit ve kükürtdioksit karışımı, esas olarak azot ve oksijenden oluşan bir atmosfere dönüşebildi? Bu sorunun iki yanıtı var. Birincisi, büyük miktarda karbondioksit okyanuslarda çözündü ve sonunda kireçtaşı olarak çöktü. İkincisi, yaşam başladı ve atmosferin bileşimini kökünden değiştirdi.

İlk pus

Başlangıçta yaşamın atmosfere en önemli katkısı, hidrojen ve karbondioksitten enerji üreten ilkel tek hücreli canlıların bir atık ürünü olan metan gazıydı. Yaklaşık 3,7 milyar yıl önce bir "metan krizi", neredeyse ortaya çıkar çıkmaz yeryüzündeki tüm yaşamı az kalsın tümüyle ortadan kaldıracaktı. Metan salgılayan mikroplar, atmosferin neredeyse Güneş'i engelleyecek yoğunlukta bir pusla kaplanmasına neden oldu.

Sonraki büyük değişiklik, yaklaşık 2,3 milyar yıl önce gerçekleşen Büyük Oksijenlenme Olayı oldu. Bu felaketin tohumlarıysa, bundan da 1 milyar yıl önce, bazı mikroplar güneş ışığından enerji elde etmenin farklı bir yolunu, yani fotosentezi bulduklarında atılmıştı. Fotosentezin atık ürünlerinden biri, çok zehirli, ileri derecede reaktif ve dünyada o güne dek eser miktarda bulunan bir gaz olan oksijendi.

İlk fotosentezcilerin zehirli yan ürünleri doğrudan havaya salınmıyor, demir bileşiklerinde güvenli bir şekilde bağlanıyordu. Dünyanın dört bir yanında 3 milyar ila 1,5 milyar yıl yaşındaki kayaçlarda bulunan ve damarlı demir oluşumu olarak bilinen demiroksit tabakaları işte böyle oluştu.

Fakat sonra serbest oksijeni tolere edebilen yeni fotosentetik organizmalar evrimleşti. Bu organizmalar, zehirli atık ürünlerini doğrudan havaya salıyor, böylece hem onu bağlama zahmetinden kurtulmuş hem de ödül olarak rakiplerinden birçoğunu öldürmüş oluyorlardı. Böylelikle oksijen atmosferde birikmeye başladı ve havadaki oranı yaklaşık yüzde 1 düzeyinden yüzde 10 ve daha üzerine çıktı.

Büyük Oksijenlenme Olayı'nın "Oksijen Felaketi" olarak da anılmasının nedeni, yaşamı yeryüzünden silmesine ramak kalmış olması. Ne var ki evrim, oksijeni kullanmanın yeni bir yöntemi olan solunumu türeterek günü kurtardı.

Oksijenlenme Olayı, bir başka felaketi daha tetikledi. Fotosentez, atmosferden sera gazı CO_2'yi emiyor ve en sonunda tortul kayaçlara bağlanmasını sağlıyordu. Bu arada oksijen, daha da güçlü bir sera gazı olan metanla reaksiyona giriyordu. Bu olayların bir araya gelmesi, Dünya'yı Kartopu Dünya (Karküre) olarak anılan küresel bir buzul çağına soktu. Buzul çağı, şiddetli bir volkanik faaliyetin atmosferi sera gazlarıyla doldurmasına kadar yaklaşık 400 milyon yıl sürdü. Karküre, muhtemelen fotosentezin tamamen durması nedeniyle, oksijeni de çok düşük seviyelere düşürmüş olabilir. Ne var ki buzlar eridi, yaşam yeniden canlandı ve Oksijenlenme Olayı tekrar başladı.

Can nefesi

Yine de haberler o kadar da kötü değildi. Oksijenlenme, yaklaşık 1 milyar yıl önce koruyucu ozon tabakasını oluşturarak, gezegeni yaşanabilir kılmaya yardımcı oldu. Bütün bu gelişmeler olurken volkanlardan inert azot gazı sızmaya devam ediyordu. Azot, yapacak başka bir işi ve gidecek başka bir yeri olmadığı için yavaş yavaş birikerek atmosferin en baskın gazı haline geldi. Yaklaşık 600 milyon yıl önce atmosferin bileşimi kabaca bugün bildiğimiz haline yakındı.

Atmosferin bileşimi ve yoğunluğu, biyolojik, jeolojik ve kimyasal süreçlerin karmaşık etkileşimleri sonucunda zaman içinde değişime uğradı. Örneğin, 300 milyon yıl önce oksijen düzeyi yüzde 30'lara kadar yükselerek zirveye ulaştı ve bu sayede uçan böceklerin boyu 1 metreye çıktı. Bununla birlikte, geçtiğimiz yarım milyar yıl boyunca hava, şu an soluduğumuzla hemen hemen aynı kaldı.

Uzaydaki hava

Atmosferi olan karasal bir gezegen arıyorsanız, Dünya'dan iyisini bulamazsınız. Mars'ın hemen hemen hiç atmosferi yoktur –yalnızca Dünya'nınkinin yüzde 1'inden düşük basınçta eser miktarda karbondioksite sahiptir. Bunun nedeni esasen Mars'ın Dünya'dan küçük olması ve yerçekiminin bir gaz katmanını tutacak kadar güçlü olmamasıdır. Merkür daha da küçüktür ve bir atmosferden söz etmek daha da zordur. Buna karşılık Venüs'ün durumu tam tersidir: Gezegen, Dünya'nın neredeyse 100 katına eşit basınçta, sıcak, yoğun volkanik gaz ve sülfürik asit bulutlarıyla çevrilidir. Fakat yüzeyin 70 km üzerinde hava tümüyle ılık ve yumuşaktır; Dünya'nınkine benzer basınç ve sıcaklıklardaki bol güneş ve su, yaşam için uygun şartları sağlayabilir.

Aldığın her nefes

Aldığınız tek bir nefes yaklaşık **26 trilyon kere milyar gaz molekülü** içerir. Bu moleküllerin çoğu, daha önce milyarlarca kez soluk alınıp verilmiştir.

Okyanuslardaki suyu bardak cinsinden gösterecek olsak buna yakın bir sayı çıkar

= 10 MİLYAR KERE MİLYAR MOLEKÜL

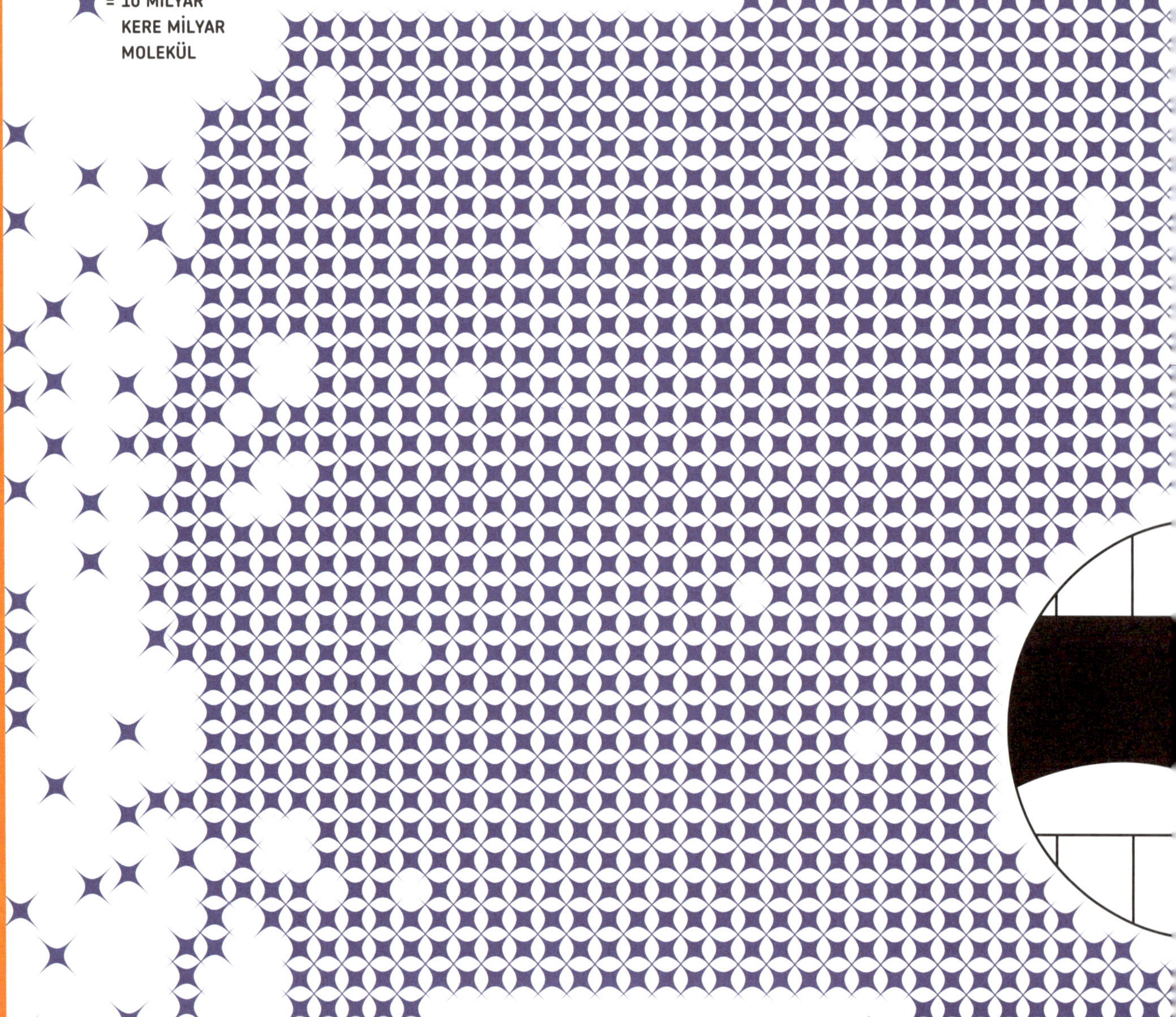

20 trilyon kere milyar*
azot molekülü, geçtiğimiz 4 milyar yıl süresince volkanlardan püskürerek atmosfere karışmıştır

*Belki de bu moleküllerden biri, Iulius Caesar'ın MÖ 44'te Roma Senatosu basamaklarında ruhunu teslim ederken verdiği son nefesle veya başka birinin son nefesiyle havaya karışmıştı, kim bilir?

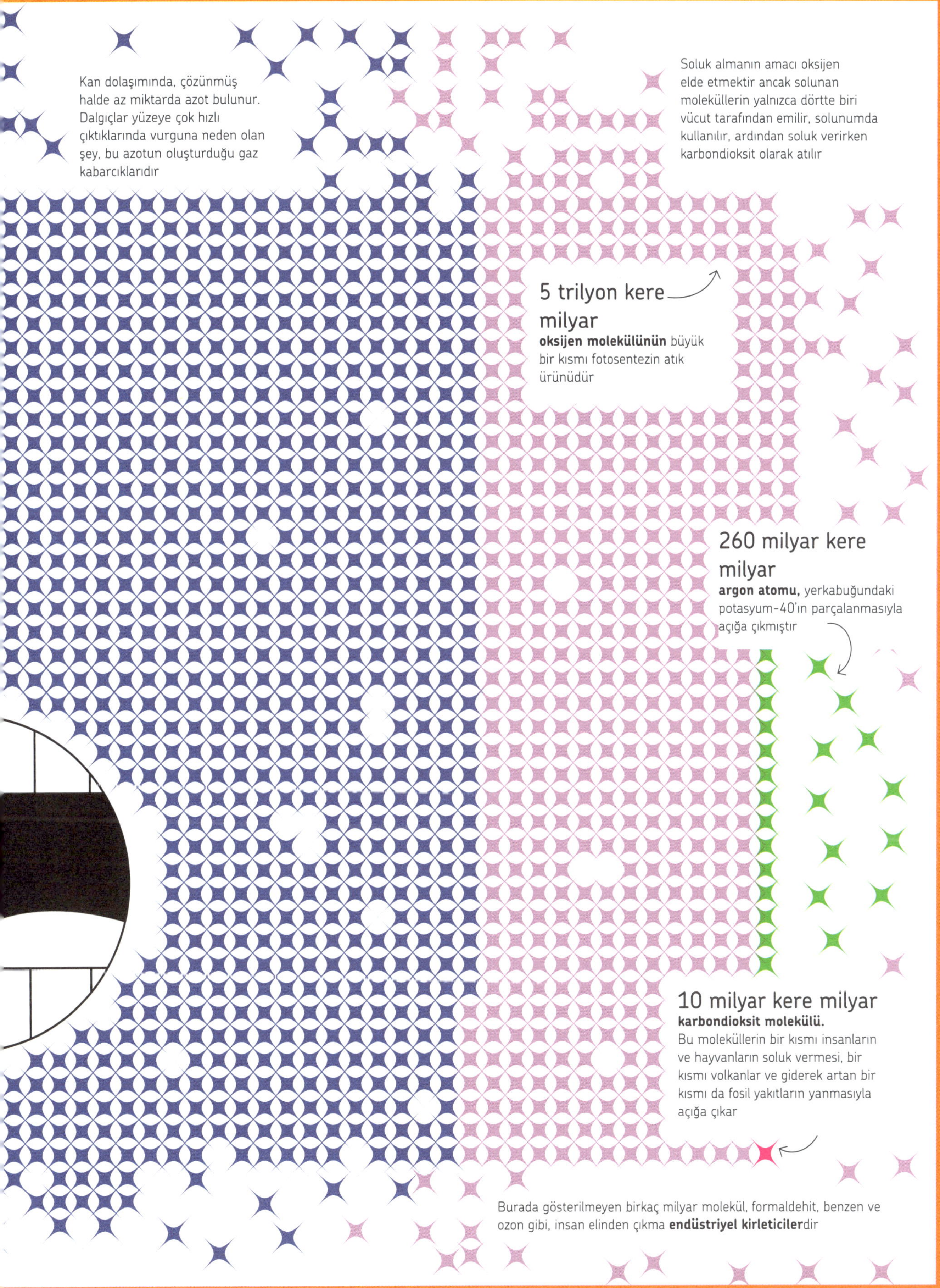
Kan dolaşımında, çözünmüş halde az miktarda azot bulunur. Dalgıçlar yüzeye çok hızlı çıktıklarında vurguna neden olan şey, bu azotun oluşturduğu gaz kabarcıklarıdır
Soluk almanın amacı oksijen elde etmektir ancak solunan moleküllerin yalnızca dörtte biri vücut tarafından emilir, solunumda kullanılır, ardından soluk verirken karbondioksit olarak atılır
5 trilyon kere milyar
oksijen molekülünün büyük bir kısmı fotosentezin atık ürünüdür
260 milyar kere milyar
argon atomu, yerkabuğundaki potasyum-40'ın parçalanmasıyla açığa çıkmıştır
10 milyar kere milyar
karbondioksit molekülü.
Bu moleküllerin bir kısmı insanların ve hayvanların soluk vermesi, bir kısmı volkanlar ve giderek artan bir kısmı da fosil yakıtların yanmasıyla açığa çıkar
Burada gösterilmeyen birkaç milyar molekül, formaldehit, benzen ve ozon gibi, insan elinden çıkma **endüstriyel kirleticiler**dir

Gezegenimiz nasıl petrolle doldu?

Bir daha araba, otobüs ya da trenle seyahat ederken şunu düşünün: Yolculuk edebilmenizi sağlayan yakıt, onlarca hatta yüzlerce milyon yıl boyunca gün yüzü görmeden kalan, fosilleşmiş güneş ışığıdır aslında.

Petrol modern uygarlığın can damarı. Refahımız ve güvenliğimiz açısından büyük önem taşıyor. Uğruna savaşlar yapılıyor ve bittiği zaman onsuz nasıl yaşayacağımız konusunda tutarlı bir planımız yok. Her gün yaklaşık 90 milyon varil, Londra'daki O2 Arena'yı beş kez doldurmaya yetecek miktarda petrol kullanıyoruz.

Planktonun gücü adına

Dünyadaki petrolün büyük bir kısmının, antik okyanusta yüzerken günışığını fotosentez yoluyla organik moleküllere dönüştüren planktondan kaynaklandığı göz önünde bulundurulduğunda bütün bunlar inanılmaz gelir. Bu canlılar ölünce bedenleri okyanusun dibine çökmüş ama burada yeterli oksijen olmadığından çürüme gerçekleşememiştir. Enerjiden zengin kalıntıları silt, kum ve diğer inorganik maddelerle karışarak kalın bir organik tortuya dönüşmüş ve zamanla çökel tabakaları altında kaybolmuştur.

Tortu, çökel tabakalarının üst üste yığıldığı milyonlarca yıl boyunca daha da derine gömülmüştür. 3 kilometre derinliğe ulaştığında, alttan gelen ısı ve yukarıdan gelen basınç, organik molekülleri pişirerek daha basit hidrokarbon zincirlerine ayırmaya başlamıştır. İlk ürün, kerojen adı verilen mumsu bir katı maddedir. Bu maddenin daha da çok bozunuma uğraması, diğer bir deyişle "kırılması", petrol denilen sıvı hidrokarbon karışımını ve bunun yanı sıra metanı veya doğal gazı meydana getirmiştir. Sıcaklık çok yüksek olduğunda, organik maddenin tamamı bozunarak metana dönüşmüştür. Bu "aşırı pişme", genellikle tortunun 5 kilometreden daha derinde olduğu yerlerde gerçekleşir.

Koşullar uygun olduğunda petrol oluşur. Nihai ürünün bileşimi, başlangıç malzemesine ve bu malzemenin nasıl bir ısı ve basınç bileşimine maruz bırakıldığına bağlıdır. Düşük sıcaklıkta oluşan petroller katran gibi koyu ve siyah, daha yüksek sıcaklıkta oluşanlarsa benzin gibi sulu ve berrak olur. Renk siyahtan kahverengiye, yeşile, hatta sarıya kadar değişebilir. Ve gerçekten değerli bileşiklerin –yakıta dönüştürülen parafinlerin– oranı yüzde 15 ile yüzde 60 arasındadır.

Hikâye burada bitmiyor. Petrol nadiren yeraltı rezervuarlarında birikir. Genellikle suyla birlikte kayacın içine entegre olur ve ayrılması gerekir. Dahası yalnızca belirli koşullar altında işletilebilir rezervler oluşturur. İçinde oluştuğu kayacın gözenekli olması, böylece sıvı ve gazın yüzeye doğru yükselerek, kayacın içinde hareket edebilmesi gerekir. Ayrıca, petrol içeren kayacın üzerinde, petrolün yüzeye sızmasını engelleyecek bir kapan olmalıdır; bu, yoğun, gözeneksiz bir kayaç veya bir fay tabakası olabilir. Bu örtü kayacının da petrol ve gazın altta birikmesini sağlayacak uygun şekle sahip olması gerekir. Petrol ve gaz ancak o zaman petrol sahası dediğimiz büyük yatakları oluşturabilir.

Vay vay vay

Neyse ki –ya da hangi açıdan baktığınıza bağlı olarak– ne yazık ki, petrol boldur ve Dünya çok büyüktür; dolayısıyla da işletilebilir petrol ve doğal gaz yataklarının yaygın olması için gerekli koşullar sıkça sağlanabilir. Günümüzde bilinen petrol ve doğal gaz yataklarının sayısı 65.000 kadardır ve jeologlar tarafından yenileri keşfedilmektedir. Bu kuyulardan çıkan maddeye ham petrol adı verilir. Ham petrol, deponuza koyduğunuz benzinden başlayarak, modern Dünya'yı tanımlayan plastik ürünlerin çoğunu içeren bir dizi ürünün başlangıç noktasıdır.

Petrolün kaynağını kesin olarak saptamak oldukça zordur, çünkü genellikle yer altındaki uzun mesafeler boyunca göç eder ve içinde veya altında bulunduğu kayaların yaşına göre de tarihlendirilemez. Fakat ne zaman oluştuğunun bilinmesi, petrol jeologlarının ayaklarının altında ne olduğunu anlamalarına, dolayısıyla da arama çalışmalarını nereye yoğunlaştırmaları gerektiğini saptamalarına yardımcı olur.

Petrol genellikle biyobelirteçler adı verilen, yaşamın farklı devirlerine özgü organik bileşikler kullanılarak tarihlenir. Örneğin, oleanan adı verilen bileşik, sadece çiçekli bitkiler tarafından üretilir, dolayısıyla da oleanan içeren petrollerin, Kretase Dönemi veya daha sonrasında oluşmuş olması gerekir. (Polen, nihayetinde petrolü oluşturacak olan organik maddeye az ama göz ardı edilemeyecek düzeyde katkıda bulunan bir bileşendir.)

Biyobelirteç analizleri, bazı petrollerin gerçekten de çok eski, 540 milyon yıl önceye kadar uzanan dönemlerde, henüz kompleks yaşamın evrimleşmediği zamanlarda oluştuğunu ortaya koymuştur. Bazılarıysa, 5 milyon yıl öncesi gibi çok daha geç dönemde oluşmuştur. Genellikle petrolün oluşumu için milyonlarca yıl geçmesi gerektiği kabul edilse de, bulunan bazı çok genç yataklar, bu durumun her zaman geçerli olmadığını göstermektedir. California Körfezi'nde 5000 yıllık olgun petrol bulunmuş, Rus jeologlar Kamçatka'da yalnızca 50 yıllık petrol bulduklarını iddia etmişlerdir.

Bazı petrollerin biyolojik kaynaklı olmayıp, Dünya'nın oluşumu sırasında mevcut olan veya kuyrukluyıldızlar tarafından getirilen karbon kaynaklı olabileceği düşünülse de, bunlar petrol yataklarımızın çok küçük bir kısmını oluşturmaktadır.

Yerinde yeller esen bir okyanusun altından

Eğer petrol oluşumunun bir altın çağı varsa bu, günümüzden 200-145 milyon yıl önceye karşılık gelen Jura Dönemi olmalı. Bu dönemde petrol, bir zamanların paleokıtaları Gondvana ile Lavrasya'yı ayıran Tetis Okyanusu'nun tabanında büyük miktarlarda oluşmuştu. Daha sonra bu okyanus, günümüzde de varlığını sürdüren parçalarını geride bırakarak, kıta kayması nedeniyle kapandı. Akdeniz, Karadeniz, Hazar Denizi ve Aral Denizi, Tetis Okyanusu'nun parçalarıdır. Ancak en önemli mirası, günümüzde yarım düzine kadar Orta Doğu devletinin altını kaplayan ve dünya petrolünün üçte ikisini karşılayan petrol yataklarıdır.

Tortudan "Kara Altına"

Dünyanın ilk petrol kuyusu 1859 yılında, Pennsylvania, Titusville yakınında yerden kabarcıklarla kaynayan ziftli sıvı nedeniyle Oil Creek (Petrol Deresi) olarak adlandırılan bölgede açıldı. Bölge sakinleri bu maddeyi ilaç olarak kullanıyorlardı ama Pennsylvania Rock Oil Company'nin daha iyi fikirleri vardı; şirket, yepyeni bir endüstri sektörü geliştirmek istiyordu.

Işık satacaklardı. Şirket, "rock oil" (kaya yağı) olarak adlandırılan maddenin, gaz lambalarında mükemmel ışık veren bir madde olan gazyağı içerdiğini fark etmişti. Gazyağı kısa sürede kârlı bir iş haline geldi.

O zamanlar benzin, genellikle kullanılmayıp atılan, işe yaramaz bir yan üründü. Ancak yüzyılın başında, tam da Thomas Edison'un ampulü, gazyağı işini sekteye uğratmaya başladığı sırada, petrolcüler turnayı gözünden vurdular. Henry Ford'un, içten yanmalı motoru modern yaşamın vazgeçilmezleri arasına sokmasıyla beraber benzin birdenbire büyük ve giderek genişleyen bir pazar buldu.

Kuzey Denizi petrolü de Jura Dönemi'nde oluştu. Bu bilgiler ışığında, arabanızı hareket ettiren enerjinin, 200 milyon yıl önce ölmüş bir planktondan gelme olasılığı çok yüksek.

Uygarlığın can damarı

Fosil yakıtlar, bir avcı toplayıcıdan 100 kat daha fazla enerji tüketmemize olanak sağlar. Diğer bir deyişle, bu yakıtlara erişebilmenin 100 köleye sahip olmaya eşdeğer olduğunu söyleyebiliriz.

Bir avcı toplayıcının günlük enerji tüketimi

1900 kcal (topladığı ve avladığı besinlerden)

Bir Batılının günlük enerji tüketimi

196.000 kcal (kömür, petrol ve benzinden)

Enerjiyi nelerde kullanıyoruz:

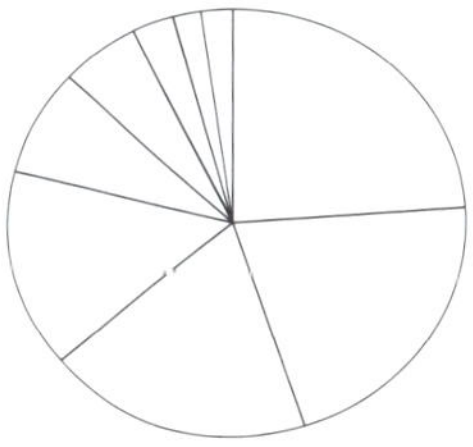

- % **24** Tüketim mallarının satılmasını sağlamak
- % **21** Kişisel ulaşım
- % **19** Evlerimizi ve işyerlerimizi ısıtmak ve soğutmak
- % **15** Uçakla seyahat
- % **8** Yediğimiz besinleri üretmek ve pişirmek
- % **6** Benzin ve petrol boru hatları da dahil olmak üzere, ticari mal taşımak
- % **3** TV, bilgisayar, telefon vs. çalıştırmak
- % **2** Elektrikle aydınlanma
- % **2** Savunma

3. Bölüm

Yaşam

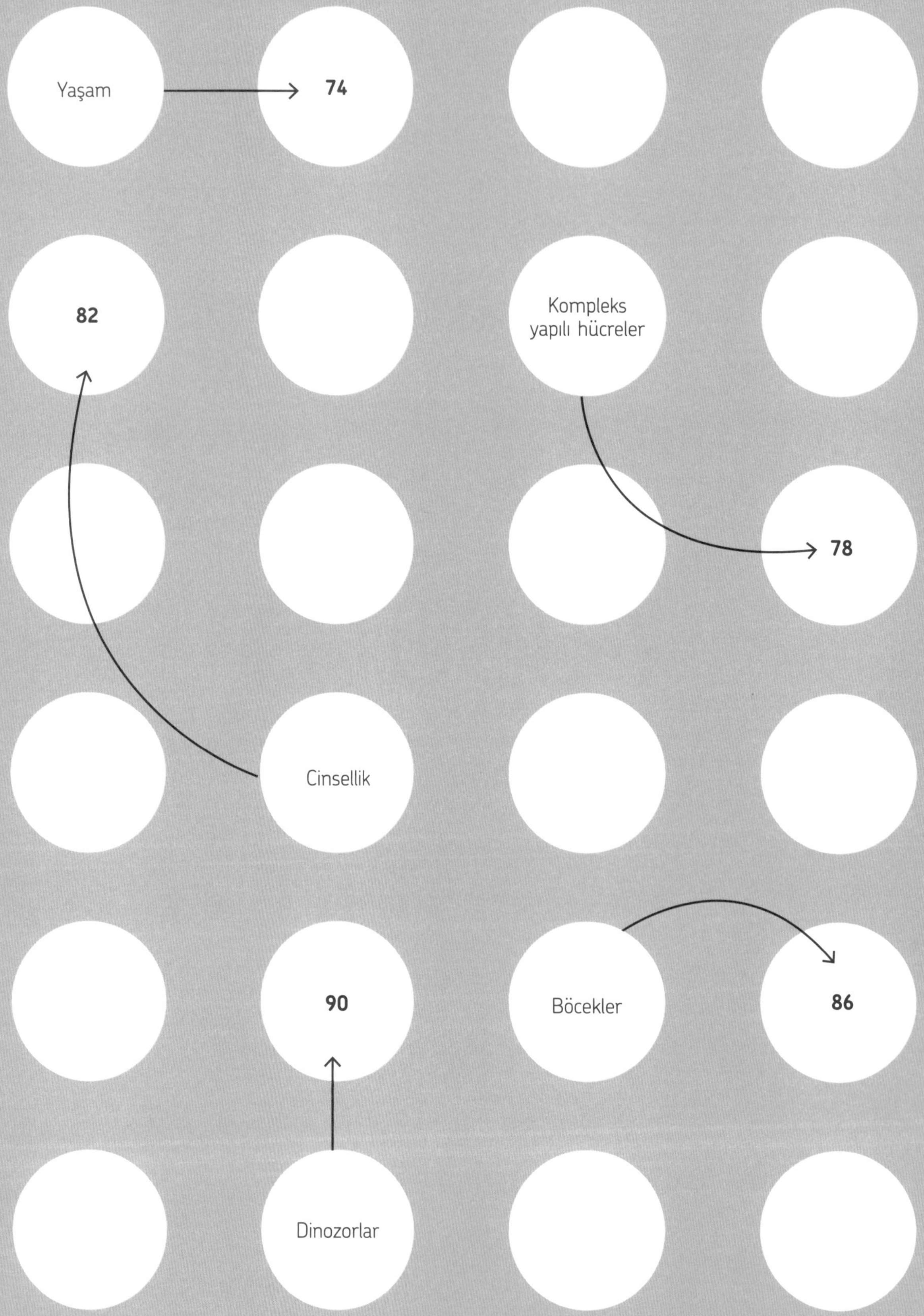
Yaşam
74
82
Kompleks
yapılı hücreler
78
Cinsellik
90
Böcekler
86
Dinozorlar

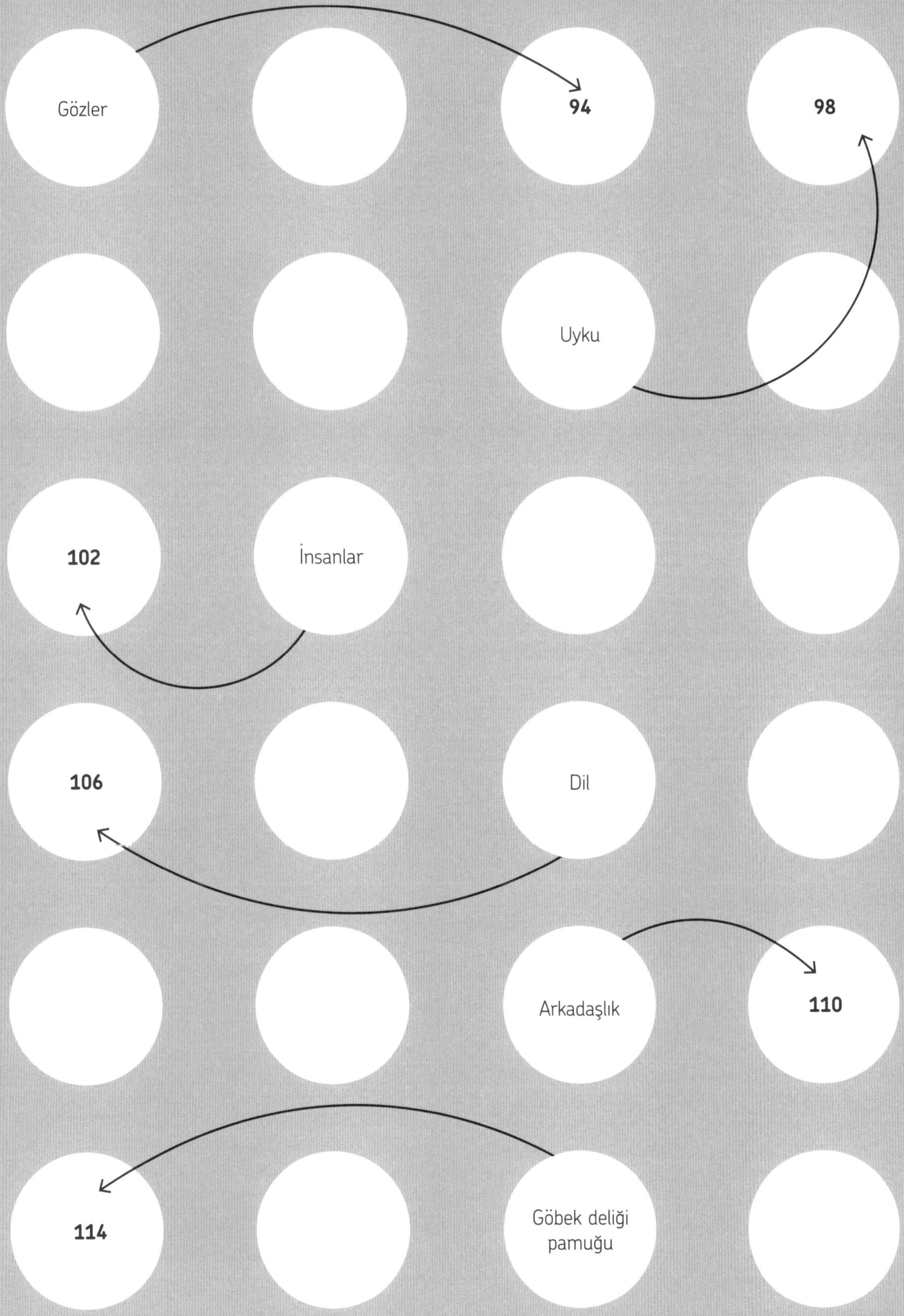
Gözler
94
98
Uyku
102
İnsanlar
106
Dil
Arkadaşlık
110
114
Göbek deliği
pamuğu

Yaşam ne zaman başladı?

Dört milyar yıl geriye gidelim: Dünya'nın yüzeyi soğumaya başlamış. Yeryüzü, göktaşları bombardımanı altında, volkanik patlamalarla yarılan, zehirli bir atmosferle çevrili korkunç bir yer. Ama bu düşmanca koşullara rağmen, olağanüstü bir şey oluyor. Kendi kendini kopyalayabilen bir veya bir dizi molekül ortaya çıkıyor. Bu olay, genç gezegenimizin o güne kadar tanık olduğu şaşırtıcı olaylar içinde en muhteşem olanı. Kopyalayıcıların ortaya çıkmasıyla, daha iyi kopyalanmayı sağlayan varyasyonlara sahip dölleri destekleyen doğal seçilim devreye giriyor. Kısa süre sonra ilk basit hücreler ortaya çıkıyor. Ve işte yaşam başladı bile.

Darwin, yaşamın nasıl başladığı konusuna ilk kafa yoranlardandı. Yaşamın, "her tür amonyum ve fosfor tuzu, ışık, ısı, elektrik gibi unsurların bir arada olduğu ılık, küçük bir su birikintisinde" oluşmuş olabileceğini öne sürmüştü.

Ilık su birikintileri, artık yaşamın başlangıcı için uygun bir ortam olarak görülmüyor. Alternatif başlangıç ortamları olarak açık okyanuslar, derin deniz bacaları, radyoaktif sahil kumları ve killi topraklar öne sürülüyor. Uzun lafın kısası, yaşamın nerede ve nasıl başladığını bilmiyoruz. Ancak bazı tahminlerde bulunmak için yeterince bilgiye sahibiz.

Büyük bir şeyin başlangıcı

Varlığı tartışmasız olarak kabul edilen en eski fosil bakterilerin geçmişi 3 milyar yıl öncesine uzansa da, yaşamın çok daha evvel, en az 3,5 milyar yıl önce başladığı yaygın olarak kabul edilir. Yine de tam olarak ne zaman başladığını söylemek çok zor. Birçok eski kayaç, yaşamın kanıtı olduğu iddia edilen fiziksel izler ve kimyasal imzalar taşır. Bunlardan en eskisi 4,1 milyar yıllıktır ama Dünya'nın o sırada hâlâ Geç Dönem Ağır Bombardıman altında olduğu göz önünde bulundurulduğunda, bu biraz abartıya kaçar. En iyi tahminin 3,8 milyar yıl önce olduğunu söyleyebiliriz.

Öte yandan, "Nasıl?" sorusunun yanıtını saptamak, "Ne zaman?" sorusunu yanıtlamaktan daha da zordur. Yaşamın başlangıcıyla ilgili bütün kuramların üç konuya açıklık getirmesi gerekir: "Yapıtaşları nasıl oldu da karmaşık molekülleri oluşturacak şekilde bir araya geldiler?", "Bu moleküller nasıl oldu da hücre gibi kapalı bir ortamın içine yerleştiler?" ve "Bu süreci yönlendiren enerji nereden geldi?" Belki de bir kurama en fazla yaklaştığımız yer, bu üçünü deniz tabanında bir araya getiren, alkali hidrotermal bacalardır. Bunlar, deniz dibindeki volkanik yarıklardan çok yüksek sıcaklıkta suyun fışkırdığı ve "siyah baca" olarak da bilinen hidrotermal bacalardan farklıdır.

Bugün Dünya'da var olan ve Dünya'nın erken dönemlerinde de yaygın olarak bulundukları kabul edilen alkali bacalar, o kadar türbülanslı değildirler. Deniz yatağında yer alan ve hafif hafif ılık alkali sıvılar sızdıran yarıklar şeklindedirler.

Yaşam uzaydan geldi

Dünya üzerindeki yaşamın kökeniyle ilgili oldukça spekülatif görüşlerden biri de Panspermia Kuramı'dır. Bu kurama göre, yaşam gökadanın başka bir yerinde, mesela Mars'ta ortaya çıkmış ve Dünya'ya bir kuyrukluyıldız veya göktaşıyla taşınmış olabilir. Eğer bu doğruysa hepimiz uzaylıyız ve yaşamın başlangıcı da, Dünya'da var olduğu 4 milyar yıldan çok daha eskilere uzanıyor olmalı. Ne var ki, Panspermia Kuramı temel bir soruya, yaşamın nasıl ve ne zaman başladığı sorusuna yanıt vermez; bu soruyu yalnızca başka bir yere taşır.

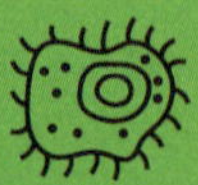

Bu bacalar, deniz suyunun deniz yatağına sızarak, olivin adı verilen bir mineralle reaksiyona girmesi sonucunda oluşur. Bu reaksiyon suyu hidrojence zengin hale getirir ve sıvının yeniden okyanus tabanına dönmesini sağlayan bir ısı açığa çıkarır. Ilık sıvı soğuk okyanus suyuyla karşılaştığında mineraller çökelerek zaman içinde 60 metre yüksekliğe ulaşabilen, kolay kırılır yapıda, yaşamın oluşması için gereken tüm koşulları sağlayan sert bacalar oluştururlar.

Yapıtaşları

Önce kimyasal maddeleri ele alalım. Baca duvarlarının, her ikisi de baca sıvılarında bolca bulunan CO_2 ve hidrojenden kompleks organik bileşiklerin oluşumunu katalize eden minerallerce zengin olması muhtemeldir. Bu da aminoasitler, şekerler ve en önemlisi de RNA gibi, yaşamın yapıtaşı niteliğindeki moleküllerin kendiliğinden oluşumuyla sonuçlanmış olabilir.

DNA'nın yakın akrabası olan RNA, yaşamın kökeniyle ilgili fikirlerimizin merkezinde yer alır. Biyologlar bu soru üzerinde düşünmeye ilk başladıklarında kafaları çok karışmıştır. Yaşayan bütün canlılar, zorlu işlerini yürütmek için proteinlere gereksinim duyarlar. Proteinler çok farklı şekillere girebilir, bu sayede yaşamsal kimyasal reaksiyonları katalize etmek de dahil olmak üzere, hemen her şeyde rol oynayabilirler. Bununla birlikte, protein üretmek için gereken bilgi DNA'da saklanır. DNA olmadan yeni proteinler üretilemediği gibi, proteinler olmadan da DNA üretilemez. Peki, ama önce hangisi oldu?

RNA'nın bir protein gibi davranabildiği ve reaksiyonlarda katalizör rolü oynayabildiği keşfedilince, bu yumurta-tavuk problemi çözülebildi. Yaklaşık 25 yıl önce, yaşamın ilk olarak, kendi üretimlerini katalize eden RNA moleküllerinden başladığı düşüncesi ortaya atıldı. Alkali bacalar, bu RNA dünyasının gelişmesi için ideal bir ortam gibi görünüyordu.

İkinci olarak, moleküllerin dağılmasını önleyecek kapalı bir ortam konusuna gelelim. Bacanın kendisi bu işi görebilirdi. Gözenekli yapısı içinde, zar kadar ince mineral duvarlarla çevrili, minicik, birbiriyle ilişkili, hücre benzeri alanlar vardı. Bunlar, yüzeylerinde oluşan RNA'yı ve diğer karmaşık molekülleri toplayıp içlerinde tutabilirlerdi.

RNA dünyasının enerjiye de gereksinimi vardı ve hidrotermal bacalar, baca sıvısının deniz suyuyla buluştuğu doğal bir "pil" işlevi görerek bunu da sağlayabiliyordu. Deniz suyu asidik (protonca zengin) baca sıvısı ise alkali (protonca fakir) olduğundan, ikisinin buluştuğu noktada proton konsantrasyonları arasında ciddi bir fark ortaya çıkar. Protonlar pozitif yük taşıdığından, bu fark buluşma hattı boyunca bir elektrik potansiyeli oluşturur.

Bu enerji, kompleks moleküllerin ve daha uzun RNA dizilerinin oluşumunu hızlandırarak CO_2 ile hidrojen arasındaki reaksiyonları daha da ileri götürmüş olmalı. Bir noktada, ön hücreler proton konsantrasyonları arasındaki farktan faydalanacak şekilde evrimleştiler. Evrimdeki bu önemli adımın en iyi kanıtlarından biri de, canlı hücrelerin hâlâ hücre zarının iki tarafındaki proton konsantrasyonu farkından yararlanmalarıdır.

Basit tarif

Tamamlanması gereken birçok aşama olmakla birlikte, alkali hidrotermal bacaların RNA dünyası için mükemmel bir ortam sağladığı bir gerçektir. Tartışılan tek seçenek olmasa da, hayatın başladığı yerle ilgili en iyi tahminimiz bu bacalardır.

Tabii, hâlâ yanıtlanması gereken birçok soru bulunuyor. Nasıl oldu da yaşam bu bacalardan dışarı çıkabildi? RNA'dan DNA'ya ve proteinlere geçiş nasıl gerçekleşti? Bu soruların yanıtlarını hiçbir zaman bulamayabiliriz. Fakat eğer hidrotermal kuram doğruysa hayli önemli bir şeyi ortaya koymaktadır: Yaşamın ortaya çıkışı, akıl sır ermez bir gizemden çok, üç temel bileşene (kaya, deniz suyu ve karbondioksit) sahip bir gezegen sisteminin neredeyse kaçınılmaz bir sonucudur.

Yaşamın üç bileşeni

Yaşamın başlangıcı çok karmaşık bir süreç gibi görünse de, antik deniz tabanında yer alan ve alkali hidrotermal baca adı verilen yerlerde, üç basit bileşenin bir araya gelmesi bunun için yeterli olmuş olabilir.

Deniz suyuyla reaksiyona girerek onu hidrojence zengin hale getiren ve ısı üreten **volkanik kaya** türü olivindir. Olivin deniz tabanında yaygın olarak bulunur

Aslında bu, denizin içindeki **iki farklı su** türüdür: deniz yatağının üstündeki soğuk su ile altındaki olivinle reaksiyona giren, ılık, hidrojence zengin su. Bu ikisi buluştuğunda mineraller çökerek, zamanla deniz tabanında hassas, bacaya benzer yapılar oluştururlar

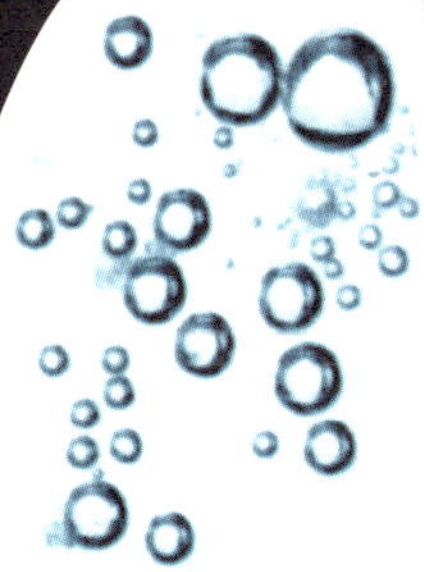

Bacaların içinde, deniz suyunda çözünen **CO_2** hidrojenle reaksiyona girerek yaşamın temel taşları olan kompleks organik molekülleri oluşturur

Karmaşık yaşam nasıl evrimleşti?

Darwin'in *Türlerin Kökeni* adlı kitabında yazdığı üzere, yaşayan gezegenimiz "sonsuz çeşitlikteki en zarif formlardan" biridir. Ancak birkaç milyar yıl önceye gitsek, her şeyin çok farklı olduğunu görecektik. Dünya son 2 milyar yılın büyük bir kısmını üzerinde yaşam olan bir gezegen olarak geçirmiş olsa da, yaşam son derece ilkel düzeydeydi. Yeryüzünde yalnızca bakteriler ve görünüşte benzemekle beraber, aslında çok farklı olan kız kardeşleri, arkeler vardı. En karmaşık canlılar, stromatolit gibi mikropların kolonileri ve çok katmanlı mikroorganizma tabakaları olan "mikrobiyal matlardı". Bitki yoktu; hayvan yoktu; yalnızca kaya, ırmak ve okyanustan oluşan çorak bir doğa hâkimdi.

Bu en zarif formların ortaya çıkışı, yaşamın kendisinin ortaya çıkışından bu yana Dünya'da yaşanan muhtemelen en önemli ve hiç kuşkusuz en beklenmedik olaydır.

Biyologlar uzun yıllar boyunca karmaşık yaşamın ortaya çıkışının evrimin kaçınılmaz bir sonucu olduğunu varsaydılar. Basit yaşam ortaya çıktı mı, zaman içinde daha karmaşık formlara dönüşecek, en sonunda da hayvanlar ve bitkiler meydana gelecekti. Oysa anlaşıldığı kadarıyla işler böyle ilerlemedi. İlk hücreler ortaya çıktıktan sonra karmaşık olanların evrimleşmesine kadar olağanüstü uzun – neredeyse gezegenin yaşam süresinin yarısı kadar– bir ara oldu. Aslında 4 milyar yıllık evrim sürecinde basit hücrelerden kompleks yapılı hücrelerin sadece bir kez meydana gelmiş olması, bunun tuhaf bir rastlantı olduğu izlenimini veriyor.

Eksik halkalar

Eğer basit hücreler milyarlarca yıl içinde yavaş yavaş daha kompleks yapılı hücrelere dönüşmüş olsalardı, envai çeşit ara hücre yaşamış olurdu ve bugün de bazıları varlıklarını sürdürürdü. Ama böyle bir şey yoktur. Onun yerine, arada derin bir boşluk vardır. Bir tarafta prokaryotlar adı altında toplanan minicik bakteriler ve arkeler, diğer tarafta canlıların biyolojik sınıflandırmasındaki üç üst âlemden birini oluşturan, büyük ve hantal ökaryotlar yer alır. Tipik bir tek hücreli ökaryot, örneğin amip, benzer genoma sahip olduğu bir bakteriden yaklaşık 15.000 kat daha büyüktür.

Prokaryotlar, kimyasal maddeler içeren minik torbacıkların hallicesidirler –karmaşık minik torbacıklardır elbette ama organel adı verilen minyatür organcıkları, iç zarları, iskeletleri ve taşıma sistemleri olan ökaryot hücrelere kıyasla solda sıfır kalırlar. Bir amip için insan neyse, bir prokaryot için de ökaryot hücre aynı şeydir.

Ve bakteriler, birbirinin eşi hücrelerden oluşan zincirler veya kolonilerden daha karmaşık bir yapı oluşturamazken, ökaryot hücreler, deniz yosunundan sekoyaya, karıncayiyenden zebraya kadar her şeyi oluşturmak için kümelenip işbirliği yaparlar. Bütün karmaşık yaşam formları, yani etrafımızda

Gezegen bunaltısı

Zaman zaman yaşamı bunaltıcı buluyorsanız, gelin bir de Dünya'nın 1,7-0,7 milyar yıl önceki sakinlerinin halini düşünün. Bu inanılmaz uzun dönem o kadar olaysız geçmiş ki, biyologlar bu dönemi "sıkıcı milyar" olarak adlandırıyorlar. Bunun nedeni ise biyolojik değil de jeolojikmiş gibi görünüyor. Yerkabuğu sertleşmiş olsa da, pek fazla levha hareketinin olmaması, riftleşme, volkanik patlama, dağ oluşumu, kıta kayması ve genellikle evrimsel değişikliklere neden olan diğer büyük değişimlerin gözlemlenmediği uzun bir jeolojik durgunluk dönemi yaşanmasına neden olmuş.

gördüğümüz hemen her canlı ve hatta daha da fazlası ökaryottur.

Bütün ökaryotlar aynı atadan türemiştir. Eğer bu bir defaya mahsus olay gerçekleşmemiş olsaydı, yaşam mikropların yolunda sıkışıp kalmış olacaktı. Bakteri ve arke hücreleri, daha karmaşık formlara evrilmek için gereken niteliklere sahip değillerdir.

Peki, öyleyse ne oldu? Her şeyin akışını değiştiren olayın, yaklaşık 2 milyar yıl önce, basit bir hücrenin bir şekilde bir diğerinin içine girmesiyle başladığı düşünülüyor. Konakçı hücrenin kimliği kesin olarak belli değil, ama bir işgalci gibi içinde yaşayıp bölünmeye başlayan bir bakteriyi içine aldığını biliyoruz. Bu ikisi, bir şekilde dostça birlikte yaşamanın bir yolunu buldular ve en sonunda "endosimbiyoz" olarak bilinen simbiyotik bir ilişki kurdular.

Sayısız nesiller boyu birlikte evrimleşmenin sonunda, endosimbiyontlar mitokondri adı verilen bir organele dönüştüler. Eski "bakteri benliğini" yitirerek organele indirgenen bu yapının temel bir işlevi vardı: hücreye enerji sağlamak. Bu, yaşamın mikrobiyal prangalardan kurtulup sonsuz çeşitlikteki zarif formlara dönüşebilmesine olanak sağlayan dönüm noktasıydı.

Turboşarj

Hücreler mitokondriye kavuşunca bakterilerin ve arkelerin büyümesinin önündeki temel engeli aşabildiler. Kısaca özetleyecek olursak, bir mikrobun üretebileceği enerji miktarı sınırlıdır. Hücrelerin kullandığı evrensel enerji harcama birimi olan ATP hücre zarında üretilir. Ne var ki, hücre büyüdüğünde yüzey alanının hacme oranı düşer ve hücrenin kullanabileceği dış zar nispeten azalır. Hücre genişledikçe enerji talebi hızla arzı aşar. Mitokondrisi (yani ATP üreten ve kendisine ait ayrı zarı olan bir organeli) bulunan hücre, mitokondri sayısını artırarak bu sorunu çözebilir (mitokondri üretmekse kolay bir şeydir, çünkü mitokondriler, bakteri atalarının kendi kendilerini klonlama yeteneklerini korurlar).

Enerji üreten mitokondri filolarıyla donanmış ilk ökaryotlar, büyüyüp daha büyük ve daha karmaşık genomlara sahip olma özgürlüğüne kavuştular. Bu gelişmiş genomlar da daha karmaşık yaşam formlarının evrimleşmesine olanak veren genetik hammaddeyi sağladı.

Güneş'ten gelen enerji

Hikâye burada bitmiyor. Tahminlere göre yeni bir endosimbiyoz faslıyla kloroplast, yani bitkilerin ve yosunların, fotosentez adı verilen bir süreçle günışığını şekere dönüştürmelerini sağlayan hücre organeli ortaya çıktı. Buradaki endosimbiyont, Dünya üzerinde ilk kez yaklaşık 2,8 milyar yıl önce ortaya çıkan fotosentetik bir bakteriydi. Diğer bir önemli yenilik de, ökaryotların DNA'larının büyük bir kısmını sakladıkları hücre çekirdeğiydi. Bu da, büyük olasılıkla bir virüsün dahil olduğu bir başka endosimbiyozla gerçekleşti. Ökaryot hücreler, proteinlerin üretildiği endoplazmik retikulum; proteinleri, muhtemelen hücre zarlarıyla paketleyerek gereken yere ileten Golgi cisimciği gibi başka organeller de edindiler.

Bütün bunlar karmaşık, çok hücreli yaşam formlarının ortaya çıkışına zemin hazırladı. Kuşkusuz bu biraz zaman aldı. İlk büyük, çok hücreli organizmalar, yaklaşık 700 milyon yıl önce okyanuslarda yaşayan Ediakara Çağı canlılarıydı. Bu canlılar 540 milyon yıl önce, bilinen hayvan türlerinin çoğunun evrimleştiği Prekambriyen Patlaması zamanında ortadan kayboldular.

Bununla beraber, Ediakara Çağı canlılarının kökenleri, mitokondrilerin evrimleştiği döneme kadar gider. Ve bütün bunların tek bir şanslı olaya, basit bir hücrenin bir diğerini içine almasına dayandığını söyleyebiliriz. Uzun lafın kısası, basit yaşam formlarının ortaya çıkması neredeyse kaçınılmazken, siz ve akrabalarınız da dahil olmak üzere karmaşık yaşam formlarının evrimleşmesi fevkalade beklenmedik bir durumdur. Dünya yüzündeki gerçek yaşam mucizesi işte budur.

Yaşamın yükselişi

Kompleks yapılı hücrelerin ortaya çıkması, yaşamın mikroskobik su yosunlarından, günümüzde gördüğümüz şaşırtıcı çeşitliliğe evrimleşmesine olanak verdi.

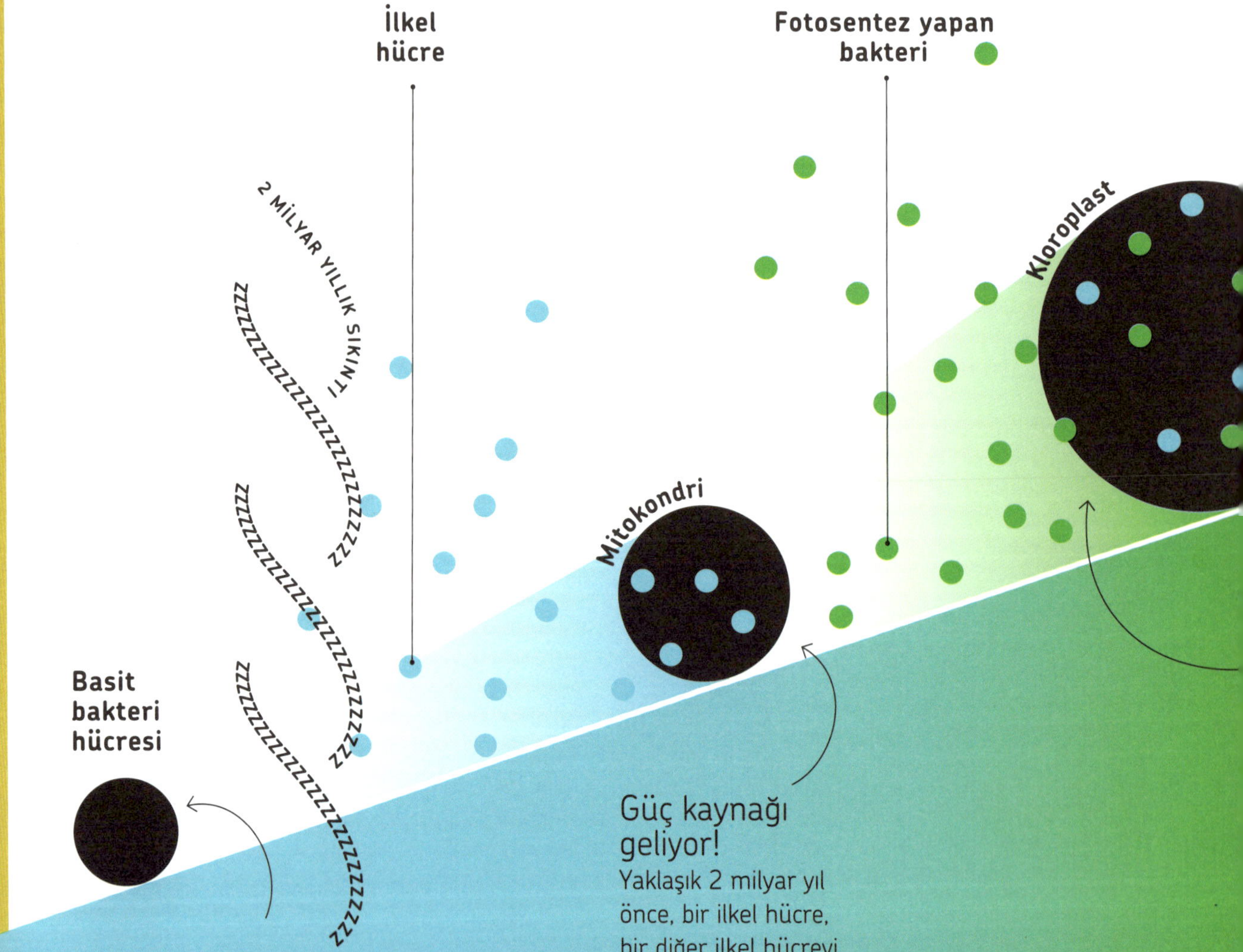

3,8 milyar yıl önce

Dünya üzerindeki yaşam, var olduğu sürenin büyük bir kısmında yalnızca mikroplardan ibaretti. En karmaşık yaşam şekli, bakteri kolonileriydi.

Güç kaynağı geliyor!

Yaklaşık 2 milyar yıl önce, bir ilkel hücre, bir diğer ilkel hücreyi yutarak esir aldı. Esir hücre, **mitokondri** adı verilen bir enerji ünitesine evrimleşti.

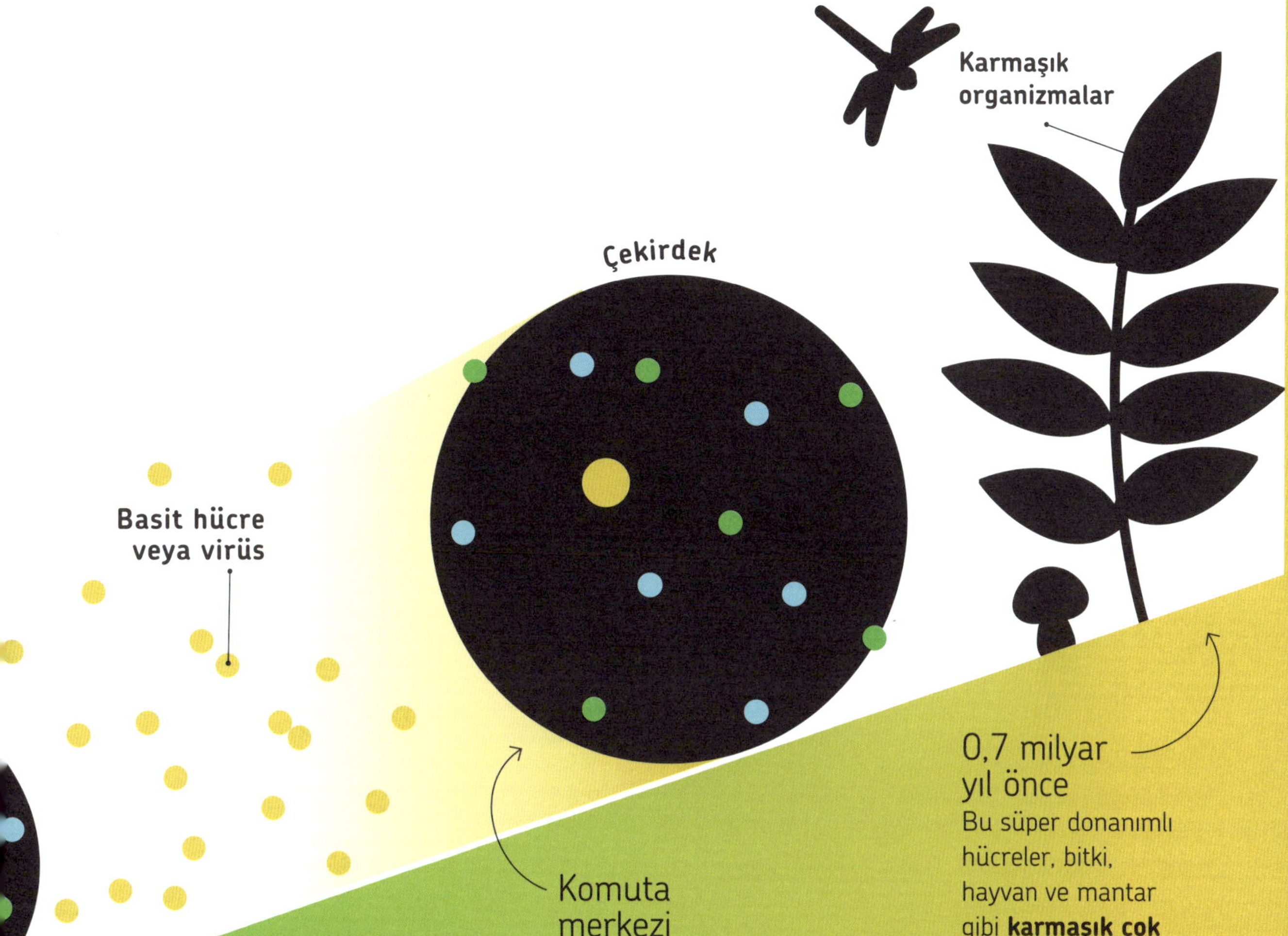

Güneşten gelen güç

Daha sonraki bir hücre soyu tarafından yutulan fotosentetik bakteri ise, güneş enerjisinin toplanıp kullanılmasını sağlayan **kloroplast** adlı organele dönüştü.

Komuta merkezi

Hücre çekirdeği de bir başka hücre veya virüsün esir alınması sonucu oluşmuş olabilir.

0,7 milyar yıl önce

Bu süper donanımlı hücreler, bitki, hayvan ve mantar gibi **karmaşık çok hücreli organizmaları** oluşturacak şekilde bir araya gelme yeteneğine sahiptiler.

(Bariz neden dışında) neden cinsel ilişkiye giriyoruz?

Kuşlar, arılar ve tabii ki pireler. Bitkiler, mantarlar ve hatta amipler. Bazen dört bir yana yayılmış gibi gelse de, biyolojik açıdan bakıldığında seks aslında pek de peşinden koşulan bir şey değil. Yeryüzündeki yaşamın ilk 2 milyar yılında seks yoktu. Günümüzde bile, gezegene egemen olan organizmalar –bakteriler ve arkeler– bu zahmete girmiyorlar.

Öyleyse, seksin kökenlerinin biraz gizemli olduğu söylenebilir. Üstelik zor anlaşılan kökenlerinin yanı sıra seks şaşırtıcı bir işleve de sahiptir.

KÜÇÜKTEN BÜYÜĞE

GORİL PENİSİ 3,8 cm
İNSAN PENİSİ 13 cm
AT PENİSİ 45 cm
GERGEDAN PENİSİ 61 cm

Yukarıdaki soru ilk bakışta size gülünç gelmiş olabilir. Hiç kuşku yok ki seksin bariz bir işlevi vardır: Evrimin hammaddesi olan çeşitliliği sağlamak. Genetik bilginin değiş tokuşu ve yeniden birleştirilmesi, türlerin adaptasyonuna yardımcı olur. Ayrıca, bir popülasyonda yararlı genlerin yayılmasını ve zararlı olanların ortadan kalkmasını da sağlayabilir.

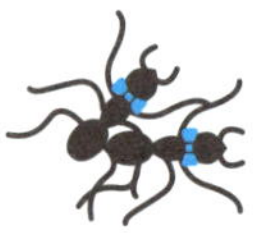

Ne var ki sağduyuya dayalı bu çıkarımla ilgili büyük sorunlar bulunuyor. Birincisi, seks fena halde verimsizdir. Kendinizi klonlamak çok daha mantıklıdır. Klonlama, sekse kıyasla çok daha fazla yavru üretir; bu da, aseksüel türlerin, aynı kaynaklar için rekabet eden çok daha fazla yavru üreterek, çiftleşen türlerin hızla yok olmasına yol açmalarına neden olur.

Dahası her klon, zaten amaca uygunluğu kanıtlanmış olan bir gen kombinasyonuna sahiptir. Buna karşın seks yeni, denenmemiş ve muhtemelen daha düşük kalitede kombinasyonlar yaratır. Aslına bakarsanız seksüel rekombinasyonun olumlu gen kombinasyonlarını bozması, bu tür kombinasyonlar oluşturmasından daha sık görülen bir durumdur.

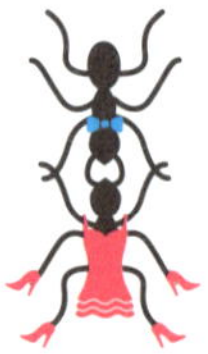

Hiç kuşku yok ki seks uzun vadede, süregeldiği binlerce ve milyonlarca yıl içinde bir üstünlük sağlamıştır. Aseksüel türler zaman içinde, bir türlü kurtulamadıkları ve sonunda soylarının kurumasına yol açan mutasyonlar biriktirirler. Oysa evrim böyle işlemez. Bir planı yoktur. Onun için önemli olan tam bu anda ve burada olandır.

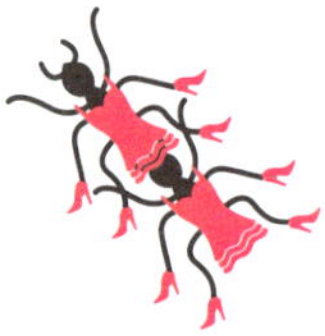

Sıkıntı ve güçlükler bununla da bitmez. Çiftleşen türler bir eş bulmak, rakipleri yenmek ve cinsel yolla bulaşan hastalık riskini göze almak zorundadırlar.

Son olarak, eğer seks o kadar matah bir şeyse, zaman zaman DNA parçası alışverişi yapan bakteriler ve arkeler neden çiftleşecek şekilde evrim geçirmediler? Bunun tam tersini de sorgulamak mümkün. Eğer eşeysiz üreme bu denli muhteşemse, neden ökaryotların büyük bir çoğunluğu, en azından yaşamlarının bir döneminde eşeyli ürüyor? İşte bu sorular seksi, biyolojinin en büyük muammalarından biri haline getiriyor.

Uzun yıllar boyunca en uygun yanıt, "seks çeşitlilik oluşturur" açıklamasının bir türevi olan, Kırmızı Kraliçe hipotezi oldu. Parazitlerle konakçıları arasındaki silahlanma yarışı üzerinden kurgulanan bu hipoteze göre, parazitlerin üreyip iki katına çıkma süresi o kadar kısadır ki, bu sayede konakçılarını yenebilirler. Seks, her soyda yeni gen bileşimleri yaratarak, en azından birkaç bireyin hayatta kalabilmesine olanak sağlar. Hipotez adını, *Aynanın İçinden* kitabındaki Kırmızı Kraliçe'den alır, çünkü onun kitapta dediği gibi aynı yerde kalabilmek için bile çok hızlı koşmamız gerekir.

Ne yazık ki, bu da sorunu çözmez. Seks, ancak parazit bulaşma oranı çok yüksek ve etkileri çok ciddi olduğunda belirleyici bir avantaj sağlar. Normal şartlarda klonlama yine daha üstün gelecektir. Son yıllarda yeni bir açıklama üzerinde durulmaya başlanmıştır. Bu açıklamanın temeli, bütün

Tuhaf aşk üçgeni

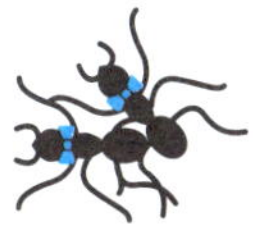

İnsanlarda cinsel üreme, bire bir ilişki üzerinden gerçekleşir. Erkekler vardır, kadınlar vardır ve hepsinden bebek yapmaları beklenir. Aynı durum, birçok hayvan ve bitki türü için de geçerli olmakla birlikte, evrensel olduğu kesinlikle söylenemez. Bazı solucan, sünger, yumuşakça ve bitki türleri, hermafrodit yani çift-eşeylidirler. Bu türlerde her birey bir başkasıyla veya kendi kendisiyle çiftleşebilir. Bir karınca türünde ise, kraliçe ve iki tip erkek karınca olmak üzere üç ayrı cinsiyet saptanmıştır. Kraliçe, işçi karınca dünyaya getirmek için bir erkek tipiyle, kraliçe dünyaya getirmek içinse diğer erkek türüyle çiftleşmek zorundadır. Dolayısıyla tüm koloni, bu üç ayrı cinsiyetin bir ürünüdür.

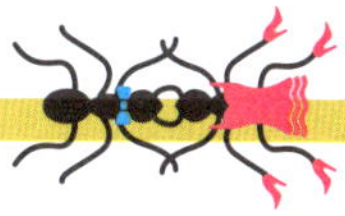

ökaryotların, en azından bir zamanlar eşeyli ürediği keşfine dayanır (klonlanarak üreyen birçok tür vardır ama bunlarda bekârlık ancak çok yakın zamanda ortaya çıkmıştır). Buradan çıkarılabilecek en mantıklı sonuç, seksin ökaryotlar âleminde, yaklaşık 2 milyar yıl önce, yaşayan bütün ökaryotların ortak bir atasında erken zamanda evrimleştiği şeklindedir.

Seks dışında, bütün ökaryotların diğer ortak noktası, hücrenin güç kaynağı olan mitokondriye sahip olmaktır. Yeni açıklamaya göre, bu bir rastlantı değildir: Mitokondri, seksin evrimleşmesini kaçınılmaz kılmıştır. Peki, nasıl? Burada kilit nokta, mitokondrinin kendi genomuna sahip oluşudur.

Mitokondri genomu, ökaryotların evriminin ta en başında, bir başka hücre tarafından yutulmuş olan serbest yaşayan bakterinin tam genomunun kalıntısıdır. Her iki hücrenin ortak evrimi sırasında genlerden çoğunun konakçının genomuna geçtiğini biliyoruz. Simbiyont, yani yutulan bakteri ise, konakçıyı "zıplayan gen" adı verilen parazit genlerin bombardımanına tutmuştur.

Aşk her zorluğu yener

Diğer bir deyişle, mitokondrinin edinilmesi, karmaşık bir genetik bozulma dönemi başlatmıştır. Bu denli yüksek mutasyon baskısı altında, denge kaymış ve seks (eşeyli üreme), aseksüel (eşeysiz) üremeye kıyasla daha avantajlı hale gelmiştir. Eşeyli üreme yeteneği kazanan ilkel bir ökaryot, sağkalımı olanaksızlaştıran mutasyon düzeylerine yenik düşen aseksüel rakiplerini yenecektir.

Mitokondri, seksin günümüzde neden hâlâ avantaj sağladığını da açıklar. Mitokondri genomu hayati genleri kodlar ama kendi başına hiçbir şey yapamaz. Örneğin, protein üretmek ve DNA'sının kendini eşlemesini sağlamak için çekirdek genomuna gereksinim duyar. Bu nedenle, hücrenin iki genomu arasındaki yakın işbirliği, hücre işleyişi, özellikle de kritik öneme sahip enerji üretimi işlevi açısından yaşamsal önem taşır.

İşte seks, bu işbirliğini garanti altına alır. Mitokondri genomu, çekirdek genomundan daha yüksek oranda –memelilerde yaklaşık 10 kat– mutasyon biriktirir ve böylece iki genom arasındaki uygunluk giderek bozulur. Bizler ve mitokondrilerimiz, giderek birbirimizden ayrılırız ve bu, mitokondrilerin bir kusuru olmasına rağmen ceremeyi biz çekeriz. Seks, mitokondrilerin gereksinimlerine daha uygun yeni çekirdek geni kombinasyonları yaratarak bu uyumsuzluğu giderir.

İşte seksin nedeni budur. Nasılı ise hâlâ çok belirsizdir. En basit ökaryotlar olan amiplerde seks şöyle gerçekleşir: Amip önce genomunu ikiye ayırır, ardından kendisi de her kısımda bir genom parçası olacak şekilde ikiye bölünür. Daha sonra bu yarım amipler, başka yarım amiplerle birleşerek yeni bireyler meydana getirirler. İlk seks bu şekilde gerçekleşmiş olabilir.

Aslında hâlâ da kabaca aynı şekilde yapılmaktadır. Eşeyli üreme, bir genomun ikiye ayrılması ve bir başka bireyin yarım genomuyla birleşerek, tam bir genom oluşturulmasından ibarettir. İnsanlar ve diğer birçok hayvan türü bunu, iki farklı cinsiyete sahip bireylerle gerçekleştirirler. Her iki cinsiyetin yarım genomları, çiftleşme eylemi sayesinde birleşir.

Kim demiş romantizm öldü diye?

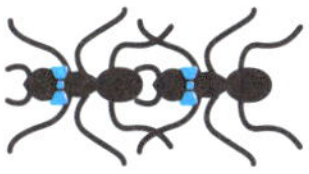

PENİS UZUNLUKLARI ARKA SAYFADA DEVAM EDİYOR ▶

Sperm yumurtayla birleşince

Yaşam, seksin asıl amacını yerine getirmek için tuhaf ve hayranlık uyandırıcı bin bir çeşit yol bulmuştur.

Tozlaşma

Bitkiler hareket edemezler, bu yüzden de üreme hücrelerini (gametlerini) ulaştırmak için arılardan, yarasalardan ve diğer tozlaştırıcılardan yararlanırlar.

◀ ÖNCEKİ SAYFANIN DEVAMI

AT PENİSİ 45 cm

GERGEDAN PENİSİ 61 cm

Spermatofor

Erkeğin, genellikle incelikli aşk oyunları eşliğinde dişinin yanına bırakarak bir hediye gibi sunduğu bir sperm paketidir. Dişi bunu kabul edebilir de etmeyebilir de. Daha çok semenderler ve kelerler tarafından kullanılır; böcekler ve örümcekler tarafından da beğenilmektedir.

Özel teslim!

Ahtapot, kalamar, mürekkepbalığı ve notilus gibi kafadanbacaklılar da spermatofor kullanırlar fakat bu türlerde erkek, hektokotilus adı verilen özel bir çiftleşme uzantısıyla, spermatoforları dişinin üreme organlarının içine yerleştirir. Bazı türlerde çiftleşme uzantısı kırılıp dişinin içinde kalır. Bazı türler ise sperm uzantılarını koruyup tekrar tekrar kullanırlar.

Cinsel birleşme

Özelleşmiş erkek cinsel organının –memelilerde ve bazı kuşlarda penis; balıklar, sürüngenler ve böceklerde başka çeşit "iç dölleme organları"– dişinin dölyolu veya dışkılık açıklığına yerleştirilmesidir. Primatlar da dahil olmak üzere birçok memelide (insan hariç), penis kemiği de denilen *baculum* adlı bir kemik, penisin sürekli olarak sert kalmasını sağlar. Bu türler kelimenin tam manasıyla sürekli sertleşmiş halde gezerler.

Cinsel yamyamlık

Bazı böcek ve örümcek türlerinde dişi, çiftleşme sırasında veya sonrasında erkeğini yer. En bilinen örneği peygamberdeveleridir.

Dış döllenme

Ayrıntılar değişmekle birlikte bu tip döllenmede dişi, suyun içine veya deniz dibine yumurtalarını bırakır, daha sonra erkek gelip yumurtaların üzerine sperm boşaltır. Birçok balık ve ikiyaşayışlı hayvan bu yöntemi kullanır. Mercanlarda gözlenen toplu yumurtlama ise erkeklerin ve dişilerin suya aynı anda bol miktarda sperm ve yumurta bıraktığı bir dış döllenme şeklidir.

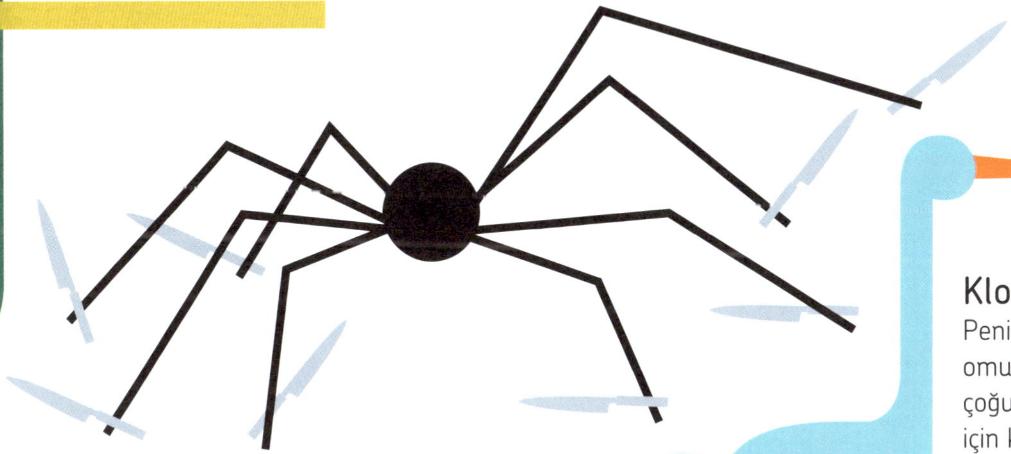

Travmatik dölleme

Bazı böceklerde, solucanlarda ve deniz salyangozlarında erkek, cinsel organıyla dişinin karnını yarıp spermlerini doğrudan buraya bırakır. Bu yöntemin en zalim örneklerinden biri, dişisini bu iş için özelleşmiş, iğneye benzer bir organla sekiz kez delen *Harpactea sadistica* adlı örümcekte görülür.

Kloak öpücüğü

Penisi olmayan omurgalı hayvanların çoğu, spermi aktarmak için kloak deliklerinin birleştirilmesine dayanan bu garip isimli yöntemi kullanırlar. İdrar ve dışkının dışarı atılması için de kullanılan kloak deliğinin adı, Latincede kanalizasyon anlamına gelen *cloaca* sözcüğünden gelir.

Neden bu kadar çok çeşit börtü böcek var?

Yeni bir hayvan türü keşfederek dünyaya bir iz bırakmak istiyorsanız bakmanız gereken yerler bellidir: Koltuğunuzun altı veya tozlu bir pencere pervazı işinizi görebilir. Dikkatlice incelediğinizde, daha önce bilinmeyen bir böcek türü keşfedebilirsiniz pekâlâ.

Her yıl uzmanlar tarafından yaklaşık 20.000 yeni canlı türü tanımlanıyor. Bunların büyük bir kısmını omurgasızlar ve çoğunu da –10.000 kadarını– böcekler oluşturuyor.

İster sevin ister iğrenin, böcekler hayvanlar âleminin başarı hikâyesidirler. Bilinen hayvan türlerinin dörtte üçünü böcekler oluşturur. Böcek türleri, şimdiden 1 milyon gibi inanılmaz bir sayıya ulaştıysa da, keşfedilmeyi bekleyen 4-5 milyon yeni tür bulunduğu tahmin edilmektedir. Buna karşılık, omurgalı türlerinin sayısı 70.000'in altındadır. Herhangi bir zamanda yaşayan böcek sayısı 10 kentilyona (10 milyar kere milyar) ulaşır; yani gezegenimizde her insan başına 1 milyardan fazla böcek bulunmaktadır. Dünyayı ilk fetheden hayvanlar olan ve Antarktika dahil bütün kıtaları saran böcekler, soy tükenmesine karşı da korunmalı gibidirler. Sözün kısası, yeryüzünde yürüyen veya uçan en başarılı hayvanlardır.

Taşlaşmış mini orman

Bulunan en eski böcek fosilleri 410 milyon önceye, yaşamın karaya ilk adımlarını attığı zamanlara aittir.

Fosiller, İskoçya'nın Rhynie kasabası yakınındaki büyük bir fosil yatağı içinde bulunmuştur. Rhrynie çörtü, Lagerstätte denilen, çok iyi korunmuş fosil birikintilerinin bulunduğu bir yerdir. Çört içindeki fosiller, volkanik bir kaplıcadan fışkıran sıcak ve mineral bakımından zengin suyun, yoluna çıkan her şeyi bir anda taşlaştırmasıyla oluşmuştur.

Çört, çoğunu minik bitkilerin oluşturduğu fosilleşmiş canlılarla doludur. Bitkilerin yanı sıra kabuklular, örümceğimsiler, akarlar ve yaykuyruklular gibi ilkel eklembacaklılardan (sert bir dış iskelete sahip hayvanlar) oluşan bir hayvanat bahçesine de ev sahipliği yapmaktadır. Önceleri burada böceklerin bulunmadığı düşünülüyordu, ancak paleontologlar, 2004 yılında mikroskop altında bir şey fark ettiler. Yalnızca bir böceğe ait olabilecek, çok iyi korunmuş ağız parçalarıydı bunlar.

Ve öyle herhangi bir böcek de değildi bu. Ağız parçaları şaşırtıcı derecede modern görünümlüydü ki bu da Rhynie çörtünün oluştuğu zamana kadar böceklerin hayli gelişmiş oldukları anlamına geliyordu. Bu bulgu, böceklerin kökenlerinin çok daha uzun bir geçmişe uzandığını ortaya koydu.

Böceklerin hangi canlıdan evrimleştiklerine gelince, baş şüpheli çokbacaklılardır (kırkayakları ve çıyanları

Dikkat böcek çıkabilir!

Yaklaşık 300 milyon yıl önce böcekler aniden büyüdüler. Örneğin günümüzün yusufçuklarına benzeyen yırtıcı bir böcek türü olan *Meganeura*'nın kanat açıklığı 70 santimetreydi. Bu duruma zemin hazırlayan ise oksijendi. Ağaçlar yeni evrimleşmişlerdi ve ahşabı parçalayan hiçbir organizma olmadığından, çürümüyorlardı. Bunun sonucunda oksijen düzeyleri yüzde 31'e, yani günümüzdekinin iki katına kadar yükseldi. Böcekler oksijeni dokularına taşıyan ve böceğin ne kadar büyüyebileceğini belirleyen ince tüpler aracılığıyla solurlar. Oksijen miktarı artınca büyüme sınırı da yükseldi.

Böcekler yaklaşık 150 milyon yıl öncesine kadar dev boyutlarını korudular, sonra kanat açıklıkları yarıya indi. Bunun nedeni muhtemelen, böcekleri yiyen uçan bir türün, kuşların evrimleşmesiydi.

kapsayan grup). Bunlar içinde en çok üzerinde durulanlar ise, *Remipedia* grubunu oluşturan ve yalnızca kıyı mağaralarında yaşayan kör deniz kabuklularıdır. Beyinleri, sinir sistemleri ve proteinlerinin birçoğu arasındaki benzerlikler, ortak bir ataya işaret etmektedir. Bu, böceklerin suyla kara arasındaki ıslak sınır bölgelerinde geliştiğini düşündürmektedir.

Sürünerek karaya çıkış

Bu düşünce, böcekleri kabukluların yanına yerleştiren ve kökenlerinin 480 milyon yıl önceye kadar uzandığını ortaya koyan kapsamlı bir genetik çalışma tarafından desteklenmektedir. Buna göre böcekler, karada ilk yürüyen canlılardandır.

Karaya çıkış, susuzluk, yerçekimi etkisi, havanın solunması, gün içi sıcaklık ve günışığı değişimleri gibi sorunların üstesinden gelmeyi gerektiren zorlu bir işti. Sert bir dış kabuk işe yaracak olsa da, gerçek kara böceklerinin evrimleşmesi milyonlarca yıl aldı. Sıçrayan kılkıyruklar gibi, günümüzün en ilkel türlerinin bazıları hâlâ yaşayabilmek için nemli topraklara gereksinim duyarlar.

Öte yandan kara, büyük fırsatlar da sunuyordu. Denize kıyasla yenecek daha fazla şey ve daha az düşman vardı. Böceklerin evrimi yaklaşık 440 milyon yıl önce, büyük bir tür patlamasıyla başladı.

Ardından, böcekleri çok farklı bir düzeye taşıyan bir gelişme ortaya çıktı: uçma. En eski fosilleşmiş böcek kanadı 324 milyon yıl yaşındadır. Ne var ki, Rhynie çörtünde bulunan ağız parçalarının uçan bir böceğe ait olduğuna kesin gözüyle bakıldığından, uçmanın çok erken dönemde geliştiği bilinmektedir.

Böcekler, uçan sürüngenler ortaya çıkıncaya kadar, yani yaklaşık 200 milyon yıl boyunca göklerin hâkimi oldular. Kanatlar, besin ve eş bulmalarına, yeni ortamlara yerleşmelerine, düşmanlarından kaçmalarına ve beden sıcaklıklarını düzenlemelerine yardım ederek böceklere çok büyük destek sağladı.

Böcekleri, belki de hepsinden daha önemli bir başka değişim bekliyordu. Yaklaşık 300 milyon yıl önce Dünya'yı kaplayan bataklık ormanların fosilleşmiş kalıntıları arasında, tam başkalaşım –günümüzde tırtılların güve ve kelebeklere, larvaların et sineklerine dönüşümünü sağlayan süreç, metamorfoz– geçirdiği bilinen ilkel böcekler vardı.

Böcekler esasen esnek olmayan bir dış iskelete sahiptir. Bu noktaya kadar, her biri bir deri değişimiyle sonlanan ve yetişkin böceğe benzeyen minyatür formların kademeli olarak büyümesini sağlayan bir dizi evreden geçmişlerdir. Tam metamorfoz, böceklerin yaşam çevrimlerini, beslenmeye ayrılmış larva formu ile üremeye ayrılmış erişkin form olarak farklı evrelere bölmelerini sağlamıştır. Bu adaptasyon o denli başarılıdır ki, günümüzde kınkanatlılar, pireler, yabanarıları, arılar ve karıncalar gibi çok başarılı gruplar da dahil olmak üzere her 10 böcek türünden 8'i tarafından kullanılmaktadır.

Çetin cevizler

Başkalaşım, böceklerde soy tükenmesine karşı bir koruma da yaratmış gibi görünmektedir. Diğer her şey gibi böcekler de, Permiyen Dönemi'nde türlerin yüzde 90'ının ölümüne yol açan kitlesel yok oluştan büyük oranda etkilendiler. Böcek ailelerinin yaklaşık yarısı –ki bunların büyük bir kısmı başkalaşım geçirmeyen türlerdi– ortadan kalktı. Başkalaşım geçirenlere ise pek bir şey olmadı. Aradaki fark büyük olasılıkla, larva ve erişkin dönemi arasında, böceğin pupa olarak geçirdiği geçiş dönemindeydi. Pupa, donma ve susuzluk gibi her türlü çevresel olumsuzluğu tolere edebilir, bu da onları çevresel stres durumlarında çok dayanıklı kılar.

65 milyon yıl önce Dünya'ya çarpan asteroit dinozorların soyunu kuruttuğunda, böcekler yine paçayı kurtardılar. Muhtemelen biz kısa ömürlü insanlar yok olup gittiğimizde, ömürleri kısa da olsa ezelden beri varlıklarını sürdüren böcekler bizi yok eden her neyse ondan da kurtulmayı başaracaklar ve dünyanın en başarılı hayvanları olarak hüküm sürmeye devam edecekler.

Böcekler gezegeni

Yaşayan türlerin yaklaşık yarısını böcekler oluşturur ve bu da onları, dünyanın bilinen en başarılı yaşam formu yapar.

65 milyon yıl önce dinozorların soyu tükendi, böcekler ise paçayı kurtardılar

Böcek evriminde en son önemli olay. Büyük olasılıkla yarasaların tehdidi nedeniyle pervaneler ile kelebekler iki ayrı kola ayrıldılar

Böcek türlerinin yaklaşık yüzde 40'ını kınkanatlılar oluşturur. J.B.S. Haldane, kendisine yaşamı inceleyerek Tanrı hakkında nasıl bir fikre sahip olunabileceği sorulduğunda, "Kınkanatlılara özel bir düşkünlüğü olduğu sonucuna varabiliriz," diye yanıt vermiştir

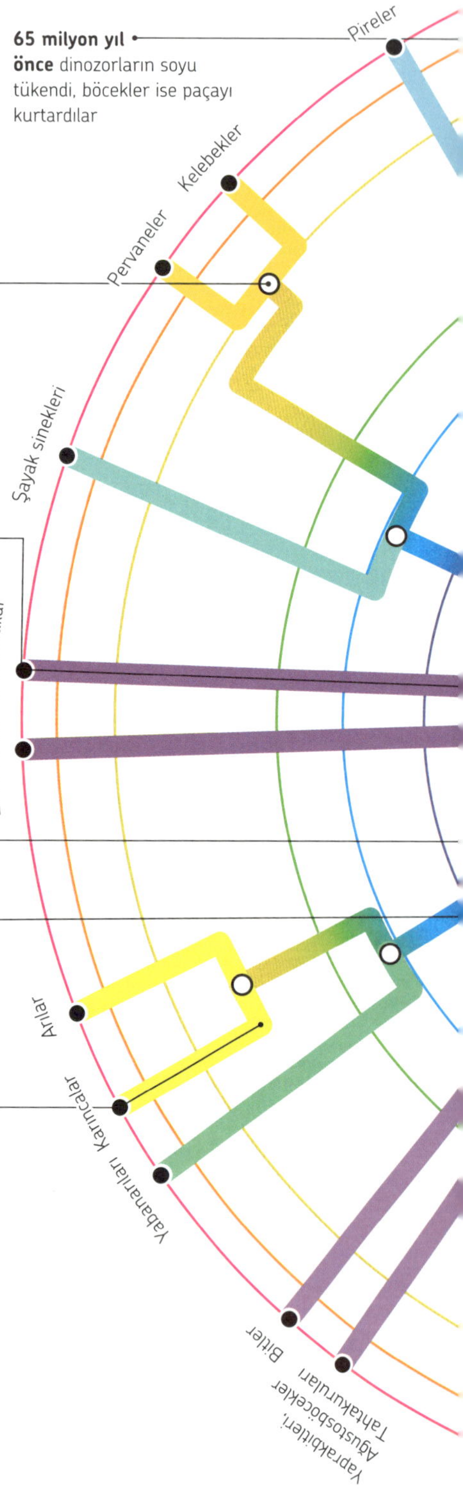

~350 milyon yıl önce Başkalaşımın –larvadan ergin forma dönüşümün– gelişmesiyle, böcekler soy tükenmesine karşı korumalı hale geldiler

~440 milyon yıl önce böcekler karaya çıktı

Bazı böcek türleri, milyarlarca üyeden oluşan megakoloniler kurarlar. İstilacı bir tür olan Arjantin karıncası, Güney Avrupa kıyısında 6000 kilometreyi aşan bir alana yayılmıştır

Buzullarda ve diğer soğuk bölgelerde yaşayan gece böcekleri

Böcekler yaklaşık 480 milyon yıl önce altı bacaklı bir atadan evrimleştiler

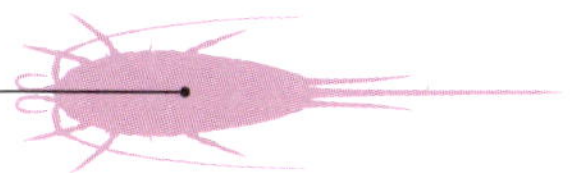

Yaşayan en ilkel böcekler Devoniyen Dönemi'nden bu yana pek az değiştiler

250 milyon yıl önce
Permiyen kitlesel yok oluşu. Böcekler büyük oranda zarar görmedi

300-150 milyon yıl önce
Devler çağı. Yüksek oksijen düzeyleri böceklerin devleşmesini sağladı

~400 milyon yıl önce
Uçma yetisi gelişti. Böcekler sonraki 200 milyon yıl boyunca göklerin tek hâkimi olarak kaldılar

Koloni halinde yaşayan ilk böcekler. Karıncalar, arılar, yabanarıları ve yaprakbitlerinde gerçek sosyal yaşam gelişti

Ancak 2001'de keşfedilen bir grup büyük, kanatsız, yırtıcı böcek

Dinozorlar çağı ne zaman başladı?

Sonları, o an geldiğinde, aniden geldi. Meksika Körfezi açıklarına düşen 10 kilometre çapındaki bir asteroit veya kuyrukluyıldız, 180 kilometrelik bir krater açtı ve yeryüzünde ateş fırtınalarına, yanardağ patlamalarına ve dev tsunamilere neden oldu. Geriye kalan kül ve tozlar Güneş'i yıllarca kapattı. Dinozorların –ve yaşamın onlarla birlikte yok olan yüzde 75'lik kısmının– hiç yaşama şansı kalmadı.

Evet, dinozorların 65 milyon yıl önce yeryüzünden nasıl silindikleri iyi biliniyor ama kökenleriyle ilgili bilinenler pek fazla değil. Dinozorlar, bütün hayvan grupları içinde en uzun süreyle, en az 135 milyon yıl boyunca karalara hükmettiler. Bu olay olmasaydı, hâlâ daha karaların hâkimi olmaya devam edeceklerdi. Peki, bu muhteşem hayvanlar nasıl ortaya çıktılar?

Paleontologlar uzun yıllar boyunca rakiplerinden evrimsel olarak daha üstün oldukları için dinozorların yaklaşık 200 milyon yıl önce hızla yükselişe geçtiğini düşündüler. İlk geliştikleri Triyas Dönemi, gerçek dinozorlar devri için bir kostümlü prova –bir çeşit hafif tertip Jura Dönemi– gibiydi.

Artık bunun böyle olmadığını biliyoruz. Dinozorların başarısının sırrı şanstı: Doğru zamanda doğru yerde ortaya çıkmışlardı. Ve yok oluşları gibi, ortaya çıkışları ve altın çağları da, geniş çaplı, yıkıcı kitlesel yok oluşlarla tetiklenmişti.

251 milyon yıl önce, Permiyen Dönemi'nin sonunda, yaşamın yüzde 90'ından fazlası aniden kayboldu. Bu yok oluşun nedeni (veya nedenleri) keskin tartışmalara konu olsa da, etkisinin yıkıcılığı ortadadır. Neredeyse yaşam bütünüyle silinip gidecek, yeryüzünün tek dev kıtası Pangaea'da kasvetli ve ıssız bir manzara bırakacaktı. Oysa birkaç bitki ve büyük kara hayvanları bir şekilde kurtulmayı başardılar ve sonraki 50 milyon yıl içinde boş gezegeni yavaş yavaş yaşamla doldurdular.

Fırsattan ilk yararlananlar, sinapsitler adı verilen, memeliye benzer bir sürüngen sınıfı oldu. Erken Triyas Dönemi'ne hâkim olan bu canlılardan memeliler gelişti. Triyas'ın ortalarında, Permiyen Dönemi'ni atlatıp sağ kalabilen ve diapsitler olarak adlandırılan ikinci bir sürüngen grubu egemen olmaya ve işler de işte o zaman büyümeye başladı.

Egemen sürüngenler

Bu hayvanların bir kısmı suya egemen olup ihtiyozor, pleziyozor ve –aslında dinozor olmamalarına rağmen– çocukların dinozor kitaplarından aşina olduğumuz diğer deniz memelerine evrimleştiler. Bir başka kısım, yılanlara ve kertenkelelere evrimleşti. Fakat en ilginç evrimleşme arkozorlar, yani "egemen sürüngenler" olarak adlandırılan grupta gerçekleşti.

Gölgelerin içinden

Dinozorların Triyas Dönemi'nin sonundaki yükselişi, Kretase Dönemi'nin sonunda memelilerin yükselişine benzer. Milyonlarca yıl boyunca gölgelerin ardında yaşayan dinozorlar, dünya kendilerine kalınca bundan yararlandılar. Triyas'ın sonlarında tek tük rastlanan dinozorların, Jura Dönemi başlarında dünyaya egemen oldukları fosillerden anlaşılıyor. En büyük dinozorun ayak izi, 30.000 yıl içinde 25 santimetreden 35 santimetreye çıktı. Artık ne olduysa, dinozorların büyüklüğü bu süre içinde iki katına çıkmıştı. Dinozorlar çağı gerçekten başlıyordu.

Klasik görüş, arkozorların Triyas'ın ortalarında evrimleştikleri ve hızla timsahlara, dinozorlara ve uçan pterozorlara dönüştükleri yönünde. Bu gruptan birkaç "başka" tür de gelişti ama bunlar pek fazla bir varlık gösteremediler. Dinozorlar, neredeyse evrimleştikleri andan itibaren ağırlıklarını hissettirmeye başlamışlardı. Üstün evrimsel adaptasyonlar sayesinde de hızla egemen kara hayvanları haline geldiler. Böylelikle Triyas Dönemi dinozorlar çağının başlangıcına tanıklık etti.

Ya da gerçekten böyle mi oldu? Evet, ilk dinozorlar Orta Triyas kayaları içinde bulundular. En eskisi, Arjantin'de And Dağları'nın eteklerindeki 230 milyon yıllık bir oluşumun içindeydi.

İlkel kuşlar

İlk tanımlanan, iki ayaklı bir ilkel etçil olan *Herrerasaurus*'tu. 1959'da keşfedilen ve *Theropoda* sınıfında yer alan *Herrerasaurus*'tan, daha sonra *T. rex*, *Velociraptor* ve modern kuşların geliştiği saptandı.

Birkaç yıl sonra bu keşfi, *Diplodocus* ve *Apatosaurus* gibi *Sauropoda* grubundan otçul, uzun boyunlu dev dinozorların geliştiği soyun bir üyesi olan *Eoraptor* izledi.

Pisanosaurus'un keşfiyle resim tamamlandı. Ördek gagalı dinozorların atası olan bu tür, dinozorların bu erken evrede bile iki ana takıma ayrıldığını doğruluyordu. Bunlar, *Theropoda* ve *Sauropoda* grubu dinozorları içeren "kertenkele kalçalı" *Saurischia* takımı ile ördek gagalı dinozorları ve *Stegosaurus*'ları içeren "kuş kalçalı" *Ornithischia* takımıydı.

Fakat daha yeni keşifler, dinozorların egemenliğinin bu noktada zaten oturmuş olduğu fikrinin sorgulanmasına neden oldu. Çeşitli "başka" türler, yardımcı oyuncu olmaktan ziyade gösterinin yıldızı konumundaydılar ve dinozorlar, Triyas'ın sonlarındaki bir diğer yok oluşa kadar pek de fazla şansa sahip değillerdi. Artık her nedense, bu felaket diğer türleri çok fena vurdu. Her türlü büyük, tuhaf sürüngen yok olup gitti. Ve dinozorların soyunun tükenmesi memelilerin yolunu nasıl açtıysa, Triyas sürüngenlerinin yok olması da dinozorlar çağını başlattı. Böylelikle geç Triyas, arkozorların altın çağı oldu.

Dinozor egemenliği yanılsaması, Triyas Dönemi kara hayvanlarının fosillerinin, nadir ve genellikle eksik olmasından kaynaklanıyordu. Bilim insanları, dinozorlara aitmiş gibi görünen Triyas fosillerini bulduklarında, mantıken bunların dinozor oldukları sonucuna vardılar.

Bunların arasında, ayıya veya aslana benzer, uzun bacaklı yırtıcı hayvanlar olan *Rauisuchian*'lar da vardı. En uzunu 7 metre boyundaydı. Yelken sırtlı *Arizonasaurus* gibi bazıları tuhaftı. Bir başka baskın yırtıcı grup, uzun bedenleri ve timsahlarınki gibi dar çeneleriyle günümüzün Hint gavyallerine benzeyen *Phytosaurus*'lardı.

En sık rastlanan otçul grup, 5 metre boyunda, yere yakın, küçük kafalı ve zırhlı bedenleriyle, dinozorlar çağının ankilozorlarına benzeyen *Aetosaurus*'lardı.

Sonraki 10 milyon yıl, bu az tanınan hayvanların egemenliğinde geçti; dinozorlar ise pek fazla etkinlik gösteremediler. Nihayet, 200 milyon yıl önce Triyas-Jura kitlesel yok oluşu gerçekleşti. Ancak geçtiğimiz 500 milyon yıl içinde gerçekleşen en yıkıcı kitlesel yok oluşlardan biri olmasına rağmen, kısmen belirli bir tetikleyicisinin olmaması, kısmen de karizmatik kurbanlarının bulunmayışı nedeniyle fazla dikkat çekmedi.

Ancak yine de bir kurban vardı: arkozorlar. Bilinmeyen bir nedenle bu hayvanların hepsi yok olarak Dünya'yı dinozorların egemenliğine bıraktılar.

Dinozor mu, yoksa...

Dinozorlar çağında yalnızca dinozorlar yaşamıyordu. Karalarda, denizlerde ve göklerde dolaşan çeşit çeşit sürüngenin arasında, kuşların nasıl dinozorlardan evrildiğine kanıt olan tüylü türler de vardı.

DİNOZORA BENZEMEYEN GERÇEK DİNOZORLAR

DİNOZORA BENZEYEN AMA DİNOZOR OLMAYAN TÜRLER

Postosuchus

Triyas Dönemi'nde dinozorlarla birlikte yaşayan *Rauisuchian* sınıfına dahil olan dev yırtıcılar

Scansoriopteryx

Desmatosuchus

Triyas Dönemi'nde yaşayan otçul bir *Aetosaur*

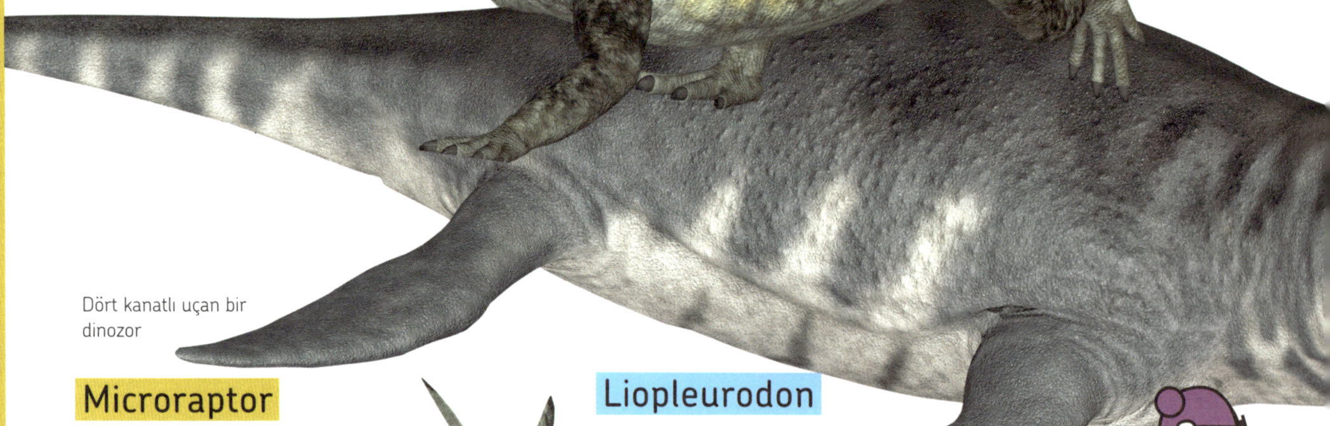

Liopleurodon

Dinozor değil pleziyozor

Dört kanatlı uçan bir dinozor

Microraptor

Pterodactyl

Poposaurus

Dinozor olmayan bir başka Triyas yırtıcısı

Tapejara
Bu iki tür dinozor
değil pterozordur
Eudimorphodon
Sarchosucus
12 metre boyunda bir
Kretase timsahı
Ornitosuchus
Dinozor olmayan bir diğer
Triyas yırtıcısı
Anchiornis
Sinornithosaurus
Gigantoraptor
Kuşa benzer
dinozorların en
büyüğü
Mosasaurus
Kretase'nin baskın
deniz sürüngeni
Genellikle kuş olarak
sınıflandırılır, ama zaten kuşlar dinozordur
Archaeopteryx

Göz nasıl gelişti?

Gözler, evrim ölçeğinde göz açıp kapayıncaya kadar ortaya çıktılar ve yaşam kurallarını sonsuza dek değiştirdiler. Gözlerden önce yaşam, ağır hareket eden yumuşak bedenli yaratıkların denizlerde aylak aylak gezindiği, daha sakin ve sıkıcı bir süreçti. Gözün ortaya çıkması daha acımasız ve rekabetçi bir dünya yarattı. Görme, hayvanları etkin birer avcı haline getirerek gezegeni baştan aşağı değiştiren evrimsel bir silahlanma yarışı başlattı.

İlk gözler, yaklaşık 541 milyon yıl önce –Kambriyen Dönemi'nin, karmaşık çok hücreli yaşamın iyice geliştiği çok erken dönemlerinde– denizde yaşayan bir tespihböceği gibi görünen, günümüzde nesli tükenmiş olan trilobitte ortaya çıktı. Bu hayvanların gözleri, günümüz böceklerindeki gibi petekgöz şeklindeydi. Ve fosil kayıtlarında şaşırtıcı derecede ani bir şekilde ortaya çıkmışlardı. Trilobitlerin 544 milyon yıl önceki atalarının gözü yoktu.

Peki, bu sihirli milyon yıllar içinde ne olmuştu? Gözler retina, mercek, gözbebeği ve görme siniri gibi birbirine bağlı tüm unsurlarıyla aniden ortaya çıkamayacak denli karmaşık değil mi?

Doğanın tasarımı

Gözün karmaşık yapısı, öteden beri evrimsel bir tartışma konusu olmuştur. William Paley'nin 1802'de öne sürdüğü saatçi benzetmesi (saat gibi karmaşık şeylerin mutlaka bir tasarımcısı olmalıdır) o tarihten bu yana yaradılışçılar tarafından "akıllı tasarım argümanı" olarak kullanılmaktadır. Bu görüşe göre, bu kadar karmaşık bir yapıya sahip olan gözün seçilim ve rasgele mutasyonların birikimiyle evrimleştiğini söylemek pek de inandırıcı değildir.

Darwin de bu iddiadan haberdardı. *Türlerin Kökeni* adlı eserinde göz gibi karmaşık bir yapının evrimleşerek oluşmasının "son derece saçma" göründüğünü kabul etmişti. Fakat daha sonra, bunun yalnızca *görünüşte* saçma olduğunu ikna edici bir şekilde açıkladı. Gelişme kademelerinin her biri eğer yarar sağlıyorsa karmaşık gözler doğal seçilim yoluyla basit gözlerden evrimleşmiş olabilirdi. Darwin'e göre bulmacanın anahtarı, hayvanlar âleminde basitten karmaşığa doğru ilerlemeyi gösteren orta derece karmaşıklıkta gözlerin bulunmasıydı.

Bu ara formlar artık bulunmuştur. Evrimci biyologlara göre, en ilkel gözün bizimki gibi karmaşık "kamera" göze dönüşmesi yarım milyon yıldan daha az sürmüş olmalıdır.

İlk aşama, ışığa duyarlı hücrelerin gelişimidir. Bu, pek de zor bir şey değildir. Birçok tek hücreli organizma, ışığa duyarlı pigmentlerden oluşan basit gözlere sahiptir. Hatta bazıları ışığa doğru yüzebilir veya ışıktan kaçabilirler. Bu tür ilkel ışık algılama yetenekleri, belirgin bir hayatta kalma avantajı sağlar.

İkinci aşama, çok hücreli organizmaların ışığa duyarlı hücrelerini tek bir yerde toplamalarıdır. Büyük olasılıkla Kambriyen Dönemi'nden çok önce yaygınlaşan ışığa duyarlı hücre grupları, ilkel hayvanların ışığı algılayıp, hangi yönden geldiğini anlamalarına olanak veriyordu. Bu tür ilkel görme organları denizanalarında, yassısolucanlarda ve diğer ilkel gruplarda hâlâ da kullanılmaktadır ve kuşkusuz hiç yoktan iyidir.

Karanlıktan çıkış

Işığa duyarlı hücre gruplarına sahip en basit organizmalar hidralardır (denizanasının akrabası olan tatlı su canlıları). Gözleri yoktur ama parlak ışığa maruz kaldıklarında kasılarak top haline gelirler. Hidralar evrimsel açıdan ilginçtirler, çünkü ışığa duyarlı ilkel donanımları, memeliler de dahil olmak üzere diğer evrimsel soylarda görülene çok benzer. Temelinde iki çeşit protein yer alır: Işık üzerlerine düşünce şekil değiştiren opsinler ve şekil değiştirmeye elektrik uyarısı üreterek yanıt veren iyon kanalları. Genetik araştırmalar, bütün opsin ve iyon kanalı sistemlerinin, hidralara benzeyen ortak bir atadan evrimleştiğini ve bunun da bütün görme sistemlerinin tek bir evrimsel kökenden geldiğine işaret ettiğini göstermektedir.

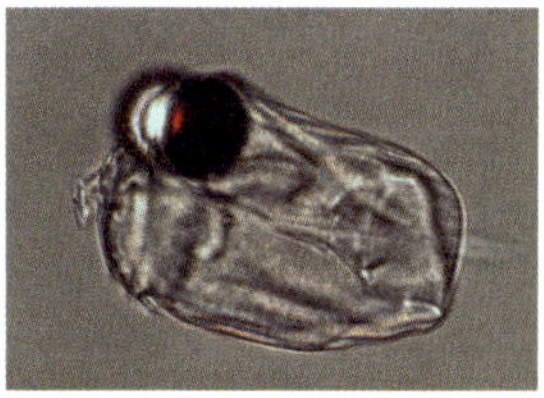

Minik gözüyle casusluk yapan bir *Erythropsidinium*

Bir sonraki aşama, ışığa duyarlı hücreleri içeren küçük bir çukurun gelişimidir. Bu çukur, ışığın nereden geldiğini ayırt etmeyi, dolayısıyla da hareketi algılamayı sağlar. Çukur ne kadar derinleşirse ayırt etme düzeyi de o kadar artar.

Bir sonraki aşamaysa ışığın, bir iğne deliği kamerada olduğu gibi küçük bir açıklıktan girmesi için çukurun ağzının daraltılmasıyla, görme işlevinin daha da gelişmesidir. Bu tür donanımlar sayesinde retina, görüntüleri çözümleyebilir hale gelir –ki bu önceki modellere göre çok büyük bir gelişmedir. Günümüzde yaşayan bir deniz salyangozu olan notilus, mercek ve korneadan yoksun, iğne deliği kamera şeklinde gözlere sahiptir.

Planktonun gözü

Göz çok ilginç bir organdır, ancak belki de en ilginç göz, *Erythropsidinium* adlı tek hücreli bir hayvanda bulunur. Bu tek hücrelinin minicik vücudunun yaklaşık üçte birini, oseloid adı verilen ve mikroskobik olmasına rağmen omurgalı hayvanların kamera benzeri gelişmiş gözlerine şaşırtıcı derecede benzeyen bir yapı kaplar. Ön kısımda korneaya benzeyen saydam bir küre yer alır. Arkadaki koyu renkli, yarı küresel yapı ışığı algılar. *Erythropsidinium*, sinir sistemine sahip olmamasına rağmen avının yerini saptamak için gözünü kullanır. Fakat tam olarak ne "gördüğünü" tahmin etmek mümkün değildir tabii ki.

Son büyük değişiklik, merceğin gelişimidir. Merceğin evrimi, çukur ağzının üzerinde koruyucu bir deri katmanının gelişimiyle başlamış olabilir. Fakat daha sonra bu yapı, ışığı retinanın üzerine odaklama yeteneğine sahip optik bir araca dönüşmüştür. Bu gelişmenin ardından gözün bir görme sistemi olarak etkinliği tavan yaparak yaklaşık yüzde 1'den yüzde 100'e yükselmiştir.

Bu tür göz günümüzde, *cubozoa* adı verilen, denizanalarına benzer, çok hareketli ve zehirli kutu denizanalarında bulunur. Bu hayvanların dört ana küme halinde ayrılmış 24 gözü vardır. 16'sı yalnızca ışığa duyarlı çukurlar şeklinde olsa da, her kümede merceği, retinası, irisi ve korneası olan bir çift karmaşık göz bulunur.

Avla ve yok et

Trilobitler, birden fazla merceğe sahip bileşik gözler geliştirerek biraz farklı bir yoldan ilerlemişlerdi. Fakat olayların temel sırası aynıydı.

Trilobitler ilk olmalarına rağmen, bu yenilikle buluşan tek hayvan değildi. Biyologlar gözlerin birçok, belki de yüzlerce farklı durumda birbirinden bağımsız olarak evrimleştiğine inanıyorlar.

Ve bu gelişme ne kadar büyük bir fark yarattı! Erken Kambriyen'in görme yetisinden yoksun dünyasında görme bir süpergüç gibiydi. Daha önce hiçbir hayvanın yapamadığı şekilde avlarının izini sürüp yakalayan trilobitler, ilk etkin avcılar oldular. Elbette avları da karşı evrim geçirdi. Birkaç milyon yıl sonra her yer gözlerle dolmuştu ve hayvanlar hem daha aktif hem de silahlarla donanmış hale gelmişlerdi. Bu evrimsel yenilik bolluğuna bugün Kambriyen Patlaması adını veriyoruz.

Yine de görme evrensel değildir. Çok hücreli hayvanlar grubundaki 37 şubeden yalnızca altısında göz gelişmiştir. Ancak, bizim de dahil olduğumuz omurgalıları, eklembacaklıları ve yumuşakçaları içeren bu altı şube, gezegenimizin en bol, en yaygın ve en başarılı hayvanlarıdır.

Işığı görmeye başlamak

Göz ileri derecede karmaşık bir organdır ancak ışığa duyarlı hücrelerden başlayıp, işlevselliği gitgide artan aşamalardan geçerek gelişmesi sadece 1 milyon yıl almıştır. Bugün bile, bütün ara evreleri, yaşayan hayvanlarda görebilirsiniz.

1. Aşama: Göz beneği

DENİZANALARINDA HÂLÂ BU TİP GÖZ BULUNUR

2. Aşama: Çukur göz beneği

YASSISOLUCANLARDA HÂLÂ BU TİP GÖZ BULUNUR

GÖRME DÜZEYİ

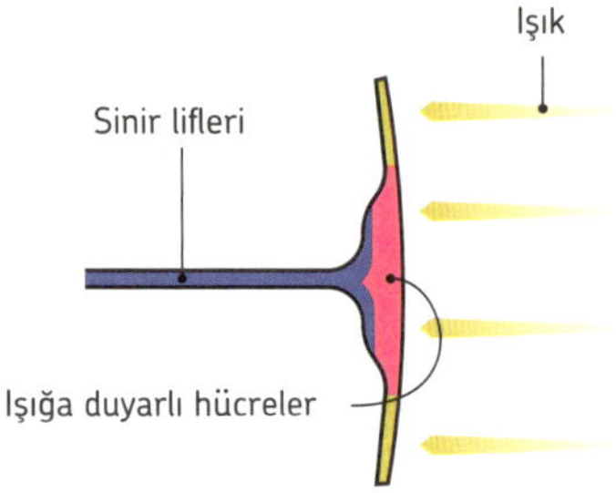

Göz beneği olarak da adlandırılan ışığa duyarlı hücre grupları, ışık olup olmadığını ayırt edebilir ama görüntüleri çözümleyemezler.

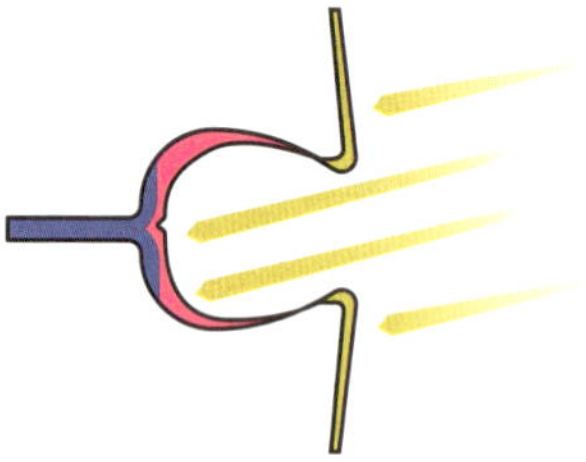

Göz beneğinin küçük bir çöküntü veya çukur içinde yer alması, hayvanın ışığın hangi yönden geldiğini anlamasını ve dolayısıyla da hareketi algılamasını sağlar.

İlk göz, bundan yaklaşık 540 milyon yıl önce trilobitlerde ortaya çıkmış ve o günden bu yana bizimki de dahil olmak üzere en az altı soyda evrimleşmiştir

3. Aşama: İğne deliği kamera

NOTİLUSLARDA HÂLÂ BU TİP GÖZ BULUNUR

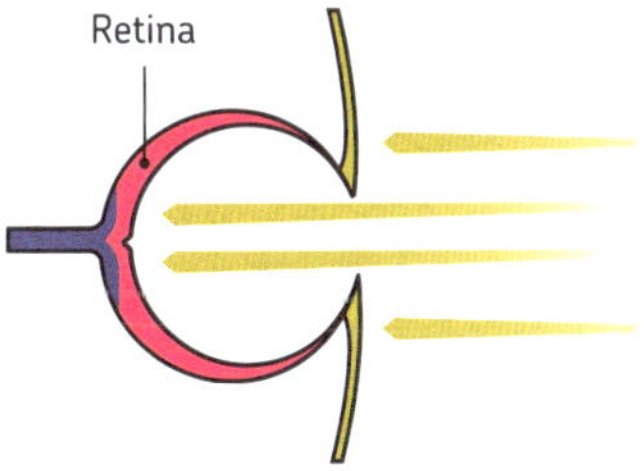

Çukurun derinliğinin artması ve girişinin daralması, daha iyi bir yön ve hareket tayini sağlar ve ilkel düzeyde görüntü çözümlemesine olanak verir.

4. Aşama: İlkel kamera

KÜTÜKAYAKLILARDA HÂLÂ BU TİP GÖZ BULUNUR

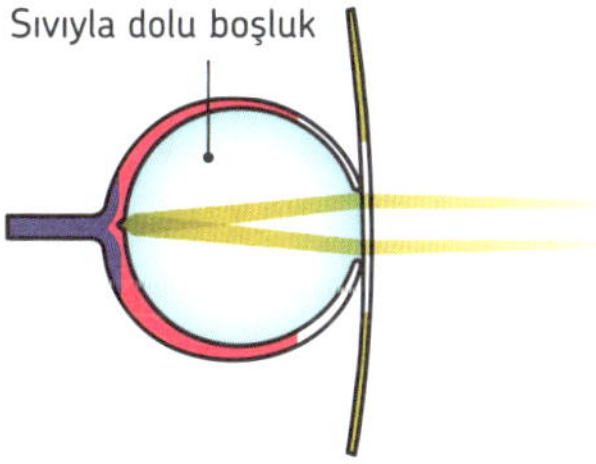

Çukur açıklığı üzerinde oluşan deri katmanı, sıvıyla dolu bir boşluk yaratır. Bu boşluktan gelişen kornea ve göz sıvısı, görüntü çözünürlüğünü artırır.

5. Aşama: Karmaşık göz

AHTAPOTLARDA HÂLÂ BU TİP GÖZ BULUNUR

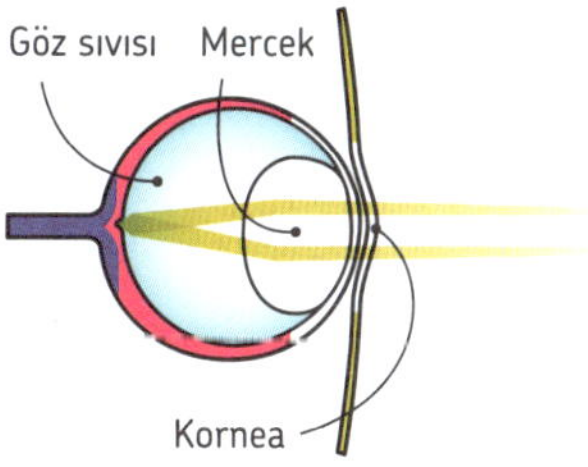

Kornea, ışığı retina üzerine odaklayarak daha net ve temiz görüntüler elde edilmesini sağlayan merceği oluşturur.

Neden uyuruz?

Bu yazıyı okuduktan birkaç saat sonra bilincinizi kaybedecek, alacakaranlık kuşağına gireceksiniz. Sonraki birkaç saat boyunca beyniniz birbirine taban tabana zıt iki durum, derin uyku ile REM uykusu (Rapid Eye Movement, yani hızlı göz hareketlerinin görüldüğü uyku) arasında gidip gelecek. Bu sürenin büyük bir kısmında tamamen bilinçsiz halde olmayacak, tuhaf bir gecesel hal içine girecek, yani düş göreceksiniz.

Yaşamımızın yaklaşık üçte birini uykuda geçiririz, bu da uykunun bizim için çok önemli olduğunu açıkça gösterir. Buna rağmen, 60 yılı aşkın süredir yapılan yoğun araştırmalara rağmen uykunun ne işe yaradığını tam olarak anlayabilmiş değiliz.

Ama hiç çaba harcanmamış da değil. Uyku bilimciler, uykunun işlevi hakkında onlarca hipotez ürettiler. Bunlar, enerjinin boşa harcanmasını engellemekten, bedenimizi ve beynimizi onarmaya, bağışıklık sistemimizi düzenlemeye, bilgileri işlemeye, duygularımızı kontrol altına almaya ve belleğimizi güçlendirmeye kadar uzanan geniş bir yelpazede yer alıyor. Her hipotezin güçlü ve zayıf yönleri var. Bugün birçok uyku araştırmacısı, uykunun çok çeşitli işlevleri bulunduğu ve bütün bu hipotezlerin bir dereceye kadar doğru olduğu görüşünde birleşiyor.

Herkesçe kabul gören bir açıklama bulunamamış olması yalnızca uyku araştırmacılarını düş kırıklığına uğratmakla kalmayıp, uykunun evrimsel kökeninin saptanmasını da zorlaştırıyor. Uykunun geçmişi çok eskilere dayanıyor olmalı, çünkü memeliler, kuşlar, sürüngenler ve balıklar da dahil olmak üzere, gelişmiş bir sinir sistemine sahip olan bütün hayvanlar uyuyorlar. Dinozorların da uyuduğunu biliyoruz: Paleontologlar 2004 yılında Çin'de, başını önbacaklarının altına sokmuş 125 milyon yıllık bir dinozorun kemiklerini buldular; tıpkı uyurken kafasını kanadının altına alan bir kuş gibi. Öte yandan böcekler, akrepler, solucanlar ve bazı kabuklular da dahil olmak üzere, gelişmiş sinir sistemine sahip olmayan hayvanlarda da uykuya benzer durumlar gözlenebiliyor.

Uyku, sinir hücrelerinin doğal bir özelliği olabilir. Petri kabında geliştirilen nöron gruplarının, durup dururken uykuya benzer bir duruma geçtiği gözlenmiştir. Biraz kestirmeleri engellendiğindeyse hızla ve rasgele bir şekilde epilepsi benzeri bir taşkınlık haline geçmişlerdir.

Sinir sisteminden hepten yoksun olan mikroorganizmalar bile içsel bir beden saati tarafından düzenlenen bir etkinlik ve durgunluk döngüsüne sahiptirler. Dolayısıyla, uykunun kökenleri yaklaşık 4 milyar yıl önce yaşamın ilk başladığı günlere kadar uzanıyor olabilir.

Bir diğer zorluk, tek bir tane değil iki farklı uyku çeşidinin olması. Bunlardan ilkine derin uyku veya yavaş dalga uykusu adı veriliyor, çünkü bu uyku,

Gece yolculukları

REM uykusu "rüya uykusu" olarak da adlandırılır ve çoğu rüyanın görüldüğü zamandır. Fakat uykunun diğer aşamalarında da rüya görürüz. Araştırmacılar uyuyan insanların beyinlerini izlediklerinde, rüyaların REM-dışı uykuda da görülebildiğini gözlemlerler. Ne var ki diğer dönemlerde görülen rüyalar, REM rüyalarına kıyasla daha kısa, daha az canlı ve daha basittir.

Bir diğer rüya türü de uyku uyanıklık sınırında ortaya çıkar. Bu kısa süreli, hipnogojik rüyaların sanrılı bir niteliği vardır ve bazen diğer bir rüya türü olan lüsid rüyalara geçiş sağlarlar. Bu heyecanlı ve hoşa giden rüyalar sırasında bilinç rüya görüldüğünün farkındadır ve olanlar bir dereceye kadar kontrol edilebilir. Buna rüyanın yaşanması da denilebilir.

Her gece yaklaşık 2 saat rüya görürüz ama bunların çoğunu hemen unuturuz

tüm beyinde eşzamanlı olarak uzun, yavaş dalgalar halinde titreşen elektriksel etkinlikle kendini gösteriyor. İkincisi ise hızlı göz hareketlerinin görüldüğü ve ilkinden tamamen farklı olan REM uykusu. REM uykusu sırasında, beyinde daha çok uyanıklık halindekine benzer çılgın bir etkinlik gözleniyor. Bu uykuya belirgin fiziksel işaretler de eşlik ediyor: Gözyuvarları hızlı hızlı hareket ediyor ve düş görürken harekete geçmemizi engellemek için neredeyse bütün kaslarımız felçli gibi hareketsizleşiyor.

REM uykusu, yalnızca memelilerde ve kuşlarda görülüyor. Bu iki grubun en son ortak atasının yaklaşık 300 milyon yıl önce yaşadığı düşünülürse, REM uykusunun daha önceden gelişmiş olduğunu varsaymak mümkün. Fakat aynı ortak atadan REM'siz sürüngenlerin de evrimleşmiş olması, kuşlarla memelilerin REM uykusunu birbirlerinden bağımsız olarak geliştirdiklerini düşündürüyor.

Geceleri aklımız nereye gidiyor?

REM uykusu aynı zamanda en fazla düş gördüğümüz dönem ve uyku bilimciler rüyaların işlevlerinin ve kökenlerinin anlaşılması konusunda daha fazla ilerleme kaydetmiş durumdalar.

Sigmund Freud, düşlerin içeriğinin uyanıkken yaşananlardan etkilenebileceğini öne süren ilk kişiydi. Bunları "günün kalıntısı" olarak adlandırdı. Freud'un düşlerle ilgili fikirleri büyük ölçüde gözden düşmüş olsa da, günümüzde "süreklilik hipotezi" olarak bilinen bu hipotezi hâlâ itibar görmektedir.

Düşlerin uyanıkken yaşadıklarımıza ayna tuttuğu düşünülür. Çoğunlukla yakın zamanda yaşanan, özellikle de yeni olan deneyimleri yansıtırlar. Örneğin, ilk kez Tetris oynayan biri, düşünde gökten düşen dikdörtgen şekiller görebilir.

Uyanıklıkla düş görme arasındaki ilişki, beyin tarayıcılarıyla doğrudan da gözlenmiş, düş gören beynin, daha önce uyanıkken yaşananlar sırasında görülen aktivite örüntülerini tekrarladığı kaydedilmiştir.

Yaşananların düşlerimize iki farklı aşamada girdiği düşünülmektedir. Olay, yaşandıktan sonraki gece düşümüze girer, ardından bununla ilgili düşler olaydan beş ila yedi gün sonra yeniden ortaya çıkar. Bu, uykunun bir işlevinin de anıları işleyip uzun süreli belleğe depolanmasını sağlamak olduğu fikrini desteklemektedir.

Öte yandan, düşlerimizde yalnızca yaşanmış olayları yeniden canlandırmakla kalmayız. Bunlar bölünüp, daha eski anılarla birleştirilerek olanaksız olaylar, yerler ve karakterlerle örülmüş tuhaf ve duygu yüklü öykülere dönüştürülür. Bu, yalnızca anıların işlenmesi için gerekli beyin aktivitesinin bir sonucu olabilir. Amigdala, talamus ve beyin sapındaki duygu merkezlerinin yanı sıra, görsel alanlar da çok aktiftir. Bu sırada, rasyonel düşünce ve dikkatle ilişkili kısımlarda aktivite gözlenmez.

Fakat anıların işlenmesi, hikâyenin tamamını açıklamaktan uzaktır. Doğuştan engelli insanlardan derlenen rüya anlatıları, bu kimselerin hiçbir zaman gerçekte deneyimlemedikleri öğeler içerir. İşitme engelli pek çok insan, duyabildikleri ve konuşulanları anlayabildikleri rüyalar görür; gerçek yaşamda konuşamayanlar, rüyalarında seslerini kullanabilirler. Felçli doğanlar, sık sık yürür, koşar veya yüzerler. Bu, beynin bazı sebeplerden ötürü, yaşamımız boyunca karşılaşmayı bekleyebileceğimiz deneyimler üretmek için genetik olarak programlandığını düşündürmektedir.

Kâbuslar da buna benzer bir şekilde açıklanabilir. Rüyaların yaklaşık üçte ikisinde, bir saldırgandan kaçmak veya kavga etmek gibi endişe verici, tehlikeli bir durumla karşılaşırız. Bu tür rüyalar çocuklukta daha da sık görülür ve rüyada sıklıkla tehlikeli hayvanlar sahneye çıkar. Bunu, beynin gerçek yaşamda karşılaşabileceğimiz –veya uzak akrabalarımızın karşılaşmış olduğu– zorlukları simüle ederek, bizi bu tür bir durumla mücadeleye hazırlayan rüyalar kurgulamasıyla açıklayabiliriz.

Yani, bu gece bilinciniz kapandığında dikkatli olun! Düşler âlemi gizemler ve tehlikelerle doludur.

Hayvanlar nasıl uyur?

Hayvanların uyku süreleri ve düzenleri büyük farklılıklar gösterir; bu da uykunun işleviyle ilgili gizemi artırmaktadır.

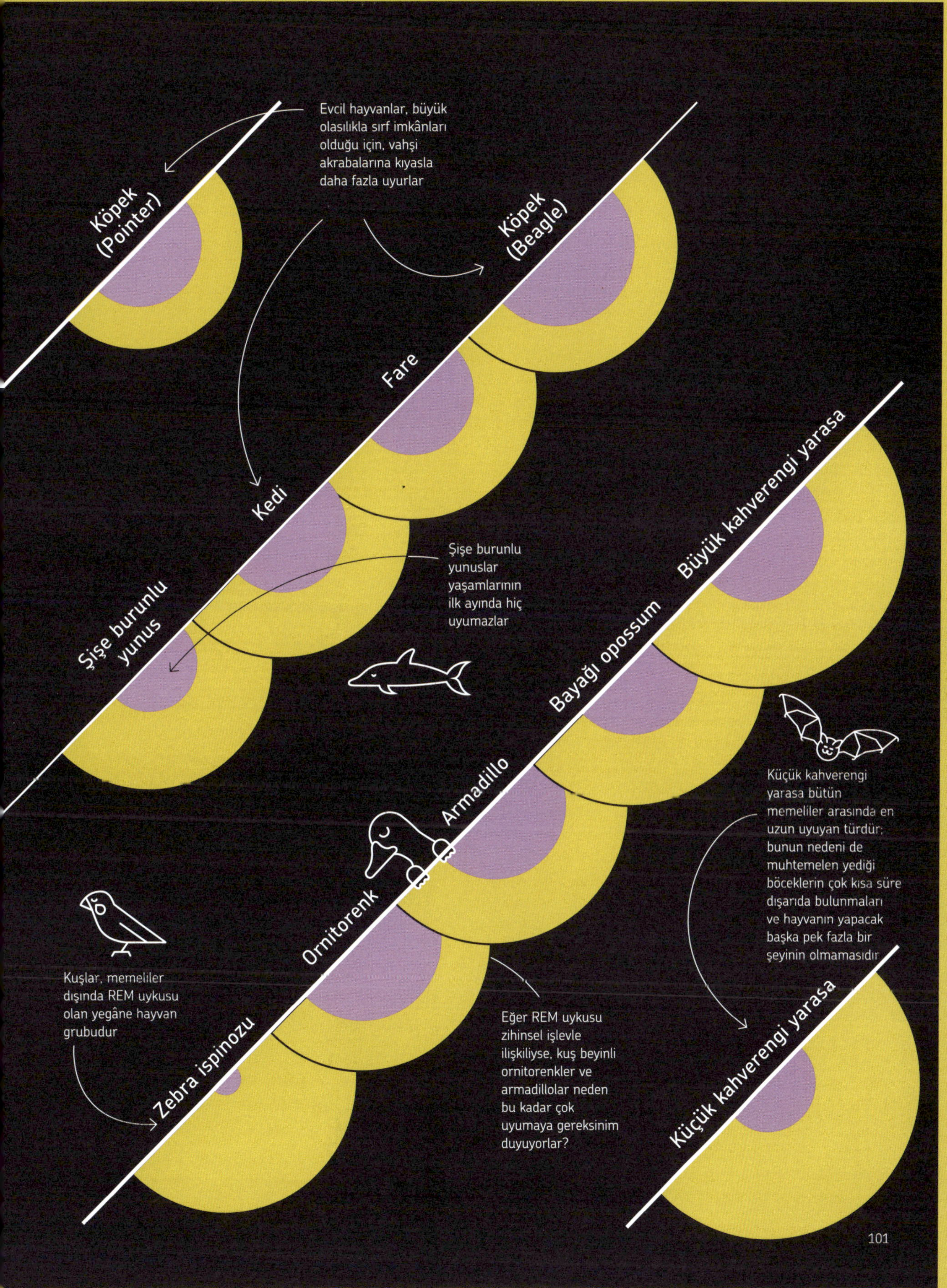
Evcil hayvanlar, büyük olasılıkla sırf imkânları olduğu için, vahşi akrabalarına kıyasla daha fazla uyurlar
Köpek (Pointer)
Köpek (Beagle)
Fare
Kedi
Şişe burunlu yunus
Şişe burunlu yunuslar yaşamlarının ilk ayında hiç uyumazlar
Büyük kahverengi yarasa
Bayağı opossum
Armadillo
Ornitorenk
Zebra ispinozu
Küçük kahverengi yarasa bütün memeliler arasında en uzun uyuyan türdür; bunun nedeni de muhtemelen yediği böceklerin çok kısa süre dışarıda bulunmaları ve hayvanın yapacak başka pek fazla bir şeyinin olmamasıdır
Kuşlar, memeliler dışında REM uykusu olan yegâne hayvan grubudur
Eğer REM uykusu zihinsel işlevle ilişkiliyse, kuş beyinli ornitorenkler ve armadillolar neden bu kadar çok uyumaya gereksinim duyuyorlar?
Küçük kahverengi yarasa

Maymunlar nasıl insan oldu?

Birçok anne baba çocuklarının "Ben nereden geldim?" sorusunu soracağı anı dehşetle bekler. Darwin de konuyu mahzurlu bulmuş olacak ki, *Türlerin Kökeni*'nde insanın evrimi konusuna neredeyse hiç değinmez.

Darwin böyle yaparak diplomatik davranmıştır. Evrim düşüncesi, 19. yüzyılın ortasında her surette hayli tartışmalı bir konuydu. İnsanlığın evrimle şekillendiğini öne sürmek, Darwin'in 1871'de bu konuyla ilgili bir kitap yayımladığında anlayacağı üzere, büyük tartışma yaratacak bir durumdu.

Öte yandan bilimsel bir engel de vardı. Darwin'in insanların nasıl, ne zaman, hatta nerede evrimleşmiş olduğunu gösterecek hemen hemen hiçbir fosil kanıta erişimi yoktu.

Sonraki yıllarda insan –ya da uygun terimi kullanırsak "hominid"– fosil kayıtları büyük bir artış gösterdi. Hâlâ keşfedilecek çok şey olsa da, evrimimizin geniş resmi büyük ölçüde tamamlanmış durumda. Evrim ağacımızın ilk olarak Afrika'da filizlendiğini biliyoruz. Yaşayan en yakın akrabalarımızın şempanzeler olduğundan ve soyumuzun onlarınkinden yaklaşık 7 milyon yıl önce ayrıldığından eminiz.

Ne var ki insanlığın yolu bayağı uzun olacaktı. Bu ayrılıştan yaklaşık 4 milyon yıl sonra bile atalarımız hâlâ büyük oranda maymuna benziyorlardı. İnsanın bilinen en eski atası olan ve Etiyopya'da bulunan 3,2 milyon yaşındaki ünlü Lucy'nin küçük, şempanzeninki kadar bir beyni ve türün hâlâ ağaç tepelerinde hayli zaman geçirdiğini, belki de şempanzelerin hâlâ yaptığı gibi geceleri dalların üzerinde dinlendiğini düşündüren uzun kolları vardı. Fakat Lucy, tanımlayıcı bir insansı özelliğe sahipti: İki ayağı üzerinde yürüyordu.

Lucy, *Australopithecus* adlı grubun üyesidir. Tam olmayan iskeletinin keşfedilmesinden bu yana geçen 40 yılda, kimi 7 milyon yıl kadar geriye giden daha eski fosil parçaları bulunmuştur. Bunların hepsi aynı modele uyar: Şempanze benzeri özelliklere ve küçük beyinlere sahiptirler, ancak büyük olasılıkla iki ayak üzerinde yürümüşlerdir.

Australopithecus'ların muhtemelen basit taş aletler yaptıklarını da biliyoruz. Bu gelişmiş özellikleri bir yana bırakırsak, *Australopithecus*'lar diğer maymunlardan pek de farklı değillerdi.

Hominidler, ancak gerçek insanların –*Homo* cinsi– ortaya çıkışıyla, daha çok bize benzer şekilde davranmaya ve görünmeye başladılar. Bugün, cinsimizin bir *Australopithecus* türünden evrimleştiğinden kuşku duyan pek az kişi bulunsa da, tam olarak hangi türden evrimleştiğimiz konusu hâlâ tartışmalı. Bunun, Lucy'nin üyesi olduğu *Australopithecus afarensis* türü olma olasılığı yüksek, ancak Güney Afrika kökenli bir tür olan *Australopithecus sediba* da adaylardan biri. Bu geçiş sürecinin muhtemelen 2-3 milyar yıl önce, hominid fosil kayıtlarının çok az olduğu bir zaman aralığında gerçekleşmiş olması da konunun aydınlatılmasını zorlaştırıyor.

Homo cinsinin en eski türlerine ait bilgilerimizin yalnızca birkaç kemik parçasından elde edilmesi in-

İki ayak iyidir

İki ayak üzerinde yürüme, türümüzün tanımlayıcı özelliklerinden biridir. Atalarımızın tam olarak ne zaman iki ayakları üzerinde yürümeye başladıkları hâlâ gizemini korusa da, dünya üzerinde yol almamıza ve hatta daha da ilerisine ulaşmamıza yardımcı olan avantajlar sağlamıştır. İki bacak, uzun yolculuklar yapmaya daha elverişlidir; dik durmak ise hem düşmanları daha iyi gözlemeye yarar hem de gün ortasında güneşe maruz kalma oranını azaltır. Belki daha da önemlisi, ellerimizi serbestleştirip çok amaçlı kullanılabilecek şekilde evrilmelerini ve evrimsel başarımızda kritik önem taşıyan bir özellik olan, diğer parmakların karşısına gelecek biçimde bükülebilen başparmakla başarılabilen becerileri kazanmamızı sağlamış olmasıdır.

celenmelerini güçleştirmektedir. Bu kemiklerin bizim cinsimize ait olduğundan şüphe edenler bunları *Australopithecus* olarak sınıflandırmayı tercih ederler. İyi bilinen ve bize biraz benzediği aşikâr olan ilk *Homo*, yaklaşık 1,9 milyon yıl önce ortaya çıkmıştır. Bu türün adı *Homo erectus*'tur.

H. erectus, önceki hominidlerden farklıydı. Ağaçlardan tamamen yere inmişti ve bizim gezip dolaşma tutkumuza sahipti: Daha önceki tüm hominidler Afrika kökenlidir, oysa *Homo erectus* fosilleri Avrupa ve Asya'da da bulunmuştur.

Alet yapımcısı

Homo erectus aynı zamanda mucitti. Atalarının yaptıklarından çok daha gelişmiş aletler üretti ve muhtemelen ateşi kontrol altına alabilen ilk tür oldu. Bazı araştırmacılar, pişirmeyi keşfederek beslenme kalitesini artırdığını ve böylelikle sağladığı enerji fazlasının daha büyük beyinlerin gelişmesine olanak verdiğini düşünüyorlar. *Homo erectus*'un beyin hacminin, türün 1,5 milyon yıllık varoluş süresinde çarpıcı ölçüde arttığı kesinlikle doğrudur. Türün en ilkel üyelerinden bazıları, bir *Australopithecus*'unkinden fazla büyük olmayan 600 cm^3 hacminde beyinlere sahipken, daha geç dönemde yaşayan bireylerden bazılarının beyni 900 cm^3 hacmindeydi.

Homo erectus başarılı olmasına rağmen, hâlâ insana ait bazı kilit özelliklerden yoksundu. Örneğin, anatomik özelliklerinden anlaşıldığı üzere, muhtemelen konuşamıyordu.

Daha sonra ortaya çıkan hominid türü *Homo heidelbergensis* oldu. Afrika'daki bir *Homo erectus* popülasyonundan yaklaşık 600.000 yıl önce evrimleşmişti. Bu türün hiyoid kemiği –ses çıkarmaya yarayan sistemin parçası olan bir kemik– bizimkinden neredeyse ayırt edilemeyecek şekildeydi ve kulak anatomisi konuşmaya duyarlı olduğu izlenimini verir.

Bazı yorumlara göre bizim türümüz, yani *Homo sapiens*, yaklaşık 200.000 yıl önce Afrika'da *Homo heidelbergensis*'ten evrimleşti. Avrasya'nın farklı yerlerinde yaşayan *Homo heidelbergensis* popülasyonları da evrimleştiler ve batıda Neanderthaller, doğuda ise hâlâ gizemli bir grup olan Denisova insanları ortaya çıktı.

Tek başına kalan insan türü

Hikâyemizin son bölümü, geçtiğimiz 100.000 yıl içinde gelişti. Modern insanlar tüm dünyaya yayılırken, Neanderthaller ve Denisova insanları ortadan kalktılar. Soylarının tam olarak neden tükendiği bir başka merak konusu ama bunda bizim türümüzün rolü olduğu düşünülüyor. Öte yandan, bu türlerle etkileşimlerin bütünüyle düşmanca olmadığını söylemek mümkün, çünkü DNA analizleri, modern insanların hem Neanderthaller hem de Denisova insanlarıyla melezleştiğini ortaya koyuyor.

Hâlâ bilmediğimiz pek çok nokta var ve yeni fosiller hikâyeyi değiştirebilir. Son on yıllık dönemde, günümüzde soyu tükenmiş olan üç yeni hominid keşfedildi. Bunlardan biri *Australopithecus sediba*, diğeri ise yine Güney Afrika'da bulunan gizemli ve henüz tam olarak tarihlenemeyen *Homo naledi*. İçlerinde en tuhafıysa, yaklaşık 12.000 yıl önce Endonezya'da yaşamış olan ve ayrı bir türmüş gibi görünen minik "hobit" *Homo floresiensis*.

Soyumuz, 7 milyon yıl boyunca gezegeni en az bir diğer hominid türüyle paylaşmıştı. Hobitin ortadan kalkmasıyla *Homo sapiens* yalnız kaldı.

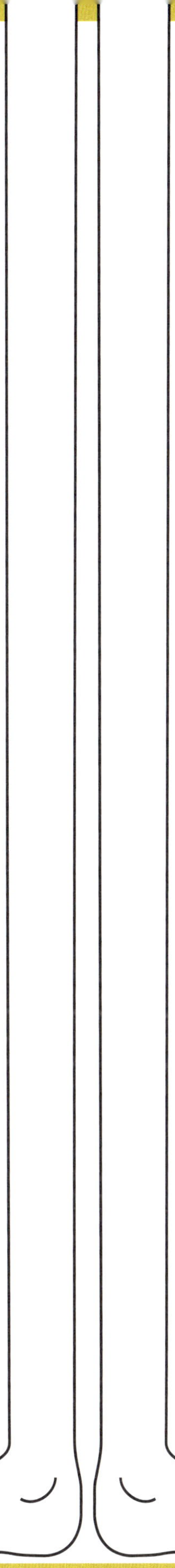

Seyahat tutkusu

Atalarımız 65.000 yıl kadar önce Afrika'dan ayrılarak tüm dünyaya yayılıp yerleştiler. Fosiller, insan yapımı kalıntılar ve genetik çalışmalar, bizlere izlemiş olabilecekleri iki olası rota ve destansı yolculuklarıyla ilgili bilgiler sağlıyor.

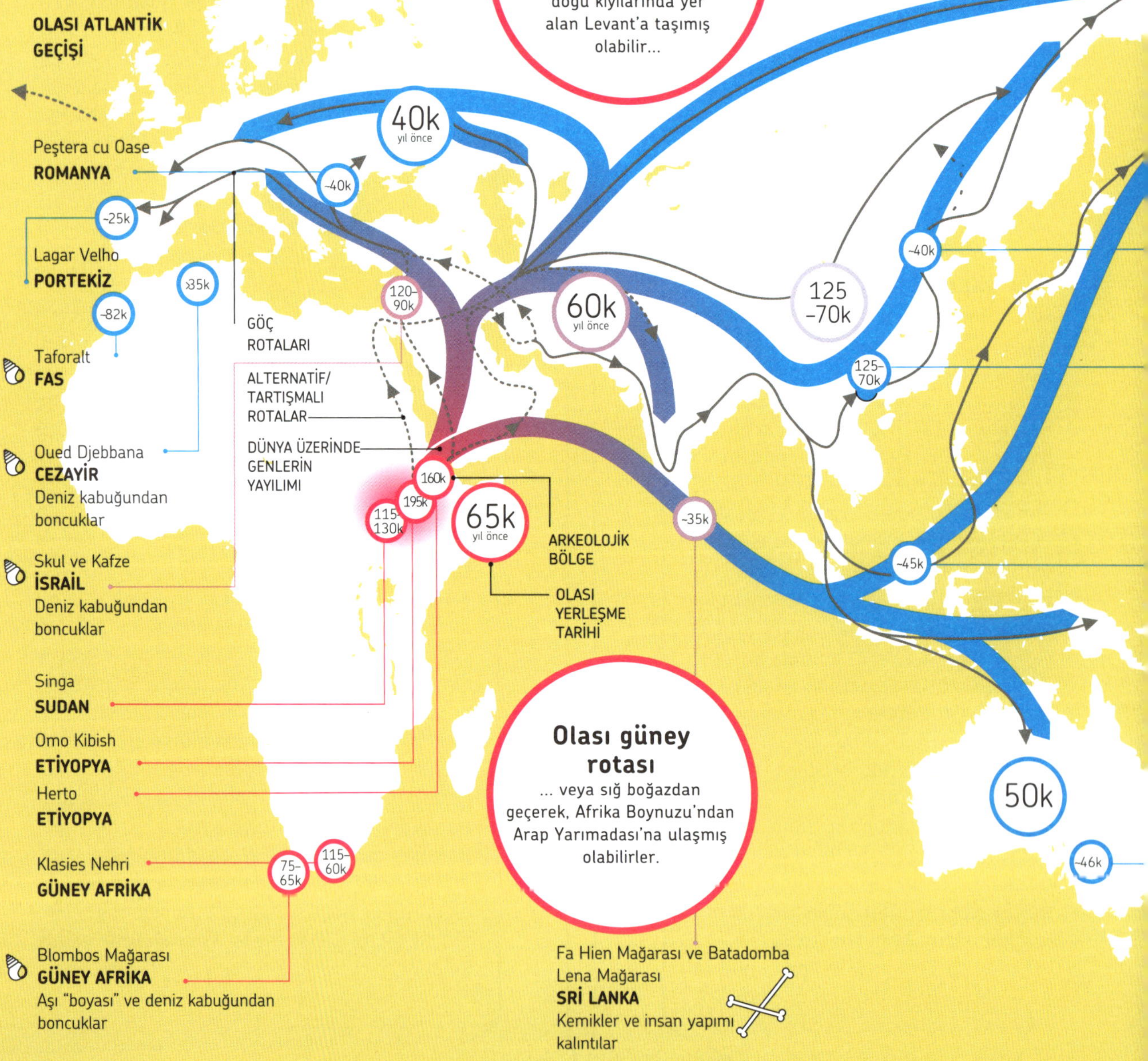

Günümüzden yaklaşık 80.000-11.000 yıl önce yaşanan son buz çağı sırasında, buz tabakalarının oluşmasıyla deniz seviyeleri alçalmış, günümüzde sular altında olan karalar açığa çıkmış, bugün sularla ayrılmış olan kara parçaları birleşmişti

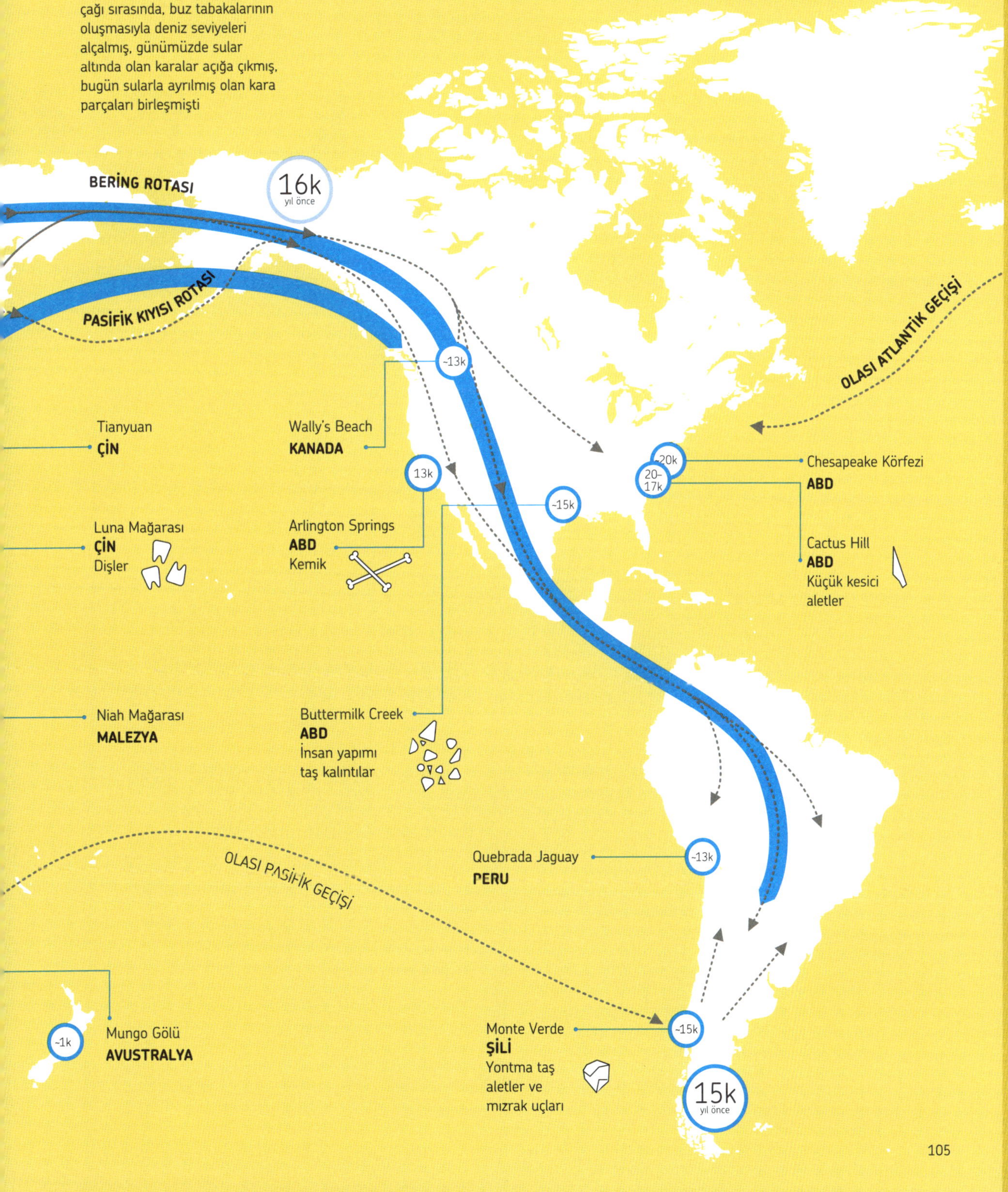

Söylenen ilk sözcükler neydi?

Herhangi bir insanla ilk kez karşılaştığınızda, birkaç homurdanma ve el kol hareketi dışında iletişim kuramamanız çok olasıdır. Son bilgilere göre dünyada yaklaşık yedi bin dil konuşulmaktadır. En yaygın dil olan Mandarin Çincesi, dünya nüfusunun yalnızca yüzde 14'ü tarafından konuşulur. En nadir dilleri konuşanların sayısı ise bir elin parmaklarını geçmez.

Bu çeşitliliğe rağmen diller arasında ortaklıklar bulunur. Bütün kültürler bu ortaklıklara sahiptir ve dilbilimciler, bütün dillerin özde aynı olduğuna inanırlar. İnsan beyni, her anadili öğrenebilmeyi sağlayan yerleşik bir programla, "dil öğrenmeye hazır" bir şekilde dünyaya gelir.

Bu eşsiz becerinin kökeninde belli ki çok önemli bir olay var ama bunun ne olduğunu saptamak çok zor. Sözcükler fosilleşmez ve en eski yazılı dil ancak 6000 yıllıktır. Yine de bu, dilin kökeninin kapalı bir kutu olduğu anlamına gelmez.

Aklından geçeni söyle

Dilbilimciler dili, düşüncelerin sinyaller aracılığıyla özgürce ifade edilmesini ve sinyallerin düşüncelere dönüştürülmesini sağlayan bir sistem olarak tanımlarlar. Bu durumda, insan dili diğer tüm hayvan iletişim sistemlerinden farklıdır. Birçok hayvan dil unsurlarından bazılarına sahip olsa da, eksiksiz takıma yalnızca bizler sahibiz. Bu öğeler şunlardır: Sinyalleri kullanma ve yenilerini öğrenme becerisi; sinyalleri sözcükler şeklinde ifade etme yeteneği ve sözcükleri, şu gökkubbenin altındaki her şeyle ilgili düşüncelerimizi ifade etmek üzere sözdizimi ve dilbilgisi kurallarına göre bir araya getirme becerisi.

Çoğu teorisyen ilk insanların eksiksiz takım setine tek seferde ulaşmayıp, modern dile giden yolda birçok aşamadan geçtiğine inanıyor. İnsanlık tarihinin büyük bir bölümünde, atalarımız dil bileşenlerinin bir kısmına sahiptiler. Bu sistem proto-dil olarak adlandırılır.

Bariz olasılıklardan biri, proto-dilin sözcüklerden oluşmuş olmasıdır. Bu "sözcüksel proto-dil" modeline göre, ilkel insanlar sözcük kullanıyor ama bunları cümleler şeklinde bir araya getirmiyorlardı. Çocuklardaki dil gelişimi de benzerdir; önce tek sözcük şeklinde sesler çıkarır, ardından iki sözcük aşamasına geçer ve nihayet daha karmaşık cümleler kurmaya başlarlar. Peki, bu durumda ilk sözcükler nereden çıktı? Sözcükler, farklı diller konuşan iki kişinin hemen fark edebileceği üzere, ancak herkesin anladığı bir anlam taşıyorlarsa işe yarar.

Hayvanlarla konuşmak

Birçok hayvan neredeyse dile benzeyen iletişim sistemlerine sahiptir. Örneğin vervet maymunları, farklı düşmanlar için farklı uyarı çığlıkları çıkarırlar: "Kartal" çığlığında gizlenecek bir yer arar, "leopar" çığlığında en yakın ağacın dallarına doğru koşarlar. Ne var ki vervet maymunları yeni uyarı çığlıkları uydurmazlar, bu yüzden de kullandıkları sistem bir dil olarak kabul edilemez.

Benzer şekilde, birçok tür karmaşık ses dizileri çıkarabilir. Fakat bu, bir dilleri olduğu anlamına gelmez. Konuşan papağanlar ne dediklerini de, onlara ne söylendiğini de anlamazlar. Kuşların veya balinaların çıkardıkları sesler, karmaşıklıkları açısından insanların çıkardıkları seslerle rekabet edecek nitelikte de olsa, genellikle çok basit bir mesajı iletmek için kullanılır: "Ben buradayım, çok güzel şarkı söyleyebiliyorum ve kendime bir eş arıyorum."

Bir diğer varsayım, ses öğrenmenin –karmaşık ses dizileri üretme yeteneğinin– kökenleri üzerinde durur. Balinalar ve ötücü kuşlar da dahil olmak üzere birçok hayvan bunu yapabilir ancak çıkardıkları sesler ayrıntılı bilgi içermez. Daha ziyade karşı cinsi cezbetmek veya bir bölgenin kendisine ait olduğunu bildirmek amacıyla sergilenen virtüözlüklerdir bunlar. Dilbilimciler, buna dayanarak proto-dilin balinaların veya kuşların şarkılarına benzediğini ve eş seçme ya da kendi bölgesini koruma amaçlı geliştiğini öne sürmüşlerdir. Sesler ve heceler daha sonraları anlam kazanmış olmalıdır. Bu iddianın bir başka yararı, türümüzün bir başka evrensel özelliği olan müziğin kökenlerine de ışık tutmasıdır.

Üçüncü bir olasılık, dilin el kol hareketleriyle başlamasıdır. Bunun kanıtı maymunlardan gelir. Maymular bilgi aktarmak için el hareketleri kullanırlar ve insanların işaret dilini epey iyi öğrenebilirler. Bununla birlikte işaret dili modelleri neden konuşmaya geçildiğini açıklamakta zorlanır. Bunun nedeni, karanlıkta iletişim kurma gerekliliği veya ellerin araç gereçlerle meşgul olması olabilir.

Peki, bütün bunlar ne zaman oldu dersiniz? Bu konuda da yine kesin bir şey söyleyebilmek mümkün değil ama bazı tahminlerde bulunabiliriz. En yakın akrabalarımız olan Neanderthallerin tam gelişmiş bir dil kullandığından neredeyse eminiz. Neanderthaller dil, diyafram ve göğüs bölgelerinde, nefes almayı ve karmaşık sesler çıkarmayı denetleyen, bizimle aynı sinir bağlantılarına sahiptiler. Konuşma için gerekli olan karmaşık motor anıların oluşmasında kritik rol oynayan *FOXP2* adlı genimizin bir versiyonu onlarda da bulunuyordu. Bu gen varyantının bir kez meydana geldiğini varsayarsak konuşma, *Homo sapiens* ve Neanderthal soylarının yaklaşık 500.000 yıl önce ayrılmasından daha eskiye dayanıyor olmalı.

Fosil kayıtları daha eski atalar hakkında bu kadar açık bilgiler vermiyor. Soyumuzun konuşma yeteneğini, *Homo heidelbergensis*'in 600.000 yıl önce Avrupa'da ortaya çıktığı dönemde kazanmış olma olasılığı akla yatkın görünüyor. Fosilleşmiş kalıntılar, bu türün, diğer primatların rakiplerini korkutmak için çıkardıkları boğuk sesleri üretmeye yarayan, gırtlağa bağlı top şeklinde bir organı kaybettiklerini gösteriyor. Böylelikle, konuşmanın önündeki önemli bir engel ortadan kalkmış olmalı.

Gerçek bir insan gibi konuşmak

Dilin kökenleri daha eskilere uzanıyor bile olabilir. İnsanınkine benzer sinir bağlantılarından yoksun bir ata bulmak için 1,6 milyon yıl geriye gitmeniz gerekir ki bu da en ilkel insanların bile konuşma yeteneğine sahip olduğunu düşündürmektedir. Öte yandan, proto-dil hipotezleri suları biraz bulandırmaktadır. Eğer dil, el kol hareketleriyle başladıysa, hominidler işaret dilini çok daha önceden beri kullanıyor olmalıydılar. Yok eğer dil müzikle başladıysa, "konuşma" uyarlamaları, balina şarkılarına benzeyen ama biraz da spesifik bilgi içeren sesler çıkarmak için geliştirilmiş olmalıdır.

Böyle bile olsa, *Homo heidelbergensis* de Neanderthaller de gelişmiş aletler yapmışlar ve tehlikeli hayvanları avlamışlardır; bütün bunlar az da olsa konuşmadan koordine edilmesi çok güç olan faaliyetlerdir.

Aynı şey, bizimkinden çok da küçük olmayan bir beyne, dolayısıyla da akıl ve kültür kapasitesine sahip olan *Homo erectus* için de söylenebilir. *Homo erectus*'un ürettiği taş aletler, daha öncekilerden çok daha gelişmiştir. Ancak şunu da belirtmek gerekir ki, araç gereçleri bir çeşit durgunluğa ulaşmış, çok amaçlı el baltaları 1 milyon yıl boyunca değişmeden kalmıştır. Bu durum, kültürel ve teknolojik değişimi hızlandıracak gelişmiş bir dile sahip olmadıklarını düşündürür. Dolayısıyla, modern insanın dil yeteneğinin tamamına değil, az bir kısmına, yani bir proto-dile sahip olmalıdırlar.

Çeşit çeşit dil

Günümüzde dünyada yaklaşık 6900 dil konuşulmaktadır ama dünya nüfusunun çoğunluğu, anadili olarak yalnızca 20 kadar dil kullanır. Burada, konuşan kişi sayısına göre dünyanın başlıca dilleri* yer almaktadır.

*Bunlardan bazıları, hepsi karşılıklı olarak anlaşılır olmasa da, çok yakın ilişkili gruplara aittir

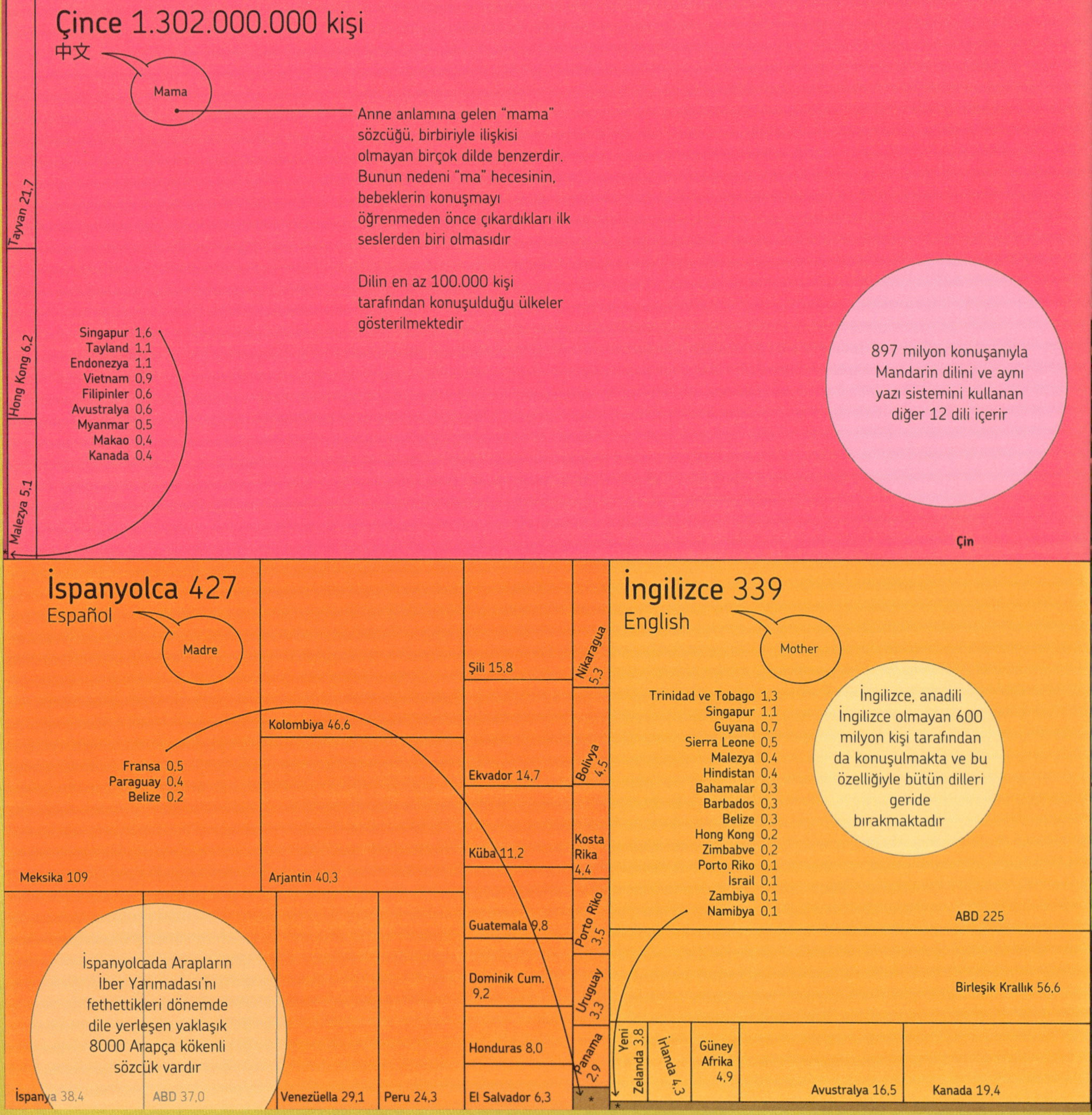

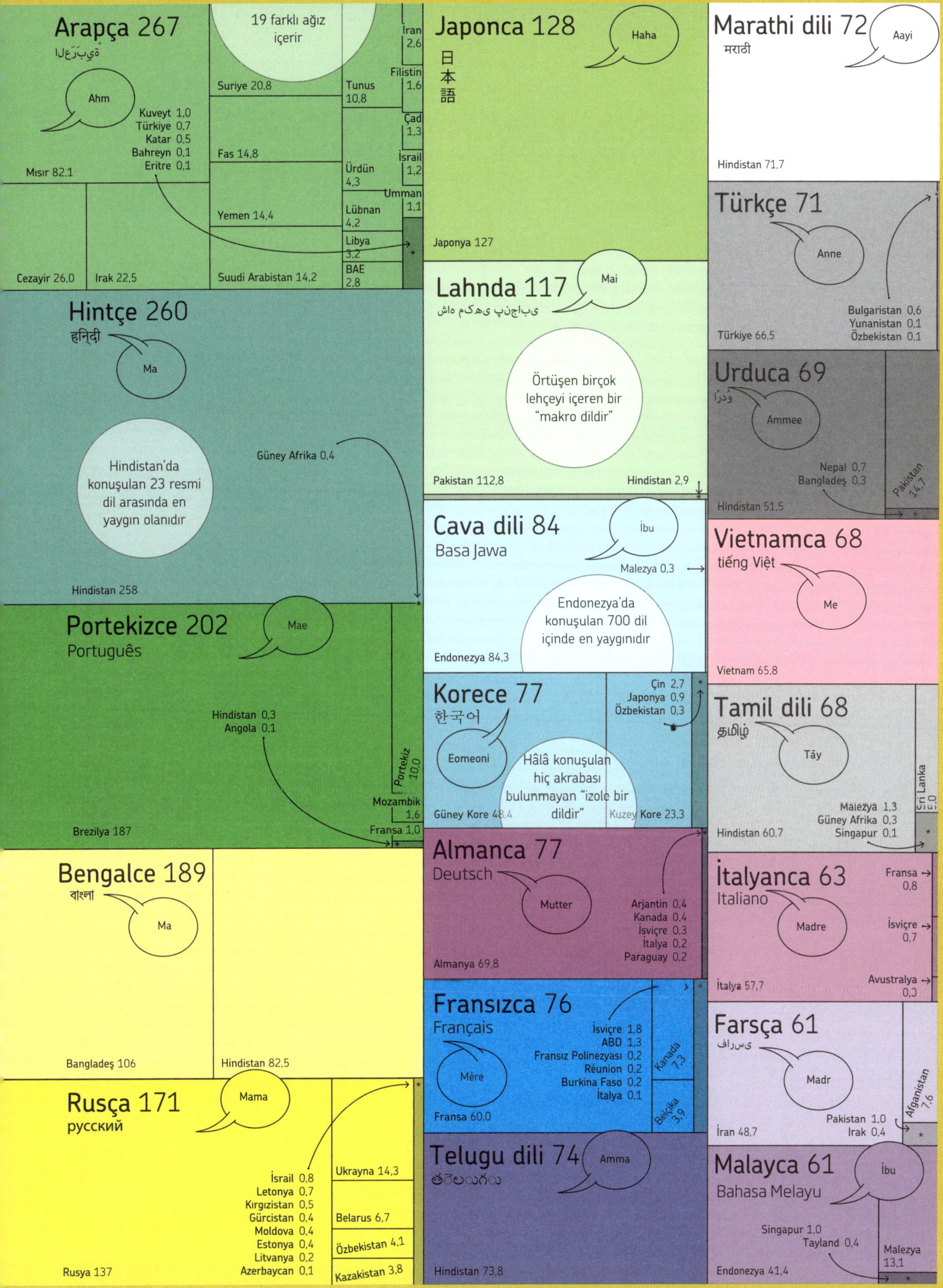

Arapça 267
العربية
Ahm
19 farklı ağız içerir
İran 2,6
Filistin 1,6
Çad 1,3
İsrail 1,2
Umman 1,1
Suriye 20,8
Tunus 10,8
Kuveyt 1,0
Türkiye 0,7
Katar 0,5
Bahreyn 0,1
Eritre 0,1
Fas 14,8
Ürdün 4,3
Mısır 82,1
Yemen 14,4
Lübnan 4,2
Libya 3,2
BAE 2,8
Cezayir 26,0
Irak 22,5
Suudi Arabistan 14,2
Japonca 128
日本語
Haha
Japonya 127
Marathi dili 72
मराठी
Aayi
Hindistan 71,7
Türkçe 71
Anne
Bulgaristan 0,6
Yunanistan 0,1
Özbekistan 0,1
Türkiye 66,5
Hintçe 260
हिन्दी
Ma
Hindistan'da konuşulan 23 resmi dil arasında en yaygın olanıdır
Güney Afrika 0,4
Hindistan 258
Lahnda 117
شاہ مکھی پنجابی
Mai
Örtüşen birçok lehçeyi içeren bir "makro dildir"
Pakistan 112,8
Hindistan 2,9
Urduca 69
اردو
Ammee
Nepal 0,7
Bangladeş 0,3
Pakistan 14,7
Hindistan 51,5
Cava dili 84
Basa Jawa
İbu
Malezya 0,3
Endonezya'da konuşulan 700 dil içinde en yaygınıdır
Endonezya 84,3
Vietnamca 68
tiếng Việt
Me
Vietnam 65,8
Portekizce 202
Português
Mae
Hindistan 0,3
Angola 0,1
Portekiz 10,0
Mozambik 1,6
Fransa 1,0
Brezilya 187
Korece 77
한국어
Eomeoni
Çin 2,7
Japonya 0,9
Özbekistan 0,3
Hâlâ konuşulan hiç akrabası bulunmayan "izole bir dildir"
Güney Kore 48,4
Kuzey Kore 23,3
Tamil dili 68
தமிழ்
Tāy
Malezya 1,3
Güney Afrika 0,3
Singapur 0,1
Sri Lanka 5,0
Hindistan 60,7
Bengalce 189
বাংলা
Ma
Bangladeş 106
Hindistan 82,5
Almanca 77
Deutsch
Mutter
Arjantin 0,4
Kanada 0,4
İsviçre 0,3
İtalya 0,2
Paraguay 0,2
Almanya 69,8
İtalyanca 63
Italiano
Madre
Fransa 0,8
İsviçre 0,7
Avustralya 0,3
İtalya 57,7
Fransızca 76
Français
Mère
İsviçre 1,8
ABD 1,3
Fransız Polinezyası 0,2
Réunion 0,2
Burkina Faso 0,2
İtalya 0,1
Kanada 7,3
Belçika 3,9
Fransa 60,0
Farsça 61
فارسی
Madr
Pakistan 1,0
Irak 0,4
Afganistan 7,6
İran 48,7
Rusça 171
русский
Mama
İsrail 0,8
Letonya 0,7
Kırgızistan 0,5
Gürcistan 0,4
Moldova 0,4
Estonya 0,4
Litvanya 0,2
Azerbaycan 0,1
Ukrayna 14,3
Belarus 6,7
Özbekistan 4,1
Kazakistan 3,8
Rusya 137
Telugu dili 74
తెలుగు
Amma
Hindistan 73,8
Malayca 61
Bahasa Melayu
İbu
Singapur 1,0
Tayland 0,4
Malezya 13,1
Endonezya 41,4

Neden arkadaş ediniriz?

Sizinki ne kadar? Normal bir insansanız, 1500 kadar olmalı... Sosyal iletişim ağınızdan, yani yabancısı olmadığınız insanların toplam sayısından bahsediyorum. Buna aile, iş arkadaşları, tanıdıklar, tanıştığınız ama yakından tanımadığınız insanlar ve elbette arkadaşlar dahildir. Bu bilindik 1500 kişinin yaklaşık 50'sini, 10'u yakın, 5'i de sıkı fıkı dost olmak üzere, gerçek arkadaşlar oluşturur.

Arkadaşlık, sosyal ilişkilerimiz içinde en özel olanıdır. Ailenizi veya iş arkadaşlarınızı seçemezsiniz, tanıdıklar ise üzerimizde pek fazla etkiye sahip değildir. Fakat arkadaşlar farklıdır. Hayvanların çoğu yalnızca yakın akrabalarıyla iletişim kurarken bizler neden akrabamız olmayan kişilerle yakın ilişkiler kurmak için bu kadar zaman ve çaba harcıyoruz? Ve kiminle arkadaş olacağımızı nasıl seçiyoruz?

Arkadaşlık yalnızca insanlara özgüymüş gibi görünse de aslında evrimsel kökleri oldukça derindir. Büyük insansı maymunlar ve diğer birçok primat, filler, atlar, balinalar, develer ve yunuslar da dahil olmak üzere birçok memeli türü, akrabaları olmayan hayvanlarla yakın ilişkiler kurar.

Bütün bu hayvanların ortak noktası, karmaşık hiyerarşileri olan geniş sosyal gruplar halinde yaşıyor olmalarıdır. Bu tür gruplarda yaşamak büyük yararlar sağlar, ama aynı zamanda gerginliklere de neden olur. İşte arkadaşlar bu noktada devreye girer. İşin doğrusu, arkadaşlar ihtiyacımız olduğunda yardımımıza koşan kişisel koruma ekibi gibidirler. Çakışan arkadaş çevreleri, geniş bir grupta genel grubun istikrarını korumaya yardımcı olan güç birlikleri ve sosyal bağlar yaratır.

Geniş gruplar içinde yaşayan insanlar ve diğer hayvanlar için arkadaş, sahip olunması hoş ama birincil öneme sahip olmayan bir şey değil, biyolojik bir gereksinimdir.

İyi bir sosyal yaşam fiziksel ve ruhsal sağlığımızı korumamıza yardımcı olurken, sosyal izolasyon stres yaratır ve hastalıklara kapı açar.

Bu nedenle, arkadaş edinmeye ve arkadaşlıklarımızı sürdürmeye güçlü bir biyolojik gereksinim duymamız şaşırtıcı değildir. Yemek ve cinsellik gibi bu dürtü de, sosyal davranışa karşılık olarak bizi kendimizi iyi hissettiren çeşit çeşit kimyasala boğan beynin ödül merkezleri tarafından denetlenir.

Bunlardan biri, "kucaklaşma hormonu" olarak da adlandırılan ve anne çocuk arasındaki bağın güçlenmesinde kilit rol oynayan oksitosindir. Bu hormon, diğer insanlarla sosyal ilişkilerimiz sonucunda da salgılanır. Ortaya çıkan hoş hisler, bizi o kişiyi tekrar görmeye iten bir ödül niteliğindedir.

Bir diğeri, endorfinler adı altında toplanan nörotransmitterlerdir. Egzersiz gibi hafif stres faktörlerine karşılık olarak salgılanan bu kimyasallar, ağrıyı hafifletip, genel bir iyilik hissi yaratır. Sosyal iletişim, özellikle de karşılıklı yardımlaşma sırasında da salgılanırlar.

Sandala bindirdiğiniz bir kişiden A noktasından B noktasına kürek çekmesini istediğinizde, harcadığı fiziksel çabaya karşılık olarak bu kişinin beyninden endorfinler salınır. Fakat eğer iki kişiyi aynı sandala bindirip birlikte kürek çekmelerini isterseniz, daha az fiziksel çaba harcamalarına rağmen beyinleri daha fazla endorfin salgılar.

Sen beni kaşı...

Pek çok tür, birbirlerinin kişisel bakımlarına yardım ederek arkadaşlık kurar ve bunu sürdürür. Örneğin babunlar, her gün birbirlerinin kürkünden parazit ve pislik toplamaya saatler harcarlar. Bu davranış, karşılıklı olarak iyilik hissi yaratarak güven verici oksitosin ve endorfinlerin salınmasını sağlar.

Ne var ki bu kişisel bakım işi zaman alır, dolayısıyla da bireylerin sürdürebilecekleri sosyal ilişkilerin sayısını sınırlandırır. Maymunlar ve insansı maymunlarda üst sınır 50'dir. Bu sınırda, beyin ölçüsü de rol oynar. Birbiriyle çakışan, sürekli değişen bir ilişkiler denizinde yüzmek, özellikle de diğer bireylerin ruh halini anlayabilmek, beyin gücü gerektirir.

İnsansı maymunlar bunu bir dereceye kadar gerçekleştirebilir ve "o dişinin diğer dişiyle arkadaş olduğunu biliyorum," şeklinde düşünceler geliști-

Yerinde yeller esen arkadaşlar

Arkadaş edinmek başka, arkadaş kalabilmek başka şeydir. Arkadaşlıklar sürdürülmediklerinde yok olup gitmeye eğilimlidir. Bir arkadaşı bir yıl boyunca görmemek, arkadaşlığın niteliğini üçte bir oranında azaltarak yakınlık hiyerarşisinde düşmeye yol açar. Buna karşılık akrabalık ilişkileri daha dayanıklıdır. Buna bağlı olarak, sosyal çevremizin aile kısmı yaşamımız boyunca hemen hemen sabit kalırken, arkadaşlık bileşeni büyük bir dalgalanma göstererek birkaç yılda bir yaklaşık yüzde 20 oranında fire verir.

Arkadaşlarınızla görüşün

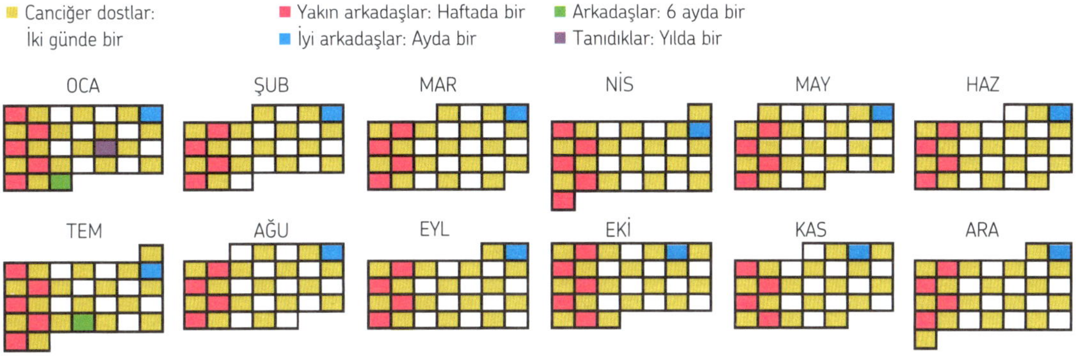

rebilirler. Buna "üçüncü dereceden yönelimsellik" adı verilir. Oysa insanlar daha akıllıdır ve "Sen Ahmet'in, kendisinin bana garezinin olmasından Ayşe'nin korkup korkmadığını merak ettiğini düşünüyorsun, biliyorum," gibi beşinci, hatta altıncı dereceden yönelimselliklerin altından kalkabilirler.

Bu zihin okuma gücü, bizim üst sınırı aşıp Oxford'lu evrimsel biyolog Robin Dunbar'ın yaklaşık 150 olarak hesapladığı ve kendi adıyla "Dunbar sayısı" olarak bilinen, sosyal çevrede ilişki kurulan ve sürdürülen kişi sayısına ulaşabilmemizi sağlar. Zekâmız, kürk tarayıp bit ayıklamanın yerine geçerek, aynı anda birden fazla arkadaşı "eylemeyi" mümkün kılan başka yetenekler de kazanmamızı sağlamıştır. Kahkaha, şarkı söylemek, şakalar ve en önemlisi dedikodu bunlardan bazılarıdır.

Akıllı sosyal hayvan

Beyin büyüklüğüyle arkadaş grubunun boyutu arasındaki –kimilerince beyin hipotezi olarak da adlandırılan– bu bağlantı, bireyler için de geçerlidir. Daha büyük beyinli makaklar ve insanlar, daha çok arkadaş edinme eğilimindedirler. İnsanlar için mutlak üst sınır 250 kişi civarındadır.

Sosyal çevrenizde tamı tamına kaç kişinin olduğu büyük oranda şansa bağlıdır ve nerede yaşadığınıza, nerede okula gittiğinize, nerede çalıştığınıza göre değişir. Fakat bu yaklaşık 150 kişilik grup içinde yalnızca birkaçıyla yakın dost olmamızın nedeni ne?

İlk bakışta yanıt basittir. Kişiliklerimizin, ilgi alanlarımızın, fikirlerimizin, zevklerimizin ve mizah anlayışımızın benzeştiği, bizden hoşlanan kişilerle yakın arkadaş oluruz. Ancak bu basitliğin altında daha derin bağlantılar vardır. İnsanların arkadaşlarına, rasgele yabancılara kıyasla genetik olarak daha yakın oldukları saptanmıştır. Yakın dostlarımız, bize dördüncü dereceden kuzenlerimiz, yani aynı büyük büyük büyük büyükanne ve büyük büyük büyük babayı paylaştığımız akrabalarımız kadar yakındır.

Genetik olarak benzerlik gösterdiğimiz kişileri nasıl tanıyıp arkadaş olarak seçtiğimiz ise bilinmiyor. Dış görünüş, ses, koku veya kişilik benzerlikleri bunda rol oynuyor olabilir. Ancak arkadaşlarımızın uzak akrabalarımız olduğu gerçeği, onlarla neden bu kadar çok zaman harcadığımıza dair milyon dolarlık soruyu cevaplamamıza yardımcı olur. Evrim, akrabalarla işbirliğine öncelik vermelidir çünkü bu, yaşamın birincil kuralı olan genlerimizi, vekâleten de olsa, bir sonraki kuşağa aktarma görevini yerine getirmemize yardım eder. Ve arkadaşlarımız aslında uzak akrabalarımızsa, arkadaşların ne için olduğu sonunda anlaşılmış olur.

Kendine uygun çevre

Sosyal ilişki içinde olduğunuz kişiler, soğan halkalarına benzer katmanlar oluştururlar. Merkezde en yakın arkadaşlarınız vardır; diğer tanıdıklarınız ise, yakınlık düzeyi giderek azalacak şekilde sonraki katmanlarda yer alır.

5 Canciğer dost

Sosyalleştiğimiz zamanın yüzde 60'ından fazlasını beş canciğer dostumuzla geçiririz.

10 Yakın arkadaş

35 İyi arkadaş

100 Arkadaş

Arkadaş çevresi toplamda 150 kişiyi kapsar; zaten arkadaşlık ilişkisi sürdürülebilecek maksimum kişi sayısı da bu kadardır. Bu katmanın hemen ardında, yılda belki bir kez, o da düğünlerde ve cenazelerde gördüğünüz insanlar yer alır.

150 sayısı, şaşırtıcı bir şekilde sosyal yapılarda da karşımıza çıkar. Eskiden İngiltere'de köylerde, kilise cemaatlerinde ve temel askeri birim olan bölüklerdeki insan sayısı ortalama olarak bu kadardı. Çoğu Facebook kullanıcısı 150-200 arkadaşa sahiptir.

350 Tanıdık

Sosyal çevremizin dış katmanları da, özellikle modern dünyada büyük önem taşır. Bu katmanlardaki kişilerden, eleman bulmak ve diğer ekonomik veya sosyal fırsatları yakalamak için yararlanırız. Yüzde 70'imiz sevgililerini bu tanıdıklar arasından bulur.

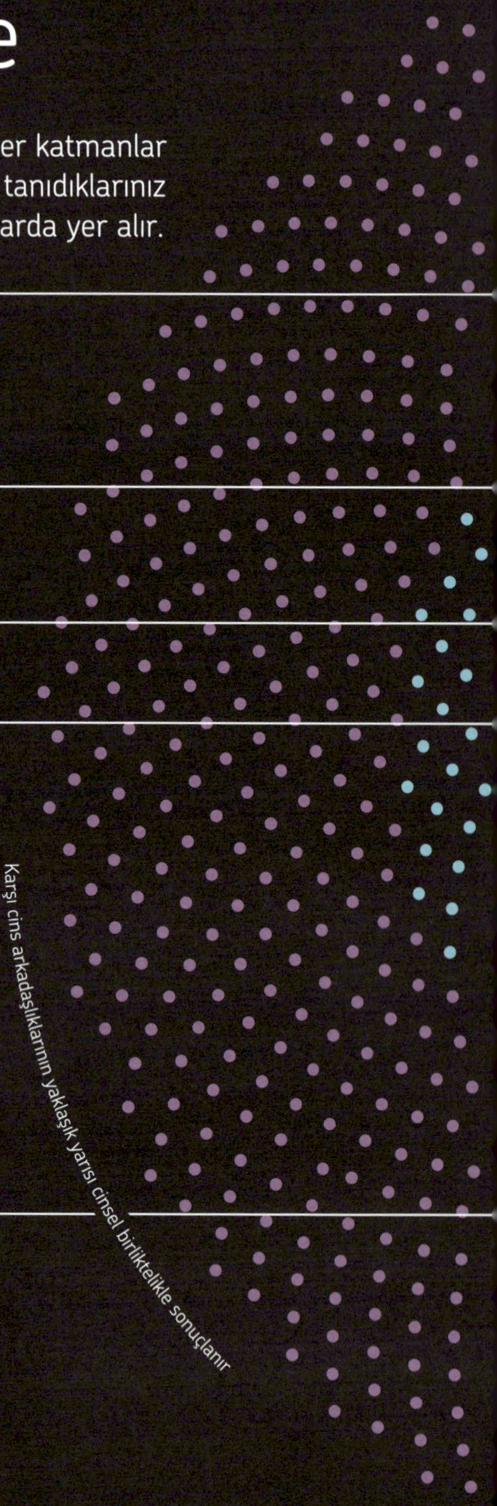

1000 Bildiğiniz diğer insanlar

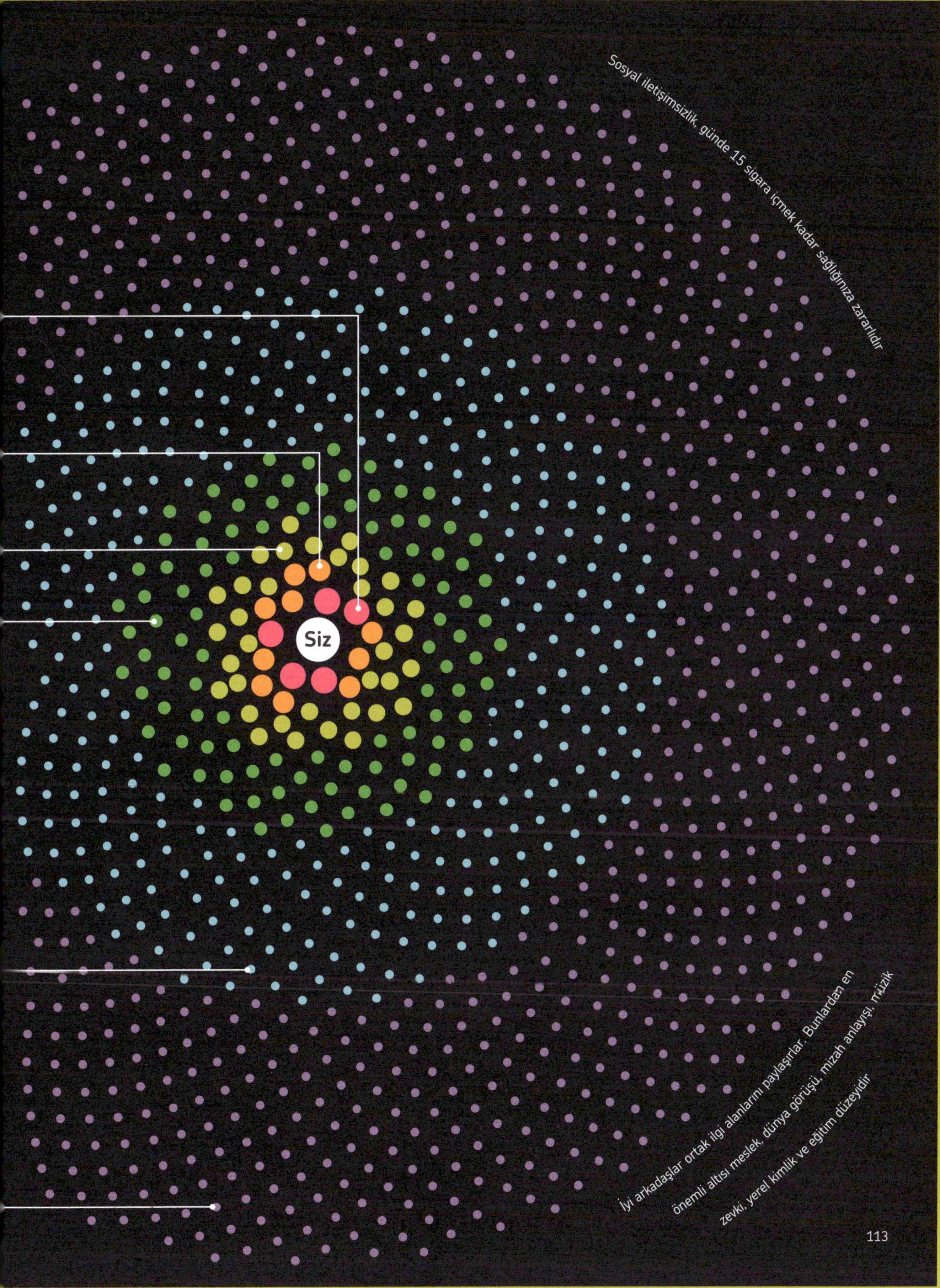
Siz
Sosyal iletişimsizlik, günde 15 sigara içmek kadar sağlığınıza zararlıdır
İyi arkadaşlar ortak ilgi alanlarını paylaşırlar. Bunlardan en
önemli altısı meslek, dünya görüşü, mizah anlayışı, müzik
zevki, yerel kimlik ve eğitim düzeyidir

Göbek deliği pamuğu nereden geliyor?

Georg Steinhauser'in deneyi, bilimsel göbek incelemesi alanında biraz bozguna uğramış bir çalışma oldu. Viyana Teknik Üniversitesi'nde kimyager olan Steinhauser, göbek deliğinde biriken pamuk şeklindeki topakları biriktirerek renk ve ağırlıklarını kaydetmeye 2005 yılında başladı. Sonraki üç yıl içinde, toplamda yaklaşık 1 gram ağırlığına ulaşan, 503 parça göbek deliği pamuğu biriktirdi. Sonra bir gün göbeğini tıraş etti. Çevresindeki erkek eş, dost, iş arkadaşı ve akrabalarını da, göbek deliklerindeki pamuk üretimi ve göbeklerinin genel durumu hakkında sorguladı.

Kendi göbek deliği pamuklarından bir kısmını kimyasal analize tabi tuttu ve bulgularını bilimsel bir dergide yayımladı. Bütün bunların tek amacı, şu soruyu yanıtlamaktı: Neden bazı insanların göbek deliklerinde bu kadar çok pamuk oluşuyor?

Tüy yumaklarının ardındaki düşünceler

Steinhauser, bedeninin bu bölgesindeki verimli üretimin farkına yirmili yaşlarında varmıştı. Bilimsel literatürü taradı ama yalnızca *Nature* dergisinde yayımlanmış tek bir gizemli yazı bulabildi. Bu yazıda, "Bambaşka Bir Konu: Göbek Deliği Pamuğu" başlığı altında, üç siyah beyaz fotoğrafla, "–seyir halindeki– denizci" , "çiftçi" ve "mühendis" göbek deliği pamuklarının neye benzedikleri gösterilmiş, başka da bir açıklama yapılmamıştı. Dergi iki hafta sonra bir düzeltme yazısı yayımladı: Aynı başlık, aynı resimler ama denizci ve mühendis pamuğu fotoğraflarının yerleri değiştirilmişti.

Steinhauser çok heyecanlanmıştı; *Erkeklerin Neden Meme Ucu Var?* adlı bir kitapta, göbek deliği pamuğu sorununun –yani, bazı göbek delikleri pamuk toplarken, bazıları neden toplamıyor sorusunun– yanıtlanamayacağını okuyunca, bu pamuk işini kendisi ele almaya karar verdi.

Hemen kendi göbek deliğinizin içine bir bakıverin. Pamuk var mı? Varsa ne renk? Peki, göbeğinizi nasıl tanımlarsınız? Tüylü mü yoksa tüysüz mü?

Steinhauser'in ilk gözlemi, göbek deliği pamuğunun o gün üzerine giydiği giysiyle istisnasız aynı renk olduğuydu; bu gözlem ona, pamuğun giysilerden geldiğini düşündürdü. Kimyasal analiz de bunu doğruladı. Beyaz pamuklu tişört giydiği bir gün, biriken pamuğun büyük oranda selüloz –pamuğu oluşturan protein– ile ek olarak azıcık azot ve kükürt bileşeni içerdiğini saptadı. Bu bulaşık maddeler büyük olasılıkla ölü deri, toz, yağ, proteinler ve terden geliyor olmalı diye düşündü.

Ardından kendisine bol miktarda bahşedilmiş olan göbek tüylerinin bu toplanmadaki rolünü araştırmaya soyundu. Diğer erkeklerin göbek deliği materyalleri üzerinde yaptığı incelemeler sonucunda, "göbek tüylerinin varlığının, göbek deliği pamuğu birikiminde önemli bir önkoşul olduğu" sonucuna vardı. Göbeğini tıraş edince pamuk birikimi tüyler yeniden çıkana kadar durmuştu. Minik pamuk parçalarının önce tüyler arasında belirip, ardından günün sonunda kendilerini göbek deliğinin içinde bulduklarını da fark etmişti.

Steinhauser, göbek deliği pamuğuyla ilgili büyük birleşik kuramını oluşturmuştu artık. Tüyler pullu bir yüzeye sahipti, böylelikle giysilerin kumaş liflerini aşındırıyorlardı. Öte yandan pullar olta iğnesi gibi işlev görerek, toplanan pamukların göbek deliğine doğru sürüklenmesine neden oluyorlardı.

Göbek tüyleri, genellikle göbek deliği etrafında iç içe halkalar şeklinde çıkar ve bu da, maddelerin kara deliğin içine çekilmesi gibi, göbek deliğine doğru sürüklenmeyi kolaylaştırır. Olay ufkuna ulaşan lifle, "sıkışarak keçe benzeri bir madde oluştururlar". Steinhauser'in hesaplarına göre 100 kez giyilmiş bir tişört, kütlesinin yaklaşık yüzde 0,1'ini kaybederek göbek deliği pamuğuna dönüşecektir.

Karın ağrıları

Bu araştırma Steinhauser'e asıl araştırma konusu olan radyoaktif elementlerin kimyasal ve fiziksel özellikleriyle ilgili çalışmaları arasında küçük bir rahatlama niteliği taşısa da, göbek deliği pamukları her zaman şakaya gelmez. Steinhauser'in araştırmasından kısa süre sonra Nebraska'lı doktorlar tarafından, 55 yaşında obez bir kadın hastayla ilgili bir vaka çalışması yayımlandı. Hastada nadir bir hastalık olan omfalit, yani göbek deliği iltihabı vardı. Dört aydır göbek deliğinden kan geliyordu. Doktorlar kadını muayene ettiklerinde "koyu renkli, yuvarlak bir kitle" saptadılar ve bunun bir tümör olduğunu düşündüler. Oysa bunun, yaklaşık 1 cm çapında bir göbek deliği pamuğu topağı olduğu anlaşıldı. Topak çıkarıldı; kadın iyileşti.

Sümüğünüzü yiyor musunuz?

Haydi haydi itiraf edin. Stefan Gates adlı bir yemek yazarı tarafından yapılan bir araştırmada, çalışmaya katılan erişkinlerin yaklaşık yüzde 44'ü, kurumuş sümüklerini yediklerini ve çok da beğendiklerini itiraf ettiler. Doğrusu bu alışkanlık, tuhaf insan davranışları silsilesinin en tepesine yerleştirilmeyi hak ediyor. Peki, insanlar bunu neden yapıyorlar? Kimse kulak kirini, göz çapağını veya göbek deliği pamuğunu yemiyor çünkü. Bunun nedeni, sümük yemenin bağışıklık sistemini güçlendirmesi olabilir. Söylentilere bakılırsa, Friedrich Bischinger adlı Avusturyalı bir doktor, anne babalara, çocuklarını sümüklerini yemeğe teşvik etmelerini salık veriyor.

İnsan bedeninin bazı diğer çıkartılarının da benzer şekilde aşikâr ama ilginç kökenleri vardır. Örneğin, doktorların "serumen" olarak adlandırdığı kulak kiri, büyük oranda ölü deriye ek olarak "sebum" adlı yağ salgısı ile ter bezlerinden salgılanan sulu bir salgıdan oluşur. Islak kulak kiri turuncumsu kahverengi ve yapışkan, kuru kulak kiriyse ölü deri gibi –çünkü gerçekten de ölü deridir– yarı saydam ve pulludur. Kuru kulak kirine sahip insanlarda yağlı salgı eklenmediğinden, kulak kirleri yalnızca keratin ve kirden oluşur.

Burnundan yakalanmak

Birkaç yıl önce genetik uzmanları kuru kulak kirine *ABCC11* adlı tek bir gendeki çekinik mutasyonun yol açtığını buldular. Bu nedenle kulak kirinin kıvamı, yine tek bir genle kontrol edilen dil yuvarlama, yapışık/ayrık kulak memesi ve frezya çiçeğinin kokusunu alabilme/alamama gibi insan özelliklerinin bir veya birkaçına eşlik edebilir.

Sümüklerse, burun boşluğunu kaplayan mukozayı korumak için sürekli olarak üretilen sümüksü salgının (mukus) kabuğumsu kalıntılarıdır. Salgının büyük bir kısmı mukozadaki kirpiksi uzantılar aracılığıyla yutağa süpürülüp yutulur (yani hoşumuza gitse de gitmese de hepimiz sümüğümüzü yeriz), fakat bir miktar salgı burun içinde kalıp kurur. Sümüğün yeşil rengi, mukusun içerdiği bakteri öldürücü bir enzim olan myeloperoksidazdan gelir; bu enzim, demir içeren hem grubu nedeniyle yeşildir. Resmi olmayan bir araştırmada, çalışmaya katılan erişkinlerin yaklaşık yarısı, sümüklerini yediklerini ve bunu gayet beğenerek yaptıklarını itiraf etmişlerdir.

Uyandığımızda gözlerimizin içinde ve etrafında bulduğumuz çapakların hikâyesi de benzerdir. Kapalı kaldıklarında gözlerimizin kenarlarında biriken sarımsı mukustan başka bir şey olmayan çapak, aslında bir nevi göz sümüğüdür.

Sonuç olarak, bedenimizin çok hareketli olaylara sahne olmayan gizli köşelerinde, illa ki iğrenç bir şeylerin biriktiğini söyleyebiliriz.

Kulağınızın içinde ne var?

Kulak kiri, ıslak ve kuru olmak üzere iki çeşittir. Kulak kirinizin çeşidini ise genleriniz belirler.

Islak kulak kiri

Turuncumsu kahverengi, yapışkan ve kokuludur. Dış kulak yolunda yer alan özelleşmiş ter bezleri olan kulak kiri bezlerinin mumsu salgıları, ölü deri ve sebum adı verilen yağlı bir maddeden oluşur.

Kulak kiri dış kulak yolunu kayganlaştırarak temizler, bakterileri öldürür ve toz ya da mantar sporları gibi yabancı maddeleri tutar

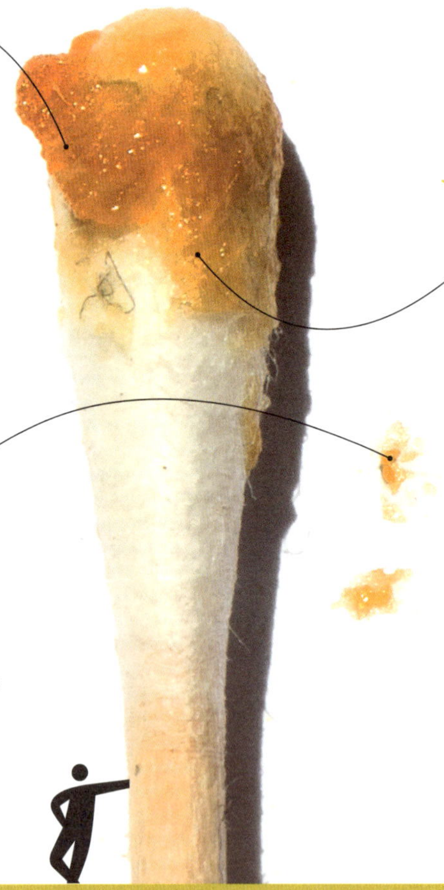

Akçaağaç şurubu idrar hastalığı ve alkaptonüri adlı –bazı aminoasitlerin metabolize edilememesine bağlı olarak ortaya çıkan– iki nadir metabolik hastalığın tanısı, kulak kiri kokusuna bakarak konulabilir

Afrika veya Avrupa kökenli insanların çoğu ıslak kulak kirine sahiptir

Kuru kulak kirine sahip insanların ter bezi salgılarında da benzer değişiklikler bulunduğundan bu kişilerin teri kokmaz

Kuru kulak kiri

Beyazımsı gri, pul pul ve kokusuzdur. Kuru olması, daha az mumsu salgı içermesine ve daha ziyade ölü deriden oluşmasına bağlıdır. Kuru kulak kirine, *ABCC11* adlı gendeki bir mutasyon neden olur. Bu durumun zararlı bir etkisi saptanmamıştır.

Bu mutasyon çekiniktir, yani kuru kulak kirine sahip olabilmeniz için annenizden de babanızdan da birer adet mutant gen almış olmanız gerekir. Biyolojik ebeveynlerinizin her ikisinin de kulak kirleri kuruysa sizinki de kuru olacaktır

Kuru kulak kirine daha çok Doğu Asyalılarda rastlanır; Koreli, Japon ve Çinlilerin yüzde 95'i kuru kulak kirine sahiptir. Amerika yerlilerinin de kulak kirleri kurudur

Koltukaltı kokunuz cinsiyetiniz, cinsel eğiliminiz ve sağlık durumunuz da dahil olmak üzere birçok kişisel bilgiyi ele verir. Kulak kirinin de aynı özelliğe sahip olması olasıdır

4. Bölüm

Uygarlik

Kentlerde yaşamaya ne zaman başladık?

2014 yılında, insanlık resmen kentli bir tür haline geldi. Dünya tarihinde ilk kez, kent ve kasabalarda yaşayan insan sayısı, kırsal alanlarda yaşayanların sayısını aştı. 1960'ta dünya nüfusunun yalnızca üçte birinin kentsel alanlarda yaşadığı göz önünde bulundurulduğunda, bu inanılmaz hızlı bir dönüşüm.

Yaklaşık 5500 yıl öncesine kadar kimse kentlerde yaşamıyordu. Köyler binlerce yıldır varlıklarını sürdürseler de, hiçbiri tam gelişmiş kent statüsüne geçecek boyuta ve daha da önemlisi karmaşıklığa erişememişti. Peki, bu prototipik uygarlaşma eylemi nasıl ve neden gerçekleşti?

Kent yaşamı nasıl doğdu?

Bu soruyu yanıtlayabilmek için yazılı tarih eşiğini aşarak, 6000 yıl öncesinden ötelere, henüz yazının icat edilmediği ve taş aletlerin henüz yerlerini tam olarak metal aletlere bırakmadığı döneme uzanmamız gerekiyor.

Genel görüşe göre dünyanın ilk kentleri Mezopotamya'da, Fırat ve Dicle nehirleri arasında kalan verimli arazide kurulmuştu. Hepsinin babası da Sümer kenti Uruk'tu. Fırat kıyısında bulunan kent, büyük olasılıkla yaklaşık MÖ 8000'lerde Bereketli Hilal'de yeşermeye başlayan ilk yerleşimlerden biriydi. Uruk, MÖ 3500'lerde 2,5 kilometrekareye yayılmış, büyük olasılıkla birbirlerine yabancı yaklaşık 50.000 kişiyi barındıran gerçek bir kente dönüşmüştü.

Eğer zamanda geriye, Uruk'un var olduğu döneme gidebilseydik, orada bir kent görecektik. Uruk'un en belirgin kentsel özelliklerinden biri, hiç kuşkusuz kentlerin en belirleyici nitelikleri arasında sayılan büyük yapılar olacaktı. Üstelik yalnızca eski büyük binalar değil, idari ve mali sistemlerin işlediğini gösteren, din dışı kamu binalarını da görebilecektik.

Ayrıca, idari merkezler, yerleşim bölgeleri, pazar yerleri, çöplükler gibi alanların belirgin olarak birbirinden ayrıldığı işlevsel bir "bölgelemenin" kanıtları da görülebilecekti. Savunmaya değer bir mal varlığının mevcudiyetinin kanıtı olan istihkâm duvarları da dikkati çekecekti. Tarihi MÖ 7000'lere kadar uzanan, günümüz Türkiye'sinin Çatalhöyük'ü gibi daha eski tarihli yerleşim yerleriyse kentselleşmeyi gösteren bu sınavlardan zayıf not alırdı.

Uruk'ta yokluğu bariz olarak göze çarpacak şey ise gelişmiş bir ulaşım ağı olacaktı. Eşek evcilleştirilmişti ama tekerlek henüz ufukta görünmüyordu.

Uruk, ilk çiftçilerin mahsullerine ve hayvanlarına yakın olmak için köylere yerleşmeleriyle başlayan uzun sürecin son ürünüydü. Bu yerleşimler, örneğin Çatalhöyük gibi, çok büyüyebilmekteydiler. Zamanla, tarımdan elde edilen üretim fazlası, bazı kişilerin çiftçiliği bırakıp demircilik gibi başka işlerle uğraşabilmelerine olanak verdi. Bu işbölümü, yavaş yavaş ama kaçınılmaz bir şekilde zanaatkârların, kendilerinde olmayan becerilere sahip diğer zanaatkârların yakınında toplandığı kentsel "bölgelenmelere" neden oldu.

Uruk yalnızca ilk gerçek kent olarak değerlendirilmekle kalmaz, güneyden gelenlerin tüm bölgeye yayılarak Uruk'a benzer kentler kurmasıyla MÖ 3400-3100'ler arasında Mezopotamya'yı etkisi altına alan kentleşme dalgasının kaynağı olarak da görülür.

Kuzey santralleri

Fakat Uruk'un ilk olma özelliği, önceleri geri kalmış olarak nitelendirilen kuzey illerinde son yıllarda yapılan keşiflerle gölgelendi. En azından iki kazı alanında, Uruk'taki en eski bulgulardan daha önceye tarihlenen bir kentleşmeye dair kesin kanıtlar ortaya konuldu. Bu bulgular bazı arkeologları oturup ciddi ciddi yeniden düşünmeye itti.

Bunlardan biri Suriye'nin doğusunda bulunan Tell Hamoukar. Batılı arkeologlar bu bölgeyi 1920'lerden beri bilseler de, Uruk'tan kuzeye doğru yayılan kentleşme dalgasının yarattığı "ikincil" bir kent olarak tanımlamışlardı. Oysa son dönemde yapılan kazılar bu yerleşim yerinin, Uruk henüz ağırlığını hissettirmeye başlamadan önce ileri bir evreye ulaşmış olduğunu gösterdi.

Hamoukar, MÖ 3700 gibi erken bir tarihte bile 12 hektarlık bir alanı kaplıyordu ve savunma surlarıyla çevriliydi. Surun iç kısmında büyük, dini bir yapı olmayıp muhtemelen bir kamu binasına –belki bir tür yemek mekânına– ait kalıntılar bulundu. Arkeologlar burada, mal takibi için ıslak kil veya zift üzerine işaretler basmakta kullanılan çeşit çeşit "damga mühürler" de buldular. Uruk'tan bilinen damga mühürler, hesap sistemlerinin varlığını gösterdiklerinden kentleşmenin sağlam bir kanıtı olarak kabul edilir.

Bu bulgular Hamoukar'da, daha MÖ 3700'lerde ilkel kentsel yaşamın belirgin göstergelerinden birçoğunun mevcut olduğunu göstermektedir. Oysa güneyden gelen bir etkinin izleri yoktur: Uruk tarzı çanak çömlek ancak MÖ 3200'lerde ortaya çıkmaya başlar. Bu bilgiler doğrultusunda, Tell Hamoukar sakinlerinin, Uruk'tan bağımsız ve muhtemelen varlığından bile habersiz olarak, kentlerin bu bölgeye ulaştığı varsayılan tarihten en az 500 yıl önce, bir kentte yaşadıklarını söylemek mümkün.

Zamanın derinliklerinde kaybolan kent

Muhtemelen daha da eski bir kent de yine Suriye'de bulunan Tell Brak'tır. Bu yerleşim yerinde de, 1,5 m kalınlığında surlara ve bir avluya açılan dev bir kapıya sahip, inanılmaz ölçüde eski ve inanılmaz ölçüde büyük bir yapının kalıntılarına rastlanmıştır. Tarihlendirme çalışması yapan arkeologlar, yerleşim yerinin 6000 yıldan daha eski olduğunu saptamıştır. Burada da yine damga mühürler bulunmuştur. Öte yandan, döneme ait birçok çanak çömleğin üzerinde, Brak'lıların Uruk'tan çok çok daha önce gelişmiş bir yönetim sistemine sahip olduklarını gösteren bir tür hesap ve idare sistemine ait izler yer alır.

Ne var ki çoğu arkeolog, dosyanın henüz kapanmadığı görüşünde. Güney bölgelerinde aynı dönemde neler olduğu pek bilinmiyor. Güney Mezopotamya'da MÖ 4000 öncesinde tamamen gelişmiş kentler kurulmuş olması olası, ama henüz kimse bu kentleri bulacak kadar derin kazı çalışmaları yapmadı. Bölgenin tamamı, savaş ve kargaşa nedeniyle yıllar boyunca arkeolojinin erişimi dışında kaldı. Muhtemelen daha yıllarca da çalışmalara yeniden başlanamayacak –tabii hiç başlanamaması da mümkün. Arkeologların en büyük umudu, bu süre içinde kazı merkezlerinin, uygarlığın kökenleriyle ilgili bulguları bütünüyle silecek kadar yağmalanmaması.

Taş Devri'nin banliyösü

Çatalhöyük 1958 yılında keşfedildiğinde dünyada büyük ilgi uyandırdı. 13 hektarlık alanda dip dibe yerleşmiş yüzlerce bina vardı ve bu yerleşim yeri, tahminlere göre zamanında 10.000 kişiye ev sahipliği yapmıştı. Bir kente benziyordu ama çok çok eskiydi: En eski kalıntılar yaklaşık 9000 yıllıktı. Fakat burada gerçek kentlerde bulunan önemli bir özellik, işlevsel farklılık gösteren bölgeler yoktu. Çatalhöyük, tıpkı eski bir banliyö gibi, bir sürü ev ve çöplüklerden oluşuyordu. Öyle görünüyor ki, insanlar tüm faaliyetlerini evden yapıyor, hatta ölülerini bile evin tabanına gömüyorlardı. Gerçek şehirler sonraki 1500 yıl boyunca ortaya çıkmadı.

Kentsel tür, kırsal gezegen

Dünyadaki 7 milyar insanın yarısından fazlası kentlerde yaşamaktadır. Ancak kentsel alanlar o kadar yoğun nüfusa sahiptir ki, Dünya'nın yüzeyinin yüzde 1'inden daha azını kaplar.

Dünyanın bütün kentlerinden oluşan dev bir metropol olsaydı, yaklaşık 750.000 kilometrekare yüzölçümündeki **Borneo Adası**'na rahatça sığardı

KAPLADIKLARI YÜZÖLÇÜMÜNE GÖRE DÜNYANIN EN BÜYÜK 10 KENTİ

1 New York 11.642 km²
2 Tokyo-Yokohama 8547
3 Chicago 6856
4 Atlanta 6851
5 Los Angeles 6299
6 Boston 5325
7 Dallas-Fort Worth 5175
8 Philadelphia 5131
9 Moskova 4662
10 Houston 4644

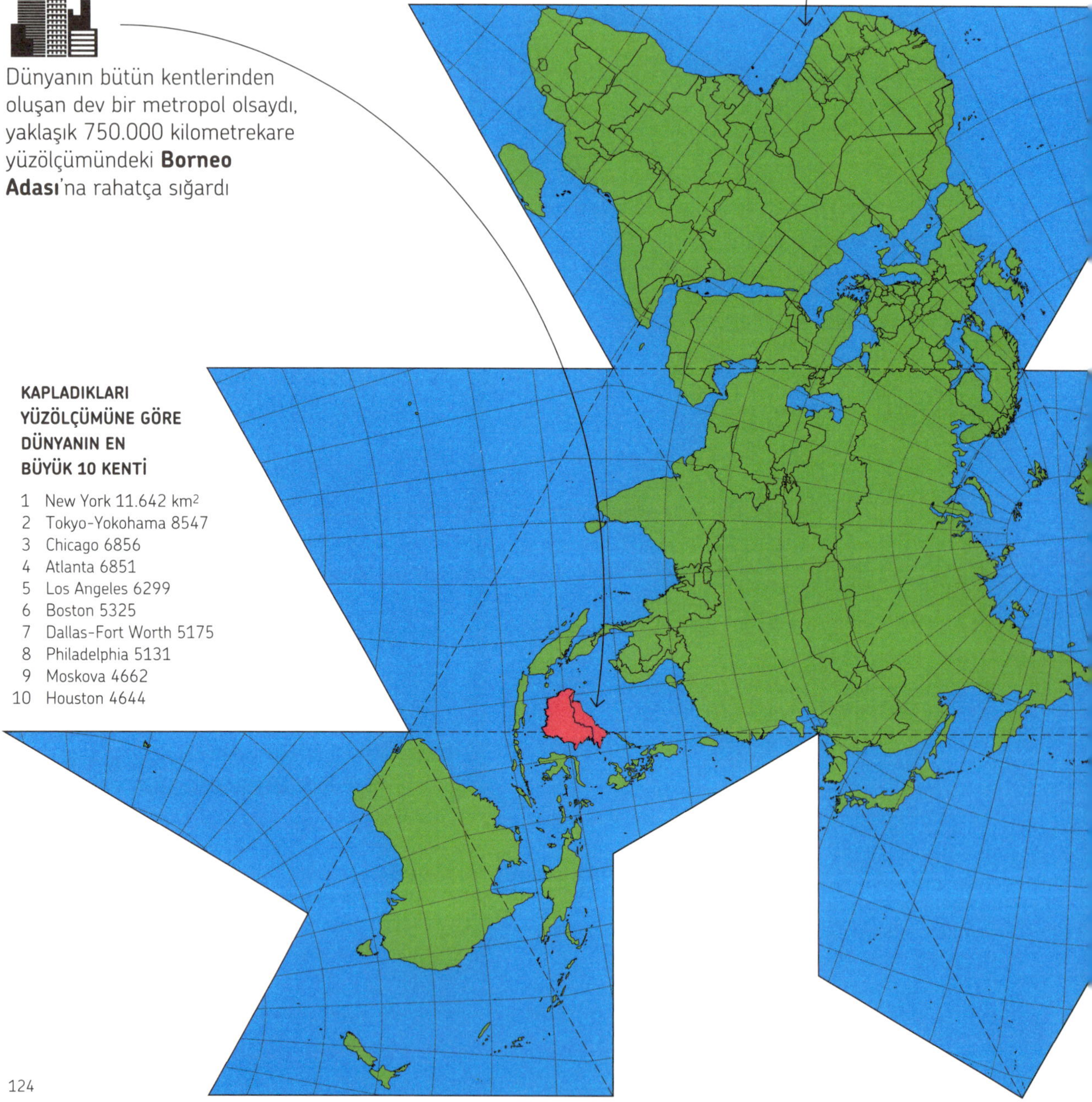

Otlaklar dünya üzerinde 300 milyon kilometrekarelik, yani neredeyse **Afrika**'ya eşdeğer büyüklükte bir alan kaplar

Ekili arazilerin kapladığı alan, 15 milyon kilometrekareyle **Güney Amerika**'nın yüzölçümüne yaklaşır

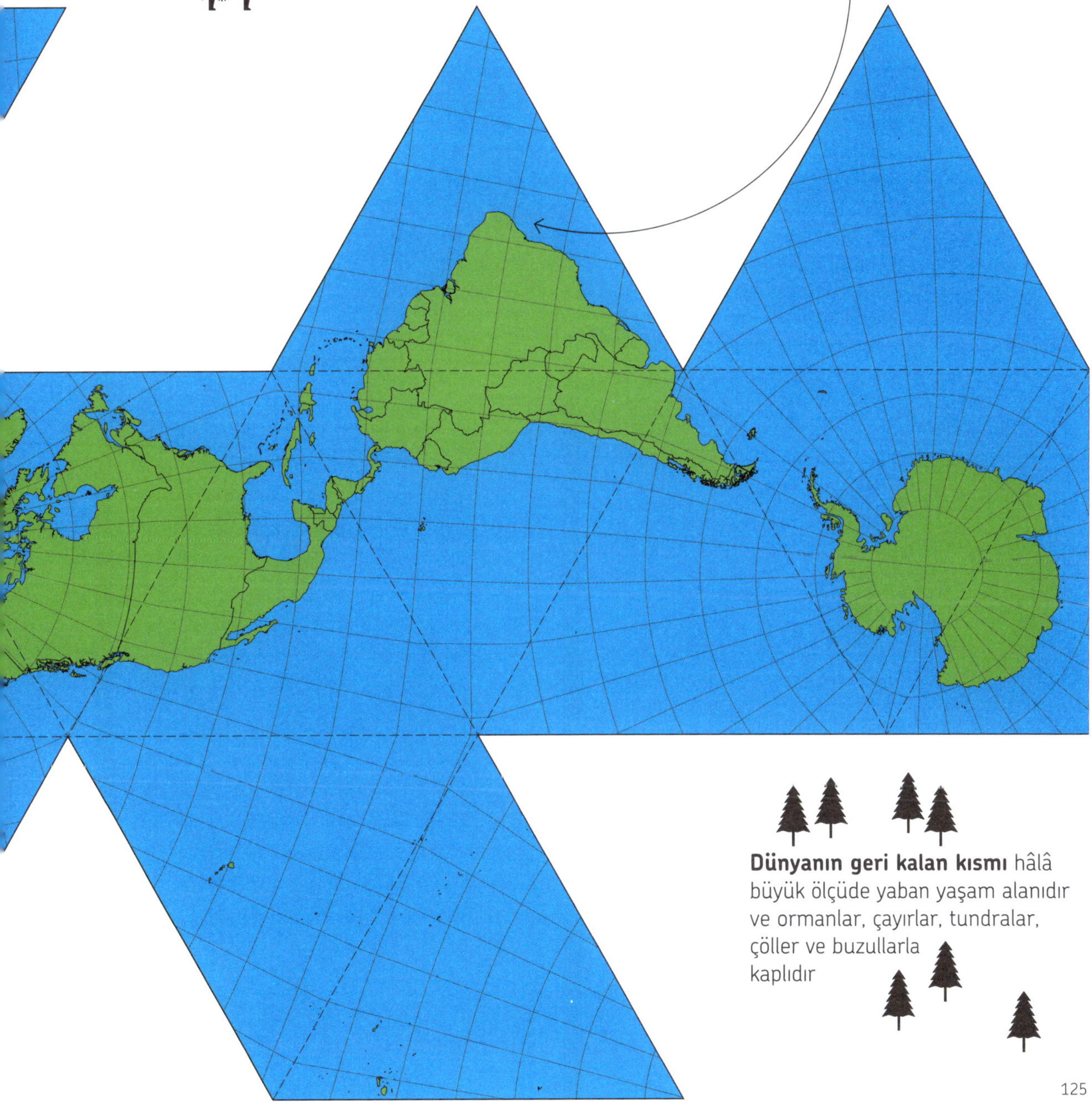

Dünyanın geri kalan kısmı hâlâ büyük ölçüde yaban yaşam alanıdır ve ormanlar, çayırlar, tundralar, çöller ve buzullarla kaplıdır

Neden değersiz kâğıt parçalarına altın muamelesi yapıyoruz?

Cüzdanınızı boşaltın. Bozukluklar, kâğıt paralar ve kredi kartları, zenginliğinizin (veya zengin olmayışınızın) göstergesidirler ve bir şeyler satın almanızı sağlarlar ama gerçekte bunlar yalnızca hayal gücünüzün bir ürünüdür. Para gerçek bir değere sahip değildir. Aslında para da, aynı Peter Pan romanındaki, çocuklar inanmayı bırakırlarsa ölen Tinkerbell gibi, kolektif inancımızda doğar ve ölür.

Paranın nasıl ve neden icat edildiğini anlamak, bu inancın temelini kavramamıza yardımcı olacaktır.

Her şey takasla başladı. Tarihçiler bunun tam olarak nerede ve ne zaman olduğu konusunda farklı görüşlere sahip olsalar da, takasın MÖ 8000'lerde Mezopotamya'da etkin bir şekilde kullanıldığı düşünülüyor.

Takas, kaynaklar için mücadele etmekten daha pratik bir yöntemdi, ama onun da kendine göre kusurları vardı. Öncelikle, ihtiyaç fazlası olmasına bağlıydı. Daha da kötüsü, "ihtiyaçların çakışmasını" gerektiriyordu. Örneğin, fazladan iki koyununuz olduğunu ve bir ineğe gereksindiğinizi varsayalım; bu durumda, bir ineği fazla olup da, iki koyuna ihtiyacı olan birini bulmanız gerekir. Çözüm, bir zincir kurmaktı: Koyununu tahılla takas et ve bunu ineğin bedelini ödemek için kullan.

Bu tür zincirler, en evrensel değere sahip olan öğelerin belirlenmesini sağladı ve bunlar hemen her şeyle takas edilebildiği için "meta" paralar haline geldiler. Bunlardan biri tuz, diğeri metal gibi yararlı maddelerdi. Herkes değerleri konusunda uzlaşabildiğinden, bu metalar her şeyin değerini belirleyen kıstaslara dönüştüler ve zamanla birer tasarruf ve değiş tokuş aracı, yani para halini aldılar.

Geçer akçe

Kolayca tahmin edilebileceği üzere, bir sonraki adım standart para birimleri yaratmak oldu. Bunu ilk yapanlar, MÖ 1000 civarında madeni para basan Çinlilerdi. Madeni para taşınabiliyordu, dayanıklıydı ve rağbet gördü ama ciddi bir tasarım kusuruna sahipti. İlk madeni paralar değerli madenlerden yapılıyordu ve bu da onları kırpılmaya –kenarlarından tıraşlanıp, sonra üzerinde yazan değerden kullanmaya– açık hale getiriyordu. Altının değeri, işte bu yüzden sonunda kâğıda aktarıldı.

13. yüzyılda Çinli tüccarlar madeni paralarının fazlasını, "bu kâğıdın belirli bir miktar madeni paraya karşılık geldiğini" belirten damgalı senetler karşılığında diğer tüccarlara emanet etmeye başladılar. İstedikleri zaman bu "senetlerin" karşılığını geri alabiliyorlardı. Çin devleti kısa süre sonra kendi paralarını basmaya girişti ve Çin, 1274'ten itibaren ülke çapında geçerli bir para birimine sahip oldu.

Bu gidişat 17. yüzyıl İngiltere'sinde, kasalarında altın depolayan sarraflar tarafından tesadüfen tekrarlandı. Onlar da müşterilerine emanetin miktarını, saflığını ve ne bırakıldıysa tam olarak geri ödenece-

Komik paralar

Geçmişten bugüne, pek çok tuhaf şey para olarak kullanılmıştır. En yaygın kullanılanlarsa altın ve diğer değerli madenlerdir. Fakat her para biriminin özünde değerli olduğu söylenemez. Tüyler, boncuklar, kabuklar... bunların hepsi para olarak kullanılmıştır. Keyfe keder ve biraz da gerçeküstü para biriminin en ünlü örneğiyse Mikronezya'da bulunan Yap Adası'nda çok yakın zamana kadar kullanılan, simit gibi ortası delik yuvarlak şekilli rai taşlarıdır. Alışveriş sırasında taşın mülkiyeti el değiştirir ama taşlar nadiren yerlerinden oynatılırdı. Herkes taşın nerede durduğunu ve kime ait olduğunu bilirdi. Taş taşınırken kayıktan düşse ve denizin dibine batmış olsa bile!

ğini belgeleyen makbuzlar verdiler. Bu makbuzlar, bir süre sonra kaçınılmaz olarak borçları kapatmak ve bir şey satın almak amacıyla kullanılarak, bir tür kâğıt para olarak ortalıkta dolaşmaya başladı.

Ne borç alırım ne de...

Sarrafların, kredi verebileceklerini ve kasalarında sakladıkları altının karşılığından daha fazla senet yazabileceklerini fark etmeleri uzun sürmedi. Vay canına! İşte ilk bankalar kurulmuştu bile!

1694'te dara düşen hükümete kredi vermek amacıyla kurulan İngiltere Bankası'nın 17. yüzyıl sonlarında banka senedi vermeye başlamasıyla, merkez bankalarının piyasaya nakit para sürmesi dönemi açılmış oldu. Bankaların banknot basarak yoktan para var etmeye başlamasıyla enflasyon aldı yürüdü. Bu çılgınlığı sona erdirmek için İngiltere 1816'da para arzını gerçek altın stoğuna bağlayan ilk hükümet oldu.

Piyasadaki bütün paranın altın olarak karşılığının bulunduğu bu altın standardı, Birinci Dünya Savaşı'na kadar gayet iyi işledi, fakat sonra Büyük Buhran birçok bankanın iflas etmesine neden olunca, halk altına yatırım yapmaktan korkmaya başladı ve sistem çöktü. İngiltere 1931'de altın standardından resmen ayrıldı. Bunu, 1933'te ABD izledi.

Altın karşılığından ayrılan banknot, artık hükümetin bu kâğıt parçasının bir karşılığı olduğuna dair verdiği sözden ibaretti. Günümüzde tedavülde bulunan bütün banknotların temeli, bu şekilde hükümetin teminatına dayalıdır ve hükümet kararına bağlı, altın gümüş gibi somut bir karşılığı bulunmayan "itibari para" olarak bilinir. Bütün sistem güven üzerine kuruludur: Bir para biriminin tüm kullanıcıları, hükümetin aslında değersiz bir kâğıt parçası olan banknotlarının değerini garanti altına alacağına inanmak zorundadır.

Sistem iş görse de, bazı kişilere batmıştır. Bunlardan biri de, Satoşi Nakatamo takma adıyla bilinen, kimliği belirsiz kişi veya kişilerdir. Nakamoto, hükümet tarafından çıkarılan itibari paranın yarattığı sorunları ortadan kaldırmak amacıyla, 2008 yılında dijital para birimi Bitcoin'i icat etmiştir. Bitcoin'de güvene veya merkez bankasına ihtiyaç yoktur. Bitcoin'ler, daha önceki işlemleri doğrulamak ve kaydetmek amacıyla hesaplar yapan bilgisayarlar tarafından "madencilik" ile üretilir; Bitcoin, bu çalışmaya karşılık bir çeşit ödeme aracı olarak görülebilir. İsteyen herkes Bitcoin madenciliği yapabilir ama gerekli hesaplar ve yazılım pek de öyle basit değildir.

Ne sihirdir ne keramet

Bitcoin'in temelinde, bütün işlemlerin değiştirilemez şekilde kayıtlı olduğu bir blok zinciri yer alır. Blok zinciri, hiçbir Bitcoin'in iki kez kullanılamamasını, sahtesinin yaratılamamasını veya çalınamamasını sağlar. Sürekli ve eşzamanlı olarak güncellenir ve isteyen herkes tarafından denetlenmeye açıktır. Bununla birlikte, yine de bir dereceye kadar güvene dayanır çünkü bir Bitcoin'in, başkalarının karşılığında takas etmek istedikleri şeyler dışında kendine özgü bir değeri yoktur. Bitcoin'i anlamak zordur ama aynı durum itibari para için de geçerlidir. Bitcoin –ya da benzer bir şey– geleceğin para birimi olma şansına sahip görünüyor. Blok zincirinin bu denli garantili bir güvenlik sağlaması nedeniyle dijital para birimlerinin mevcut paranın yerine geçip geçemeyeceği bazı merkez bankaları tarafından inceleniyor.

Diyeceğimiz o ki, cüzdanınızda Bitcoin'leriniz varsa, tebrikler! Siz de Tinkerbell'in öldürülmesine yardım edenlerdensiniz! Başlarda onu özleyeceğiz tabii ama pek çok kişi bunu hak ettiğini düşünüyor.

Paranın izinde

Günümüzün karmaşık para birimi ve bankacılık sistemi, insanların kendi yetiştirdiklerini, avladıklarını veya topladıklarını tüketebildikleri temel bir geçim ekonomisinden türedi.

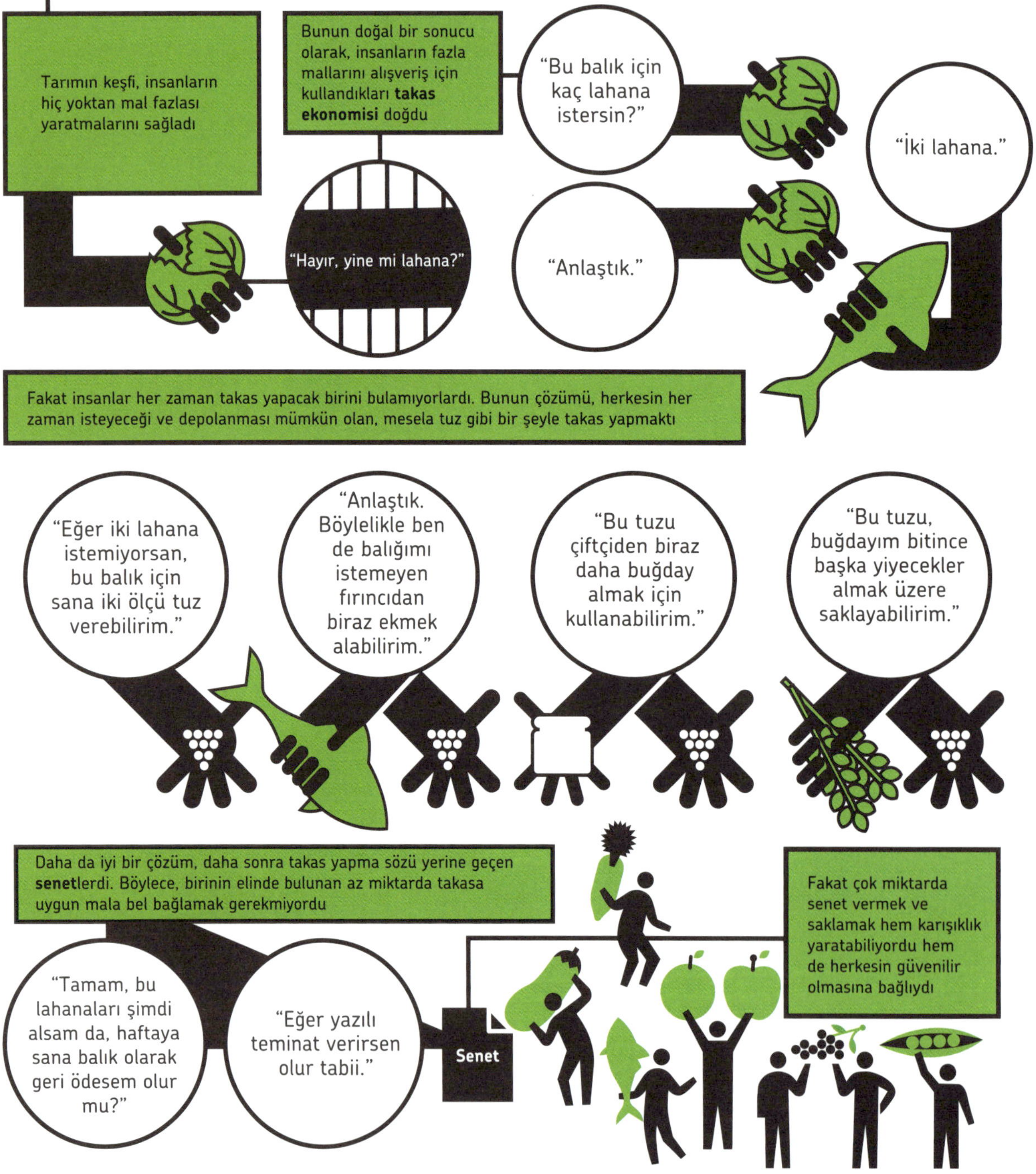

Çözüm, herkesin kabul edeceği evrensel bir senetti. Bunun ilk örneği, sarrafların zengin tüccarlara verdikleri makbuzlardı. Sonra bu makbuzlar kâğıt para olarak dolaşıma girdiler

"Sana altınını geri vereceğime söz veriyorum."

Ticari bankalar da pastadan pay almaya karar verdiler ve senet vermeye başladılar

Senet

Bankaların senetlerine kâğıt para ve madeni para deniliyordu ve bunların altın olarak karşılığı kasada tutuluyordu

Kısa süre sonra, para basma yetkisi yalnızca hükümet kurumlarına tanındı. Bu yetkiyi kazanan ilk kurum 1689'da kurulan İngiltere Bankası oldu

1930'larda merkez bankaları altın standardından ayrılarak, altın karşılığı olmayan para basmaya başladılar. Buna **itibari para** adı verildi

ABD Merkez Bankası Başkan Yardımcısı John Exeter, paranın "hiçbir şeyin senedi" haline gelmeye başladığı konusunda uyarıda bulundu

Modern ekonomilerde neredeyse bütün para senet şeklindedir ve üç türü vardır

1. Nakit
Kâğıt ve metal paralar
İngiltere ekonomisinde **100 milyar £**

Bunlar merkez bankasının halka ve işletmelere yönelik senetleridir

Banka istediği kadar kâğıt ve madeni para basabilir ama genellikle yalnızca ekonomiyi harekete geçirecek miktarda basar

2. Rezervler
Merkez bankasında tutulan para
İngiltere ekonomisinde **280 milyar £**

Merkez bankasının ticari bankalara yönelik senetleridir. Bu para daha ziyade merkez bankasını kumbara olarak kullanan ticari bankalara aittir

3. Mevduat hesapları
Halkın ticari bankalarda tuttuğu para
İngiltere ekonomisinde **1,7 trilyon £**

Bankaların müşterilere yönelik senetleridir. Daha çok banka işlemlerinde kullanılan, nadiren paraya çevrilen en önemli para türüdür. Bankalar bu yatırımları yalnızca elektronik olarak aktarırlar

Banka mevduatlarının büyük bir kısmı müşterilerine yeni krediler veren ticari bankalar tarafından yoktan var edilir. Ekonomilerdeki paranın yüzde 80'i fiilen mevcut değildir

"Şirketim için krediye ihtiyacım var."

Senet

"Memnuniyetle! Hemen size yoktan var ettiğim bir miktar görünmez parayı takdim edeyim."

Ölüleri gömmeye ne zaman başladık?

Hayata ilişkin kesin olan tek şey, bir gün sona ereceğidir. Bu ürkütücü bilgi, insan olmanın belirleyici özelliğidir belki de. Bildiğimiz kadarıyla, kaçınılmaz sonumuzun nasıl geleceğini düşünebilen tek tür biziz.

Biraz teselli olacaksa, büyük olasılıkla hoş bir uğurlama töreniyle veda edeceksiniz bu yaşama. Çünkü insan aynı zamanda, özenle hazırlanmış ölüm törenleri yapan tek türdür. Biz buna cenaze töreni adını veriyoruz. Kanıtlar, en az 100.000 yıldır bu törenleri gerçekleştirdiğimizi gösteriyor ve bu törenlerin kökenleri, insan evrimini araştıran uzmanlar için öldürücü bir cazibeye sahip.

Cenaze törenleri aynı sanat, hikâye anlatma, din ve insanlığın diğer kültürel zenginlikleri gibi, "sembolik etkinlikler" kategorisine girer. Törenler, özenli defin ve mezar eşyaları, yaşam, ölüm ve bütün bunların ne anlama geldiği konusunda soyut düşünebilmeyi gerektirir. Ve cenaze törenleri, diğer pek çok sembolik etkinlik türünden farklı olarak, arkalarında pek çok fiziksel bulgu bırakır.

Miat dolunca

Pek çok hayvan için ölü bir beden yalnızca hareket etmeyen bir cisimdir. Bazı hayvanlarınsa ölümle daha karmaşık bir ilişkileri vardır. Filler, ölü fillerin iskeletleriyle çok ilgilenirler, yunuslarınsa uzun süre cesetlerden ayrılmadıkları gözlemlenmiştir.

Şempanzelerin de diğer şempanzelerin ölü bedenleriyle ilgilendikleri ve keder, sakınma, saygı ve yas davranışına benzer davranışlar gösterdikleri gözlemlenmiştir. Antropologlara göre şempanzeler, ilkel ön insanlar tarafından uygulanan ve zamanla gelişerek günümüzün resmi ritüellerine dönüşen ilkel davranışları sürdürüyor olabilirler. Elbette bunu kesin olarak bilemeyiz. Fakat fosiller ve arkeolojik bulgular, bu tarz davranışların modern cenaze törenlerine nasıl dönüştüğüne dair umut verici ipuçları içermektedir.

İlk bulgular gerçekten de çok eskidir. 1975 yılında paleontologlar Etiyopya'nın çimenlerle kaplı dik bir yamacında 3,2 milyon yaşındaki atamız *Australopithecus afarensis*'e ait 13 kısmi iskelet keşfettiler –dokuz erişkin, iki çocuk ve iki bebek. Hepsi de birbirine dokunma mesafesindeydiler ve görünüşe göre hemen hemen aynı zamanda ölmüşlerdi. Oraya nasıl ulaştıkları ise gizemini hâlâ koruyor. Hepsini bir anda öldürecek ani bir sel veya benzeri bir felaket olduğuna dair bir kanıt da, kemiklerin yırtıcı hayvanlar tarafından çiğnendiğine dair bir işaret de yok. Kâşif Donald Johanson'ın daha sonra yazdığı gibi, "onlar dağ yamacına bırakılmış insansılardı."

Yaşayanların ülkesi

Bunun bir açıklaması, bedenlerin buraya kasıtlı olarak "sezgisel bir terk etme" eylemi çerçevesinde bırakılması olabilir. Burada bir gömme veya sembolik ya da manevi anlam taşıyan bir durum yoktur. Yine de ölülerini olduğu yerde bırakan şempanzelere kıyasla belirgin bir bilişsel ilerleme söz konusudur. Bu belki de insani bir şeyin, yaşayanla ölen arasındaki kavramsal ayrımın göstergesi olabilir.

Yeni keşifler yapılmadan, *Australopithecus*'ların ölülerini özel bir yere bırakıp bırakmadıklarını doğrulamak olanaksız. Ne var ki, yarım milyon yıl önceye ait daha net bir kanıt var. Sima de los Huesos (Kemik Çukuru) 1980 yılında İspanya'nın Atapuerca Dağları'ndaki bir mağarada bulunan bir kuyunun dibinde keşfedildi. Kuyuda, antik çağdan 28 insanın kalıntıları vardı ve kemikler büyük bir olasılıkla hem bizim hem de Neanderthallerin atası olduğu düşünülen *Homo heidelbergensis*'e aitti.

Peki, bu kemikler oraya nasıl gelmişlerdi? Kazara kuyunun dibine düşmüş olabilirlerdi ama kemiklerin kırılma şekli ve iskeletlerin büyük bir çoğunluğunun ergenlik çağında veya genç erkeklere ait olması bunun pek de muhtemel olmadığını düşündürüyor. En iyi açıklama, öldükten sonra kuyunun yukarısına yerleştirilmiş ve zamanla dibe yuvarlanmış olmaları. Eğer bu doğruysa Kemik Çukuru, ölülerin özel bir yere yerleştirilmesinin ilk kanıtıdır.

AMA TÖRENLERİ DÜZENLENİR. UZAY DEFNİ: YAKILAN BEDENDEN KALANLARIN TÜMÜ VEYA BİR KISMI UZAYA FIRLATILIR. GÖKYÜZÜ DEFNİ: TİBET'TE VE HİMALAYALAR'IN DİĞER BÖLGELERİNDE CESETLER BAZEN BİR DAĞIN TEPESİNE BIRAKILARAK ÇÜRÜMEYE VE LEŞÇİL KUŞLAR TARAFINDAN PARÇALANMAYA TERK EDİLİR. KRİYOJENİK DONDURMA: BEDENİN TAMAMI VEYA YALNIZCA KAFA DONDURULUR VE İLERİDE BİLİM İNSANLARI ÖLÜMÜN ÇARESİNİ BULURLARSA TEKRAR DİRİLTİLMEK ÜZERE SAKLANIR. YAKILMA İŞLEMİ SONRASINDA

Hayvan törenleri

Şempanzelerin ölüm anlayışını bilmemiz olanaksız, ancak 2010 yılında Tanzanya'daki Gombe Ulusal Parkı'nın korucuları bir ağacın altında Malaika adlı dişi şempanzenin cesedini bulunca primatologlar nadir ele geçecek bir aydınlanma yaşadılar. Cesedin etrafına bir şempanze kalabalığı toplanmıştı. Sonraki üç buçuk saat boyunca bir dizi şempanze cesede yaklaştı, diğerleriyse ağaçlardan izledi. Bazıları ölü bedeni koklayıp, tımar ederken, bir kısmı onu sarstı, çekiştirdi veya ona vurdu. Nihayet bir alfa erkek ölü şempanzeyi bir dere yatağına attı. Bunun üzerine birçok şempanze imdat çığlıkları attı.

Ceset, korucular tarafından kaldırılıp uzaklaştırıldığında birkaç şempanze az önce yattığı yere koşup şiddetle yeri elleyip, kokladılar. Burada 40 dakika kaldılar ve ayrılmadan önce koro halinde çığlıklar attılar. Cesedin yattığı yeri en son ziyaret eden grup üyesi ise Malaika'nın kızı Mambo oldu.

Daha yakın bir zamanda Güney Afrika'da, daha önce bilinmeyen arkaik bir insan türü olan *Homo naledi*'ye ait fosilleşmiş 1500 insan kemiğinin ve dişinin bulunduğu benzer bir keşif yapıldı. Ne yazık ki bu insanların kaç yıl öncesine ait olduklarını –bu süre 3 milyon yıl ile 100.000 yıl arasında olabilir– ve türlerinin bizim türümüzle nasıl bir ilişkisinin olduğunu henüz bilemiyoruz.

Ayrıca bu insanların ölümlülük konusunda bir fikre sahip olup olmadıkları hakkında da fikrimiz yok. Tek bildiğimiz, ölüleri belli bir yere yerleştirmenin giderek daha yaygın hale gelmiş olduğu. 500.000 yıldan beri bedenler, orada bulunmalarının başka türlü açıklanmasının zor olduğu yarık ve çatlaklara, ulaşılması zor çıkıntılara veya mağara diplerine yerleştirilmiş olarak bulunuyor.

Ölülerin özel bir yere yerleştirilmesiyle defin işlemi –ölüleri gömmek için özel bölmeler veya yarıklar hazırlamak– arasında, kısa bir kavramsal sıçrama söz konusudur. Elimizdeki en eski bulgu, İsrail'de, Skul ve Kafze mağaralarında saptanmıştır. Bu iki mağarada, insan yapımı çukurlarda 100.000 yıllık *Homo sapiens* iskeletleri bulunmuştur. Bu mezarlarda hayvan kemikleri, deniz kabukları ve kehribar gibi mezar eşyalarına da rastlanmıştır.

Yine de bu mezarlar kültürel bir dönüm noktası oluşturmazlar. Bilinen bu tür yer sayısı bir elin parmaklarını geçmez. Eski çağlardan bugüne ölmüş bunca insanın sayısına kıyasla çok nadirdirler. Ölü yakma işleminin de uygulanmış olduğu düşünülmektedir ama henüz bunu destekleyecek kanıt bulunamamıştır.

Ölen insanların, mezarlık olarak tanımladığımız alanlara gömülmesine ise ancak 14.000 yıl kadar önce başlanmıştır. İnsanların bir yerde yerleşip, tarım ve dini keşfetmelerinin de aynı döneme denk gelmesi tesadüf değildir. Böylelikle insansı maymun geçmişimiz ölüp gömülmüş, sembolik kültür tüm canlılığıyla hayata başlamıştır.

Diriden çok ölü

Çok sık duyduğumuz, "dünya nüfusunun, diri sayısı ölü sayısını aşacak kadar çok arttığı" iddiası artık ebedi istirahatgâhına yerleştirilmesi gereken bir şehir efsanesidir.

ANAHTAR = 100 MİLYON ÖLÜ = GÜNÜMÜZDE YAŞAYAN İNSANLAR

MÖ 50.000'den bu yana 107,7 milyar insan doğmuştur

Doğanların % 6,5'i veya 7 milyar kişi günümüzde hâlâ yaşamaktadır

Kaynak: HowManyPeopleHaveEverLivedonEarth

Pişirilen ilk yemek neydi?

Kahvaltı: Lifli ve sert yapraklar; meyve. Öğlen yemeği: Ağaç kabuğu; meyve; çiğ maymun eti ve beyni. Akşam yemeği: Kurtçuklar; yapraklar; meyve.

Hayır, bilemediniz. Yukarıda okuduklarınız Hollywood'un son diyet çılgınlığı değil; yaşayan en yakın akrabalarımız olan şempanzelerin beslenme listesi. Pek iştah açıcı ve zengin bir liste değil, evet. Oysa bizler öyle miyiz? Arasından seçim yapabileceğimiz binlerce yiyeceğe ve ısıyla bunların kimyasal bileşimini değiştirmek için kullandığımız inanılmaz çeşitlilikte yöntemlere sahibiz. Biz buna pişirme diyoruz.

İnsanlar arasında pişirme çok yaygındır. Buz gibi soğuk Kuzey Kutbu'nda yaşayan Eskimolardan, Afrika'nın avcı toplayıcı toplumlarına kadar tüm kültürler, ısıyla kimyasal ve fiziksel olarak değiştirilen besinler tüketirler. Bu inanılmaz bir buluştur. Pişirme, besinlerin daha kolay sindirilmesini ve besin zehirlenmesine yol açan bakterilerin ölmesini sağlar. Fakat ilk olarak nerede ve ne zaman başladığı konusu tartışmalıdır. Bir gıda tartışması diyebiliriz buna.

Ateşsiz yemek olmaz

Ateş olmadan yemek pişirilemez, dolayısıyla da yukarıdaki sorunun yanıtını, ateş kalıntıları arayarak bulabiliriz. Yalnız bu terletici bir mesele olabilir, çünkü ateşin arkeolojik kalıntılarda belirlenmesi pek zordur. İzler, kelimenin tam manasıyla duman olup uçmuştur ve isteyerek yakılmış bir ateşin kalıntılarını, örneğin bir yıldırımın düşmesiyle doğal olarak çıkan yangınınkinden ayırt etmek çok güçtür. Arkeologlar bu nedenle ateş izlerini mağaralarda ararlar.

Güney Afrika'daki Wonderwerk Mağarası'nda bulunan kül kalıntıları, insansıların en az 1 milyon yıl önceden, yani doğrudan atamız *Homo erectus*'un yaşadığı dönemden beri ateşi kontrol ettiklerini düşündürmektedir. Aynı yerde bulunan yanmış kemik kalıntıları, *Homo erectus*'un et pişirdiği izlenimini uyandırmaktadır. Bununla birlikte, en eski ocak kalıntıları yalnızca 400.000 yıllıktır.

Günümüzden yaklaşık 250.000 yıl önce *Homo erectus*'tan evrimleşmiş olan Neanderthallerin ateş yaktıklarına ise şüphe yoktur, çünkü Neanderthallerin yaşadığı birçok yerde, yanmış kemikler içeren ocaklar bulunmuştur. Ayrıca, yapılan diş plağı analizleri sonucunda Neanderthallerin yediklerini bitkilerle çeşnilendirdikleri anlaşılmıştır. Yine de o dönemde yemek pişirmenin gündelik bir alışkanlık olup olmadığından emin değiliz.

Kendi türümüzün yemek pişirdiğini kesin olarak ortaya koyan kanıtlarsa 20.000 yıl öncesine, Çin'de ilk toprak kapların yapıldığı döneme dayanır. Kapların dış yüzeylerindeki kıvılcım izleri ve kurumlar, bunların pişirme kapları olarak kullanıldıklarını göstermektedir. Ama sonuç olarak arkeolojik kalıntılar net bir resim çizmediğinden başka bir yere bakmamız gerekir.

Kızartma

Pişirmede en önemli işlemlerden biri, 1912'de bu işlemi tanımlayan Fransız kimyagerin adıyla anılan Maillard reaksiyonudur. Şekerlerle aminoasitler arasındaki bu reaksiyon, eti, tostu, bisküviyi ve her türlü kızartmayı çok lezzetli hale getiren kahverengi bileşikler yaratır. İnsanlar genellikle Maillard reaksiyonuna maruz kalmış yiyecekleri tercih ederler.

Bu durumu evrimci bir bakış açısıyla açıklamak zordur, çünkü Maillard reaksiyonu, yiyecekleri –özellikle de eti– daha az sindirilebilir hale getirir, besleyici öğeleri yok eder ve kanserojen kimyasalların ortaya çıkmasına yol açar. Belki de bunun açıklaması, besini pişirmenin yararlarının, bu zararlara kat kat üstün gelmesi ve bu yüzden insanların kızarmış yiyecekleri tercih edecek şekilde evrimleşmiş olmalarıdır. Fakat bu, besinlerini pişiremeyen ve hiçbir zaman da pişirmeyecek olan büyük insansı maymunların da neden kızartılmış yiyecekleri tercih ettiğini açıklamaz.

Maillard reaksiyonuna uğrayan tost ekmeği

Yaklaşık 1,9 milyon yıl önce, insansıların biyolojisinde bazı büyük değişiklikler meydana geldi. *Homo erectus*'un, atalarına kıyasla çok küçük dişleri, küçük bir bedeni ve çok daha büyük bir beyni vardı. Primatolog Richard Wrangham tarafından ortaya atılan tartışmalı bir hipoteze göre, bu değişiklikler pişmiş yiyecekler yemenin bir sonucuydu. Aslına bakılırsa Wrangham, pişirme faaliyetinin soyumuzu maymuna daha yakın atalarından uzaklaştırdığına ve *Homo sapiens* bedenlerinin, pişmiş besinler olmadan var olamayacağına inanmaktadır.

Bunun nedenini anlamak için, bir şempanzeyle aynı şeyleri yediğinizi hayal edin. Enerji tüketen beyninizi beslemeye yetecek kaloriyi elde etmek için, havanın aydınlık olduğu saatlerin hemen hemen tamamını yemek aramaya ayırmanız gerekecekti. Şempanzeler neredeyse sürekli olarak yiyecek aranırlar; goriller ve orangutanlarsa günde dokuz saati yiyerek geçirirler.

Zayıf çene

Biz bu durumda muhtemelen daha da uzun süre yemek zorunda kalacaktık, çünkü beynimiz iki kat daha büyük, bağırsaklarımız ise düşük nitelikli çiğ besinleri gereğince sindirmek için yeterli boyutta değil. Aslına bakarsak, benzer boyda bir maymunda olması gereken bağırsak ağırlığının ancak yüzde 60'ına sahibiz.

Küçük dişlerimiz ve çenelerimiz için de benzer şeyler söylemek mümkün. Dişlerimiz ve çenelerimiz büyük miktarda çiğ gıdayı öğütmek için çok yetersiz. Modern insanlar, yani Neanderthaller ve *Homo erectus*, *Homo habilis* gibi daha önceki insansılara kıyasla, beden büyüklüğüne oranla küçük dişlere sahiptiler. Wrangham, bu morfolojik özelliklerin 1,9 milyon yıl önce, pişirmeye bağlı olarak ortaya çıkan adaptasyonlar olduğuna inanmaktadır.

Pişirme, hiç kuşkusuz atalarımızın yaşamlarını kolaylaştırmıştır. Isı, yiyecekleri yumuşatır, böylelikle daha kısa süre çiğnemek yeterli olur. Ayrıca, bu şekilde besinden daha fazla kalori elde edilebilir.

Pişmiş yiyeceklerle beslenen fareler, eşdeğer miktarda çiğ kaloriyle beslenenlerden daha şişman olurlar. Ayrıca, ısıya maruz kalan gıdalar daha güvenlidir. Çiğ yenen et yüksek düzeyde patojen içerir. Eti sıcak kömürün üzerinde kızartmak, gıda zehirlenmesine neden olan mikropları öldürür. Pişirmenin bir başka yararı, yumru kökler gibi çiğ yenilemeyecek besinleri yenilebilir hale getirmesidir. Ayrıca, insanın bütün zamanını besin bulmak ve yemekle geçirmektense daha ilginç şeyler yapabilmesine olanak verir.

Besinler pişirildiklerinde genellikle daha lezzetlidirler. Atalarımızın aradaki farkı anlayıp anlamadıklarını bilmiyoruz ama maymunlarla yapılan çalışmalarda, maymunların pişmiş yiyecekleri tercih ettikleri, çiğ olanların yerine çoğu kez pişmiş patates, havuç ve tatlı patatesleri seçtikleri gösterilmiştir.

Hepsini bir seferde yemeyin

Pişirme, ateşin kontrol altına alınmasının ötesine geçen bilişsel beceriler gerektirir; malzemeleri bir çırpıda mideye indirmenin cazibesine karşı koymak, sabır, bellek ve besinin dönüşüm sürecini anlamak gibi. Yakın tarihli çalışmalarda, şempanzelerin pişirme için gereken bilişsel ve davranışsal becerilerin çoğuna sahip oldukları gösterilmiştir –dolayısıyla *Homo erectus*'un da büyük olasılıkla bunlara sahip olduğunu söyleyebiliriz.

Öte yandan, pişirme hipotezinde bazı kusurlar vardır. Pişirilmiş besinlere atfedilen adaptasyonların çoğu, örneğin büyük beyin, çiğ et tüketiminde bir artışla ortaya çıkmış da olabilir. Bir başka sorun da, biyolojik kanıtlar ile ateşin kontrol altına alınışı arasında zamansal bir tutarsızlık olmasıdır.

Ne zaman icat edilmiş olursa olsun pişirmenin zaman içinde insan kültürünün en çeşitli ve yaratıcı öğelerinden biri haline geldiği bir gerçektir. Biz insanlar, binlerce değişik hayvan, bitki, mantar ve yosun çeşidini, bir dizi sıra dışı yöntemle pişiririz. Yemeği planlamaya ve hazırlamaya, yemekten çok daha fazla zaman harcar, sonra da oturup, milyoner ünlüler haline gelmiş insanlar tarafından hazırlanan yemek programlarını izleriz. Pişiriyoruz, öyleyse varız.

Yiyin doyun

Pişmiş yiyeceklerin sindirimi daha kolaydır ve bunlardan daha fazla kalori alınabilir. Atalarımızın yaklaşık 1 milyon yıl önce pişirmeyi icat etmesiyle, pişirmenin sağladığı bu yararlar muhtemelen insan evriminde önemli bir rol oynamıştır.

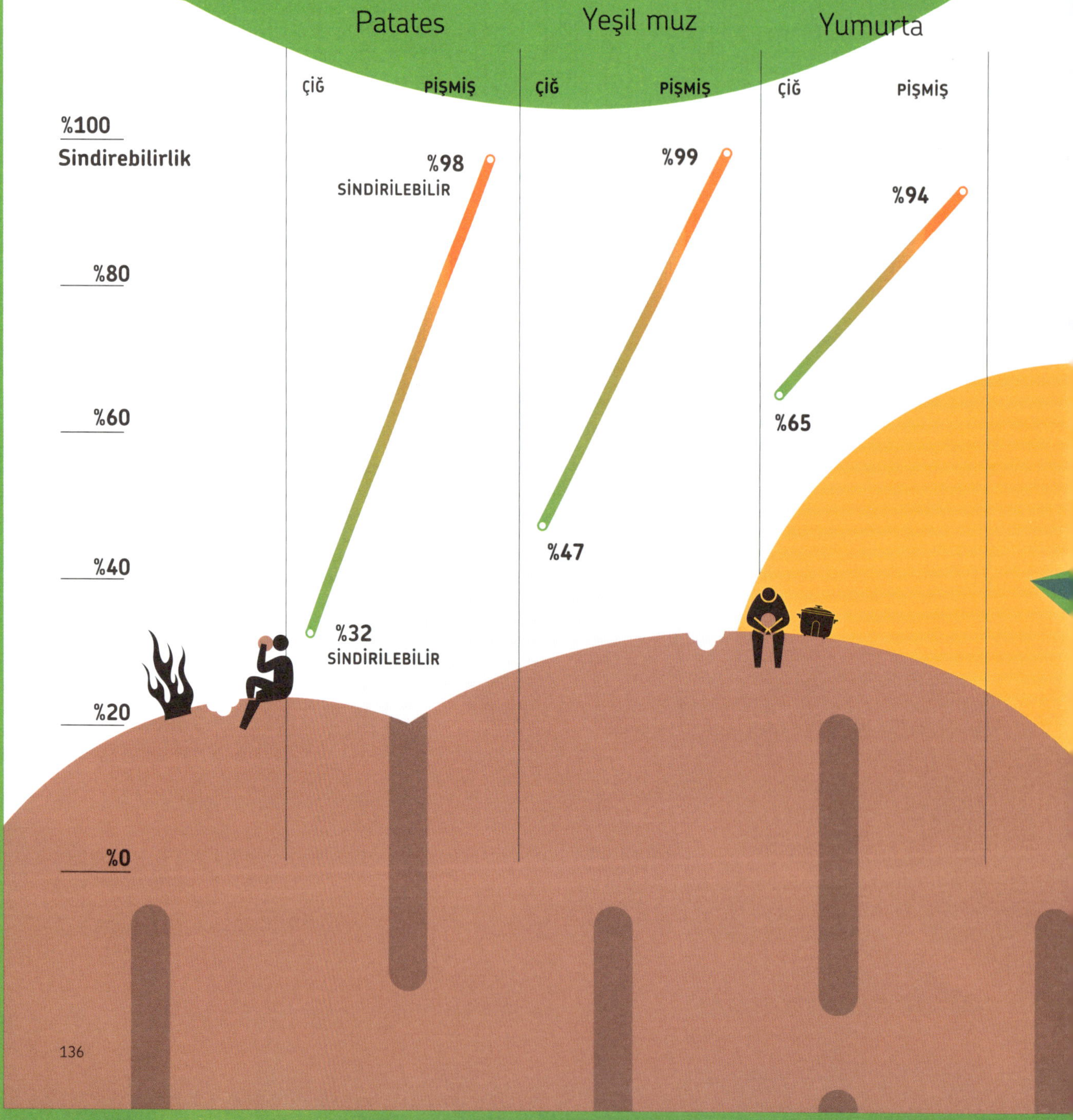

Çiğ vejetaryen diyetle beslenen insanlar, sık sık yemek yemelerine rağmen kendilerini hep aç hissettiklerini ve pişmiş yemek yiyen vejetaryenlere kıyasla daha düşük bir VKİ'ye sahip olduklarını söylemektedirler

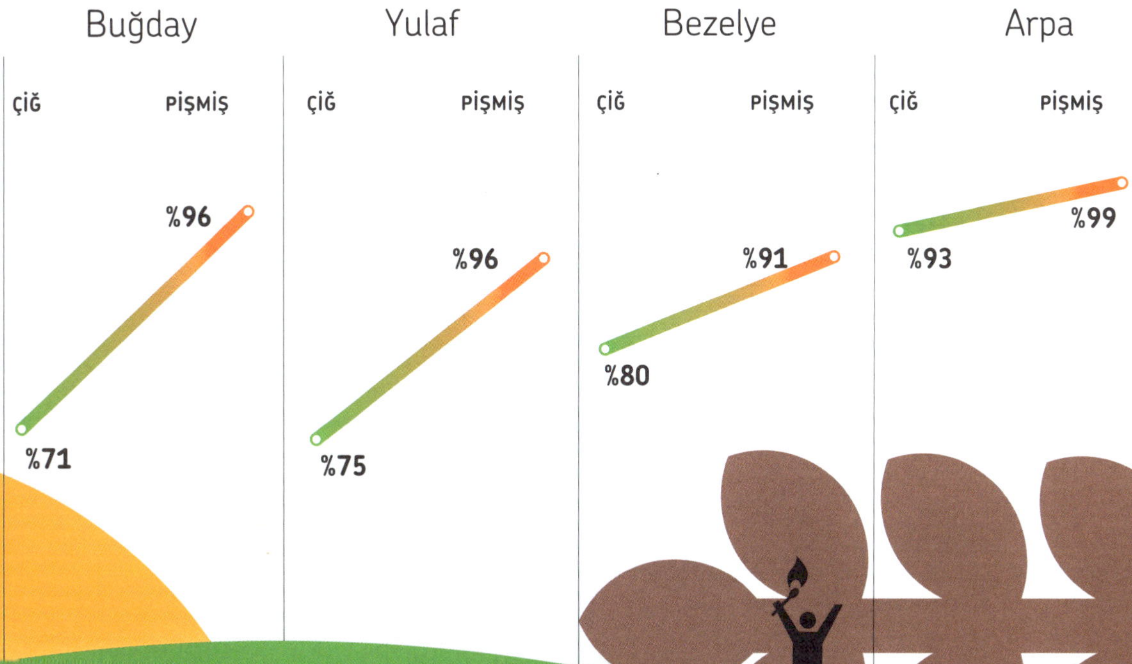

Ya et?

Pişirme, yağlarını erittiği için etin kalorisini düşürür. Ancak aynı zamanda etin sindirimini kolaylaştırıp, besin zehirlenmesine neden olma olasılığını da azalttığından, kalorideki bu azalma telafi edilmiş olur.

Çiğ eti sindirmek zordur; eti yiyerek aldığınız enerjinin yaklaşık üçte birini sindirme işlemine harcarsınız. Pitonlarla yapılan deneylerde, pişirme işlemi etin sindirim maliyetini yüzde 13 oranında azaltmıştır.

Yalnızca etle beslenen fareler kilo kaybeder ama et pişirilerek verilirse kilo verme hızı azalır.

Hayvanları nasıl evcilleştirdik?

Fransa'daki Lascaux Mağarası'nın duvar resimlerini bir inceleyin; kendinizi resimli bir tarihöncesi hayvanları kitabının sayfaları arasına düşmüş gibi hissedeceksiniz. En az yarısını at, geyik, bizon, kedigiller, ayı, kuş ve gergedan gibi hayvanların oluşturduğu yaklaşık 2000 resim... Öyle görünüyor ki, 17.300 yıl önce bu resimleri yapan insanlar, çevrelerindeki hayvanlarla akıllarını bozmuşlar, çünkü mağarada manzara veya bitki resmine rastlanmaz; hayvan dışında kalan resimler ise insan figürleri veya soyut sembollerdir. Fakat bu resimleri yapan insanlara, canlı hayvanları evcilleştirme veya onlara sahip olma fikri tamamen yabancıdır. Lascaux Mağarası hayvanlarının hepsi vahşidir çünkü.

O tarihten bugüne ışınlandığımızda, hayvanlarla ilişkilerimizin tamamen değiştiğini görüyoruz. Son 15.000 yıl içinde, mütevazı sirke sineklerinden güçlü kuvvetli fillere kadar yüzlerce vahşi hayvan türünü evcilleştirip beslenme, iş, ulaşım, koruma, malzeme, gübre, zararlı kontrolü, çobanlık, can yoldaşlığı, eğlence ve araştırma gibi türlü çeşitli şekillerde kullanmaya başladık.

Yalnızca besi için yetiştirilenleri düşünün; dünya üzerinde yaklaşık 32 milyar evcil hayvan bulunur. Köpeklerin sayısı 1 milyara, kedilerinki bunun iki katına yaklaşır. Bunların dışındaki sayılar net olmasa da bütün sıçanları, fareleri, kobayları, balıkları, arıları, ipekböceklerini, salyangozları, kurbağaları, yılanları, şifalı sülükleri, meyve sineklerini vb. gözünüzün önüne getirirseniz durumu anlayabilirsiniz. Peki, bütün bu hayvanlar nereden çıktı?

İnsanlar dünya üzerinde varlık gösterdikleri sürenin yüzde 95'i boyunca mağara ressamları gibi yaşadılar. Sonra, günümüzden 30.000-15.000 yıl kadar önce, hayvanlarla dostluğumuz başladı. Kendi safımıza kattığımız ilki, aslında korkmamız ve iğrenmemiz gereken bir hayvandı. Fakat biz, hâlâ en yakın dostumuz olan bu hayvanı tutup terbiye ettik. Bildiniz, evcil köpekti bu hayvan.

Güzel bir dostluğun başlangıcı

Bunun nerede, ne zaman ve nasıl gerçekleştiği bir tartışma konusu. Köpeğe benzer özelliklere sahip 30.000 yılllık en eski kurt fosilleri Avrupa ve Sibirya'da bulunduysa da, DNA temelli kanıtlar, köpeğin 15.000 yıl kadar önce daha doğuda evcilleştirildiğini gösteriyor.

Nerede ve nasıl gerçekleşmiş olursa olsun bir başka soru da şu: Neden? Tabii bu kendiliğinden de olmuş olabilir. Yabani kurtlar avcı toplayıcıların geride bıraktıkları leşleri yiyerek beslenmişler; zamanla bazı kurtlar insanları izlemeyi öğrenmiş ve avı izleyip öldürmeye yardım/koruma sağlama şeklinde, iki taraf için de kazançlı bir ilişki gelişmiş olabilir. İnsan topluluklarını izlemenin, bazı kurtları vahşi akrabalarından ayırıp yalnızca insan dostu kurtlarla çiftleşip üremelerine neden olmuş olması da olası. Bunun

Sarkık kulaklar, tatlı suratlar

Charles Darwin, evcil hayvanlardaki yapay seçilimi, yabandaki doğal seçilime benzetir. Ayrıca tuhaf bir durumu ilk fark eden de odur: Evcilleştirilen bütün memeliler, onları yabani akrabalarından ayıran bazı benzer biyolojik özellikler taşırlar. Uysallık, sarkık kulaklar, kıvrık kuyruk, bebeksi surat, farklı kürk rengi gibi... Buna "evcilleştirme sendromu" adı verilir. Bunların çoğu, bariz bir şekilde insanlara yarar sağlayan (veya en azından istenen) özelliklerdir ve muhtemelen evcilleştirme veya sonraki yapay seçilim sürecinde seçilmiştir; bir kısmıysa büyük olasılıkla aynı genler üzerinde kodlandıklarından, tesadüfen seçilime dahil olmuş özelliklerdir.

Köpekler en az 15.000 yıldır bizimle beraberler

sonucunda uysallık gibi, insanlarla birlikte yaşamak için yararlı özellikler seçilime uğramış olabilir.

Bir başka olasılık, insanların kurt yavrularını kendileri isteyerek yanlarına alıp yetiştirmiş olması – ancak bir kurdun günde 5 kilo et yediği göz önünde bulundurulduğunda, bu masraflı bir lüks; dolayısıyla da pek olasılık dahilinde görünmüyor.

Hav hav diye bağırır

Köpekler, buzul çağının avcı toplayıcı yaşam tarzlarına pek uygun değildiler, ama insanlar yaklaşık 11.500 yıl önce köylerde yerleşmeye başlayınca, gerçek anlamda evcilleştirme de başlamış oldu.

Domuzlarla başlayan süreç koyun, keçi ve sığırlarla devam etti. Bu hayvanlar muhtemelen etleri, sütleri, yünleri, boynuzları ve derileri için evcilleştiriliyorlardı, ama tam evcilleştirme büyük olasılıkla, bunların vahşi atalarının binlerce yıldır yavaş yavaş insanlar tarafından denetim altına alınması sonucu gerçekleşmişti. Öte yandan, büyükbaş hayvanların şamanlar tarafından törensel amaçlarla evcilleştirildiği ve ancak sonraları ayaklı kiler olarak görülmeye başlandıkları da iddialar arasında.

Evcil kedilerin kökenleri bu döneme uzanıyor gibi görünse de, ayrıntıları kesin olarak belirlemenin, kedi sürüsüne çobanlık yapmak kadar zor olduğunu belirtelim. Kedilerin yabani atası, Yakın Doğu'nun yabankedisi *Felis silvestris lybica*'dır ve onu insanların yerleşim alanlarına çeken etkenin, tohum depolarına dadanan kemirgenler olduğu düşünülmektedir. İnsanlar, kedilerin zararlı hayvanlarla mücadelede yarar sağlayabileceklerini ve çok da sevimli olduklarını hemen fark etmiş ve günümüze kadar gelen bu biraz mesafeli ilişki de böylece başlamış olmalı. Kedilerin hâlâ tam olarak evcilleştirilmiş olduklarını söyleyemeyiz, çünkü kediler yabani doğalarını büyük oranda korumuşlardır ve diğer evcil hayvanların aksine, canları nasıl isterse öyle davranırlar.

Evcilleştirmeye Bereketli Hilal öncülük etse de, tarihöncesi çağlarda hayvanların evcilleştirildiği en az beş bölge daha sayılabilir. Bunların her biri, giderek genişleyen evcil hayvan koleksiyonumuza kendine özgü bir katkı sağlamıştır: Çin at, ördek ve ipekböceğini; Hindistan mandayı; Afrika eşek ve hecin devesini; Orta Amerika hindiyi; Güney Amerika kobay ve lamayı sokmuştur hayatımıza.

Tavuk dünyanın öbür ucuna nasıl ulaştı?

Bereketli Hilal dışında evcilleştirilen belki de en önemli hayvan, yaklaşık 7000 yıl önce Doğu ve Güney Asya'da takıma katılan kırmızı orman tavuğu oldu. Zamanla dünya genelinde sayısı en yüksek besi hayvanı haline gelen tavuk böyle ortaya çıktı. Bugün kümes hayvancılığıyla yılda yaklaşık 40 milyar tavuk üretiliyor.

Orman tavuğunun göç etmeyen, kanatları zayıf, yaşam alanı sınırlı bir tür olduğu düşünülürse bu oldukça ilginç bir durum. Tavuğun, Antarktika hariç dünyanın bütün kıtalarına yayılmasının tek nedeni insan. Aslına bakarsanız tavuklar bizimle o kadar sıkı fıkı hale geldiler ki, insanların Büyük Okyanus adalarını nasıl kolonize ettiklerini anlamak için tavuk DNA'sından yararlanıldı.

DNA verileri, tavukların dünya maratonunun günümüzden en az 3000 yıl önce başladığını ortaya koyuyor. Tavuk, Orta Asya'dan hem batıya hem de doğuya, Polinezya ve ötesine doğru yayılmış. Tavuklar MÖ 1200 civarında Mısır üzerinden Afrika'ya girmişler, yüzyıllar sonra Romalılar tarafından Avrupa'daki imparatorluklarına yayılmışlar. Bu küresel kuşatma harekâtı, önce Polinezyalılar, daha sonra Avrupalılar ve Afrikalılar tarafından Amerika'yı da içine almış.

İnsanoğlu, çeşitli amaçlarla hayvanları boyunduruk altına almaya devam ediyor. Listeye son eklenen türler arasında MÖ 1500 civarında Avrupa sansarından türetilen ferret; MS 300 civarında Prusya sazanından türetilen havuzbalığı ve 1910'larda genetik araştırmalarda kullanılmaya başlanan adi sirke sineği *Drosophila melanogaster* sayılabilir.

Yükümüzü taşıyan hayvanlar

İnsan, son 15.000 yılda çok farklı amaçlarla onlarca hayvan türünü evcilleştirmiştir.

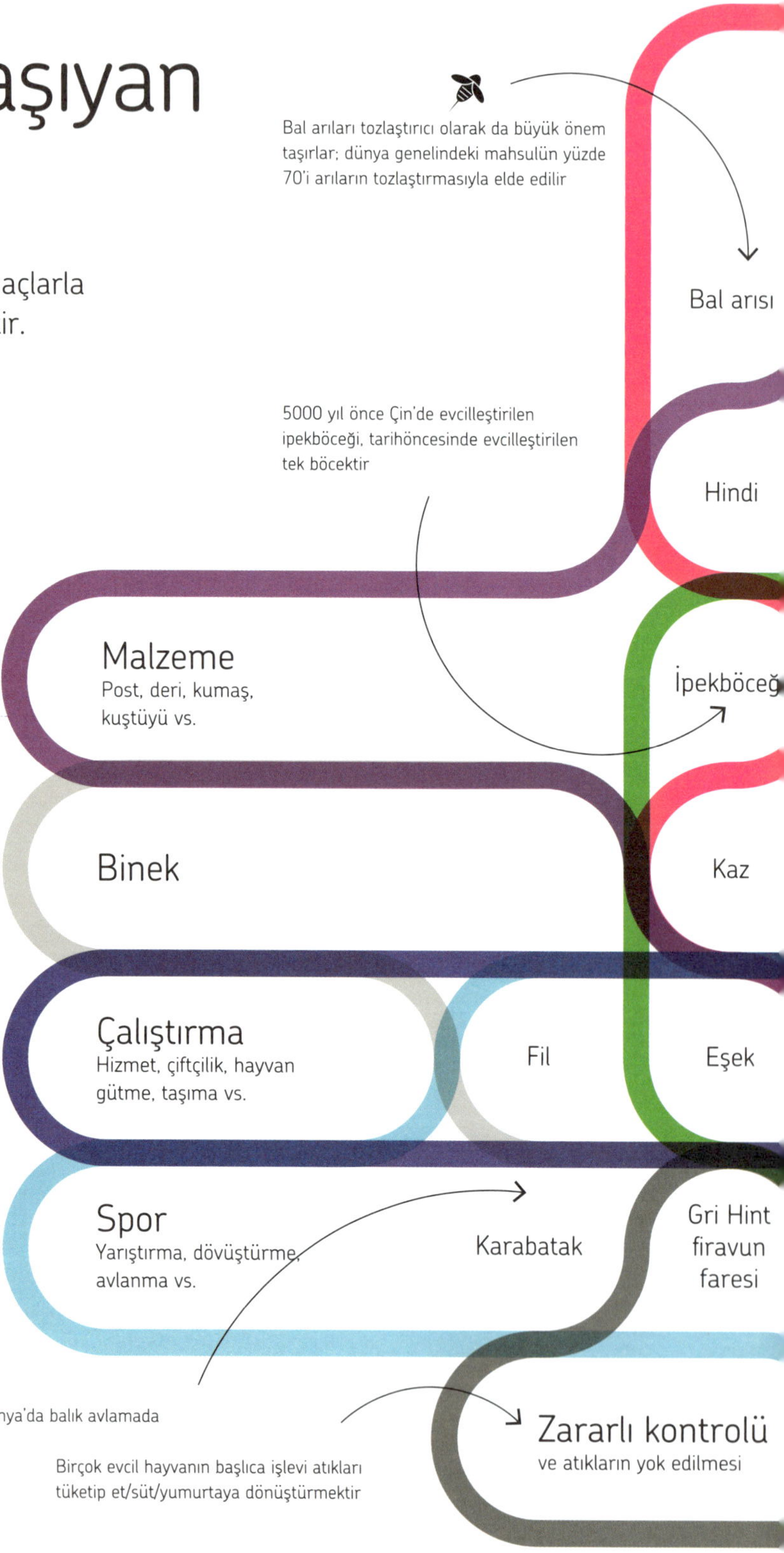

Anahtar

Çin'de ve Japonya'da balık avlamada kullanılır

Bize et, yumurta ve tüy sağlan

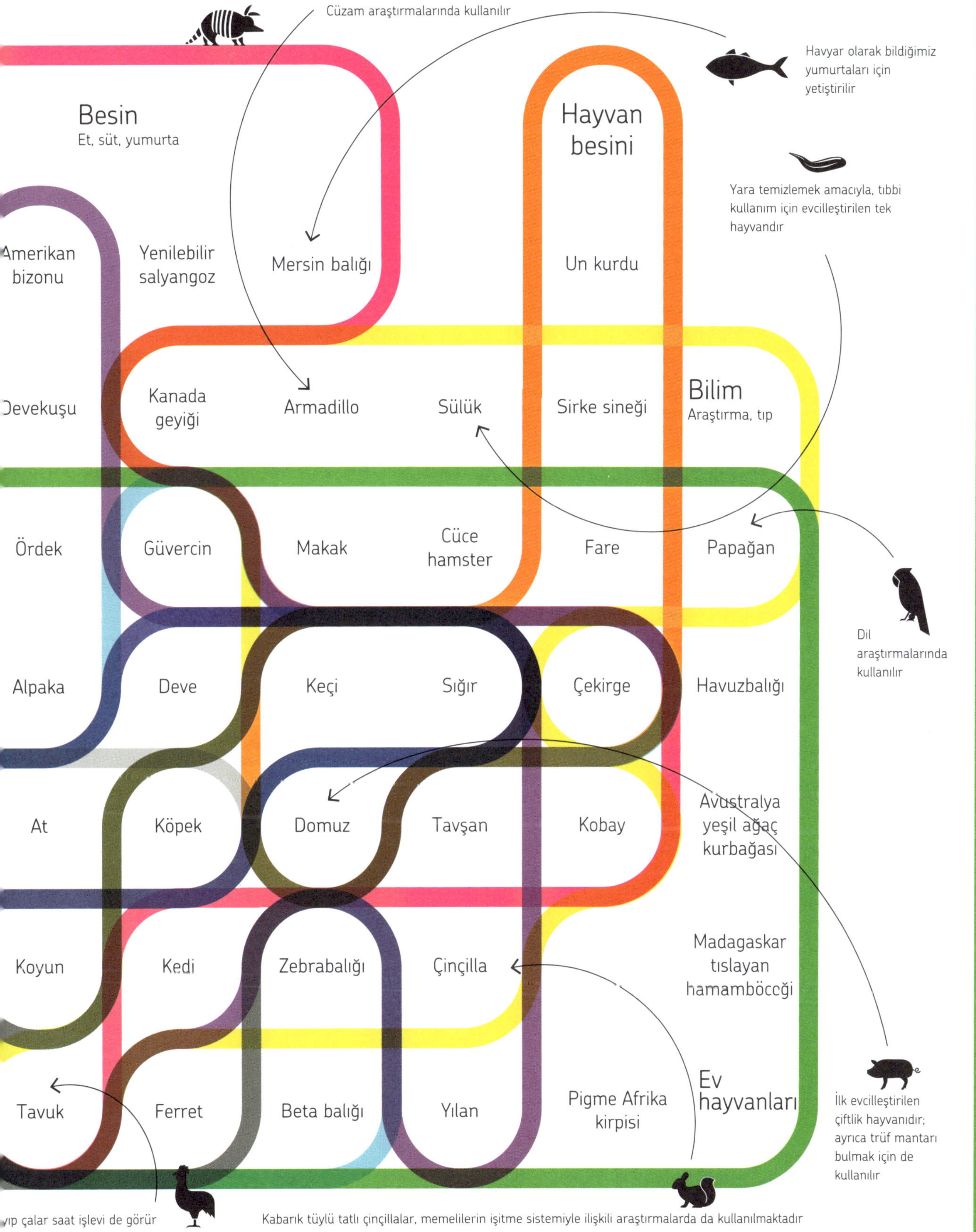
Cüzam araştırmalarında kullanılır
Havyar olarak bildiğimiz yumurtaları için yetiştirilir
Besin
Et, süt, yumurta
Hayvan besini
Yara temizlemek amacıyla, tıbbi kullanım için evcilleştirilen tek hayvandır
Amerikan bizonu
Yenilebilir salyangoz
Mersin balığı
Un kurdu
Devekuşu
Kanada geyiği
Armadillo
Sülük
Sirke sineği
Bilim
Araştırma, tıp
Ördek
Güvercin
Makak
Cüce hamster
Fare
Papağan
Dil araştırmalarında kullanılır
Alpaka
Deve
Keçi
Sığır
Çekirge
Havuzbalığı
At
Köpek
Domuz
Tavşan
Kobay
Avustralya yeşil ağaç kurbağası
Koyun
Kedi
Zebrabalığı
Çinçilla
Madagaskar tıslayan hamamböceği
Tavuk
Ferret
Beta balığı
Yılan
Pigme Afrika kirpisi
Ev hayvanları
İlk evcilleştirilen çiftlik hayvanıdır; ayrıca trüf mantarı bulmak için de kullanılır
ıp çalar saat işlevi de görür
Kabarık tüylü tatlı çinçillalar, memelilerin işitme sistemiyle ilişkili araştırmalarda da kullanılmaktadır

İlahlara tapınmaya ne zaman başladık?

Tanzanya'da yaşayan Hadzalar tanrılarla pek ilgilenmez. Köken efsaneleri ve doğaüstü hikâyeleri vardır, ama resmi inanç sistemleri yoktur; tanrılarıysa mesafeli, gayrişahsi ve gündelik ahlak değerleriyle ilgilenmeyen bir nitelik taşır.

Hadzalar ve diğer avcı toplayıcı toplulukların, çoğu zaman uzak atalarımızın nasıl yaşadıklarını gösteren modeller olduğu düşünülür. Eğer böyleyse, atalarımız kayıtlı tarihin büyük bir kısmında, insan yaşamında merkezi rol oynayan bir şeyden, kurumsal dinden yoksundular.

İçinde bulunduğumuz giderek sekülerleşen zamanlarda bile, çoğu insan kendini belli başlı dünya dinlerinden, Hıristiyanlık, Müslümanlık, Hinduizm, Budizm ya da diğerlerinden biriyle özdeşleştirir. Bu dinler, Hadzaların gayriresmi halk dininden farklı olarak bir doktrin, kurallarla belirlenmiş ritüeller ve hiyerarşik bir güç yapısı ortaya koyar. Dinler, insanlık tarihinin hem iyi hem de kötü yönde en etkili itici güçlerindendir. Peki, bu dinler nasıl doğdu?

Doğuştan inançlı

Bu soruyu yanıtlayabilmek için önce farklı bir soru sormamız gerekiyor: İnsanlar neden dindardırlar? Çoğu kişi için yanıt basittir: Çünkü Tanrı vardır. Bu doğru olsa da olmasa da, dini inancın doğası hakkında ilginç bir noktayı ortaya koyar. Birçok kişi için Tanrı'ya inanmak, nefes alabilmek gibi çaba gerektirmeyen bir şeydir. Geçtiğimiz yıllarda bilim insanları bunun neden böyle olduğuna bir açıklama getirdiler: Bilişsel yan ürün varsayımına göre insanlar "doğuştan inançlılar". Beyinlerimiz dini açıklamaları ilgi çekici ve makul bulmaya doğal olarak eğilimlidir.

Örneğin evrim bizi, çevremizdeki her şeye bilinçli bir varlığın neden olduğu temel kabullenimiyle donatmıştır. Bu, evrimsel açıdan anlamlıdır. İlkel atalarımız sürekli vahşi hayvanların saldırısına uğruyorlardı; çalılıktaki en ufak bir hışırtının bir tehdit oluşturabileceği ortamda tedbiri elden bırakmamak en iyisiydi. Fakat bu bizim, olmayan yerde bile bir fail görmemize; çevremizde gördüğümüz dünyanın bir varlık tarafından yaratıldığını, her şeyin bir anlamı olduğunu ve her sonucun ardında bir neden bulunduğunu düşünmemize de neden olur. Bu da, hiç kuşkusuz birçok dinin temel öğretisini oluşturur: Dünyadaki her şeyin gerçekleşmesinden ve yaratılmasından sorumlu, görünmez bir varlık vardır.

Bu ve bunun gibi doğuştan gelen bilişsel eğilimler insanların, Hadzalarınkiler gibi doğaüstü inançlara yönelmelerine neden olur. Ne var ki büyük, kurumsal dinlerin kökenlerini tam olarak açıklamaktan uzaktırlar. Bunun yanıtı Türkiye'de, yaygın olarak dünyanın en eski tapınağı olarak görülen kalıntı-

Öteki dünyanın eşiğinde

Göbekli Tepe'yi inşa eden ve burada tapınan insanların neye inandıklarını hiçbir zaman bilemeyecek olsak da, arkeologların bu konuda bazı fikirleri var. Buradaki en belirgin özellik, üzerleri çoğunlukla yırtıcı hayvanlar ve avlarıyla süslenmiş, giriş yerine benzer "kapı sütunları". Giriş açıklıklarının emekleyerek geçilebilecek büyüklükte olması, ziyaretçilerin bunu doğum veya ölümü sembolize etmek için yapmış olabileceklerini düşündürüyor. Dahası, arkeologlar yıkıntılar arasında insan kalıntılarının yanı sıra şaşırtıcı miktarda karga ve kuzgun kemiği buldular –bunlar cesetlere üşüştüğü bilinen kuşlar. Bu bulgu, modern dinlerin de genel bir özelliği olan ölüm ritüellerinin, yapının işlevleri arasında yer aldığını gösteriyor.

ların ortasındaki bir tepenin üstünde bulunabilir. 1990'lı yıllarda keşfedilen Göbekli Tepe, çapları 30 metreye kadar çıkan dairesel taş duvarlardan oluşan bir labirenttir. Ortada yer alan 6 metre yüksekliğinde bir çift sütun, daha küçük T biçimli heykellerle çevrelenmiştir. Bunların bazılarının üzerinde kemer ve elbise, bazılarında ise grotesk yılan, akrep ve sırtlan kabartmaları yer alır.

Göbekli Tepe kazısını yapan arkeologların burasını neden bir tapınak kompleksi olarak yorumladığını anlamak zor değil. Ne var ki bu düşüncelerini kanıtlamak için, kurumsal dinin kökeniyle ilgili katı görüşün, yani dinin Neolitik devrimin bir ürünü olduğu görüşünün doğruluğunu tartışmaları gerekti.

Köy halkı

Özetleyecek olursak, bu görüşe göre insanlar 10.000 yıl önce göçebe yaşamı bırakıp yerleşik tarım toplulukları oluşturdular. Yaklaşık 8300 yıl önce, Levant'ta yaşayan insanlar Neolitik teknolojinin tümüne (tarım, evcil hayvanlar, çanak çömlek ve yerleşik köyler) sahiptiler. Muhtemelen kurumsal bir dinleri de vardı. Aslında, başarılarının temelinde bu tür dinlerin yer aldığı düşünülüyor. Dönüşüm öncesinde, insanlar küçük ve yakın aile grupları şeklinde yaşıyorlardı. Daha sonra akrabaları olmayan yabancılarla birlikte yaşamaya başladılar. Bunun olabilmesi daha önce benzeri görülmemiş bir güven ve işbirliği gerektiriyordu.

Evrimsel biyolojide, güven ve işbirliği genellikle şu ikisinden biriyle açıklanır: Birbirine yardım eden akrabalar ya da kişisel çıkar gözetmeden yapılan karşılıklı fedakârlık, yani "al gülüm ver gülüm" dünyası. Ne var ki bunlardan ikisi de birbirleriyle akraba olmayan geniş insan grupları arasındaki dayanışmayı tam olarak açıklamaz. Yabancılarla karşı karşıya kalma olasılığının giderek arttığı bir ortamda, akrabalar arası işbirliği fırsatları azalır. Kişisel çıkar gözetmeksizin karşılıklı fedakârlık da artık işe yaramaz hale gelir.

İşte dinler burada devreye girer. Günümüz dinlerinin çoğu, karşılıklı dayanışma ve fedakârlığı teşvik eder; daha önceki dinler için de muhtemelen aynı durum geçerlidir.

Bu özellikleri taşıyan dinler, birbiriyle ilişkisi olmayan kişilerin bir topluluk halinde birleşmesine yardımcı olarak, yeni oluşan kırılgan toplumları bir arada tutan sosyal tutkal işlevi görmüş olmalı. Bu tür gruplar çevrelerindeki diğer gruplardan daha fazla büyüdüler ve onları kaynaklardan yoksun bıraktılar. Bu gruplar büyürken dinlerini de beraberlerinde götürdüler. Şu anda çoğumuz, bu çok başarılı dinlerden biriyle hafif bile olsa bir bağa sahibiz.

Göbekli Tepe'de sorun, bu hikâyeye uymayacak kadar eski olmasıdır. En eski bina 11.500 yıl öncesine, insanların henüz avcı toplayıcı oldukları döneme aittir. Bölgede ne tarım yapıldığına dair bir bulgu saptanmış ne de sürekli bir yerleşime ait izler bulunabilmiştir. Yine de Göbekli Tepe'nin çok sayıda insanın bir arada çalışmasını sağlayabilen gelişmiş bir toplumun ürünü olduğu açıktır. Bulgular, bu toplumun ortak bir inanç ve ritüel sistemine sahip olduğunu ve bu ritüelleri, diğer bir deyişle kurumsal bir dinin gereklerini hayata geçirip paylaşmak için Göbekli Tepe'de bir araya geldiklerini göstermektedir.

Dolayısıyla Göbekli Tepe'nin –ve yakınında bulunan ve kimi daha da eski olan, benzeri anıtların bulunduğu komplekslerin– keşfi, geleneksel bilgileri yerle bir etti. Kurumsal bir dinin kök salması için verimli koşullar yaratan tarım yerine, tam tersi olmuş gibi görünüyordu. Başlangıçta insanların büyük topluluklar kuracak şekilde bir araya gelmesini sağlayan şey tarım değil törenlerdi. Belki de tarımın başlamasının ardında yatan itici güç, bu törenlerde bir araya gelen insanları doyurma gereksinimiydi. Gerçekten de son genetik çalışmalarda, kültür buğdayının kökeninin Göbekli Tepe'ye çok yakın bir yer olduğu saptandı.

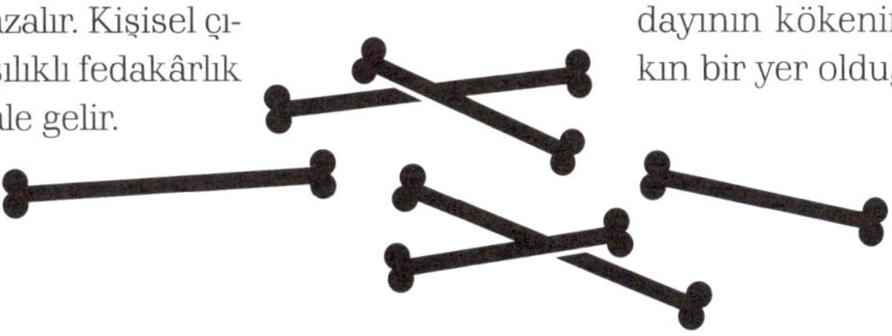

İnanılmaz!

Dini hikâyeler, "mantığa biraz aykırı doğaüstü varlıklarla" doludur; bu hikâyelerde insanlar, hayvanlar, bitkiler, insan elinden çıkma şeyler ve doğal varlıklar, sezgisel beklentilerimize aykırı davranışlar sergilerler. Akıllardan çıkmayan ve tuhaf bir şekilde inandırıcı gelen hikâyelerdir bunlar.

	Kişi	Hayvan
Fizik kurallarına aykırılık	**İsa** Suda yürüme	**Mısır'ın 8. felaketi** Güneşi bile kapatan çekirge sürüsü
Biyoloji kurallarına aykırılık	**Lazarus** Ölü bir insanın dirilmesi	**Yunus kitabı** İnsanı bütün olarak yutan balina
Psikoloji kurallarına aykırılık	**İsa** Geleceği bilme	**Cennet Bahçesi** Konuşabilen yılan

Mantığa biraz aykırı doğaüstü varlıklar, yalnızca bir tek sezgisel beklentiye aykırı davranışta bulunurlar. Eğer birden fazla sezgisel beklentiye aykırılık söz konusu olursa –mesela hem yürüyen hem de uçan bir yılan– akılda kalıcılık ve inandırıcılık ortadan kalkar.

Bu örnekler, Eski ve Yeni Ahit'ten alınmış olmakla beraber diğer dinlerde, halk masallarında ve hatta *Yüzüklerin Efendisi* ve *Harry Potter* gibi romanlarda da "mantığa biraz aykırı doğaüstü varlıklara" bolca rastlanır

Bitki	İnsan elinden çıkma şeyler	Doğal cisimler
Yanan çalılık Alev alan ama yanmayan çalılık	**İsa'nın mucizesi** Şaraba dönüşen su	**Çıkış** İkiye ayrılan deniz
Harun'un asası Bir asadan çıkan çiçekler	**İsa'nın mucizesi** İki balık ve beş somun ekmekle 5000 kişinin doyması	**Mısır'ın ilk felaketi** Kana dönüşen nehir
Bilgi ağacı Bir şeyleri bilen ağaç	**On Emir** İnsanlara ne yapmaları gerektiğini söyleyen taş tabletler	**Bethlehem Yıldızı** Yol gösteren yıldız

Sarhoş olmaya ne zaman başladık?

İçkinizin içinde ne olsun? Eğer siz de makul biriyseniz, bu soruya verilebilecek tek bir yanıt vardır: etanol. Bu zehirleyici, sarhoşluk verici sıvı –iyisiyle kötüsüyle– binlerce yıldır insanlık kültürünün bir parçasıdır. Dünyanın dört bir yanında eski kültürler tesadüfen alkolü keşfetmiş, sonra da sarhoşluktan sersem bir halde yerlere devrilmişlerdir. Yalnızca Kuzey Kutbu, Ateş Toprakları ve Avustralya yerli halkları, mayalanmayı keşfedememiştir. İnsan, etanol üretmek için mayalanabilecek hemen her şeyi –üzüm, tahıl, elma, armut, bal, pirinç, süt, ağaç reçinesi, ısırganotu, patates kabuğu– mayalamıştır. Hoş vakit geçirmek için ihtiyacımız olan tek şey biraz şeker, biraz maya ve azıcık sabırdır.

Etanole düşkünlüğümüz çok eskilere uzanır. Bilinen en eski alkollü içecek tarım kadar eskidir. Fakat bu meretle ilişkimiz bundan çok, çok daha gerilere gider.

İçkiyi seven tek tür insan değildir. Meyve sinekleri mayalanmış meyvelerle beslenirler ama görüldüğü kadarıyla bu onların davranışlarında bir değişikliğe yol açmaz. Bazı hayvanlarsa belirgin şekilde sarhoş olurlar. Örneğin, ipekkuyruk kuşlarının mayalanmış dutsu meyveleri yedikten sonra ağaçların arasında sersem sersem dolaştıkları veya binalara çarptıkları gözlenmiştir. Filler, sarhoş olduklarında yaptıkları taşkınlıklarla ünlüdür. Hatta Hindistan'ın Assam Eyaleti'nde yaşanan acı bir olayda, karşılarına çıkan bira fıçılarını lıkır lıkır içip boşaltan fillerin, en az altı kişinin ezilerek ölmesine neden oldukları bildirilmiştir.

Karayip adalarından St. Kitts'te yaşayan primat kuzenlerimizden vervet maymunları, kokteylleri çalmalarıyla ünlüdürler. Malezya ormanlarında yaşayan lorilerse, her gün bertram palmiyesinin mayalanmış nektarından demlenen müzmin içicilerdir. Gine'de yaşayan yabani şempanzelerin, palmiye şarabı içerek zil zurna sarhoş oldukları gözlenmiştir.

Bu davranış şeklinin izi, 130 milyon yıl önce, atalarımızın henüz dinozorların gölgesinde yaşayan sincapgillerden hallice olduğu bir dönemde meyve veren bitkilerin evrimleşmesine kadar uzanır. İlk memeliler gibi, mikroorganizmalar da bu yeni besin kaynağından yararlandılar. Meyve seven bir maya cinsi olan *Saccaromyces*'ler (Yunanca şeker mantarı) ortaya çıkıp, hızla ve sinsice evrimleştiler. Bunlar, meyve şekerini tamamen parçalamak yerine, kısmen parçalayarak etanol üretme yeteneğini geliştirmişlerdi. Bu yöntem enerji sağlamada daha az etkiliydi ama meyveyle beslenmeyi seven diğer mikroorganizmaları zehirleme avantajına sahipti.

Meyveli aroma

Saccharomyces, olgunlaşmış meyvelerle beslenirdi, dolayısıyla da etanol kokusu, meyvelerin yenmeye hazır olduğunun bir göstergesiydi. Bu yüzden de besleyici yiyecekleri bulmak için etanol kokusunu kullanma yeteneğine sahip meyve yiyen memeliler doğal seçilime uğradılar. Mayalanmış meyve lezzetinden hoşlananlar, hoşlanmayanlara rekabet üstünlüğü sağlayınca da alkolün tadını ve uyarıcı etkisini beğenme, primat atalarımızın biyolojik terkibinin bir parçası oldu. İlk yudumda aşktı bu.

Birkaç milyon yıl ileriye saralım; alkolden hoşlanma, atalarımız çiftçilikle uğraşmaya başladıktan sonra da yararlar sağlamış olabilir. Yaklaşık 10.000 yıl önce, tarımın ilk başladığı dönemde, küçük yerleşim yerlerindeki insanlar yiyecekleri ve içecekleri mayalamaya başladılar. Bu yöntem sayesinde bakteriler besinleri ziyan edemiyor, maya kullanılarak fazla tahıllar saklanabiliyordu. Hatta bu şekilde tahıllar daha da besleyici hale geldi, çünkü mayalanma B vitamini de dahil olmak üzere birtakım besin maddeleri üretiyordu.

Mayalanma, sıvıların mikroplardan arındırılmasını da sağlıyordu. İlkel yerleşimlerin sağlıksız koşullarında, mayalanmış içecekler sudan daha güvenliydi. Diğer taraftan alkol tüketiminin, topluluklar büyüdükçe daha karmaşık hale gelen sosyal etkileşimleri yumuşatmış olması da olası.

Alkol yapmayı nasıl öğrendiğimize gelince, ilk çiftçiler sakladıkları buğday ve arpaya *Saccharomyces* mayalarının bulaşmasıyla, alkol üretme yöntemini tesadüfen keşfetmiş olabilirler. Bazı antropologlar tahılların, gıda üretiminden önce mayalanma için ekilmiş olabileceğinden bile kuşkulanıyorlar. Eğer öyleyse, ekmekten önce bira üretilmiş olabilir.

Üzüm kültürü daha sonra başladı. Bu meyve, kabuğunda yetişen mantar sayesinde, güneşte bırakıldığında kendiliğinden mayalanıp şaraba dönüşüyordu. Günümüzün alkollü içeceklerine ait en eski kalıntılar, bunların eski çağlardan beri yapıldıklarını ortaya koyuyor. En eski içki kalıntısı, Çin'de Sarı Irmak'ın yanında bulunan Jiahu arkeolojik alanında, 9000 yıllık toprak kaplar içinde bulundu. Kimyasal testler, kalıntıların mayalanmış pirinç, alıç yemişi, üzüm ve bal karışımı içerdiğini gösterdi.

Eski şaraba eski kap

Mayalanmış üzüm ve sakız karışımından oluşan en eski şarabın kalıntıları da İran'daki 7000 yıllık Hacı Firuz Tepe arkeolojik alanında, yine çömlek parçaları üzerinde bulundu. İlk kimyasal bira kalıntısı da yine aynı bölgede, yaklaşık 1500 yıl sonraya tarihleniyor. Mönüde kokteyller de eksik değil: Bronz Çağı'nda yaşayan Yunanlar 3000 yıl önce şarap, bira ve bal liköründen yapılmış bir karışım içiyorlardı. Bu antik içkilerin birçoğu, biyomoleküler arkeologlar tarafından yeniden oluşturuldu. Bazılarının oldukça da lezzetli olduğu söyleniyor. Mayalama keşfedilince, insanlar bunun tükenmez bir kaynak olduğunu hemen fark ettiler. Bu işlemi tekrar tekrar gerçekleştirmek için mayalanmış üründen alınan bir örneği yeni ürüne eklemek yeterli oluyordu.

Bira mayası, tarımın yaygınlaşması ve farklı insan kültürlerinin ortaya çıkmasıyla birçok kez değişime uğradı. Farklı bölgelerde bira ve şarap yapımıyla birlikte yeni çeşitler ortaya çıktı. Bazılarıysa, ekmek mayası olarak yeni bir işlev kazandı.

Ne var ki mayalama sizi ancak bir yere kadar götürebilir. Sonunda maya, kendi atıkları tarafından zehirlenecektir. Bu yüzden en sert mayalı içkiler bile ancak yüzde 15 etanol oranına ulaşabilir. Oysa Çin, 1000 yıl kadar önce bu sorunu çözmüş, mayalı içkileri sert likore çeviren distilasyon yöntemini keşfetmiştir. Şerefe!

Adsız çikolatalkolikler

Ağzına içki sürmeyenlerin bile, alkolün keşfine kadeh kaldırmak için bir nedenleri var: çikolata. İspanyollar gelmeden önce bölgelerini abad eden Orta Amerikalılar, çikolatayı alkol üretiminin bir yan ürünü olarak geliştirmişlerdi.

Çikolata tadı, ancak ham kakao meyvesinin sulu etli kısmıyla tohumları birlikte mayalanırsa ortaya çıkar. Orta Amerikalılar bu meyveyi başka bir amaçla mayalıyor olmasalardı –ki mayalıyor ve *chicha* adlı içkiyi üretiyorlardı– bu süreci başka nasıl bulabilirlerdi bilinmez. Burada en önemli adım, *chicha* üreticilerinin mayalanma sonrasında kalan kakao çekirdeklerini öğüterek, koyulaştırmak amacıyla biraya eklediklerinde hoş bir çikolata tadı almalarıyla atılmış olmalı.

Tuhaf içkiler

Eski insanlar ellerine geçirdikleri her şeyi mayalayarak alkollü içki ürettiler, böylelikle bazı tuhaf karışımlar ortaya çıktı.

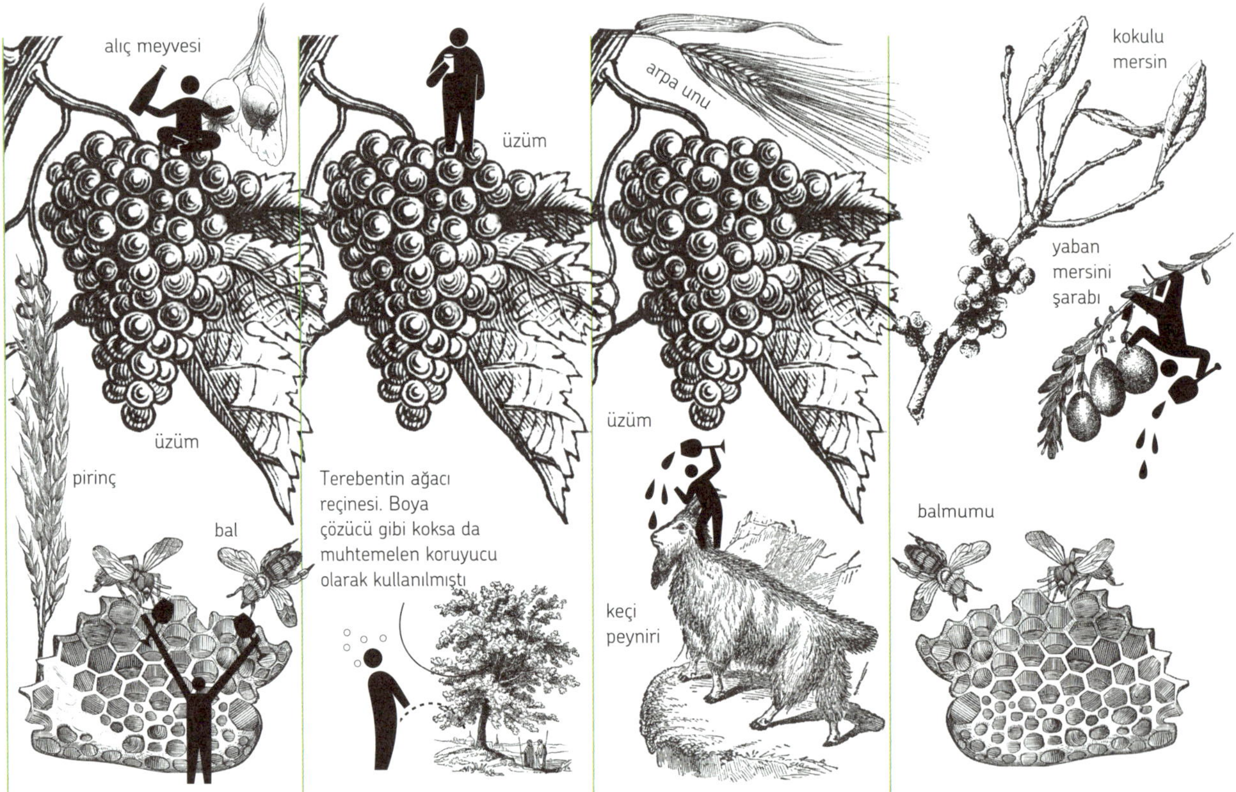

ÇİN

Neolitik Demlenme

9000 yıl önce

Bilinen en eski alkollü içecek 9000 yıl önce, Çin'in Jiahu kentinde yaşayan ilk çiftçiler tarafından şeker kaynağı olarak meyve, pirinç ve bal kullanılarak üretildi. Çin'in bu bölgesindeki en eski çanak çömlekler de aynı zamana ait. Bu bir tesadüf olabilir mi?

İRAN

Nostaljik Bağbozumu

7400 yıl önce

Fermante üzümden yapıldığı bilinen en eski şarap, Zagros Dağları'nda yaşayan Neolitik köylüler tarafından üretilmişti. Tanen izi bulunmadığından, bu şarabın beyaz olabileceği düşünülüyor. Bira üretimine ait ilk kanıtlar da yaklaşık 1500 yıl sonra yine aynı bölgeden.

YUNANİSTAN

Sarhoş Keçi

MÖ 9. yüzyıl

Homeros, *İlyada*'da rendelenmiş keçi peyniri ve arpa unuyla çeşnilendirilmiş kırmızı şaraptan bahseder. MÖ 9. yüzyıldan kalma Yunan askeri mezarlarında, tunç peynir rendeleri bulunmuştur.

DANİMARKA

Bronz Çağı Kokteyli

3370 yıl önce

Danimarka'nın Egtved köyündeki bir kadının mezarında, huş ağacından bir bakraç içinde, otlarla tatlandırılmış şarap, bira ve bal liköründen oluşan bir karışım bulundu. Bu tür karışımların 3000 yıl önce Yunanistan ve İskoçya'da da üretildiği biliniyor.

ANADOLU

Frigya Âlemleri

2700 yıl önce

Efsanevi Kral Midas, Anadolu Frigya Krallığı'nı yöneten gerçek bir insandı. Öldüğünde balmumu, üzüm, arpa ve baharatlardan yapılmış içkiyle dolu kaplarla gömülmüştü. Kralın bunları ağzına sürmemiş olduğunu sanıyoruz.

İTALYA

Etrüsk Birası

2800 yıl önce

Orta İtalya'da yaşayan Etrüsk halkı, bira ve şarap üretiminde uzmandı. Arpa ve buğdaydan bira yaparlardı. Biberiyeyle tatlandırılmış şaraplarının ise Fransızların şarap yapımına başlamasında ilham kaynağı olduğu düşünülüyor.

HONDURAS

Çikolata Chicha

1200 yıl önce

Colombus öncesi dönemde yaşayan Orta Amerikalılar, bitkisel aromalarla tatlandırılmış *chicha* adlı bir mısır birası hazırlarlardı. Tatlandırıcılardan biri de kakaoydu. Fermantasyon süreci, çikolatanın icat edilmesinde rol oynamış olabilir.

PERU ANDLARI

Baharatlı Sos

1000 yıl önce

İnka uygarlığı öncesinde yaşayan Wari halkı, mısır biralarını sıcak ve baharatlı severdi. Bira malzemelerinden biri olan pembe biber, gerçek biberle akraba olmasa da benzer bir lezzete sahiptir.

Neden bu kadar çok eşyaya gereksinim duyuyoruz?

John Lennon, idealist anlarından birinde malsız mülksüz bir dünya düşlememizi ister.

Deneyin... hiç de kolay değil, değil mi? Aslına bakarsanız bunu düşlemek bile neredeyse olanaksız. Giysilerimiz, başımızın üzerinde bir dam, birkaç mutfak malzemesi ve temiz su olmadan hayatta kalmamız çok zor. Zevk ve lüks tüketim malzemeleriyle duygusal önem taşıyan eşyaları bir kenara bırakalım, yataksız, banyosuz, havlusuz, ampulsüz ve sabunsuz bir yaşam düşlemeye çalışın. Eşya, türümüzü tanımlayan bir özelliktir; onlar olmadan, bir insanın yaşamına yaşam demek bile zordur.

Oysa yaşayan en yakın akrabalarımız bunların hiçbiri olmadan yaşamlarını sürdürebilirler. Şempanzeler kaba aletler yapar, uyumak için yuvalar kurar, fakat bir kez kullandıktan sonra bunları bırakıp giderler. Diğer birçok hayvan da eşyasız idare edebilir.

Peki, nasıl oldu da tamamen özgür insansı maymundan istifçi insana dönüştük? Bu soruyu yanıtlamak kolay değil. Bir kere "mal mülk sahipliği" ile "malsız mülksüzlük" arasındaki çizginin çok da net olduğunu söyleyemeyiz. Örneğin, bahçenizin toprağı ya da musluğunuzdan akan su size mi ait? Peki, bir şeyi attığınızda, ne zaman sizin olmaktan çıkıyor? Bir başka sorun da, atalarımızın sahip olduğu pek çok eşyanın -hayvan derileri veya tahta aletler- yok olup gitmiş, arkeolojik kayıtlara geçememiş olması.

Yine de insanlığın ilk eşyalarıyla ilgili bazı ipuçlarına sahibiz. 3,3 milyon yıl önce üretilen ilk taş aletler, iyi bir çıkış noktası olabilir. Bu aletler bir iş yapmak için tasarlanmış ve bir süreliğine bir insanın elinde bulunmuş olmalılar. Öte yandan, aynı şempanzelerin aletleri gibi, son derece basit ve kolayca gözden çıkarılabilir nitelikteydiler.

Bu benim!

Fakat aletler daha incelikli ve yapılması zor hale geldikçe bir çeşit sahiplik duygusu gelişmeye başladı. İnsanların ilk gerçek mülkleri -sahipleri tarafından değer verilen, belli bir süre elde tutulan ve diğer kişilerce (muhtemelen kıskanarak) bir başkasına ait olduğu kabul edilen- bu aletlerdi. Mülkiyet kavramı 300.000 yıl kadar önce Afrika'da mızrakların -ve ok uçlarının- ortaya çıkışıyla aldı yürüdü. Avcılar, bunları ölenlerin üzerinden toplar, tekrar tekrar kullanırlardı.

İlk mülklerden bir başkası da ateş olabilir. Günümüzün bazı avcı toplayıcı halkları, közleri üzerle-

Mal sahibi köpek var mı?

Filozof Adam Smith, 1776'da hayvanlarla ilgili ilginç bir gerçeğe dikkat çeker: Hayvanlar herhangi bir şeyi sahipleniyor gibi görünmemektedirler. "Bir köpeğin başka bir köpekle bilinçli olarak adil bir kemik değiş tokuşu yaptığını kimse görmemiştir." Smith birçok yönden haklıdır. Yalnızca insanlar karmaşık bir mülkiyet sistemine sahiptirler. Yine de bazı hayvanların sahip oldukları şeyler olduğu söylenebilir: Kuşların yuvaları, kunduzların barajları vardır. Sincaplar ve çalı kargaları yiyecek saklar. Çardak kuşları dişilerini etkilemek için parlak ve renkli nesneler toplar. Ayrıca birçok hayvan bölgesini savunur.

Ancak bu davranışların hiçbiri, insandaki karmaşık mülkiyet sistemine benzemez. Bununsa çok basit bir nedeni var: dil. Sözcükler olmadan, üzerinde anlaşılan kurallar ve bunları uygulayan kurumlar var olamazlar. Hukukun onda dokuzu mülkiyettir ve hukuk da sözcüklerden oluşur.

rinde taşır ve böylelikle ateşin "sahibi" olarak görülürler. Atalarımız da aynısını yapmış olabilir. Ateşin denetim altına alındığını gösteren ilk inandırıcı kanıt yaklaşık 800.000 yıl önceye aittir.

Giysiler de mülkiyet listesine erken giren eşyalardandır. Vücut bitinden elde edilen genetik bulgular, yaklaşık 70.000 yıl önce giyinmeye başladığımızı ortaya koyar.

Ateş, giysi ve incelikli aletlere sahip olduktan sonra, muhtemelen daha soğuk iklimlere göç etmemize de bağlı olarak, hayatta kalmak için onlara bağımlı hale gelmiş olmalıyız. Eşyalarımız, aynı bir kunduzun inşa ettiği baraj gibi, hayatta kalabilmemizde kritik önem taşıyan "genişletilmiş fenotipimizin" bir parçası haline geldi.

Gösterişçi tüketim

Zamanla bir aşama daha kaydedildi. Nesneler yalnızca işe yararlılıkları için değil, sahiplerinin becerilerini veya sosyal konumlarını yansıtan prestijli ürünler olarak da değer kazandılar. Sonunda bazı nesnelere –örneğin mücevherler– yalnızca bu nedenle değer verilir oldu. İsrail ve Cezayir'de bulunan az sayıdaki deniz kabuğundan yapılmış 100.000 yıllık boncuklar bunun ilk kanıtıdır.

İnsanlarla nesneler arasındaki bağın ta binlerce yıl önce yararlılık ve hayatta kalma ilişkisinin ötesine geçtiği açık.

Fakat insanların biriktirebilecekleri eşya miktarı, göçebe yaşam tarzlarıyla sınırlıydı ve bu bazı arkeologlara, torbaların veya sırtta çocuk taşımaya yarayan çantaların, en eski ve en dönüştürücü eşyalarımız arasında olduğunu düşündürdü. Çantalar insanların yalnızca elleriyle taşıyabileceklerinden daha fazla şey biriktirmelerini ve yanlarında götürebilmelerini sağlar. Fakat çantalar biyolojik olarak parçalanabilir malzemeden yapıldıklarından, ne yazık ki ne zaman icat edildikleri hakkında hiçbir fikrimiz yok. Bildiğimiz en eski çanta yaklaşık 4000 yıllık.

Bu durum, yerleşik yaşam biçimine geçişle birlikte değişti. İnsanlar hep aynı yerde yaşamayı seçtikten sonra eşyaları birikmeye başladı. Bu yaşam tarzı, yeni bir toplum ve ekonomi biçiminin de habercisiydi. Topluluklar giderek büyüdü; itibarlı kişilerin statüsü, hoş giysiler ve mücevherler gibi prestijli eşyalarla daha da güçlenince hiyerarşiler gelişti. Aslında bazı arkeologlar "maddi kültür" olmadan, toplumların karmaşık ve hiyerarşik hale gelemeyeceğini savunuyorlar.

Para para para

Yerleşik yaşama geçiş, şu veya bu şekilde maddeciliği şekillendirdi. İnsanlar bir yere yerleşince çevresel felaketlere daha duyarlı hale gelirler; bu durum, bir çeşit sigorta poliçesi işlevi görsün diye mal biriktirme eğilimi yarattı. Bir başka sigorta poliçesi de çevredeki topluluklarla iyi ilişkiler geliştirmekti. Gereksinim fazlası malların değiş tokuşu bu ilişkileri kolaylaştırdı. Zamanla toplumlar daha da büyüyüp karmaşıklaşınca maddi eşyalar bir servet saklama aracı haline geldi. Bu tür eşyaların ticareti zamanla paranın gelişimine yol açtı.

Günümüz dünyasında geniş, karmaşık toplumların içinde yaşamayan ve çok az eşyası olan birkaç topluluk var. Örneğin, Tanzanya'da yaşayan Hadzalar, çok az maddi eşyaya ve güçlü bir paylaşma kültürüne sahip. Fakat insanların büyük bir çoğunluğu bu şekilde yaşamıyor; bu yüzden de eşyalarla çevrili ve daha da fazlasını edinmeye karşı doymaz bir arzuyla dolu olarak yaşamlarını sürdürüyorlar.

Peki, sizce insanın çok fazla mal mülk edinme alışkanlığına bir son vermek mümkün mü? Hayatımızı sürdürmek ve sosyal statümüzü yansıtmak için nesnelere ne kadar fazla bel bağladığımız düşünüldüğünde bu pek de olası görünmüyor. Hayal edelim.

İnsan sahip olduğu şeydir

Bizi tanımlayan şeylerden biri de sahip olduklarımız. Oysa şempanzeler onlar olmadan da gayet iyi idare edebiliyorlar. Peki, yaşamınız boyunca ne kadar eşyaya sahip olduğunuzu hiç merak ettiniz mi?

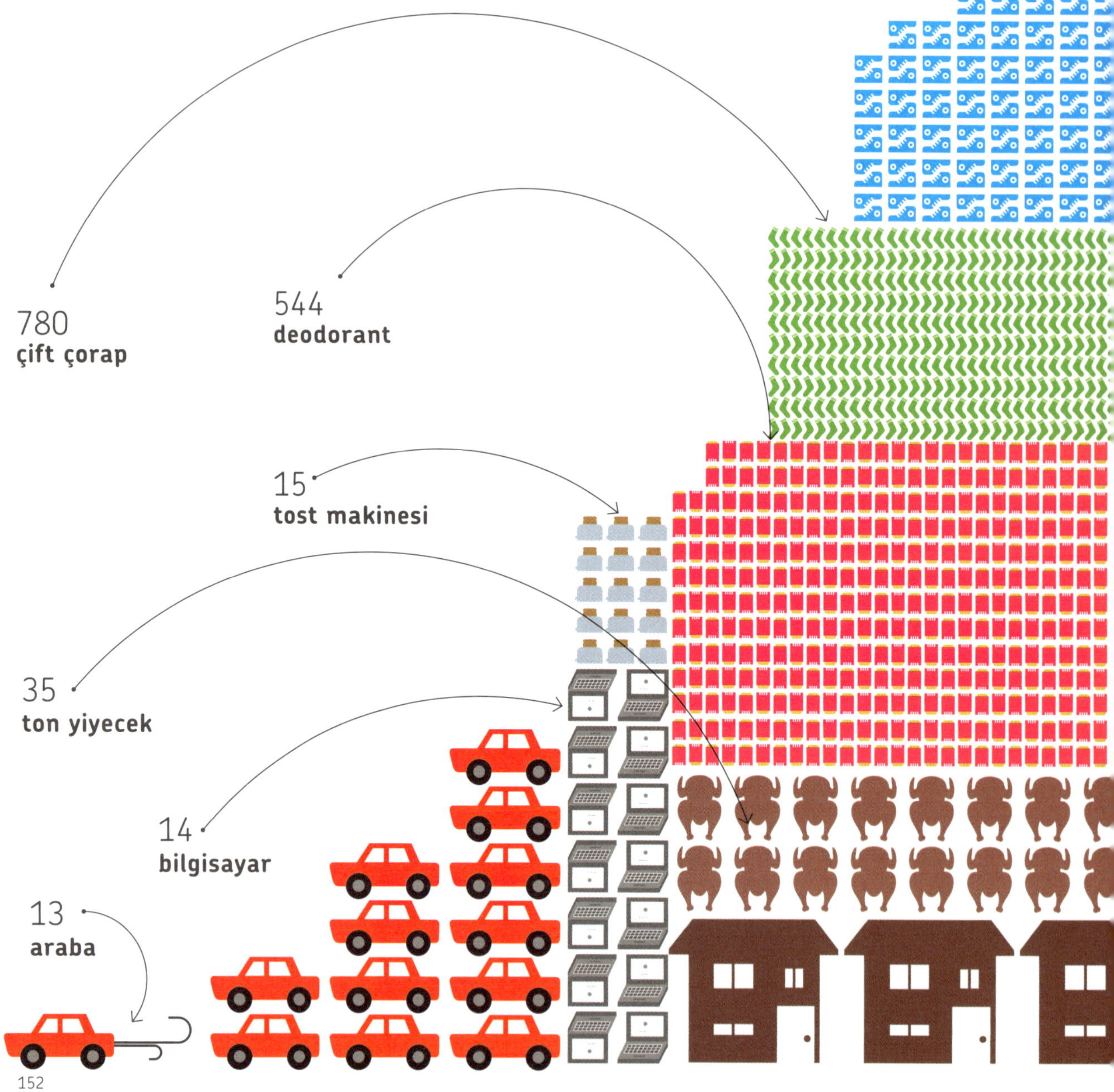

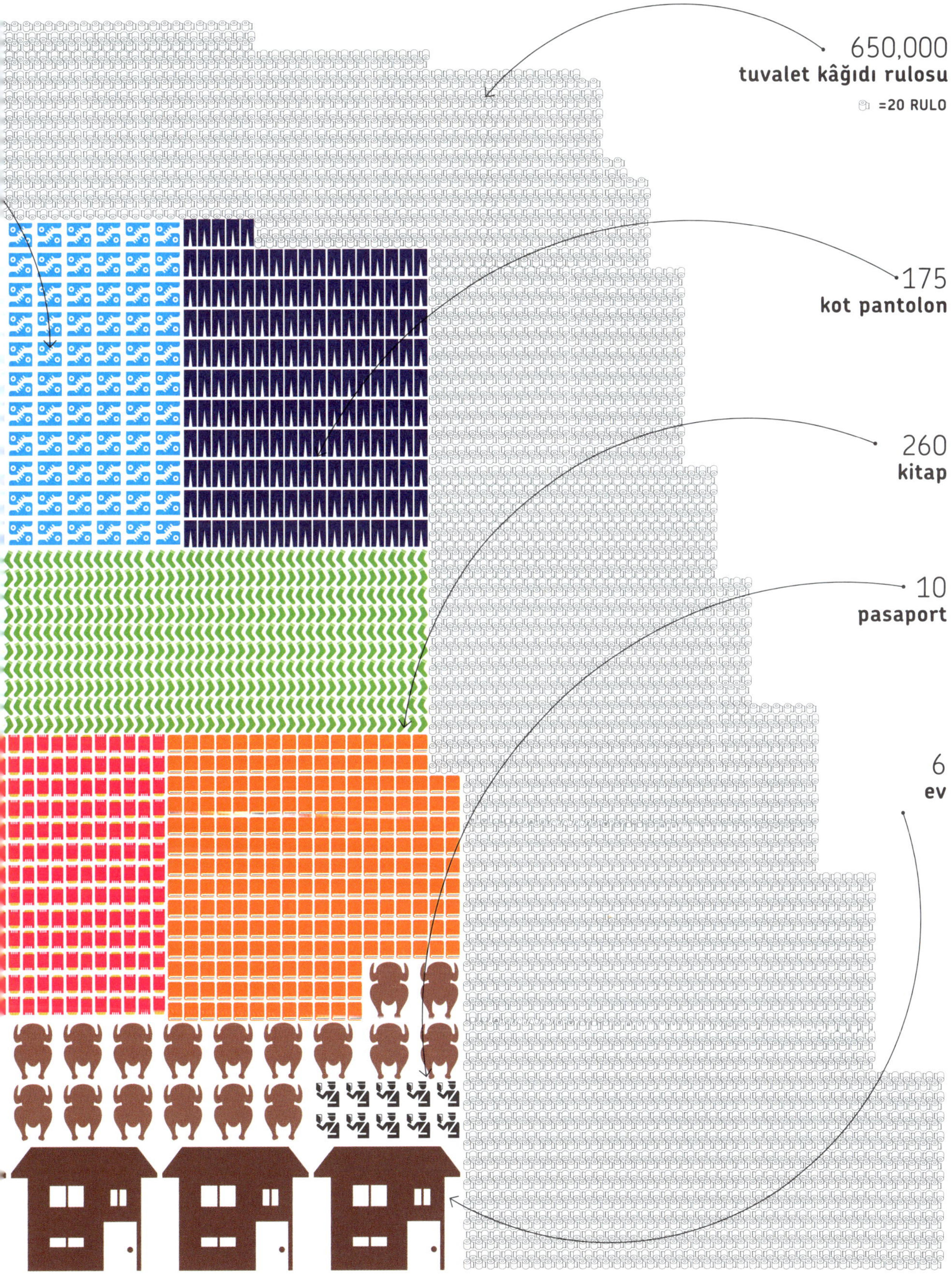
650,000
tuvalet kâğıdı rulosu
=20 RULO
175
kot pantolon
260
kitap
10
pasaport
6
ev

Ne zaman kürkümüzü çıkarıp giysi giymeye başladık?

İnsanlar pek çok yönden diğer insansı maymunlardan farklıdır ama bu farklardan en belirgin olanı, bizim çıplak gibi görünmemizdir. Şempanzeler, bonobolar, goriller ve orangutanlar neredeyse tamamen tüylerle kaplıdır. Bizlerse neredeyse tümüyle tüysüzüz.

Tabii ki birbirimizi nadiren çıplak görüyoruz, bu yüzden de ne kadar tüysüz olduğumuzu pek fark edemiyoruz. Atalarımızı kaplayan tüyleri kaybetmiş olmamız büyük bir hataymış gibi de sürekli giysiler giyiyoruz.

Aslında bazı açılardan öyle olduğunu da söyleyebiliriz. İnsanlar, serin kalmanın sıcak kalmaktan daha zor olduğu Afrika'da evrimleştiler. Bu ortamda tüysüzlük, özellikle de serinleme sisteminizin terleme olduğu ve tüylerle kaplı olduğunuzda pek işe yaramadığı göz önünde bulundurulduğunda, bir avantajdı. Fakat tüylerimiz dökülünce ufkumuz daraldı. Kuzeye veya güneye doğru biraz fazla gidildiğinde, çevre şartları yaşamı sürdürmek için çok sertleşiyordu.

Bu, tabii ki artık bir sorun olmaktan çıkmış bulunuyor. Modern insanlar dünyanın dört bir yanına dağılmış durumdalar ve bu zaferi mümkün kılan teknolojilerden biri de giyim (ateş ve barınağın yardımı da kuşkusuz göz ardı edilemez ama bir evi kazak gibi sırtınıza geçirip götürmenin kolay olmadığını takdir edersiniz). Üstelik giyinme, sıcak ve kuru kalmaktan başka amaçlara da hizmet ediyor. Kim olduğumuza dair mesajlar ileten, önemli bir sosyal işaret görevi görüyor.

Kalın giyin

Şu halde, giyinmenin kökeni, insanlığın tarihöncesi dönemleri için önemli bir olaydır. Fakat ne yazık ki bir gizem örtüsüyle kaplıdır. Giysiler yün, kürk, deri, bitki lifleri gibi doğada çözünen maddelerden yapılırlar ve geçen yılların yıkıcı etkisinden pek kolay kurtulamazlar. Bilinen en eski giysi parçaları yalnızca birkaç bin yıllıktır, oysa biz insanların çok daha önce giysi giymeye başlamış olması gerektiğini biliyoruz. 15.000 yıl önce –Buzul Çağı'nın zirvesinde– yürüyerek Bering Boğazı'ndan Alaska'ya geçen insanlar giyinik olsalar gerek. Daha eskiye gidersek, 40.000 yıl önce Avrupa'ya yerleşen insanların kalın giyinmemiş olduklarını düşlemek de zor.

İki dirhem bir çekirdek

Bozulmadan günümüze kadar gelen en eski ayakkabı yaklaşık 5500 yıl öncesine aittir. Ermenistan'da bir mağarada bulunan bu ayakkabı, deri bağcıklarla bağlanmış tek parça sığır derisinden imal edilmiştir. Fakat ayakkabının daha önceki bir tarihte icat edilmiş olması gerekir ki zaten kanıtlar da bunu destekler niteliktedir. Çin'deki bir mağarada bulunan 40.000 yıllık ayak parmağı kemikleri, bu kemiklerin sahibinin ayakkabı giyen bir adam olduğunu gösteren izler taşımaktadır.

Kemiklerin şekil ve yoğunluğu arkeologlar tarafından 20. yüzyıl Amerikalıları, Geç Prehistorik Çağ Eskimoları ve diğer Prehistorik Çağ Amerika yerlilerininkileriyle karşılaştırılmıştır. Ayakkabılar yürüme şeklimizi değiştirir. Parmaklar daha az kıvrılır, böylelikle kemiklere daha az yük biner ve belirgin anatomik farklar ortaya çıkar. Günümüzün ayakkabı giyen insanlarının ayak parmakları küçük ve incedir; oysa yalınayak yürüyen Amerika yerlileri, güçlü ve kalın ayak parmaklarına sahiptirler. Ayakkabı giyen Eskimolarsa arada bir yerde durur. Çin'deki kemikler daha çok Eskimolarınkilere benzer, bu da bu ayakların sahiplerinin düzenli olarak ayakkabı giymiş olduklarının bir göstergesidir.

5500 yıl önce kabaca birleştirilmiş antik kahverengi ayakkabılar

Dolaylı arkeolojik bulgular, giyinmenin muhtemelen eski bir buluş olduğunu gösteriyor. Fransa'da bulunan ve giysi giymiş insanları gösteren mağara resimleri 15.000 yıl öncesine tarihlense de, özgünlükleriyle ilgili şüpheler var. En eski dikiş iğneleri yaklaşık 40.000, deri temizlemeye yarayan kazıyıcılarsa yarım milyon yıllık geçmişe sahip ama tabii her ikisi de giysi yapmaktan farklı işler için kullanılmış olabilir. Atalarımızın ne zaman tüylerini kaybettiğini gösteren sağlam kanıtlar daha da nadir.

Neyse ki bu konuda arkeolojiye ihtiyacımız yok. Tüylerimizi dökerek çıplak kaldığımız ve sonra giysilerle örtündüğümüz zamanlar, çok ilginç bir kaynaktan yola çıkılarak tarihlendirilebiliyor. Bu kaynak ise bit! Bit, birçok memeli türü için hayatın acı bir gerçeği. Primatların çoğuna tek bir uzman tür dadanıyor, ancak orangutanlar ve şebekler, nasılsa bu illetten yakayı sıyırmış durumdalar. Biz insanlarsa, yarım yamalak tüylerimiz ve giysilerimizle üç tür bite ev sahipliği yapıyoruz: Baş biti, kasık biti ve vücut biti (giysi biti). Bu üç tür de kan emerek besleniyor. Maymunlar içinde gerçekten de en bitli olan biziz. Ancak işin iyi tarafından bakacak olursak, bitlerin geçmişimiz hakkında bize söyleyecekleri çok şey var.

İlki, tüysüz kalma zamanımız. Muhtemelen bir zamanlar bizler de, başımızdan ayağımıza tek bir yaşamsal ortama yayılan tek bir bit türüne sahiptik. Bu bit muhtemelen, günümüzde yaşayan baş bitinin (*Pediculus humanus*) atasıydı. Vücut tüylerimizin çoğu dökülünce bu bitin yaşam ortamı küçüldü. Fakat bu arada yeni bir yaşam ortamı ortaya çıkmıştı: cinsel organlar çevresindeki kasık tüyleri. Bu tüyler saçlara kıyasla daha kaba olan, çelimsiz ve narin baş bitinin tutunması için çok kalın tüylerdir. Bu durum, başka bir bit türü olan kasık bitine (*Pthirus pubis*) yaramıştır. Kasık biti, baş bitinden çok daha iri ve güçlüdür. Sakallarda, kaşlarda, koltukaltında, göğüs kılları arasında ve bazen başta yaşamayı da sever.

Kasık bitinin baş bitinden evrimleştiğini düşünüyorsanız yanılıyorsunuz. Kasık bitlerinin yaşayan en yakın akrabaları goril bitleridir (*Pthrius gorillae*). Bu tür, geçmişte bir zamanda gorillerden insanlara geçmiştir. Bunun nasıl gerçekleştiği ise hassas bir nokta ama neyse ki o konuya girmemize gerek yok. Öte yandan genetik çalışmalar, bu iki türün 3,3 milyon yıl önce birbirinden ayrıldığını ortaya koyuyor. Öyleyse baş ve kasık kılları, o dönemde birbirinden ayrılmış olmalı. Burada ilginç olan kısım, bunun *Homo sapiens*'in ortaya çıkışından çok önceki bir tarihe karşılık gelmesi. Demek öteden beri tüysüzmüşüz.

Kanıt olarak birkaç pılı pırtı

Ya giysiler? Tarihöncesi insanlar çıplaklıklarını örtmeye başlayınca, bitler için yeni bir yuva da yaratmış oldular. Bu sefer de baş biti başı çekti. Vücut (ya da giysi) bitleri, biraz daha büyük ve sağlam baş bitlerine benzer. Yani bu ikisinin yakın akraba oldukları aşikârdır.

Yine de bu iki tür, soyağacında ayrılma zamanlarını genetik araştırmalarla belirlemeye olanak verecek kadar farklıdır. Yakın tarihli bir analiz, iki türün ortak atasının en az 83.000 yıl, bir ihtimal 170.000 yıl kadar önce yaşamış olabileceğini ortaya koyuyor. Demek ki atalarımız, Afrika'dan çıkıp dünyayı istila etmeye başlamadan önce giysi giymeye başlamışlar. Eğer durum böyleyse, giyimin atalarımızın bu göçleri gerçekleştirebilmesini sağlayan teknolojik bir dönüm noktası olduğunu söyleyebiliriz.

İlk giysilerin tam olarak neye benzediğini kimse bilmiyor. Fakat icat edilmeleri sembolik kültürün ilk kıpırtılarıyla çakıştığından, işlevselliklerine kısa zamanda gösteriş ve modanın da eklendiğini söyleyebiliriz. Hoş kürkler –bir de bitler olmasaydı.

Bitler ve insanlar

Bitin evrimsel tarihi, kendi evrimsel tarihimiz hakkında bilgiler verir, hatta tüylerimizi ne zaman kaybettiğimizi, ne zaman giysi giymeye başladığımızı –ve hatta belki de bir zamanlar gorillerle biraz fazla yakınlaşmış olduğumuzu– bize söyler.

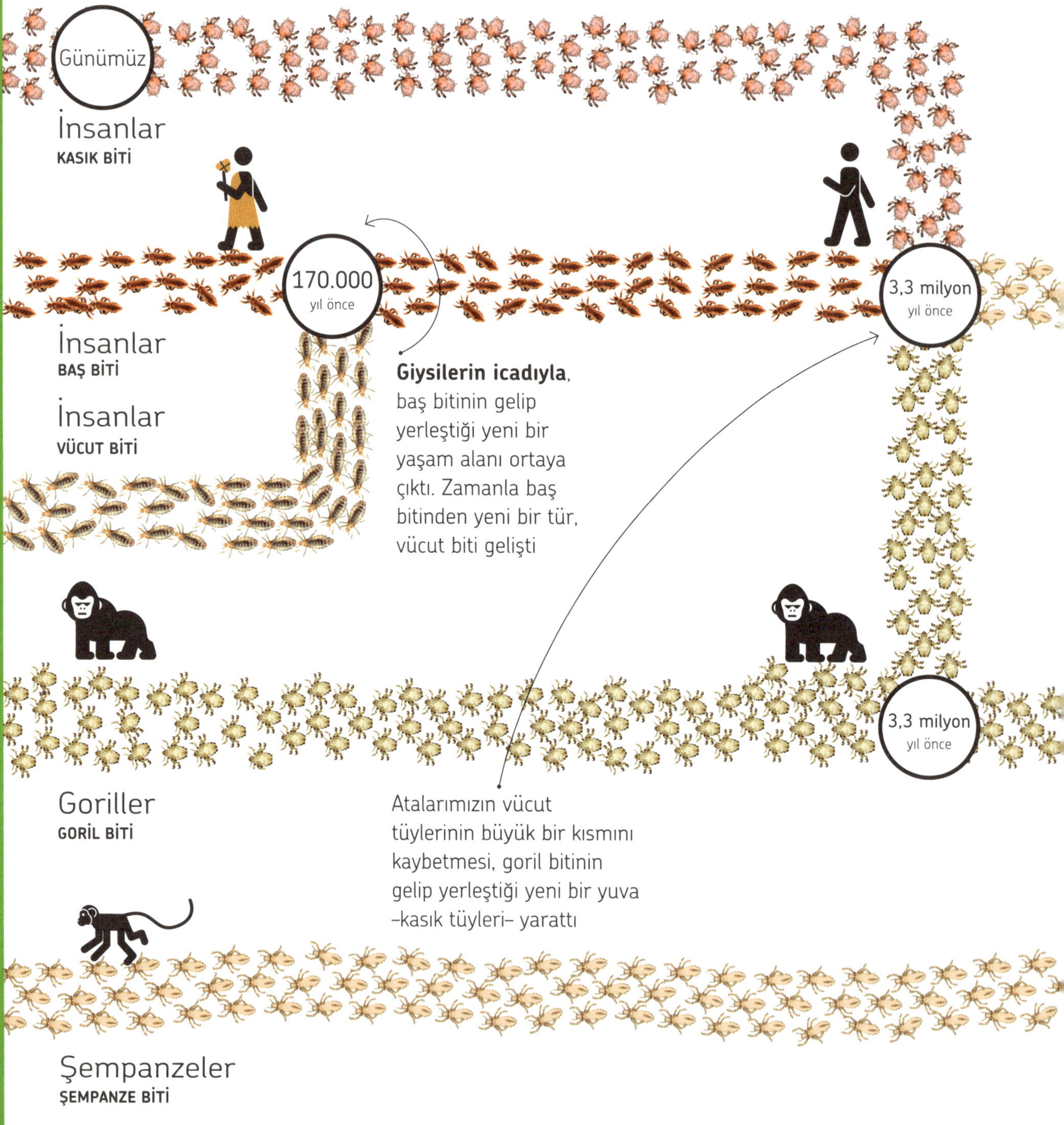

Şempanzeler de, ata soyumuzdan ayrıldıktan sonra kendi bit türlerini geliştirdiler

Goril soyu ata soyumuzdan ayrıldıktan sonra goril bitinden, kaba tüylerin arasında yaşamaya uygun yeni bir tür gelişti

İnsanlarla ortak ataya sahip olan şempanzelerle gorillere dadanan tek bir bit türü var

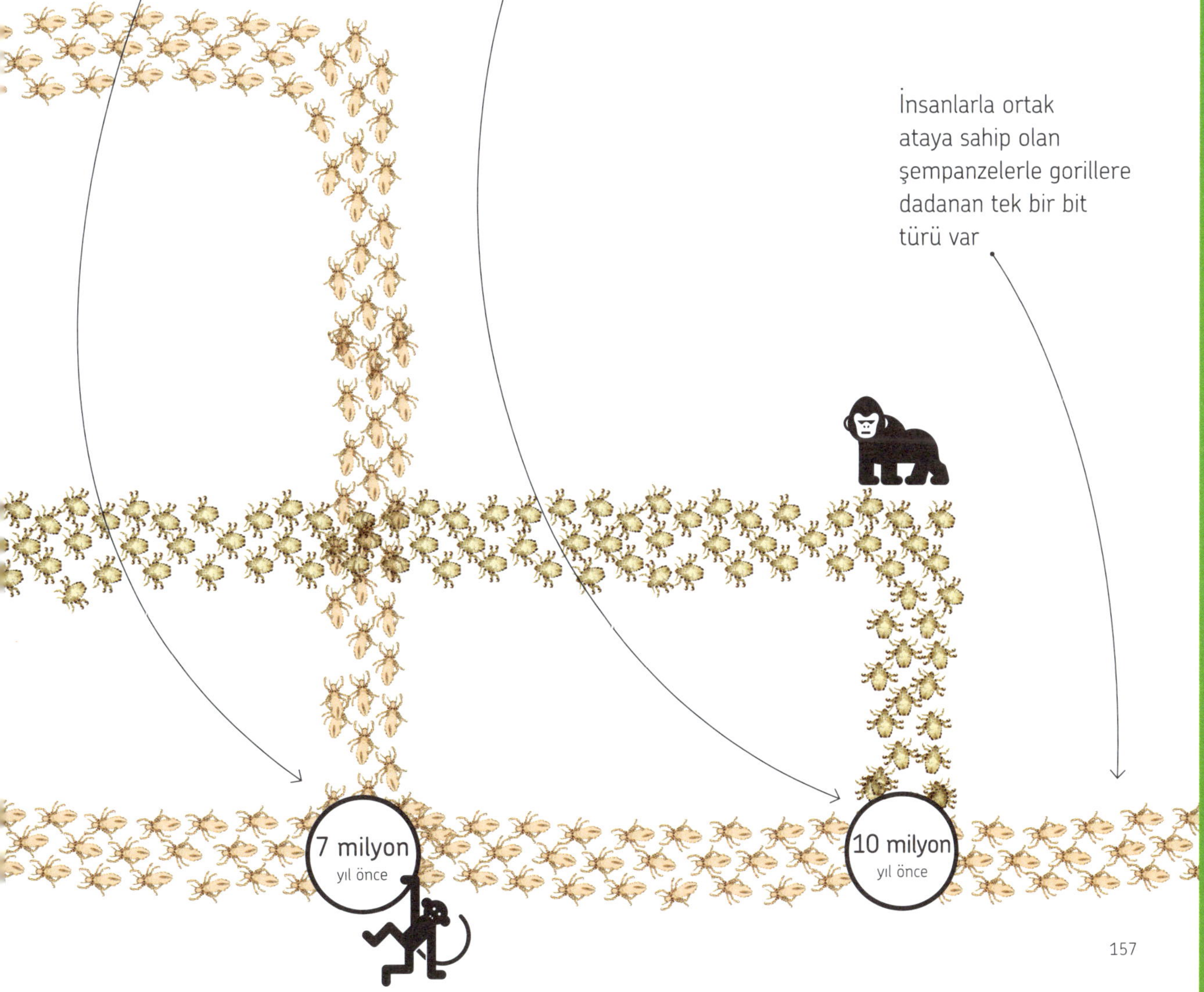

İlk müzik neye benziyordu?

Kongo yağmur ormanlarının derinliklerinde, dünyanın en müziksever insanları yaşar. Avcı toplayıcı bir topluluk olan Mbenzélé'ler ormandan pek çıkmazlar ve ne radyoları ne de televizyonları vardır. Yabancılarla pek az iletişime geçerler ama insan sesi, el çırpma ve davul için besteledikleri müzikler, mükemmel bir armoni ve birden fazla ritimle ilerleyen en sofistike senfonik müziklere benzetilmektedir.

Mbenzélé'ler, müziğin insan doğasının bir parçası olduğunun en iyi kanıtıdır. Dil ve din gibi, müzik de bütün kültürlerde mevcuttur. Bizi insan yapan ama açıklanması da en zor olan şeylerden biridir.

İnsan özelliklerinin çoğunun kökeni hakkında söyleyecek bir şeyleri olan Charles Darwin, müziği "en gizemli" yeteneklerimizden biri olarak tanımlar. Müziğin, kuş ötüşüne benzer bir tür sesli çiftleşme ifadesi şeklinde "müzikal bir proto-dil" olarak başlayıp giderek iki ayrı özelliğe, müziğe ve konuşmaya dönüştüğünü ileri sürer.

Müziğin bellek ve duygu gibi çeşitli zihinsel becerileri keskinleştiren bir tür beyin egzersizi olduğunu öne sürenler de vardır. Müzik, örüntü tanıma gibi başka zihinsel özellikler sayesinde bize çekici gelen hoş bir deneyim, "işitsel bir pasta" olarak da tanımlanmıştır. Ne yazık ki bu fikirleri destekleyecek pek az kanıt vardır.

Seslerimizin peşinde

Bunun nedenlerinden biri, müziğin kökenlerinin zaman içinde kaybolmuş olmasıdır. Bilinen en eski müzik aleti, duvarlarında resimlerin de yer aldığı Avrupa mağaralarında bulunan kemikten flüt kalıntılarıdır. Bu flütler, yaratıcılığın yeşerdiği bir dönem olan günümüzden 42.000-45.000 yıl öncesine aittir.

En eski flütlerden biri olan Divje Babe flütü, bugünkü Slovenya topraklarında, Neanderthal kalıntıları arasında bulunmuştur. Flütün, Neanderthaller tarafından yapılıp kullanıldığına inanılmaktadır. Bu çok ilginç bir görüştür, çünkü eğer Neanderthaller gerçekten müziksever insanlardıysa bu, ortak atamızın da müziksever olduğu anlamına gelir. Bu da müziğin kökenlerini yarım milyon yıl geriye götürür. Ne var ki bunu destekleyecek fiziksel kanıtımız yok ki bu da şaşırtıcı değil, çünkü ilk müzikler büyük olasılıkla şarkı şeklinde söylenmiş olmalı.

Müziğin eskilere uzanan kökenlerini keşfetmek için en umut verici yol hayvanlar. Aslında keşfedecek çok da bir şey yok: Hayvanların çoğu müziğe karşı kayıtsızdır. Maymunlar, müzikle sessizlik arasında seçim yapmaları istendiğinde, her seferinde sessizliği seçerler. Melodiyle ahenksizlik arasındaki farkı da ayırt edemezler. Bu yönleriyle "amuzisi" olan insanlara benzerler. Amuzi, beynin normalde içgüdüsel olarak müziği beğenme özelliğini bozan nadir bir nörolojik hastalıktır. Müzik, bu talihsiz insanlara sıkıcı bir gürültü gibi gelir ve bir parçayı di-

Ritme uyan hayvanlar

Birçok hayvan zamanla ritme ayak uydurmayı öğrenebilir. Ama herhalde içlerinde en ünlüsü, 2009 yılında Youtube videosuyla izlenme rekorları kıran, Snowball adlı kükürt taçlı kakadudur. Videoda papağan, Backstreet Boys'un bir şarkısı çalarken, coşkuyla ve mükemmel bir ritim duygusuyla dans etmektedir. Bunun üzerine araştırmacılar, ritim duygusu böylesine gelişmiş başka hayvanlar aramak için interneti taradılar ve aralarında Amerikan papağanı, muhabbet kuşu, Asya fili ve Ronan adlı yavru bir denizaslanının da olduğu 14 hayvan türü buldular. Ritmi tam tutturamasalar da müzikle dans eden köpek, ördek ve baykuş gibi hayvanları gösteren 500 video daha bulunuyordu. Aslına bakılırsa, bu "ritme uyamadan dans etme" insan türünde de görülen bir özelliktir ve "baba dansı" olarak bilinir.

ğerinden pek ayıramazlar. Hatta bu hastalığa sahip olan kişilerin bir kısmı için su borusuna vurulan İngiliz anahtarının sesiyle müzik birbirinden farksızdır. Amuzi, müziği algılamamızı sağlayan beyin sisteminin bulunmamasına bağlı olabilir; bu da, müziğin insana özgü oluşunun bir işareti olabilir.

Kuş şakımaları

Hayvanlar âleminde hiçbir hayvanda müzik kulağı yoktur da diyemeyiz. Birçok kuş karmaşık ezgileri tekrarlayabilir ve yenilerini öğrenebilir. Cava serçeleri farklı müzik tarzlarını ayırt edebilirler: Bach'ın ezgilerini Schönberg'in atonal parçalarına tercih eder, sessizliği değil de Bach'ı dinlemeyi seçerler.

Fakat bu, kuşların tam bir müziksever olduklarını göstermez. Kuş şakımasının çok net bir işlevi vardır: Genellikle erkeklere mahsustur, amacı da dişiye kur yapmak ve bölgesini korumaktır. Oysa biz, çok farklı nedenlerle müzik yapar ve dinleriz. Cinsellik, dostluk kurma ve bölgeyi koruma bu nedenler arasında yer alsa da, ruh halimizi düzeltmek veya değiştirmek, tanrılara ibadet, kendimizi motive etmek, konsantre olmamıza yardımcı olmak ya da sadece zevk için müzik dinleyebiliriz.

İnsanlar içlerinden gelerek yeni besteler yapar, yeni tarzlar yaratır ve yeni müzik deneyimleri ararlar. Oysa en yetenekli ötücü kuş dahi temel bir repertuvara sadık kalır. Bilim camiasında, müziğin soyumuza özgü olduğu görüşü hâkimdir; ama tabii bu, bize müziğin kökeni hakkında pek fazla bilgi vermiyor.

Ancak müziğin, evrimsel geçmişimizin daha uzak derinliklerinden gelen bir yönü vardır ki, bu da ritimdir. Ritim, ses perdesi ve armoninin aksine bütün müzik kültürlerinde ortaktır. Bebekler, ezgilerden hoşlanma yeteneği kazanmadan çok önce ritme tepki verirler. Ritim, insan dışındaki hayvanların çoğunu da harekete geçirir.

Yaşayan en yakın akrabalarımızın ritim duygusu oldukça kuvvetlidir. Yabani şempanzeler, ağaçların toprak dışında kalan kökleri gibi, tınlayan yerlere parmaklarıyla vurarak tempo tutarlar. Jacksonville Hayvanat Bahçesi'ndeki bonobolar araştırmacıların hediye ettiği bateri setini çalmayı çabucak öğrenmişlerdir.

Bu hayvanların çoğunun sosyal türler olması, bazıları için bir işarettir. Ritim duygusuyla sosyal davranış –özellikle de eylemleri koordine etme gereksinimi– arasında bir bağlantı olabilir. Ritim, bir tür sosyal tutkal etkisi gösterir. Bonobolar ve şempanzeler, her bireyin diğerlerinin davranışlarını değerlendirip tepki vermesini gerektiren büyük gruplarda yaşarlar. Gruptaki hareketlerin zamanlamasını tahmin edip eylemleri diğer üyelerle senkronize etmek, ritim duygusuyla ilişkili sinirsel devreleri güçlendiriyor olabilir.

Ritmini bul

Atalarımız da alet yapma, avlanma ve yemek hazırlama gibi faaliyetlerde sosyal koordinasyona gereksinim duymuş olmalılar. Belli bir tempoda çalışmak insanların eylemlerini koordine etmesine yardımcı olduğundan zamanla bu davranışlar açıkça ritmik hale gelmiş olabilir (denizcilerin işlerini yaparken söyledikleri ritmik şarkıları gibi).

Tekrarlanan, ritmik hareketler, insanın hayatta kalabilmesi için yaşamsal önem taşıyan toplumsal bağları güçlendirerek grubun birbirine bağlanmasına yardım etmek için de gelişmiş olabilir. Eğer bu model doğruysa, müzikseverliğimiz ritim duygusuyla başlamış, bin yıllar içinde diğer hayvanlarınkinden çok sofistike hale gelmiştir. Bunun nasılını, niçinini hiçbir zaman anlayamayacak olsak da bu, bizi müziğin verdiği benzersiz zevklerden mahrum bırakmamalı. Beyin görüntüleme teknikleriyle müziğin beyinde yemek, cinsellik ve uyuşturucuyla aynı bölgeleri aktive ettiği gösterilmiş. Öyleyse, haydi müzik! Haydi dans!

Mükemmel armoni

"Somewhere Over the Rainbow" ezgisinin ilk iki notası

Frekans oranları tam sayılı basit kesir şeklinde yazılabilen nota çiftleri, birlikte çalındıklarında güzel tınlarlar. Bu matematiksel ilişkiler Lissajous eğrileriyle gösterilir: Örüntü karmaşıklaştıkça sesin armonisi azalır.

EN UYUMLU → **EN UYUMSUZ**

Sekizli
1:2 (örneğin, a=1, b=2 (1:2))

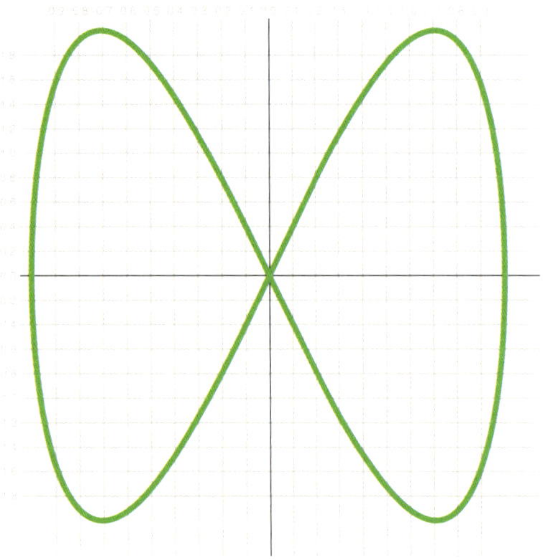

Beşli
3:2

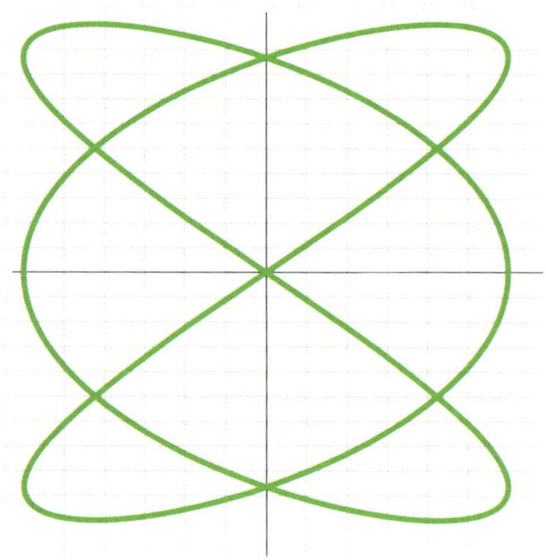

"Greensleeves" ezgisinin ilk iki notası

Minör Üçlü
6:5

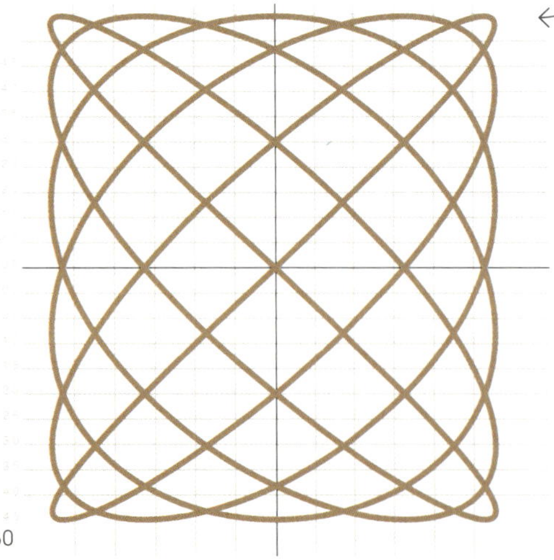

Do-Re-Mi'de Do ve Re

Majör İkili
9:8

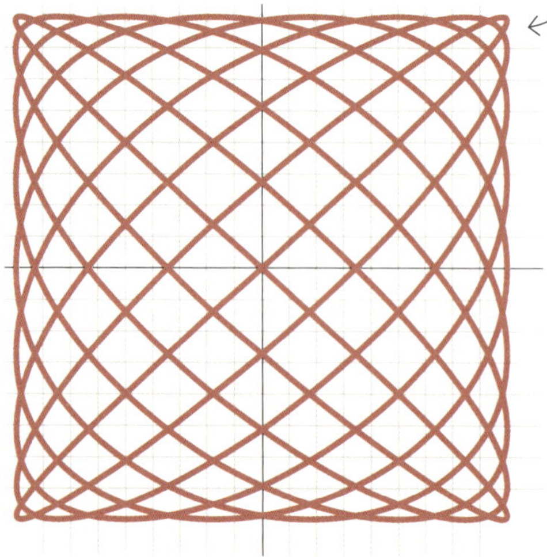

"Kumbaya" ezgisinin ilk iki notası

"Twinkle Twinkle Little Star" ezgisinde ilk "twinkle"dan ikincisine geçiş

"Auld Lang Syne" ezgisinin ilk iki notası

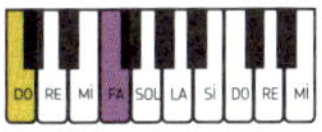

Tam Dörtlü
4:3

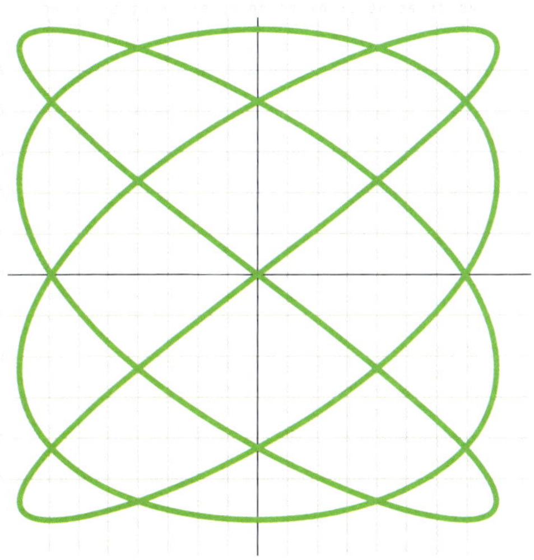

Majör Üçlü
5:4

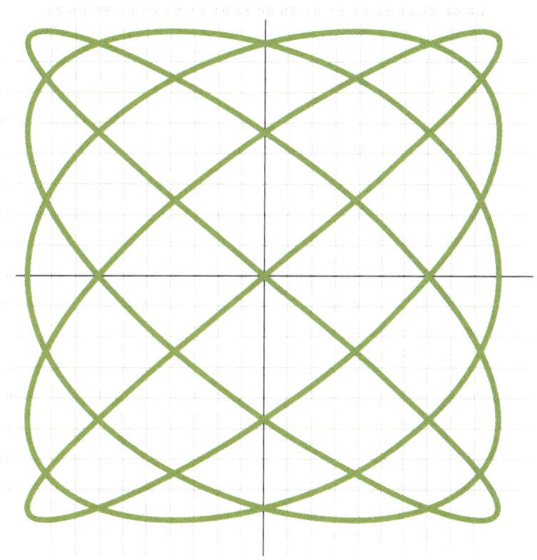

"Take On Me" ezgisinin ilk iki notası

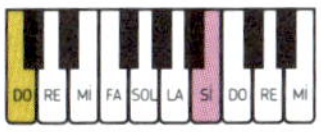

Majör Yedili
15:8

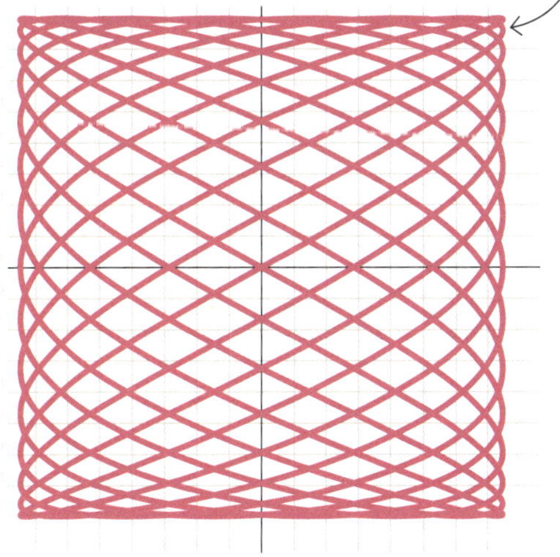

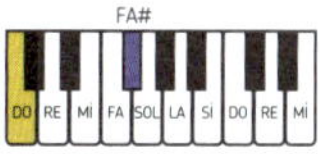

Triton
25:18

"Purple Haze" ezgisinin girişinde duyulur

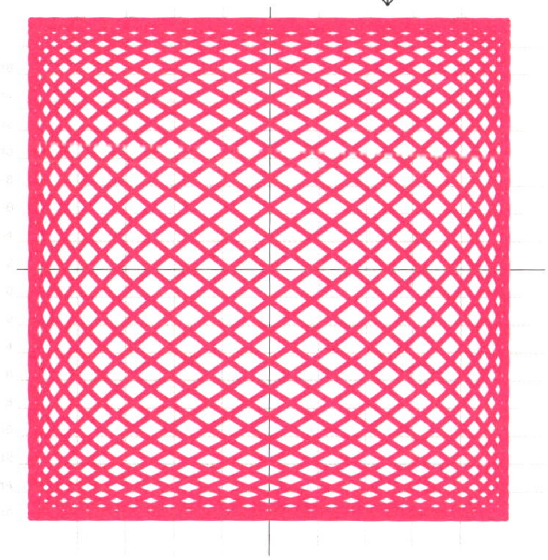

Tuvalet kâğıdını kim icat etti?

Hem bulaşık hem de çamaşır makinesinin doğuşuna tanık olan 1850'ler ev temizliğinin altın yıllarıydı. Ama hiçbir icat, New York'lu Joseph C. Gayetty'ninki gibi bir devrim yaratmadı. *Scientific American* dergisindeki bir ilanda bu icattan, "çok önemli ve eşsiz bir keşif", "çağımızın en büyük nimeti" diye bahsediliyordu. Bu önemli icadın ne olduğu ise ilanın altında minik harflerle yazılıydı: "Gayetty'nin Tıbbi Kâğıdı", yani Amerika'nın ilk ticari tuvalet kâğıdı.

Gayetty'nin ilanı beklenmedik düzeyde bir tepkiyle karşılandı. Bugün her evde bulunan temel hijyen malzemelerinden biri olsa da, "popo silme kâğıdına" yüklüce para ödeme fikri, 1850'lerde büyük bir kahkaha tufanıyla karşılanmıştı. Bunca yıldır, hem de çok ucuza gayet de güzel işlerini görmüş olan mısır kabuklarının ya da eski gazete, dergi ve kataloglardan koparılmış sayfaların neyi eksikti? Hatta Amerikalı bazı katalog yayıncıları, kataloglarının helaya asılıp tuvalet kâğıdı olmasını üstü kapalı olarak kabullenmişler gibi, bir süredir sayfaların köşesine delik bile delmeye başlamışlardı.

Düş kırıklığı

Gayetty'nin tuvalet kâğıdı, sağlık çalışanları arasında da hoşnutsuzluk yarattı. *Bum Fodder: An absorbing history of toilet paper* (Popo Silme Kâğıdı: Tuvalet Kâğıdının Emici Hikâyesi) adlı kitabın yazarı Richard Smyth, sağlık çalışanlarının esas olarak yeni kâğıdın hemoroidi iyileştirebileceği iddiasından rahatsız olduklarını ve şikâyetlerini çok geçmeden tıp dergilerinin sayfalarına taşıdıklarını yazar.

Böbürlenerek savurduğu iddiaların aksine tuvalet kâğıdını ilk icat eden kişi Gayetty değildi. Çinliler yüzlerce yıl önce bu noktaya ulaşmışlardı. Çin, 2. yüzyıldan beri kâğıt kullanıyordu ve insanların okumayı bırakıp silinmeye de başlamaları çok uzun sürmemişti. 14. yüzyılda hüküm süren despot İmparator Hongwu bile, saray erkânı için ekstra yumuşak parfümlü tuvalet kâğıdı sipariş ederek bu konudaki hassasiyetini göstermişti.

Bir diğer vazgeçilmez kişisel hijyen malzemesi olan diş fırçasını ilk kullananlar da Çinlilerdi. Eski uygarlıkların çoğunda, dişleri temiz tutmak için çiğneme çubukları kullanılıyordu –aslında tüm medeniyetler diş hijyeni için birtakım araçlar kullanmıştır– ama bugünküne benzer fırçalar ancak 15. yüzyılda, Ming Hanedanlığı döneminde ortaya çıktı. Bu fırçalar, ahşap veya kemik bir sapa tutturulmuş kaba domuz kıllarından yapılıyordu. Çin'e gelen Avrupalı gezginler ülkelerine diş fırçasıyla döndüler ve teknoloji batıya yayıldı.

Diş macunu daha da önce icat edilmişti. Eski Mısırlılar, Romalılar ve Yunanlar, dişlerini temiz tutmak için çeşitli maddeler kullanıyorlardı ama bunların içinde daha çok kül, yumurta kabuğu, ponza, kömür tozu, ağaç kabuğu, tuz, ezilmiş kemik ve istiridye kabuğu gibi aşındırıcı malzemeler bulunuyordu. O dönemdeki diş macunlarında yaygın olarak bulunan bir başka malzeme de MÖ 2800 yıllarında Babil'de icat edilen sabundu. Romalılar, ağız kokusunu önlemek için diş macununa koku verici bileşikler eklediler. Ancak bilindiği kadarıyla, diş fırçası icat edilmeden çok önce ilk naneli diş macununu icat eden Çinliler oldu.

Bir avuç yaprak

Ne var ki, Çinlilerin tuvalet kâğıdını tercih etme eğilimi dünyaya hemen yayılamadı. Britanya halkı bir avuç yün veya yaprakla işlerini görmekten memnundu. Aristokratlar keten artıklarını kullanıyorlardı. Aslında bu işi kendileri değil hizmetkârları yapıyordu desek daha doğru olur. 19. yüzyılda hizmetkârlar için yazılan bir elkitabında, büyük abdestten sorumlu uşağa, kritik anda bir "popo silme malzemesiyle" hazır beklemesi öneriliyordu.

Matbaacılık gelişince insanlar çok geçmeden broşürlerin ve kitapların kullanılmış sayfalarına yöneldiler. Yazar Thomas Browne 17. yüzyılda şöyle yazacaktı: "Çok kitap yazan ve çok çocuk yapan kişi toplum için velinimettir. Neden derseniz, topluma hem popo silme kâğıdı hem de asker sağlar."

Gayetty, tuvalet kâğıdını ticarete dökme girişiminde yalnız değildi ama fırtınanın büyüğü onun ürünüyle koptu. "Kâğıdımız," diyordu Gayetty verdiği reklamda, "banknot kadar ince ama dosya kâğıdı kadar sağlamdır." Ancak tıp çevrelerinin tepesini attıran şey, "baskı mürekkebinin zehirli olduğu ve hemoroide yol açtığı, kendi ürettiği kâğıdınsa hemoroidi tedavi edip yeniden oluşmasını önleyebildiği" iddiasıydı. Bu iddiada gerçeklik payı yoktu ama bu, tuvalet kâğıdının birçok şirket tarafından 1930'lara kadar hemoroide çare olarak önerilmesini engelleyemedi.

Tıp dergileri çok geçmeden saldırıya geçti. *The New Orleans Medical News* ve *Hospital Gazette*, "New York City'den Bay Gayetty, kandırmacalarıyla kamuoyunun gözünü boyayabileceğini sanıyor," diye yazdı. *The Medical and Surgical Reporter*, Gayetty'yi mizahi bir dille eleştirip halkı "hazırlıksız yakalayıp istismar etmekle" suçladı. *The Lancet* dergisi ise kamuoyundan çok hemoroid tedavisiyle geçimini sağlayan cerrahlara acıyarak, "Cerrahların meslekleri boşa gidecek. Bundan böyle hastalara, üzerinde 'Gayetty' baskısı olan basit bir kâğıt parçası yetecek," diye yazdı.

Elini kirletmeden çok para kazanılmaz

Hemoroidleri iyileştirmediği anlaşılsa da, halk tuvalet kâğıdının sağladığı konfordan memnun kalmıştı. Kısa sürede piyasayı bir dizi benzer ürün kapladı. Yine de tüketicinin beklentisi pek yüksek değildi. Öyle ki, 1930'larda Northern Tissue şirketi, tuvalet kâğıtlarının "kıymıksız!" olduğunu söyleyerek reklam yapmıştı. Günümüzde, tuvalet kâğıdı endüstrisinin iş hacmi, bir kişinin yılda ortalama 20.000'den fazla tuvalet kâğıdı rulosu tükettiği ABD'de yılda 3,5 milyar dolara ulaşmaktadır. Buna diş macunu ve ağız gargarasına harcanan 3 milyar doları eklediğimizde, sindirim kanalının her iki ucuna yönelik kişisel hijyen piyasasının çok kârlı bir alan olduğunu görürüz.

"Gençlik Ruhu Gibi Kokuyor"

İnsan anatomisinde "aksilla" adıyla anılan koltukaltı, özel olarak kötü kokular yaymaya tasarlanmış bir beden bölgesidir desek yalan olmaz. Yüksek oranda ter ve yağ bezi içeren koltukaltı, cildin kuru, nemli veya yağlı olarak sınıflandırılan diğer bölgelerinden farklı olarak her daim nemli ve yağlıdır. Burada ayrıca, apokrin bez adı verilen koku bezleri bulunur. Bu bezlerden protein ve lipit karışımı içeren bir sıvı salgılanır. Koltukaltının nemli, besince zengin ortamı bakteriler için idealdir. Buradaki cilde yerleşip sebum ve diğer besin maddeleriyle beslenen bakteriler, ter kokusu olarak adlandırılan kötü kokulu atıkları dışarı atarlar.

Geçmişi silip atmak

Tuvalet kâğıdı ortaçağda Çin'de icat edildi ama dünyanın geri kalanına hemen yayılamadı. Uzun yıllar her türlü malzeme –aslında o sırada el altında ne varsa demek daha doğru– "popo silme kâğıdı" yerine kullanıldı.

ÇİN İMPARATORLUĞU

Kâğıt

Kâğıt, yaklaşık olarak MS 100'de icat edildi. Tarihi kayıtlara göre, 6. yüzyılın sonlarına doğru atık kâğıtlar silinme amaçlı kullanılmaya başladı. Dünyanın ilk tuvalet kâğıdı endüstrisi 14. yüzyılda kuruldu. 1393 tarihli bir belgeye göre Ming kraliyet erkânı için, 0,5 m'ye 1 metre boyutlarında, 720.000 dev tuvalet kâğıdı yaprağı üretildi

13. YÜZYIL ASYA'SI

El

Birçok kültürde tuvaletten sonra silinmek için sol el, yemek yemek için sağ el kullanılıyordu

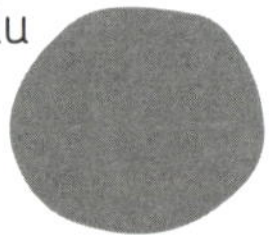

9. YÜZYIL ARABİSTAN'I

Çakıl taşları

Hz. Muhammed, hacet sonrasında taşla da temizlenilebileceğini, hatta tek sayıda taş kullanılması ve temizliğin sol elle yapılması gerektiğini söylemiştir

ESKİ ROMA

Süngerli çubuk

Bir ucunda sirke, şarap veya tuzlu suya batırılmış sünger olan çubuk

VİKİNGLER

Koyun yünü

ESKİMOLAR

Yazın yosun, kışın kar

ORTAÇAĞ BRİTANYA'SI

Pamuk veya keten

Soylular, hacet sonrasında "büyük abdestten sorumlu uşak" adı verilen özel bir hizmetkâr tarafından temizleniyorlardı

AMERİKA'YA İLK YERLEŞENLER

Kuru mısır koçanı kabukları

SEFERDEKİ DENİZCİLER

Halat

Denizciler, gemide kullanılan halatların yıpranmış ucunu deniz suyuyla dolu kovaya batırarak silinirlerdi

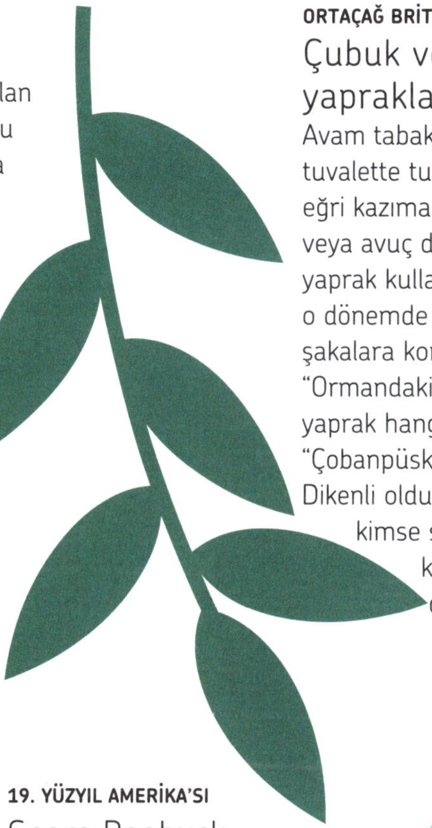

ORTAÇAĞ BRİTANYA'SI

Çubuk veya yapraklar

Avam tabakası, tuvalette tutulan ucu eğri kazıma çubukları veya avuç dolusu yaprak kullanırdı. Hatta o dönemde bu işlem şakalara konu olmuştu: "Ormandaki en temiz yaprak hangisidir?" "Çobanpüskülü! Dikenli olduğu için kimse silinmede kullanamaz da ondan!"

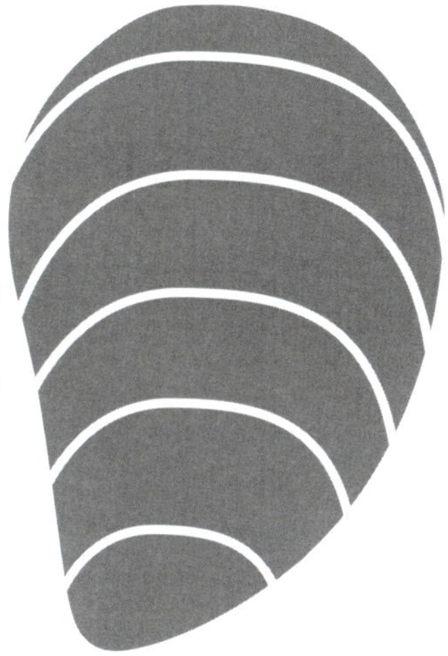

18. YÜZYIL BALIKÇILARI

Midye kabuğu

19. YÜZYIL AMERİKA'SI

Sears Roebuck Kataloğu

Katalogların çoğu, işleri bittikten sonra tuvaletin kenarına asılıp kullanılmak üzere sol üst kısımda bir delikle basılırdı

18. YÜZYIL AVRUPA'SI

Kitap, dergi ve almanaklardan koparılmış sayfalar

17. YÜZYIL FRANSA'SI

Bidenin keşfi

İtalya'da 1975'ten itibaren, yeni tuvaletlere bide yerleştirilmesi zorunlu oldu

Kaynak: *Bum Fodder: An absorbing history of toilet paper*, Richard Smyth (Souvenir Press, 2012)

5. Bölüm

Bilgi

Yazmaya ne zaman başladık?

İnsanlığın aklına gelmiş gelecek her düşünceyi kaydetmek istiyorsanız ihtiyacınız olan şey, 29 soyut şekil; birkaç nokta; birkaç kısa, eğri ve kesik çizgi ile biraz da boşluktur. Hepsi bu kadar.

Yazı, insanlık tarihinin en önemli buluşlarından biri, hatta tarihi mümkün kıldığı için belki de en önemlisidir. Yazıdan önce bütün düşünceler gelip geçiciydi; ya sözel olarak aktarılır ya da unutulup giderlerdi. Yazı, ölümlü insan beyninden bağımsız olarak kodlanmalarına ve üzerlerine yenilerinin eklenmesine olanak sağladı. Dilbilimci Peter Daniels 1996 tarihli *The World's Writing Systems* (Dünya Yazı Sistemleri) adlı kitabında şöyle diyor: "Beşeriyeti dil, uygarlığı ise yazı tanımlar."

İnsanın varoluş sürecinde yazı yeni bir icattır. İnsanlar en az 100.000 yıldır çeşitli diller konuşuyor olsalar da, yazının temel işaretleri ancak 35.000 yıl önce ortaya çıkmıştır.

Bu ilk işaretler Paleolitik Avrupa'nın ünlü resimli mağaralarında bulunmuştur. Hayvanların arasında, geometrik şekiller, zikzaklar, ok işaretleri ve tutarlı bir şekilde çizilmiş nokta kümeleri de dahil olmak üzere, 26 soyut sembol göze çarpar. Bunlar, Fransa'da bulunan 10.000 yıllık geçmişe sahip 146 mağarada ve dünya genelinde farklı yerlerde tekrar tekrar karşımıza çıkar.

Duvar yazıları

Bunların ne anlama geldiği –tabii eğer bir anlamları varsa– kaybolup gitmiş olsa da, üzerlerinde çalışan araştırmacılara göre bu işaretler yazıyla ilgili umut verici ipuçları içeriyor. Bazı işaretler sık sık çiftler halinde karşımıza çıkıyorlar. Bu, birleştirilen sembollerin yeni bir kavram ifade ettiği ilkel yazı sistemlerinin tipik bir özelliği. Diğerleriyse daha büyük bir şeklin bir parçasını temsil ediyor olabilir. Örneğin, Cheuvet Mağarası'nda bulunan W şekillerinin, bedeni olmayan bir mamutun uzun dişlerini ifade ettiği sanılıyor. Kapsamlama adı verilen bu özelliğe, nesne ve düşünceleri ifade etmek için resimlerin kullanıldığı ilkel yazı sistemlerinde sık rastlanıyor.

Bu mağara sembolleri bir yana, bilinen en eski resim yazı örnekleri, kültürel bir yenilik patlamasına tanıklık eden Neolitik Dönem'e ait. Çin'de, Jiathu mağaralarında bulunan ve yaklaşık 8500 yıl önce bir kaplumbağa kabuğuna kazınmış 16 sembolden oluşan dizi ile Güneydoğu Avrupa'da yüzlerce insan yapımı aletin üzerine kazınmış tekrarlayan onlarca sembolden oluşan Vin a yazısı bunlara örnek. Her ikisi de yazıya benziyor ama şifreleri çözülemediğinden kimse bundan tam olarak emin olamıyor.

Konuşulan dili bütün karmaşıklığıyla kaydeden en eski gerçek yazıysa 5300 yıl önce Sümer kentlerinde ortaya çıktı. Küt bir kamış kullanılarak kil tabletler üzerine kazınan çiviyazısı, işçilere maaş olarak ödenen bira payları ve buna benzer şeyleri belgele-

Okuryazar beyinler

Okumak, yaptığımız en heyecan verici şeylerden biri. İnsan beyninin öğrenmeye önceden programlanmış olduğu konuşma dilinden farklı olarak, okumayı öğrenmek yıllar süren bilinçli bir çaba gerektirir. Beyne, soyut sembol dizilerini dile dönüştürmek için örüntü tanıma gibi başka amaçlara yönelik bilişsel modülleri kullanması öğretilmelidir. Yazma da aynı şekilde zor ve içgüdüsellikten uzaktır. Okuma yazma öğrenmek için gereken zaman ve emeğin fazla oluşu, kitle okuryazarlığının neden bu kadar yeni bir olay olduğunu da açıklar.

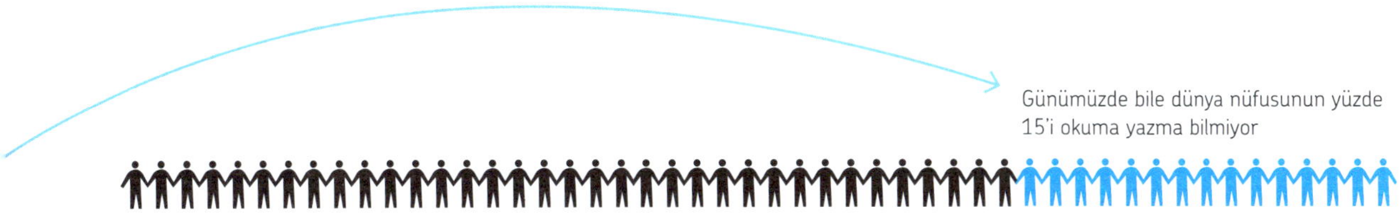

Günümüzde bile dünya nüfusunun yüzde 15'i okuma yazma bilmiyor

mek için bir muhasebe sistemi –giderek büyüyen bir toplum için gerekli bir buluş– olarak başlamış. Başlangıçta resimlerden oluşurken –örneğin bir birayı temsil etmek için bir bardak– yaklaşık 4600 yıl önce, işaretler heceleri temsil edecek şekilde evrimleşmiş ve böylece dili yazıya aktarmak için kullanılabilir hale gelmiş. Örneğin, "ok" sözcüğünün karşılığı "ti" imiş; dolayısıyla da "ti" hecesini ifade etmek için çizilen ok resmi, "yaşam" anlamına gelen "til" sözcüğü için de kullanılıyormuş. Bu tür yazılar "hece yazısı" olarak adlandırılıyor. Japonca da dahil olmak üzere bazı modern yazılar hâlâ bu şekilde yazılıyor.

Alfabeni öğren

Aynı dönemde iki yazı sistemi daha ortaya çıktı: Mısır hiyeroglifleri ile günümüzün Hindistan ve Pakistan'ında kullanılan İndus yazısı. Hiyeroglifler büyük oranda logografiktir, yani her işaret tam bir sözcüğü ifade eder. Fakat bu yazı, sembollerin tek tek sesleri ifade ettiği alfabenin ilk öğelerini de içerir.

Bunlar, uygarlıklar kurulup yıkıldıkça gelip geçen yüzlerce farklı yazı sisteminden ancak birkacıdır. Yazıların çeşitliliği şaşırtıcıdır. Hece yazı, logografik yazı ve alfabeler dışında Arapçada olduğu gibi sesli harfin bulunmadığı yazılar da vardır.

Bazı yazılar soldan sağa, bazıları sağdan sola, bazılarıysa her iki yönde de okunur (birkaç yazı türünde, yazı her satırın sonunda dönerek ters yönde devam eder). Bu tür yazılar, "çift süren öküz gibi dönen" anlamındaki "bustrofedon" sözcüğüyle anılır.

Latin alfabesi ise 4000 yıl önce, bir Eski Mısır dilini kaydetmek için kullanılmıştır. Bu alfabe de resim yazı sisteminden evrilmiştir. Örneğin A harfi, eskiden "alf" olarak adlandırılan boğa kafasının ters çevrilmiş halinden türemiştir.

Yazı, Akdeniz kıyılarındaki şehir devletler tarafından benimsenip uyarlandıktan sonra Fenikeli tüccarlarca bölgeye yayılmıştır. 22 harf içeren Fenike yazısının bütünüyle alfabetik ilk sistem olduğu kabul edilir.

Yaklaşık 3000 yıl önce, Yunanlar Fenike alfabesini alıp kendi dillerine uyarladılar. Daha sonra Romalılar, birkaç harf ekleyip çıkararak alfabeyi aldılar. Günümüzde Roma alfabesi 5 milyar kişi tarafından kullanılmaktadır ve dünya genelinde kullanılan 35 civarında alfabe içinde en yaygın olanıdır. Bu alfabe ve diğerleri sayesinde yüzyıllar önce yaşayıp ölen insanların düşüncelerini ve deneyimlerini öğrenebiliyoruz.

Bununla birlikte birçok eski yazı parçası, sembolleri deşifre edilemediği için can sıkıcı bir şekilde gizemlerini korumaktadır. İndus yazısı, İran'da kullanılmış olan proto-Elam yazısı, Girit'teki Minos Uygarlığı'nda kullanılan Linear A yazısı ve Paskalya Adası'nda keşfedilen Rongorongo yazısı bunlardandır. Öte yandan, konuşulan birçok dil yazıya hiç geçirilmemiştir. Günümüzde yaklaşık 7000 dil konuşulmasına rağmen, bunların yalnızca bir kısmı bir yazı geleneğine sahiptir.

Boşlukları doldurmak

Bir eksikliği gidermek için düşünüp tasarlanarak icat edilen yazılar da vardır. Kore'de kullanılan Hangul yazısı 1440'larda; Cherokee yazısı 1820'lerde icat edilmiştir. Bu kervana en son eklenen dil ise, Hindistan'da 200.000 kişi tarafından konuşulan (ve giderek yazı formuna da dökülen) Kodava'dır. Bu yazının icat edilme tarihi 2005 yılıdır.

Bir yazı sisteminin sürdürülmesi büyük bir yatırım gerektirir ve kaybolup giden yazı sistemlerinin listesi oldukça uzundur. Yine de genel olarak değerlendirdiğimizde, insanların iletişim kurmak için giderek daha fazla cep telefonu ve bilgisayar kullanmasının, yazı kullanımını da büyük ölçüde artırdığını söyleyebiliriz. Bu, geleceğin tarihçilerinin düşüncelerimizin çok daha büyük bölümüne erişebilecekleri anlamına gelir. Bunların okunmaya değer düşünceler olup olmadığı da ayrı bir konu tabii... SLM! KİB! BYE!

İlk yazı hangisi?

Fransa mağaraları, tarihöncesi kaya sanatlarıyla ünlüdür. Ancak 35.000 ila 10.000 yıl öncesine ait 146 başka arkeolojik alanın duvarlarında da harf benzeri 26 adet sembol saptanmıştır. Bu sembollerin ne anlama geldiği veya herhangi bir anlam taşıyıp taşımadıkları bilinmiyor ama birtakım nesneleri sembolize eden resimler olabilecekleri düşünülüyor.

Çizgi
Duvarların % 70'inde
35.000-10.000
yıl önce

Nokta
Duvarların
% 42'sinde
35.000-10.000
yıl önce

Açık açı
Duvarların
% 42'sinde
35.000-10.000 yıl
önce

Oval
Duvarların
% 30'unda
35.000-10.000 yıl
önce

Peniform
(kuştüyü şekilli)
Duvarların % 25'inde
İlk görülme tarihi:
25.000 yıl önce

Daire
Duvarların
% 20'sinde
35.000-10.000 yıl
önce

Dörtgen
Duvarların
% 20'sinde
35.000-10.000 yıl
önce

Üçgen
Duvarların
% 20'sinde
35.000-10.000 yıl
önce

Flabeliform
(yelpaze şekilli)
Duvarların % 18'inde
35.000-10.000 yıl
önce

Yarım daire
Duvarların % 18'inde
35.000-10.000 yıl
önce

Çapraz çizgi
Duvarların % 17'sinde
35.000-10.000 yıl
önce

Klaviform
(sopa şekilli)
Duvarların % 15'inde
35.000-10.000 yıl
önce

Kupula
Duvarların % 15'inde
35.000-10.000 yıl
önce

Parmakla açılmış yivler
Duvarların % 15'inde
35.000-10.000 yıl
önce

Negatif el
Duvarların % 15'inde
30.000-13.000 yıl
önce

Krusiform
Duvarların
% 13'ünde
35.000-10.000 yıl
önce

Tektiform
(dam şekilli)
Duvarların
% 10'unda
25.000-13.000 yıl
önce

Aviform
(kuş şekilli)
Duvarların
% 10'undan azında
30.000-13.000 yıl
önce

Pozitif el
Duvarların % 7'sinde
30.000-13.000 yıl
önce

Yılansı
Duvarların % 7'sinde
30.000-13.000 yıl
önce

Pektiform
(tarak şekilli)
Duvarların % 5'inde
İlk görülme tarihi:
25.000 yıl önce

Zikzak
7 sahada
20.000-13.000 yıl
önce

Kordiform
(kalp şekilli)
3 sahada
30.000-15.000 yıl
önce

Skalariform
(merdiven şekilli)
3 sahada
İlk görülme tarihi:
25.000 yıl önce

Spiral
2 sahada
25.000-15.000 yıl
önce

Reniform
(böbrek şekilli)
Nadir
35.000-13.000 yıl
önce

Bu sembollerden bazılarının dünyanın başka yerlerinde de görülmesi, kimi uzmanların aklına ilk insanların sembolik bir iletişim sistemi geliştirip geliştirmedikleri sorusunu getiriyor

Fransa

Kuzey Amerika

Avustralya

Güney Amerika

İspanya

Güney Afrika

Orta Afrika

Doğu Afrika

Malezya

Hindistan

Çin

İtalya

Kuzey Afrika

Borneo

Çekya

Burma

Portekiz

Yeni Gine

Hiçi nasıl keşfettik?

Bir adamın yedi tane keçisi vardı. Üç keçiyi mısır karşılığında takas etti; üç kızına çeyiz olarak birer tane keçi verdi; birini de kaybetti. Bu adamın kaç keçisi kaldı?

Bu tuzaklı bir soru değil. Tuhaf olan, tarihin çok büyük bir kısmında insanların bu soruya verecek bir yanıtlarının bulunmayışı. Sayı saymanın geçmişinin beş bin yıl öncesine kadar uzandığına dair kanıtlar olsa da hiçin –sıfırın– matematiksel olarak kavranması, en iyi tahminle bile bu sürenin ancak yarısı kadar eski.

Sıfırın hikâyesi, sayı saymanın ve matematiğin hikâyesidir aslında. Fakat iki farklı sıfırın –hiçliği ifade eden sembol olarak sıfır ile hesaplarda kullanılan ve kendine ait matematiksel özellikleri olan sıfır– iç içe geçmiş hikâyesidir bu. Her iki sıfırın da aynı olduğunu düşünebilirsiniz ama değiller.

İlk ortaya çıkan, sembol olan sıfırdır. Bu, mesela 2016 gibi bir sayıdan tanıdığımız sıfırdan başkası değildir.

2016'nın ne anlama geldiğini bilmek içinse "basamaklı sayı sistemi" kavramını anlamanız gerekir. Neyse ki bu pek zor bir iş değildir. Birler, onlar ve yüzler basamağını öğrenen her ilkokul çocuğu bunu yapabilir. 2016'daki 6, altıyı; 1, onu; 2 ise iki bini ifade eder. Sıfırın rolü ise çok önemlidir; bize bu sayıda "yüzlerin" olmadığını söyler. Eğer sıfır olmasaydı 2016'yı 216 veya 2160'la karıştırabilirdik.

İlk basamaklı sayı sitemi, MÖ 1800 yıllarında, geçen mevsimleri ve yılları hesaplamak için Babil'de kullanıldı. Fakat o zamanlar, bizim alışık olduğumuz 10 tabanlı sayı sistemi değil, 60 tabanlı sayı sistemi kullanılıyordu. Dolayısıyla Babilli hayali bir ilkokul öğrencisinin 3600'leri, 60'ları ve 1'leri öğrenmesi gerekirdi. Sistem iyi işliyordu ama bariz bir kusuru vardı: Hanelerden birine koyulacak hiçbir şey yoksa Babilliler orada bir boşluk bırakıyorlardı. Bu da sayısal bir karmaşaya yol açıyordu.

Babilliler, muhtemelen bu tür hataların önüne geçmek için MÖ 300 yıllarında boş haneyi ifade eden yeni bir sembol kullanmaya başladılar: ↗↗. Bu, dünyanın ilk sıfırıydı. Sıfır, yüzlerce yıl sonra dünyanın öbür ucunda Mayalı astronom rahipler tarafından ikinci kez keşfedildi.

Sıfır, sayma sistemlerinde bir yer tutucu olarak çok işe yarayan bir kavramdır. Fakat ne Babilliler ne de Mayalar, bunun kendi başına bir rakam olarak ne kadar yararlı olabileceğini fark edemediler.

Kabul etmeliyiz ki sıfır, sayılar tapınağına öyle hoşça buyur edilebilecek bir rakam değildir. Onu kabul etmek demek, titizlikle ele alınmadıkları takdirde bütün sistemin çökmesine neden olabilecek kavramsal yenilikler getirir. Diğer bütün sayılardan farklı olarak bir sayıya sıfır eklemeniz (veya çıkarmanız) o sayıyı değiştirmez. Fakat sayıyı sıfırla çarptığınızda işler değişir, çarpılan sayı sıfırlanır. Bir sayıyı sıfıra bölmeye kalktığımızda neler olacağı konusunaysa hiç girmeyelim.

Boşluktan kaçınmak

Bu kavramla uğraşan bir sonraki uygarlık olan Antik Yunan bu işe pek de hevesli değildi. Yunan düşüncesi, sayıların geometrik şekilleri ifade ettiğine inanıyordu. Orada olmayan bir şeye nasıl bir şekil karşılık gelebilirdi ki? Öte yandan, Yunanların dünya görüşlerine göre gezegenler ve yıldızlar, merkezinde Dünya'nın bulunduğu ve "kendisi hareket etmeyen bir hareket ettirici" tarafından hareket ettirilen bir dizi eşmerkezli göksel küreydi. Bu kozmolojide boşluğa yer yoktu, bu yüzden de sıfır, kutsal olmayan bir kavram olarak görüldü. Bu imge daha sonra Hıristiyan felsefesi tarafından da hevesle benimsendi.

Sonsuz yaratılış ve yok olma döngüleri düşüncesinden köken alan Doğu felsefesinin ise böyle bir çekincesi yoktu. Sıfırın yolculuğunun bir sonraki dönüm noktası, gökbilimci Brahmagupta tarafından MS 628'de Hindistan'da yazılan ve matematiğin fiziksel dünyayla ilişkisi üzerine bir inceleme olan *Brāhmasphuṭasiddhānta*'da yer aldı.

Hiçin ifadesi

Sıfır kavramı 14 asır önce Hindistan'da keşfedilmiş ama görünen o ki, o devrin matematikçileri "0" sembolünü kullanmadan da bir şekilde idare edebilmişler. MÖ 662'de Suriyeli bilgin Severus Sebokht, büyük Hintli matematikçilerin hesaplarını "dokuz sembolle" –muhtemelen 1'den 9'a kadar olan rakamlarla– yaptıklarını yazmıştı. Sıfır rakamıyla ilgili ilk kayıt 214 yıl sonra ortaya çıktı: Kuzey Hindistan'ın Gwalior kentindeki bir tapınak yazıtında görülen ve bizimkine bariz bir şekilde benzeyen ezik bir yumurta sembolü.

İşaret, 270 "hasta" uzunluğunda bir araziden bahseden bir yazıtta yer almaktadır. *Hasta, cubit*'in Hindistan'daki eşdeğeridir.

Brahmagupta, sayıları fiziksel veya geometrik gerçeklikten ayrı, soyut nicelikler olarak ele alan ilk kişiydi. Böylece, "bir sayıdan kendisinden daha büyük bir sayıyı çıkarırsanız ne olur?" gibi yeni sorular üzerinde düşünebildi.

Geometrik açıdan bu sorunun bir anlamı olamazdı tabii; bir alandan daha büyük bir alanı çıkarırsanız geriye ne kalır? Fakat sayıların soyut birimler haline gelmesi yeni bir olasılık doğurdu: negatif sayılar dünyası.

Sıfırdan zirveye

Sonuç olarak, her iki yönde de göz alabildiğine uzanan sürekli bir sayı doğrusu kavramı ortaya çıktı. Hem pozitif hem de negatif sayıları içeren bu doğrunun tam ortasında "sunya", yani boşluk vardı. Bu yeni rakam çok geçmeden sıfır sembolüyle birleşti. Böylelikle, günümüzde tüm dünyada kullanılan bütünüyle soyut sayı sistemi doğmuş oldu ve kısa sürede matematik yapmanın yeni bir yolunu, cebiri yarattı.

Haberin Avrupa'ya ulaşması uzun zaman aldı. İtalyan matematikçi Fibonacci, 1202 yılında bu yeni sayma sisteminin ayrıntılarını açıkladı ve karmaşık hesaplarda abaküse olan üstünlüğünü gösterdi. Tüccarlar ve bankacılar hızla ikna oldularsa da, aynı durum idareciler için geçerli değildi. Floransa kenti 1299'da sıfır rakamını yasakladı; bir sayıyı, yanına sıfır koyarak on katına çıkarmanın dolandırıcılığa davetiye çıkarmak olduğuna inanıyorlardı çünkü.

Avrupa matematiğinin 16. yüzyıldan itibaren yavaş yavaş Aristoteles kozmolojisinin prangalarından kurtulabilmesiyse ancak Copernicus'un Dünya'nın Güneş'in etrafında döndüğünü ortaya koyarak büyük sansasyon yaratan kuramını açıklamasıyla gerçekleşebildi.

Sıfırın daha iyi anlaşılması, bunu izleyen bilimsel devrimin ateşleyicisi oldu. Sonraki olaylar, sıfırın ve ona dayanan her şeyin matematik için ne kadar önemli olduğunu ortaya koyacaktı. Bugün bir sayının içinde öylece duran sıfıra baktığımızda bu kadar kafa karışıklığı ve sıkıntıya nasıl neden olabildiğini anlamamız çok zor. Neyse ki günümüzde bütün bunlar solda sıfır kalıyor.

Öncüler

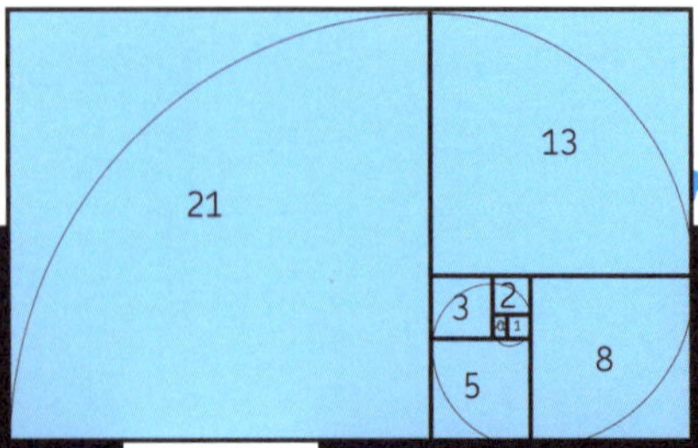

Fibonacci'nin ünlü sayı dizisi, her sayının kendinden öncekiyle toplanmasıyla ilerler

HİNDİSTAN y. 628

Aritmetik

Brahmagupta sıfırla toplama, çıkarma, çarpma ve bölme kurallarını yazan ilk kişi oldu.

Sıfırla bir pozitif sayının toplamı pozitiftir
Sıfırla bir negatif sayının toplamı negatiftir
Sıfırla **sıfır**ın toplamı **sıfır**dır

Sıfırdan pozitif bir sayı çıkarılırsa sonuç negatif olur
Sıfırdan negatif bir sayı çıkarılırsa sonuç pozitif olur
Sıfırdan **sıfır** çıkarılırsa sonuç **sıfır** olur

Bir sayının **sıfır**la çarpımı **sıfır**ı verir
Bir sayının **sıfır**a bölümü **sıfır**ı verir

Günümüzde bunu yanlış olarak kabul ediyoruz.

İRAN y. 780-850

Cebir

El Harezmî boş sütunları belirtmek için daire şeklindeki sıfırı kullanıma sokan Hint sayı sisteminim yayılmasını sağladı. Ayrıca cebir adını verdiğimiz problem çözme yöntemlerini de geliştirdi.

٠	0
١	1
٢	2
٣	3
٤	4
٥	5
٦	6
٧	7
٨	8
٩	9

Onlar basamağında bir rakam olmadığında "sırayı tutması" için küçük bir daire kullanılması gerekiyordu. Bu daireye Arapça "boş" anlamında "sifr" deniliyordu. "Sifr" zamanla değişerek "sıfır" sözcüğüne dönüştü

İTALYA y. 1170-1250

Hesap

Fibonacci sıfır sembolünün ticaret ve alım satımda sağladığı yararları göstererek Hint-Arap sayı sistemini Avrupa'da yaygınlaştırdı.

FRANSA 1596-1650

Analitik geometri

René Descartes geometriyle cebiri birleştirerek sayı çiftlerinin uzayda bir nokta, denklemlerin ise çizgi olarak ifade edildiği bir koordinat sistemi yarattı.

Bu düzlemin orta noktası (0,0)'dır

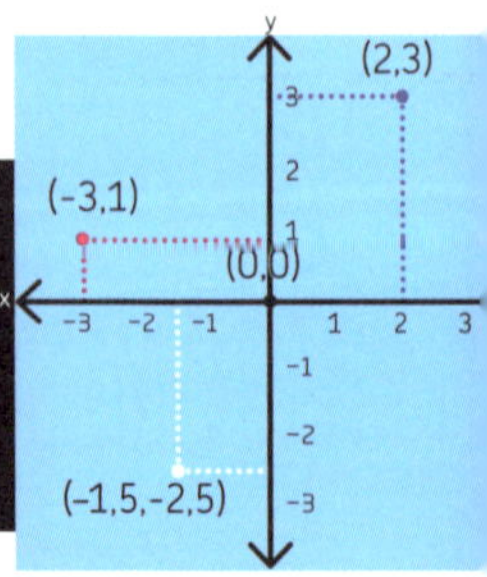

İNGİLTERE 1642-1726

Kalkülüs

Isaac Newton hareket ve değişkenleri, küçük aralıklara bakıp sıfıra indirgeyerek anlamaya yarayan yeni bir matematik dalı olan kalkülüsü geliştirdi.

Newton bir yıldızın etrafında dönen gezegenlerin neden eliptik bir yol izlediklerini anlamaya çalışıyordu

Geliştirdiği yöntemler, uzay gözlemevlerinin ve keşif robotlarının sabit yörüngelere oturtulmasında kullanılmaktadır

ALMANYA 1736-1813

Astronomi

Joseph-Louis Lagrange uzay boşluğunda yakın cisimlerin kütle çekimlerinin birbirini yok ettiği ve net kuvvetin sıfır olduğu konumları hesapladı.

ALMANYA 1646-1716

İkili sayılar

Gottfried Leibniz Newton'dan bağımsız olarak kalkülüsü geliştirdi ve bu yöntemleri ilk o yayımladı. Modern bilgisayarların temelini oluşturan, yalnızca 1 ve 0'ın kullanıldığı ikili sayı sistemini de o buldu.

1	1
2	10
3	11
4	100
5	101
6	110
7	111
8	1000
9	1001
10	1010

Sağ sütundaki ikili sayı değerleri, sayıları, aşina olduğumuz on tabanı yerine birler, ikiler, dörtler, sekizler... şeklinde gösterir

ALMANYA 1848-1925

Küme teorisi

Gottlob Frege sayıları nesnelerden bağımsız olarak tanımlama sorunsalı üzerinde çalıştı. Bu sorunun çözümü için hiçbir şey içermeyen kümeden (boş küme veya sıfır) başlanmasını önerdi.

Nasıl ki boş bir torba hiçbir şey içermezse boş bir kümenin de elemanı yoktur. Boş küme, kendisini içeren kümeler oluşturarak diğer tüm sayıları tamamlamakta kullanılabilir

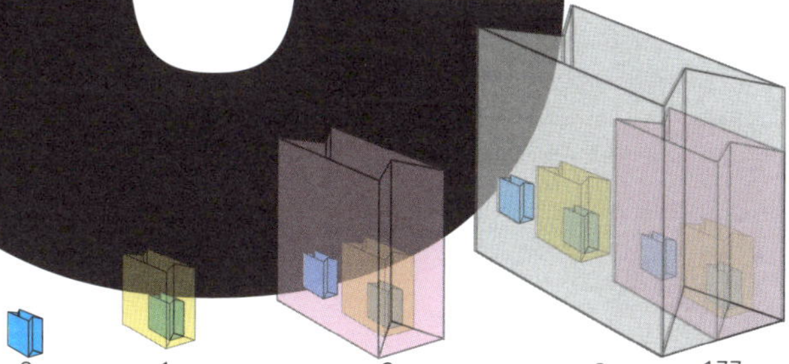

Ölçmeye ne zaman başladık?

Ölçemediğiniz şeyi yönetemezsiniz. Bu özlü söz, toplumumuzda süpermarketlerden bilime kadar her yerde kendini gösterir. Ve bu, öteden beri de böyledir. Bütün eski kültürler, uzaklık, ağırlık, hacim, alan ve zamanın ölçümü için sistemler geliştirmişlerdir. Tarihimiz kile, arşın, okka, endaze, kulaç gibi artık kullanımdan çıkmış ölçü birimleriyle doludur.

Ölçüm, haliyle pozitif bir bilimdir. Bütün sistemlerin herkesçe kabul edilen ve kolayca anlaşılabilen standart birimleri temel alması gerekir. Eski birimlerin genellikle insan bedeni üzerinden tanımlanması da bu yüzdendir. Örneğin *cubit*, dirsekten orta parmağın ucuna kadar olan uzunluğa karşılık gelir. Aynı mantığa dayanan parmak ve karış gibi ölçü birimlerini bugün bile kullanıyoruz.

Bir diğer yaklaşım, aşağı yukarı birörnek olan doğal birimlerin kullanımıdır. Örneğin değerli taşların ağırlığı keçiboynuzu tohumlarıyla ölçülmüş, hatta karat sözcüğü, keçiboynuzunun Arapçası olan *karrat* sözcüğünden türemiştir.

Bunlar bir yere kadar yarar sağlasalar da, çok geçmeden oldukça değişken oldukları anlaşıldı. Bunun üzerine ölçü standartları taş veya metaller üzerine yazılıp Akropolis gibi devlet binalarında saklanmaya başladı. *Daktylos* (parmak) ve *kohliarion* (kaşık) gibi ölçü birimlerinin kesin tanımlarına buradan ulaşılabiliyordu.

Devrim niteliğinde ölçü birimleri

Modern ölçümbilim çağı Fransız Devrimi fırtınasıyla başladı. Yepyeni bir ulusal kimlik oluşturmaya çalışan liderler, irrasyonel ağırlık ve ölçü birimleri de dahil olmak üzere eski sistemin tüm izlerini süpürüp atmak istiyorlardı. Düzgün ve düzenli metrik sistem işte böyle doğdu.

Sistem başlangıçta yalnızca iki ölçü biriminden, kilogram ve metreden oluşuyordu. Erime sıcaklığında 1 litre suyun kütlesi olarak tanımlanan kilograma hemen metre de bağlandı (1 litre, kenarları 10 cm olan bir küptür).

Metre, Kuzey Kutbu'nun ekvatora uzaklığının on milyonda biri olarak tanımlandı. Tahmin edileceği üzere, gerçekte bu uzunluğun ne kadar olduğunun saptanması bile büyük bir başarıydı. Dunkirk'ten Barcelona'ya kadar, kilise kulelerine tırmanıp bunlar arasındaki mesafenin üçgenlere ayırma yöntemiyle hesaplanması ve Kutupyıldızı'nın konumunun gözlenmesi aracılığıyla bu mesafenin ölçülmesi yedi yıl sürdü.

Daha sonra her iki birim de metal şeklinde saklanmaya başladı: Tam 1 kilogram ağırlığında platinden bir silindir ve tam 1 metre uzunluğunda platin bir çubuk.

Bu, o ana kadar icat edilmiş en kesin ve bilimsel sistemdi ama hâlâ değişken niceliklere bağımlıydı. Metrenin 1875 yılında uluslararası standart olarak benimsenmesinden önce, ölçünün çok muğlak olduğu hakkında söylentiler dolaşmaya başlamıştı bile. Örneğin fizikçi James Clerk Maxwell, Dünya'nın boyutlarının temel alındığı birimlerin, yüzey sürekli değiştiği için doğal olarak dengesiz olduğunu savunmuştu.

1870'lerde ABD'li matematikçi Charles Sanders Peirce'in aklına parlak bir fikir geldi: Metre, ışığın

Parmaklar, dirsekler ve sırıklar

Cubit, önkolun orta parmağın ucundan dirseğe kadarki uzunluğuna karşılık gelen ölçü birimiydi.

Adını eskiden rençberlerin kullandığı ölçü sırığından alan *rod*, alan ölçümünde kolaylık sağlayan, 5,5 yarda (yaklaşık 5 metre) uzunluğunda bir ölçü birimiydi. 1 akre 160 rod kareye karşılık geliyordu.

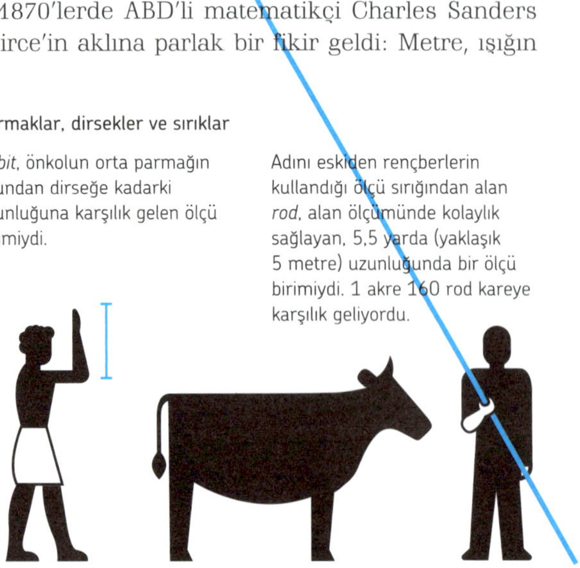

Olanaksız ölçüm

Uluslararası Ölçü Birimleri içinde en belirsiz şekilde tanımlananı, elektrik akımı birimi olan amperdir: "Bir amper, doğrusal sonsuz uzunlukta, ihmal edilebilir dairesel enine kesitte ve birbirinden bir metre uzaklıkta, boşluğa yerleştirilmiş paralel iki iletkenden geçirildiğinde, bu iletkenler arasında beher metre başına 2×10^{-7} Newton'luk bir kuvvet meydana getiren sabit elektrik akımdır." Anlayabildiniz mi? Anlayamadıysanız hiç üzülmeyin, bu zaten yapılması olanaksız olan bir ölçüm. Sonsuz uzunlukta bir iletken nereden bulunabilir ki?

dalga boyu üzerinden tanımlanabilirdi. Doğadaki temel sabitler üzerinden ölçüm yapılması fikri buradan doğdu. Bu minik tohumdan, bugünün bilimsel ölçüm sistemi olan ve SI olarak bilinen Uluslararası Birim Sistemi (Système International d'Unités) gelişti.

Yine de bu biraz zaman aldı. Ölçümün bekçilerinin nihayet harekete geçebilmeleri için 1960 yılının beklenmesi gerekti. Bu tarihte platin çubuk yerini kripton-86 atomunun emisyon spektrumunu temel alan metreye bıraktı. Son olarak 1983'te metre, "ışığın 1/299.792.468 saniyede kat ettiği mesafe" olarak tanımlandı.

Uluslararası Birim Sistemi 1960 yılında doğdu. Metrenin yanı sıra altı "temel birim" –kilogram, saniye, kelvin, amper, mol ve kandela (ışık yoğunluğu birimi)– için de uluslararası bir standart belirlendi. Bu temel birimlerden yola çıkarak joule, hertz, watt ve ohm gibi diğer tüm ölçüm birimlerine ulaşılabilir. Bu şekilde oluşturulan 20 tane "türetilmiş birim" bulunur.

Ancak ölçümbilimin bütün sorunları yine de çözülememişti. Yedi temel birimden beşinin tanımları hâlâ yetersizdi. Örneğin saniye, Dünya'nın hafifçe değişen dönme süresiyle bağlantılıydı. Bu sorun 1967'de çözümlendi, ama diğer dördüyle ilgili sorunlar devam etti. Uluslararası Birim Sistemi bir kişi olsaydı kilo sorunu yaşadığını, vücut kimyasının bozuk ve sağlıksız bir beden sıcaklığı olduğunu ve gözlerinin feri kaçtığını söyleyebilirdiniz.

Bu, hâlâ ciddi bir sorun. İster sebze alıyor ister parçacık fiziği üzerinde çalışıyor olun, ölçü birimlerinin her yerde, herkes için aynı olması gerekir. Uluslararası bir sisteme sahip olmamak felaketle sonuçlanabilir; NASA'nın 125 milyon dolarlık Mars İklim Uydusu, İngiliz ölçü birimleriyle metrik sistem birimlerinin karıştırılması sonucu 1999 yılında ortadan kaybolmuştur.

En ağır sorun, hâlâ fiziksel bir obje –1870'lerde dökülen platin-iridyum alaşımı bir silindir– tarafından tanımlanan kilogramdır.

Aynı dönemde, kilogram standardını belirlemek için 40 kadar başka kalıp da dökülmüştür. Bunların bir kısmı Paris yakınındaki Sèvres kasabasında bulunan Uluslararası Ağırlık ve Ölçü Bürosu'nda, diğerleri ise dünyanın dört bir yanındaki standart laboratuvarlarında saklanmaktadır. Bunlar ara sıra karşılaştırılır. 1949'da ölçümbilimciler, prototiple diğer kardeşleri arasında 50 mikrogramlık, hayli rahatsız edici büyüklükte bir fark olduğunu saptamışlar, 1989'da karşılaştırma tekrarlandığında sorunun devam ettiği görülmüştür.

Hep aynı kal

Kilogram sorunu, kimyagerlerin madde miktarını ölçmek için kullandıkları "mol" ölçü birimine de sirayet eder çünkü bir mol, 0,012 kilogram karbon-12 izotopundaki atom sayısı olarak tanımlanır. Off!

Sıcaklık ölçüsü birimi olan kelvin de amacına uygun değildir. Kelvin, saf suyun buz, sıvı ve gaz halinin bir arada bulunabileceği üçlü noktası olan 0,01°C'nın 1/273,16'sı olarak tanımlanır. Birçok amaç için uygun olsa da, teknik sebeplerden dolayı çok yüksek veya çok düşük sıcaklıkları ölçmek zordur. Amperin daha da fena sorunları vardır.

Sorunların gayet de farkında olan ölçümbilimciler, bütün temel ölçü birimlerini doğadaki değişmez sabitlere bağlamaya uğraşıyorlar. Bu yenileyip düzeltme işlemleri tamamlandığında ölçüm, nihayet tarihte ilk kez kesin temellere kavuşabilecek.

Her şey için bir ölçü birimi

Bütün fiziksel gerçeklikler yalnızca yedi temel ölçü birimiyle ölçümlenebilir. Temel birimler, türetilmiş birimler oluşturmak için birleştirilebilir de.

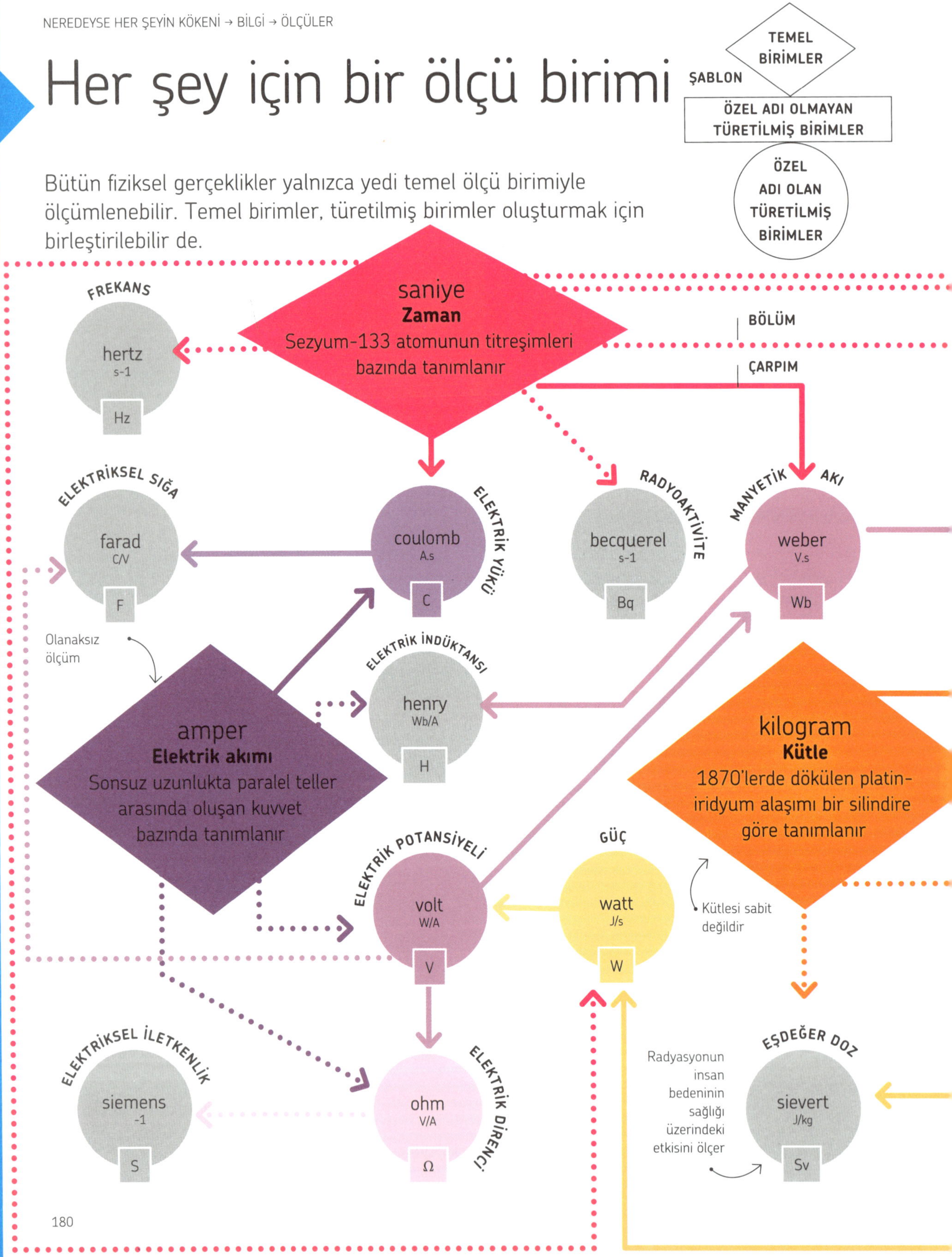

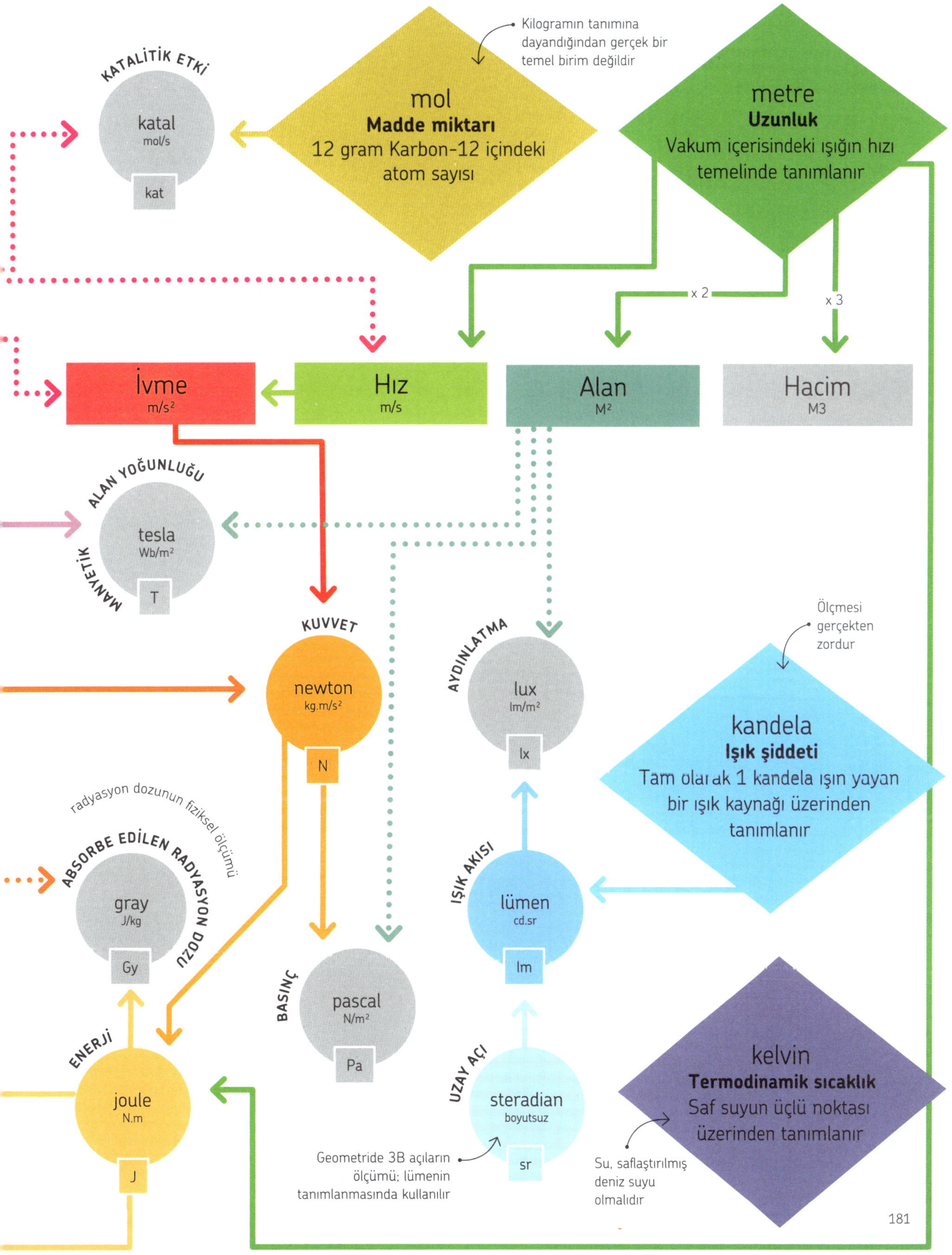
KATALİTİK ETKİ
katal
mol/s
kat
mol
Madde miktarı
12 gram Karbon-12 içindeki atom sayısı
Kilogramın tanımına dayandığından gerçek bir temel birim değildir
metre
Uzunluk
Vakum içerisindeki ışığın hızı temelinde tanımlanır
x 2
x 3
İvme
m/s²
Hız
m/s
Alan
M²
Hacim
M3
ALAN YOĞUNLUĞU
MANYETİK
tesla
Wb/m²
T
KUVVET
newton
kg.m/s²
N
AYDINLATMA
lux
lm/m²
lx
Ölçmesi gerçekten zordur
kandela
Işık şiddeti
Tam olarak 1 kandela ışın yayan bir ışık kaynağı üzerinden tanımlanır
radyasyon dozunun fiziksel ölçümü
ABSORBE EDİLEN RADYASYON DOZU
gray
J/kg
Gy
IŞIK AKISI
lümen
cd.sr
lm
BASINÇ
pascal
N/m²
Pa
ENERJİ
joule
N.m
J
UZAY AÇI
steradian
boyutsuz
sr
Geometride 3B açıların ölçümü; lümenin tanımlanmasında kullanılır
kelvin
Termodinamik sıcaklık
Saf suyun üçlü noktası üzerinden tanımlanır
Su, saflaştırılmış deniz suyu olmalıdır

Zamanı ölçmeye ilk kim başladı?

Saatin saniye ibresine bakarken tuhaf bir şey gözlemleyebilirsiniz. Kimi zaman ibre, ileri doğru gideceğine, tik taklarına geri dönmeden önce bir anlığına donmuş gibi görünür. Bu "donmuş zaman" yanılsaması, görme sisteminin tasarım şeklinden kaynaklanır: Gözler hızlı hareket ettirildiğinde görme sistemi kapanır ve beyin, kaçırıldığını düşündüğü kısmı kendi doldurur. Fakat bu, zamanın ölçümüyle ilgili sorunlarımızın hoş bir özetidir de aynı zamanda.

Zaman, en iyi şartlarda bile anlaşılması zor bir olgudur. Bazen akıp gider, bazen ağırlaşır, bazen de hepten durmuş gibi olur. Biz zamanı, değiştirilemez bir şekilde geçmişten geleceğe uzanan bir "şimdiler" akışı gibi deneyimleriz ama gerçekten var olup olmadığından emin olamayız: Zaman, evrenin uzam ve kütle gibi temel özelliklerinden biri de olabilir, beyinlerimizin yarattığı bir yanılsama da...

Fakat bu belirsizlik, bizi zamanı kesin olarak belirlemeye çalışmaktan alıkoyamamıştır. İnsan insan olalı, zamanı hatasızca şekillendirip ölçmenin yollarını icat etmekle uğraşmıştır daima.

Uzak atalarımız da, "anın" veya günlerin, mevsimlerin ve yılların öngörülebilir döngüsel çevrimini fark etmemiş olamazlar. Fakat insanlığın tarihöncesi döneminin büyük bir kısmında gün doğumu, gün batımı, Ay'ın evreleri gibi doğal zaman göstergeleri yeterli olmuştur. Stonehenge gibi megalit yapılar, mevsim geçişlerini öngörmek için kullanılan bir tür takvim görevi üstlenmiş olabilir ama bu konudaki görüşlerimiz spekülasyondan öteye geçemez.

Saatin denetimi

Resmi bir zaman ölçüm sistemi oluşturmaya yönelik ilk girişim, yaklaşık 4000 yıl önce Mısırlıların günü daha küçük birimlere bölme fikrini ortaya atmalarına dayanır. Krallar Vadisi'nde bulunan ilk güneş saatleri, büyük olasılıkla mezarları inşa eden işçilerin çalışma süresini izleyebilmek amacıyla, 12 eşit parçaya bölünmüştür. Eğer gerçekten böyleyse, o dönemin insanlarının da, özellikle yaz ortasında zamanın geçmek bilmediği hissine kapılmış olmaları mümkün. Bu "ilk saatlerin" süresi, muhtemelen günün uzunluğuna göre değişiyordu. Yaz ortasındaki bir saat, kış ortasındaki bir saatten günümüz ölçümüne göre 16 dakika daha uzun olmalıydı. Eski Mısırlılar, belki de bu sorunu çözmek için, günü Güneş'ten bağımsız olarak 24 eş parçaya bölen su saatini icat etmişlerdi.

Bir sonraki önemli adım, alt birimlerin oluşturulmasıydı. Bunu ilk olarak yaklaşık MÖ 300 yıllarında Babilliler uygulamaya geçirdiler. Günü, 60'ın katlarına bölerek 24 dakika, 24 saniye ve 0,4 saniyeye karşılık gelen birimler oluşturdular.

Saniyeler geliyor

Şimdi kullandığımız sistem, MS ilk binyılın sonlarında, İranlı çok yönlü bilgin Biruni'nin Mısırlıların 24 saatlik gün kavramını alıp 60'a iki kez bölerek dakikayı ve saniyeyi oluşturmasıyla ortaya çıktı.

Saniye günümüzde de temel zaman ölçüm birimidir. Yüzyıllardan beri güneş döngüsüyle bağıntısını koruyan saniye, bir günün 1/86.400'ü olarak tanımlanır. Ne var ki zaman içinde bu tanımın Eski Mısırlıların karşılaştıkları sorunu günümüze dek taşıdığı anlaşılmıştır. Bir gün her zaman aynı uzunlukta değildir. Ay'ın ve Güneş'in çekim gücü, Dünya'nın dönüşünü giderek yavaşlatmaktadır. Bu nedenle 100 yıl önce bir gün, günümüzdekine kıyasla birazcık daha kısaydı ve 100 yıl sonra yaşanacak bir gün de bugünkünden birazcık daha uzun olacaktır. Atmosfere ve Dünya'nın kaynayan çekirdeğine bağlı istikrarsızlıklar da gezegenimizin dönüşünü öngörülemez bir şekilde yavaşlatabilmekte veya hızlandırabilmektedir.

Gündelik açıdan bu bir sorun yaratmaz. Fakat birçok ölçüm birimi saniyeyi temel aldığından, saniyenin değişken olması kabul edilemez. Bilim insanları bu soruna, suyun damlamasından daha incelikli ama yine de Mısırlılarinkine benzer bir çözüm bulmuşlardır.

Uluslararası Ağırlık ve Ölçüm Komitesi, yıllarca süren gizli tartışmaların ardından 1967'de, saniyenin yeni tanımı üzerinde anlaşmıştır. O günden bu yana "atomik saniye", sezyum atomunun belirli sayıda titreşim gerçekleştirmesi için gereken süre üzerinden tanımlanmaya başlamıştır. Bu karar, gökbilimle zaman arasındaki tarihsel bağda kesin bir kırılma yaratmıştır.

Yine de gökbilim, birkaç yılda bir beklenmedik varlığını hissettirir. Eğer istersek zamanın geçişini atomik bir saatle ölçebiliriz tabii ama günler yine fark edilmez şekilde uzamaya devam edecek ve atomik zamanla Dünya zamanının giderek birbirinden ayrılmasına neden olacaktır.

Bilinmeyene sıçrayış

İnsanların gözünden bakıldığında yüzyılda 2 ya da 3 dakikaya karşılık gelen fark göz ardı edilebilir düzeydedir. Fakat bilim açısından bu çok büyük bir farktır. Bu nedenle 1972'de "artık saniye sistemi" kullanıma girmiştir. Gökbilimciler, Dünya'nın dönüşünü, bulabildikleri en sabit referans noktası –milyarlarca ışık yılı uzaktaki kuasarlar– aracılığıyla izlerler. Dünya'nın dönüşündeki bir değişimin Dünya zamanını atomik zamandan 0,9 saniyeden fazla saptırma riski doğduğunda, artık saniye ekleme veya çıkarma uyarısında bulunurlar. Bugüne kadar uyarılar hep ekleme yönünde olmuştur. Eşgüdümlü Evrensel Zaman (UTC) bu şekilde belirlenir.

Bu arada, zamanın daha da küçük birimlerini ölçme eğilimi devam etmektedir. Atomik saatler şaşırtıcı derecede doğrudur: 1955'te icat edilen ilk güvenilir atomik saatin yanılma payı, 300 yılda 1 saniye kadardır. Üstelik daha sonra pek çok kez bunu da aşan başarılar kaydedilmiştir. 2013 yılında, günümüzden 542 milyon yıl önce gerçekleşen Kambriyen Patlaması'ndan bu yana yalnızca yarım saniyelik yanılma payı olan bir atomik saat yapılmıştır. Son teknoloji daha da iyisini vaat etmektedir. Çok yakın bir gelecekte, optik saat olarak bilinen yeni nesil saatler, günümüzden 13,8 milyar yıl önce gerçekleşen Büyük Patlama'da çalışmaya başlamış olsalar bile hâlâ dakik olmaya devam edecek kadar kusursuz olacaklardır.

Derin zaman

Zamanın ölçümünde kavramsal olarak en zor dönüm noktalarından biri, ne kadar zaman geçtiğini anlayabilmek olmuştur. İnsan ömrü penceresinden bakıldığında bin yıl kavranabilir bir zaman kesitidir. Fakat 13,8 milyar yıl, kavrayışımızın ötesine geçer. "Derin zaman" sağduyuya o kadar aykırıdır ki, zamanın ölçümünün keşfedilişinden ancak 4000 yıl kadar sonra anlaşılabilmiştir.

18. yüzyılın ortalarına kadar, evrenin ancak birkaç bin yıl yaşında olduğu düşünülüyordu. Derken zaman içinde, jeologlar bu sürenin onlarca kat daha fazla olduğunun farkına vardılar. İnceledikleri kayaçlar ebedi ve değişmez gibi görünüyordu ama bu bir yanılgıydı. Aslında zemin tabakaları, fosiller ve fay hatları, akıllara durgunluk verecek kadar uzun zaman dilimleri süresince inanılmaz yavaş değişikliklerin olduğunu ortaya koymaktaydı.

Mısırlıların su saati, zaman ölçümünü gökbilimden ayıran ilk aygıttır

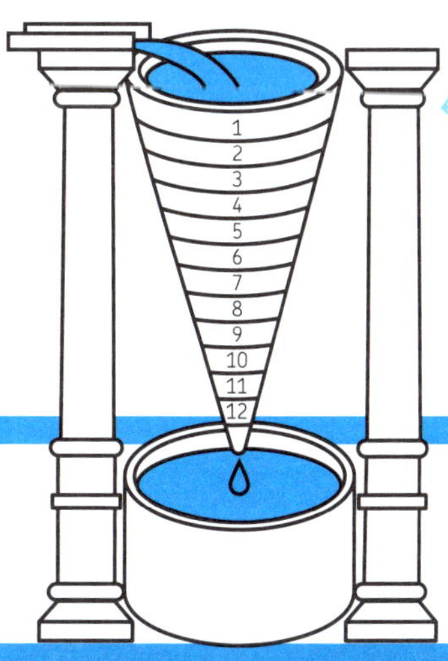

12'nin gücü

Birçok arkaik ölçüm sistemi 12 sayısını temel alır. Günümüzde ondalık sistem büyük oranda on ikilik sistemin yerine geçmiş olsa da, zamanın ölçümünde hâlâ on ikilik sistem kullanılmaktadır.

Piramit şeması

On iki tabanlı zaman ölçüm sistemini kullanan ilk uygarlık muhtemelen Mısırlılardır. Krallar Vadisi'nde bulunan ilk güneş saatleri, gündüzlerin on iki eşit parçaya bölündüğünü göstermektedir

Neden 12'yi seçtiklerini kesin olarak bilemiyoruz. Mısırlı gökbilimcilerin gece gökyüzünü 12 eşit parçaya böldükleri göz önünde bulundurulduğunda, bunun kaynağının gökler olduğu düşünülebilir

12, insan anatomisinden de kaynaklanıyor olabilir

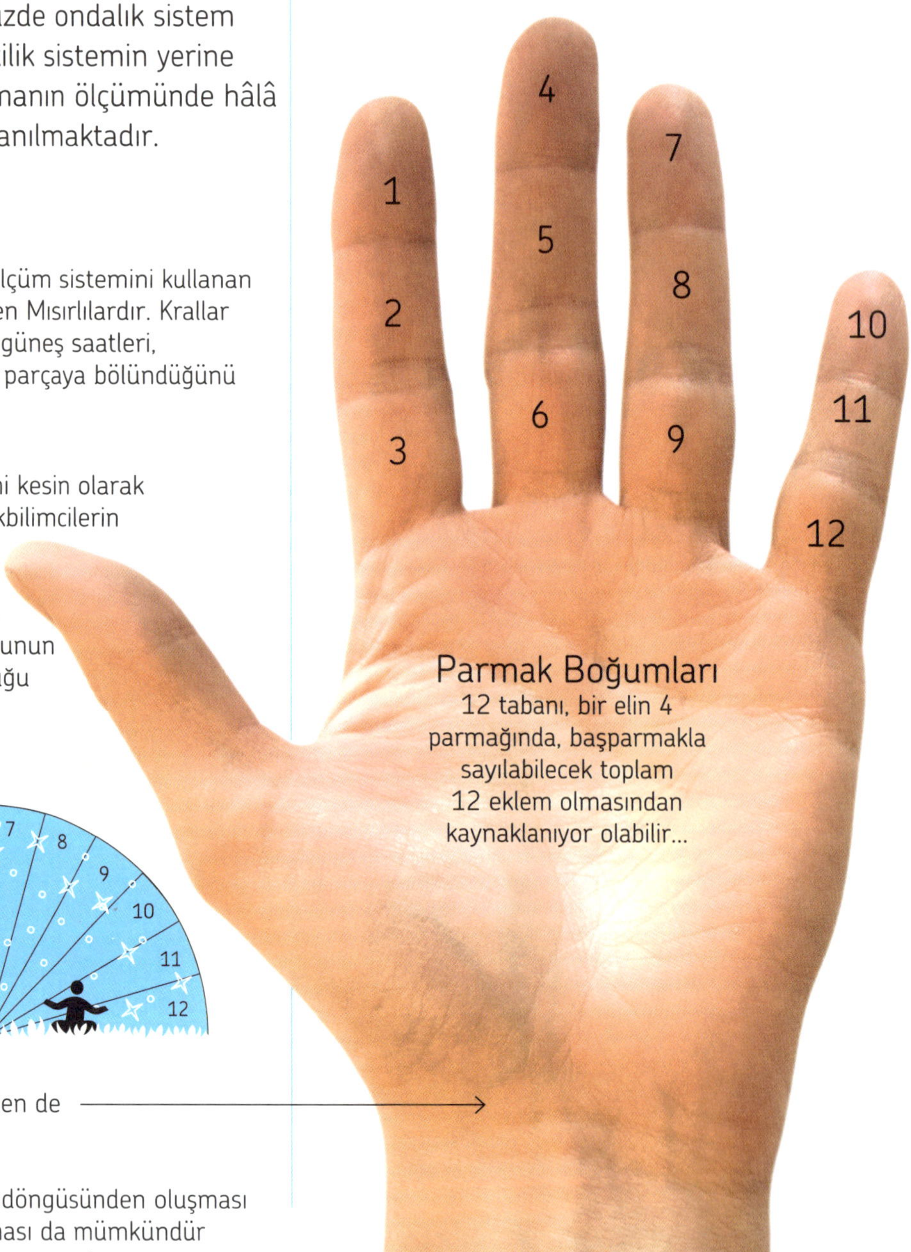

Parmak Boğumları

12 tabanı, bir elin 4 parmağında, başparmakla sayılabilecek toplam 12 eklem olmasından kaynaklanıyor olabilir...

Bir yılın kabaca 12 ay döngüsünden oluşması nedeniyle seçilmiş olması da mümkündür

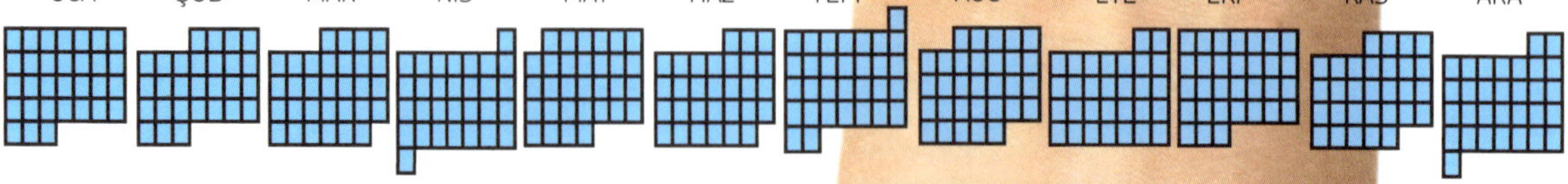

Bir ayak: 12 inç

Bir şilin: 12 peni

Bir Troy Pound: 12 Ons

Astrolojide 12 burç

Bir oktavda 12 yarım ses aralığı

Bir yarda: 36 inç

Bir varil bira: 36 galon

Birçok ürün düzinelik paketler halinde satılır

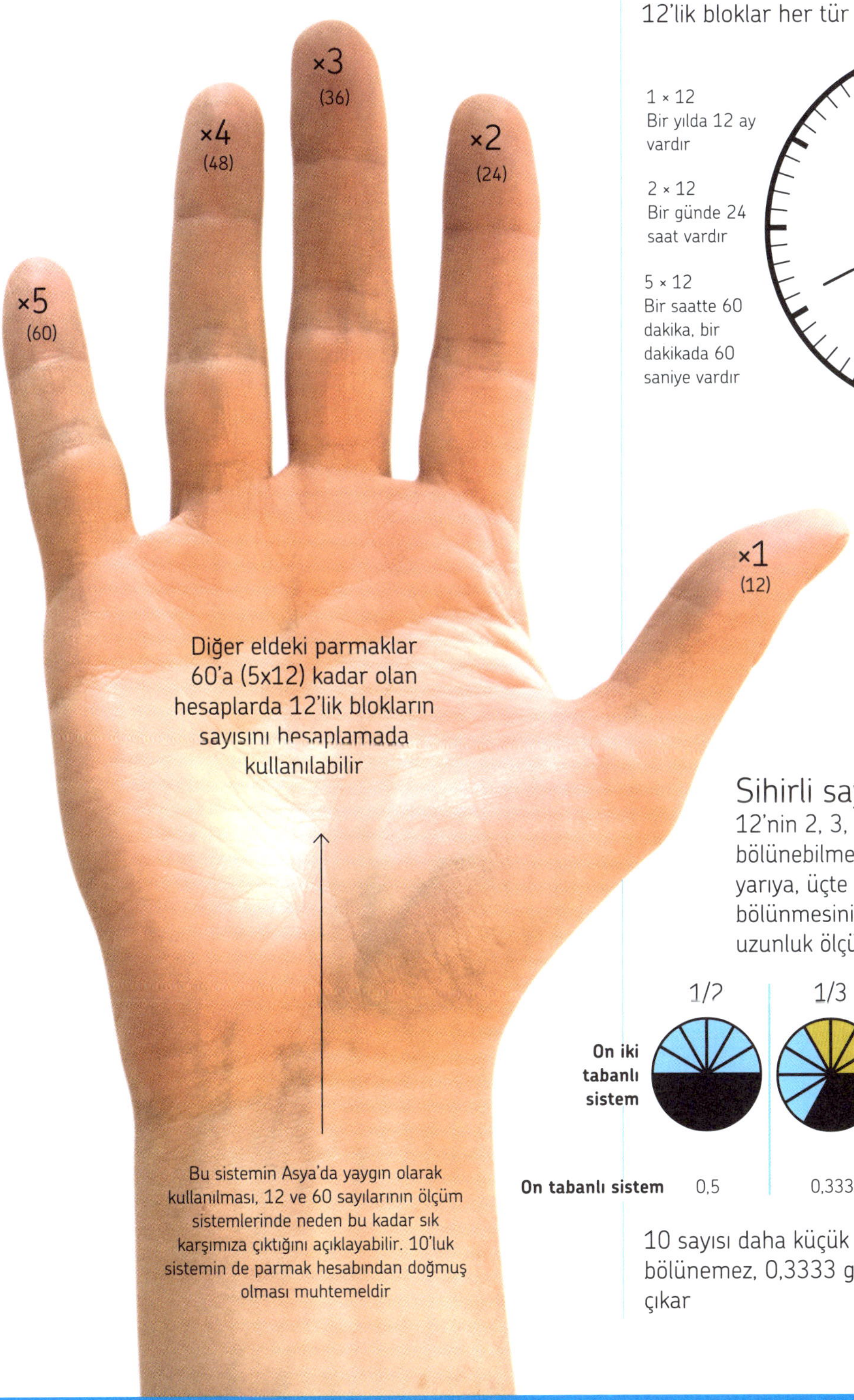

Diğer eldeki parmaklar 60'a (5x12) kadar olan hesaplarda 12'lik blokların sayısını hesaplamada kullanılabilir

Bu sistemin Asya'da yaygın olarak kullanılması, 12 ve 60 sayılarının ölçüm sistemlerinde neden bu kadar sık karşımıza çıktığını açıklayabilir. 10'luk sistemin de parmak hesabından doğmuş olması muhtemeldir

12 ... 24 ... 36 ... 48 ... 60 ...

12'lik bloklar her tür ölçümde karşımıza çıkar

1 × 12
Bir yılda 12 ay vardır

2 × 12
Bir günde 24 saat vardır

5 × 12
Bir saatte 60 dakika, bir dakikada 60 saniye vardır

70 saatlik hafta

Fransız Devrimi liderleri, her günü, bir saati 100 dakika ve bir dakikası 100 saniyeden oluşan 10 saate bölerek, zamanı ondalık sisteme geçirmeye çalıştılar ama bu sistem tutmadı

Sihirli sayı

12'nin 2, 3, 4 ve 6 ile kalansız bölünebilmesi, daha büyük birimlerin yarıya, üçte bire ve çeyreğe bölünmesinin gerektiği ağırlık ve uzunluk ölçümleri için çok kullanışlıdır

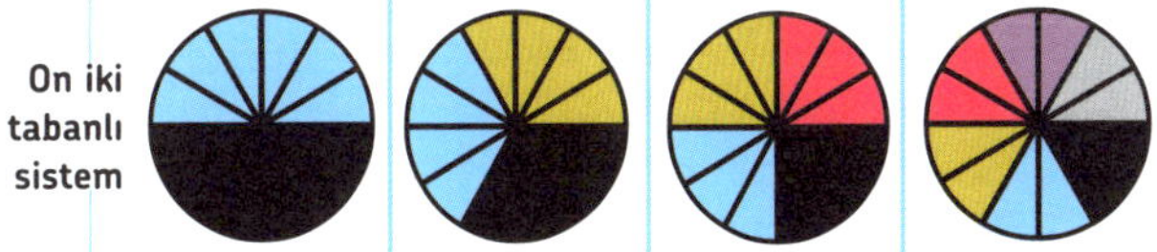

	1/2	1/3	1/4	1/6
On tabanlı sistem	0,5	0,333	0,25	0,166667

10 sayısı daha küçük birimlere kolayca bölünemez, 0,3333 gibi tuhaf, tekrarlı sayılar çıkar

Siyaset konuşmaya ne zaman başladık?

Kozlarını paylaşan rakip siyasetçileri izleyip de "farklı dünyalarda yaşıyor gibiler" diye düşündüyseniz, çok da yanılıyor sayılmazsınız. Anlaşmazlıklarının kökeni, ideolojiden çok daha derinlerde, biyolojik kaynaklıdır da ondan.

İnsan siyasal bir hayvandır. Günümüzde siyaset genellikle kariyer siyasetçileri ve yönetimle ilişkilendiriliyor olsa da, aslında toplumun düzenlenmesi ile güç ve kaynakların dağıtımı konusunda süregiden tartışmalardan ibarettir. Bu tartışmalar binyıllardan bu yana devam eder. Göçebe avcı toplayıcı gruplar da, aynı bizler gibi bu tür kararlar almak zorunda kalmışlardır.

Modern öncesi toplumlarda siyaset büyük ölçüde savaş ağaları arasındaki iktidar mücadelelerinden oluşuyordu. Fakat toplumlar uygarlaştıkça, mücadeleler de daha demokratik bir karakter kazandı. Ve ilk olarak 18. yüzyılın son on yılında Fransa'da ortaya çıkan bir şeye dönüştü. Bu devrimci dönemde, Fransız toplumu net bir fay hattı boyunca kırıldı. Bir taraf monarşiyi, kiliseyi ve Eski Rejim'in diğer kurumlarını; diğer tarafsa devrimi destekledi. Gelenekselciler yasama meclisinin sağ tarafında oturuyorlar, devrimci kesim ise solda yer alıyordu.

İktidar mücadelesi

Aslında bundan önceki ve sonraki bütün siyaset, bir dereceye kadar bu temel ayrım çizgisi etrafında şekillendi. Siyaset, iki rakip dürtü, yani mevcut durumu koruma ile onu yıkıp değiştirme dürtüleri arasındaki mücadele olarak görülebilir. Sağ ile sol veya muhafazakâr ve ilerici politikalar arasındaki mücadeleyle tanımlanmayan modern bir siyasi sistem hayal etmeye çalışın. Peki, insanlar arasındaki bu evrensel bölünme nereden kaynaklanıyor?

Genel kanıya göre siyasal eğilim, kanıtlara ve akıl yürütmeye dayalı olarak, bilinç ve mantık çerçevesinde seçilen bir şeydir. Farklı görüşte olmamızın nedeni, farklı sonuçlara varmamızdır. Ne var ki son yıllarda yapılan araştırmalar, işin aslının bundan ibaret olmadığını ortaya koyuyor. Siyaset kanımızda var ve siyasal farklılıkların kökeni temel biyolojinin çok derinlerinde yatıyor. Bu bir tarafa, siyasi görüş bizim bilinçli kontrolümüzün çok ötesinde kalıyor.

Siyasal görüşün biyolojik kökenleriyle ilgili ilk araştırmalar, dünyanın totaliterliği anlamaya uğraştığı 1950'li yıllarda yapılmaya başladı. Bu araştırmaların başlıca özelliği otoriter kişilik yapısını tanımlamaya çalışmalarıydı. Fakat bunun nüfusun çok küçük bir kesiminden fazlasına uygulanabilirliği tartışma yarattı ve ilgi kayboldu.

Ne var ki araştırmacılar önemli bir ipucu yakalamışlardı. Son dönemde yapılan çalışmalar, kişiliğin siyasal görüşü etkilediğini ortaya koydu. Ofislerde

Bana arkadaşını söyle

Siyasal görüşlerimizin bilinçli kararlar olmadığını gösteren en açık kanıtlar, bilinçdışı tutumları -yani farkında olmadan yaptığımız tercihleri- ölçen psikolojik testlerden gelir. Bu testler, farklı ideolojilere sahip insanların sosyal tercihlerinde de farklılık gösterdiklerini ortaya koymaktadır.

Genellikle muhafazakârlar, ilericilere kıyasla, yüksek konumdaki insanlar ile beyazlar ve heteroseksüeller gibi egemen toplumsal grupları daha üstün görme eğilimindedirler. İlericiler, etnik ve cinsel azınlık gruplarının üyelerine karşı daha hoşgörülüdürler -ancak, muhafazakârlar kadar belirgin olmasa bile, ilericilerin de farkında olmaksızın yüksek konuma sahip grupları üstün gördüğünü belirtmek gerekir.

Siyasal görüşler insanı darağacına götürebilir. O halde, Fransız Devrimi kaynaklı "sağ görüş" ve "sol görüş" yaftalarının kullanılması ne kadar uygun olabilir?

ve yatakhanelerde gözlemlerde bulunan psikologlar, muhafazakârlarla ilericilerin, yaşam alanlarını farklı şekillerde düzenlediklerini fark ettiler. Düzen ve geleneksellikten yana olan muhafazakârlar, düzenle ilgili daha fazla eşyaya sahiptiler. İlericilerin odaları ise daha dağınıktı ve keşfe yönelik eşyalar daha ağır basıyordu.

Manevi değerler labirenti

Araştırmacılar bu dışsal farklılıkların, güçlü genetik temellere dayandığı bilinen "beş büyük" kişilik boyutundan ikisi olan deneyime açıklık ve sorumluluk duygusu gibi içsel kişilik özelliklerinin bir göstergesi olduğu sonucuna vardılar.

Konuyla ilişkili çalışmalarda muhafazakârların "bilişsel tamamlanma" ihtiyacının –belirsizlikleri kesinliğe kavuşturma, muğlaklığa açıklık getirme isteği– daha yüksek olduğu gözlendi.

Biyolojik farklılıkların bulunduğu bir diğer alan da ahlaki yargılardı. İlericiler eziyet ve eşitsizliğe katlanamazken; muhafazakârlar, otoriteye ve geleneklere saygısızlık ile cinsel veya manevi "kirlilikten" daha çok rahatsızlık duyuyorlardı. Peki, bu farklılıkların şaşırtıcı biyolojik kökenlere sahip olduğunu biliyor muydunuz? Bu farklılıklar, insanların iğrenme eğilimleriyle ilişkili.

Muhafazakârlar, yellenme kokusu gibi uyaranlardan daha kolay iğrenme eğilimindedirler. İğrenme, siyasal görüşü ne olursa olsun bütün insanları ahlaken şüpheli davranışlara tahammülsüz hale getirir; ancak muhafazakârlar daha sert tepki verirler. Bu, eşcinsel evlilik ve yasadışı göç gibi konulardaki görüş farklılıklarını açıklayabilir. Muhafazakârlar, statükoyu ihlal eden bu gibi durumlara karşı şiddetli bir tiksinti duyar ve bunların ahlaken kabul edilemez olduğunu düşünürler. Liberallerse o kadar kolay iğrenmezler ve bu gibi durumları sert bir şekilde yargılama olasılıkları daha düşüktür.

İnsanların dünyayı görme biçiminde, örneğin korkutucu uyaranlara karşı tepkilerinde de farklılıklar bulunmuştur. Muhafazakârlar, ani yüksek sesler karşısında daha belirgin bir irkilme refleksi verir, gözlerini daha sıkıca kırpıp, daha çok terlerler. Korkutucu resimlere de daha güçlü tepkiler gösterirler; bu tür resimlere daha hızlı ve daha uzun süre bakarlar. Muhafazakârlar, dünyayı tehlikeli bir yer olarak gördüklerini daha sık ifade etmektedirler.

Konu çok tartışma yaratsa da, bilim insanları bu farklılıkların genetik kökenlerini araştırıyorlar. Siyasal tutumların yüksek düzeyde kalıtımsallık gösterdiğini 25 yıldan beri biliyoruz. Tek yumurta ikizlerinin aynı siyasal görüşü paylaşma eğiliminin, çift yumurta ikizlerine kıyasla çok daha yüksek olması, bu durumun yalnızca aynı ortamda bulunmalarına değil, ortak genetik yapıya sahip olmalarına da bağlı olduğunu gösteriyor.

Sağ, sol ve merkez

Genetikçiler son dönemde ideolojiyle ilişkili olabilecek belirli genlerin bulunup bulunmadığını da araştırmaya başladılar. Hiç kimse, ilericilik veya muhafazakârlık "yaratan" genler olduğunu iddia etmiyor ama yenilik peşinde olma ve sol eğilimlı goruşlerle ilişkilendirilen *DRD4* dopamin reseptörü geninin 7R varyantı ilgi uyandırıyor.

Bu araştırma, farklı siyasal düşünce çeşitlerini yalnızca ikiye indirgediği ve muhafazakârlığı bir kişilik bozukluğu gibi ele aldığından eleştiriliyor. Çok daha karmaşık olan gerçek dünyada, görüşler geniş bir yelpazede yer alıyor; sol ve sağ kanatta çeşitli akımlar söz konusu. Bunun yanı sıra, başta özgürlükçülük olmak üzere, iki modele de uymayan siyasi gelenekler bulunuyor.

Öte yandan, siyasal görüşün fikir farklılıklarından çok temel biyolojik farklılıklardan etkilendiğine dair önemli kanıtlar var. Öyleyse, siyasette rakiplerinize kızmak yerine, onlar için üzülmelisiniz: Her açıdan, tamamen, aymazca hatalı olmaları gerçekten de ellerinde değil.

Sol beyin, sağ beyin

Siz siyasal görüşünüzü kendinizin seçtiğini düşünebilirsiniz ama aslında siyasal görüşünüz sizi seçiyor. Biyolojik yatkınlıklar, çoğu insanın içgüdüsel olarak sağı veya solu seçmesine neden oluyor.

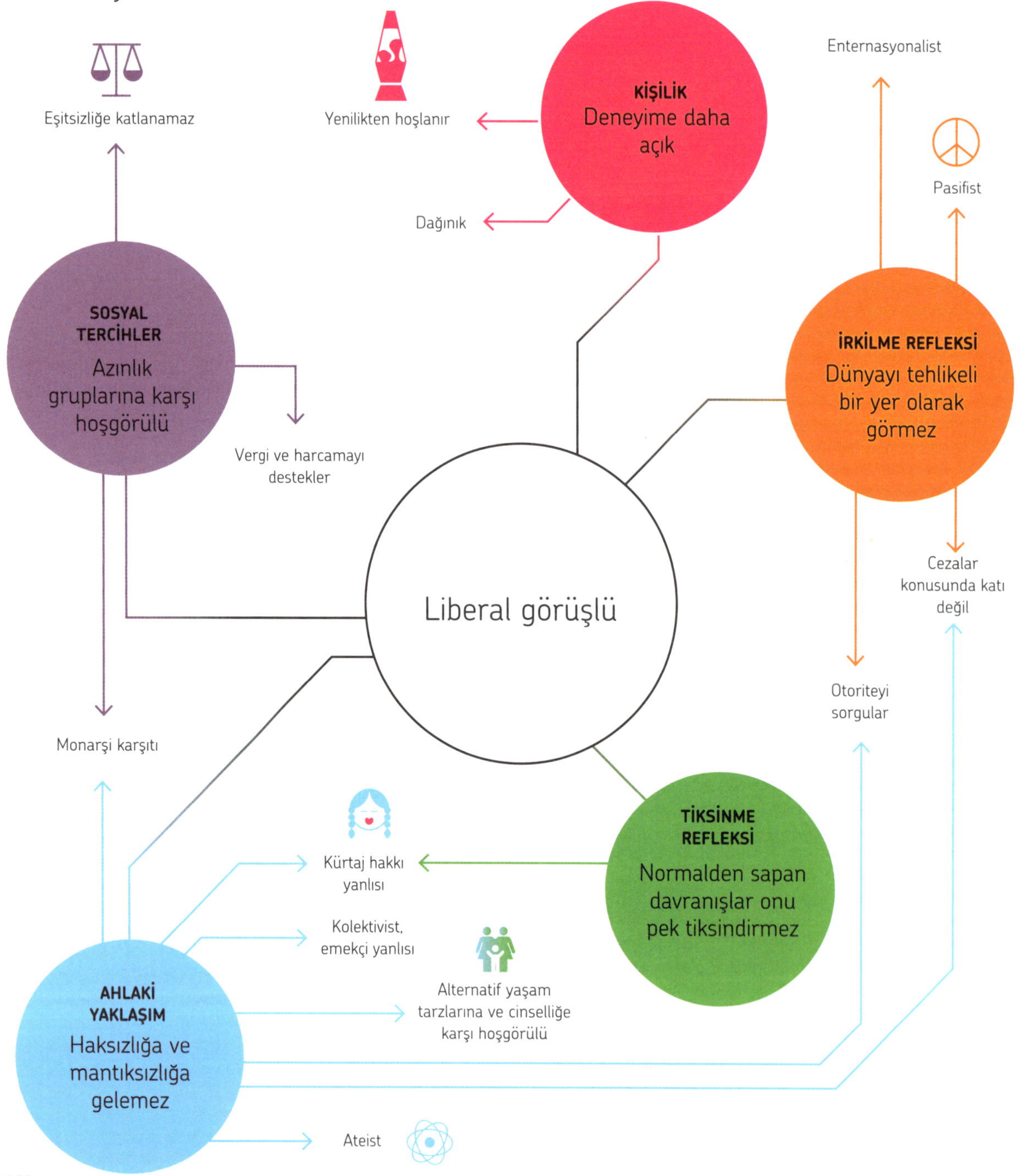

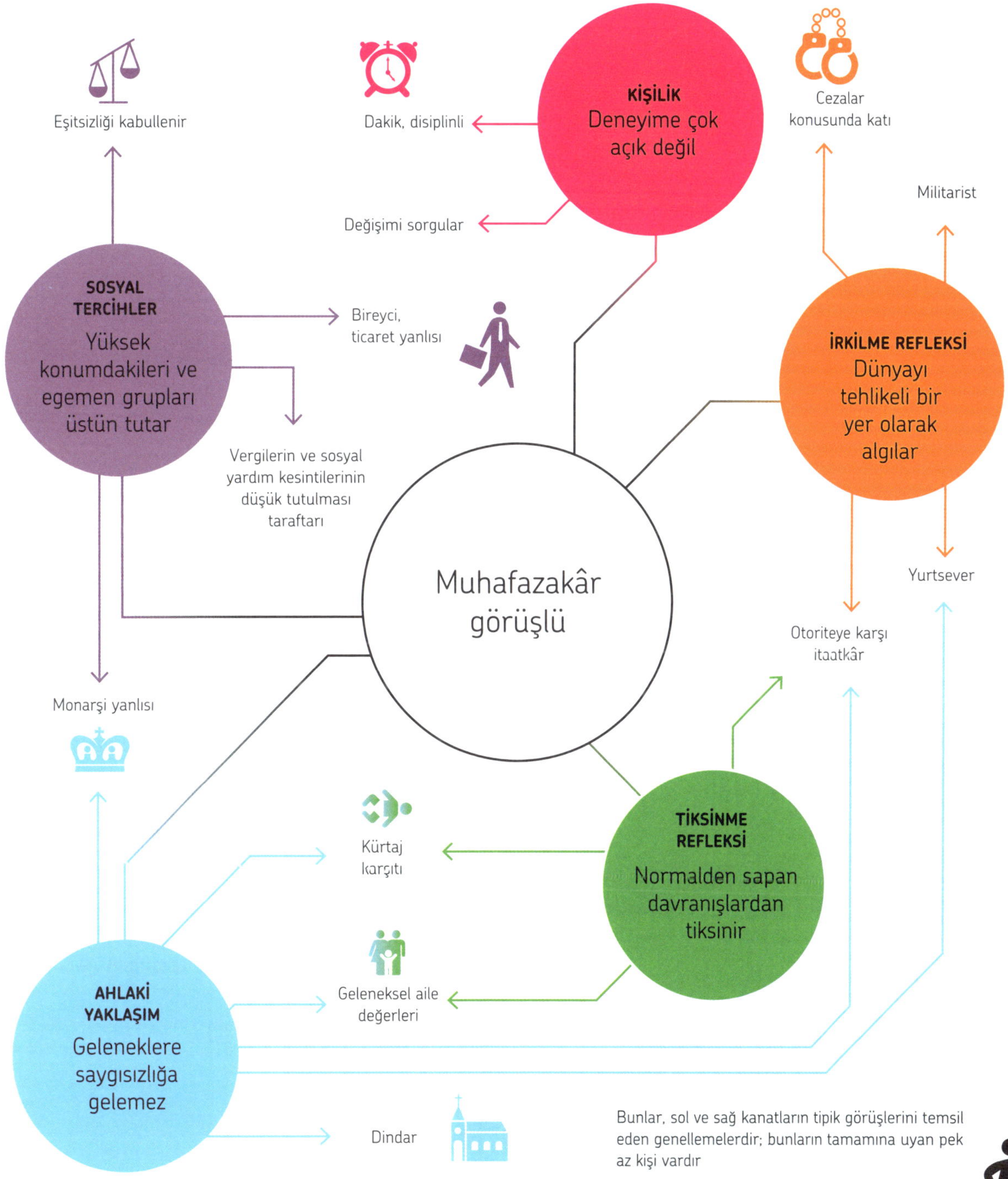

Bunlar, sol ve sağ kanatların tipik görüşlerini temsil eden genellemelerdir; bunların tamamına uyan pek az kişi vardır

Simya ne zaman bilim oldu?

O gün, peynir üreticileri muhtemelen hiç memnun olmadılar ama dünyanın geri kalanı sonsuza kadar minnettar kalacaktı. 17 Şubat 1869'da, Rus kimyager Dmitriy Mendeleyev, St. Petersburg'daki bir peynir fabrikasında danışmanlık yapmak üzere çağrılmıştı. Fakat kimyager, randevusunu iptal etti ve günü evde hararetle bir şeyler çiziktirerek geçirdi. Akşam olduğunda tüm zamanların en başarılı bilimsel kuramlarından birinin ana hatlarını çıkarmıştı: elementlerin periyodik tablosu.

Mendeleyev'in bu ani keşif anı, maddenin değişim süreçlerini anlamaya ve kontrol etmeye yönelik yüzlerce yıllık çalışmaların bir sonucuydu. Mum yandığında ne olur? Suya karıştırılan bir tutam tuz neden kaybolur? Kurşun altına dönüştürülebilir mi? Günümüzde bu soruların, biraz sıkıcı ve durağan bir bilim dalı olarak görülen kimya alanına girdiğini biliyoruz, ama kimyanın kökenlerinin bu tanımla uzak yakın alakası yoktu.

İlk adımlar Antik Yunan filozofları tarafından atıldı. Aristoteles, her şeyin dört elementten, toprak, ateş, hava ve sudan oluştuğu fikrini öne sürdü. Maddeler, bu elementleri farklı oranlarda içermeleri nedeniyle, belirli özelliklere sahiptiler. Örneğin metal, topraktan ve sudan yapılmıştı, ancak eğer onu ısıtırsanız, toprak ateşe dönüşüyordu.

Metaller ve boyalar

Aristoteles MÖ 322'de, Büyük İskender Mısır'ı fethedip yeni başkent İskenderiye'yi kurduktan on yıl sonra öldü. Aristoteles felsefesini öğrenen zanaatkârlar, metalürji ve boya üretimiyle uğraşmaya başlamıştı. Zanaatkârlar sanatlarını, "birlikte döküm" anlamında, *khemeia* olarak adlandırıyorlardı. Daha sonra İslam âlimlerine geçen gelenek *al-kimia* adını aldı. Bu bilgiler zamanla ortaçağ Avrupa'sına da ulaştı; burada, *magick* ile uğraşanlar tarafından mistisizmle birleştirilerek simya veya kimya adıyla anılır hale geldi.

Simyacıların temel amacı, adi metalleri altın ve gümüşe dönüştürebilen, bütün hastalıkları tedavi edebilen ve sonsuz yaşam vaat eden felsefe taşını yapmaktı. Simyacılar, maddeleri işleme ve dönüştürme alanındaki uzmanlıklarını ilaç, cam ve patlayıcı madde üretmek için de kullanan zanaatkârlardı.

Fakat simya bir bilim değildi. Filozof Robert Boyle'un, yeni geliştirilen bilimsel yöntemleri kimyaya uyarladığı *The Sceptical Chymist* (Kuşkucu Kimyager) adlı çığır açıcı kitabını yayımladığı 1661 yılı, bu açıdan bir dönüm noktası oldu. Boyle, maddenin dört elementten oluştuğunun öylesine iddia edilemeyeceğini, bunun tekrarlanabilir deneylerle ispatlanması gerektiğini savunuyordu.

Çekidüzen verilen elementler

Bu deneyleri gerçekleştiren kişi, Fransız aristokrat Antoine Lavoisier oldu. Boyle'un meydan okumasına karşılık olarak, "daha küçük parçalara ayrılamayacak maddeler" olarak tanımladığı maddeleri aramaya girişti. Lavoisier 1789'da 33 "maddelik" bir liste yayımladı; bu listedeki maddelerin çoğu, günümüzde anladığımız şekliyle "elementtiler". Çok geçmeden başka elementler de keşfedildi. Her elementin kendine özgü bir atomdan oluştuğu ve elementlerin bir araya gelerek bileşikleri oluşturduğu fikri yaygınlaştı.

Mendeleyev'in yaşadığı dönemde 63 element biliniyordu. Onun çığır açan keşfi, elementleri atom ağırlıklarına göre gruplara ayırmak ve böylelikle ortak özelliklerini ortaya çıkarmaktı. Örneğin 1. Grup, suyla şiddetli tepkimeye giren yumuşak metalleri içeriyordu. 7. Grupta, her biri iki atomlu moleküller şeklinde doğada bulunan flor, klor ve brom gazları vardı. Özellikler bununla da sınırlı değildi. Her grupta, atom ağırlaştıkça elementin reaktivitesi de değişiyordu. 1. Grupta atom ağırlaştıkça reaktivite artıyorken 7. Grupta bunun tersi geçerliydi.

Periyodik tablo kimyanın birleştirici kuramı oldu. Sadece gözlemleri açıklamakla kalmayıp öngörülerde de bulundu. Mendeleyev, uygun özelliklere sahip herhangi bir element bulunmadığında tablonun

Newton'un sihri

Avrupalı ortaçağ simyacıları arasında mistisizmle ilgilenenlerin yanı sıra saygıdeğer bilim insanları da vardı. Bunların en önde geleni ise Isaac Newton'du. Newton, bütün simya terimlerini 1680'lerde yazdığı *Index Chemicus* adlı sözlükte toplamıştı.

Büyük bir bilim insanı olarak gördüğümüz birinin, böyle saçmalıklarla ilgilenmesini tuhaf bulabilirsiniz, ancak o dönemde bilimle *magick* arasında kesin bir ayrım yoktu. Yine de Newton'un öldüğü 1727 yılında, simya karanlık sanatlar arasına girmişti. Newton ardında, çoğu simyayla ilgili yayımlanmamış notlar ve makaleler bırakarak hayata gözlerini yumdu. Ölümünün ardından bıraktığı metinleri inceleyen Royal Society üyesi Thomas Pellet, "basılmaya uygun değil" talimatıyla bu yazıları gizli tutmayı tercih edecekti.

o kısmında cesurca boşluk bırakıyor, bu boşluğu dolduracak yeni elementlerin daha sonra keşfedileceğini savunuyordu. Haklıydı da. Örneğin, silisyumun hemen altında bir boşluk vardı. Mendeleyev'in "eka-silisyum" adını verdiği bu element, 15 yıl sonra Alman kimyager Clemens Winkler tarafından keşfedildi ve germanyum adını aldı.

Modern simya

Elementlerin özelliklerinin altında yatan neden de çok geçmeden bulundu: elektronlar. Elektron 1896'da keşfedildiyse de, asıl önemli deneyler on yıl sonra, Hans Geiger ve Ernest Marsden tarafından yapıldı. Geiger ve Marsden ince bir altın levhayı helyum çekirdeği akışına maruz bıraktılar. Helyum çekirdeklerinden çoğu, beklenmedik bir şekilde levhadan geçince, altın atomlarının büyük bir kısmının boşluktan oluştuğu sonucuna varıldı. Daha sonraları temelde doğru olduğu anlaşılan yorumlarına göre, elektronlar çekirdeğin çevresinde dönüyorlardı ve aralarında büyük boşluklar vardı.

Elektronların yörüngeleri bir elementin kimyasal ve fiziksel özelliklerini ortaya koyar. Örneğin reaktivite, bir atomun ne kadar kolay elektron kaybedip kazanabildiğine bağlıdır.

Fakat elektron iki ucu keskin kılıca benzer. Beraberinde getirdiği bütün o düzenliliğe rağmen kimyacıların etkilerini anlamak için kullandıkları kısaltmalar, yalnızca yaklaşık değerlerdir. Aslında elektronlar, tuhaf özelliklere sahip kuantum nesneleridir: Aynı anda iki yerde olabilir veya uzayda tünel bulup kaçabilirler.

Kuantum devriminin hız kazanmasıyla, bilim insanları atom çekirdeğini de ayrıntılı bir şekilde araştırmaya koyuldular. En önemli keşiflerinden biri, elementlerin nükleer reaksiyonlarla başka elementlere "dönüştürülebileceği" oldu –bu, kimya yasalarına göre olanaksız olarak görünen bir şeydi. Kimse altından bahsetmemişti, ancak 1951'de kimyager Glenn Seaborg, bir ana metal olan bizmutu alıp altına dönüştürdü.

Elementler

Rus kimyacı Mendeleyev'in 1869'da yayımladığı "elementleri tablolama girişiminin" son derece doğru olduğu yıllar içinde doğrulandı.

Elementler, atom ağırlıklarına göre DİKEY ↓, kimyasal özelliklerinin benzerliğine göre ise YATAY → olarak sıralanır

				Ti 50 Titanyum	Zr 90 Zirkonyum	? 180 —
				V 51 Vanadyum	Nb 94 Niobyum	Ta 182 Tantal
				Cr 52 Krom	Mo 96 Molibden	W 186 Tungsten
				Mn 55 Manganez	Rh 104,4 Rodyum	Pt 197,4 Platin
				Fe 56 Demir	Ru 104,4 Rutenyum	Ir 198 İridyum
				Ni/Co 59 Nikel/Kobalt	Pd 106,6 Paladyum	Os 199 Osmiyum
	H 1 Hidrojen			Cu 63,4 Bakır	Ag 108 Gümüş	Hg 200 Cıva
Toprak alkali metaller		Be 9,4 Berilyum	Mg 24 Magnezyum	Zn 65,2 Çinko	Cd 112 Kadmiyum	Cıva burada olmalıydı
Bor grubu		B 11 Bor	Al 27,4 Alüminyum	? 68 Eka-Alüminyum	Ur 116 Uranyum	Au 197? Altın
Karbon grubu		C 12 Karbon	Si 28 Silisyum	? 70 Eka-Silisyum	Sn 118 Kalay	
Azot grubu		N 14 Azot	P 31 Fosfor	As 75 Arsenik	Sb 122 Antimon	Bi 210? Bizmut
Oksijen grubu		O 16 Oksijen	S 32 Kükürt	Se 79,4 Selenyum	Te 128? Tellür	
Halojenler		F 19 Flor	Cl 35,5 Klor	Br 80 Brom	I 127 İyot	
Alkali metaller	Li 7 Lityum	Na 23 Sodyum	K 39 Potasyum	Rb 85,4 Rubidyum	Cs 133 Sezyum	Tl 204 Talyum
Toprak alkali metaller			Ca 40 Kalsiyum	Sr 87,6 Stronsiyum	Ba 137 Baryum	Pb 207 Kurşun

O dönem itibarıyla atom ağırlığı

Şimdi yalnızca U

1875'te keşfedilerek galyum adını aldı

1886'da keşfedilerek germanyum adını aldı

Atom ağırlıkları çok yakın olduğundan Mendeleyev ikisini ayıramamıştı

Mendeleyev'in yerleştiremediği sorunlu elementler

? 45 Eka-Bor	Ce 92 Seryum
?Er 56 Erbiyum	La 94 Lantanyum
?Yt 60 İtriyum	Di 95 Didimyum
?In 75.6 İndiyum	Th 118? Toryum

1879'da keşfedilerek skandiyum adını aldı

Şimdi yalnızca Y

Tek bir element değil de iki elementin (praseodim ile neodimyum) karışımı olduğu anlaşıldı

Mendeleyev daha sonra keşfedilecekleri konusunda haklı çıktığı ancak o sırada bilinmeyen elementlerin yerine soru işareti koymuştu

Bu element 1922'de keşfedildi ve hafniyum adını aldı

← **1869 tarihli elementler tablosu Rus kimyacı Dmitriy Mendeleyev tarafından o sırada bilinen 63 elementle yapılmıştı. Bunların 52 tanesi doğru veya hemen hemen doğru olarak yerleştirilmişti; yalnızca 4 tanesi yanlıştı (ve 7 elementi nereye koyacağını bilememişti).**

Günümüzde geçerli periyodik tablo

Bugün kullandığımız periyodik tablo da yine atom ağırlıkları ve kimyasal özelliklere göre düzenlenmiştir, fakat elementler yatay değil de dikey olarak gruplandırılır. Tabloda 43'ü Mendeleyev'in yaşadığı dönemde bilinmeyen (beyazla gösterilenler) 118 element yer alır

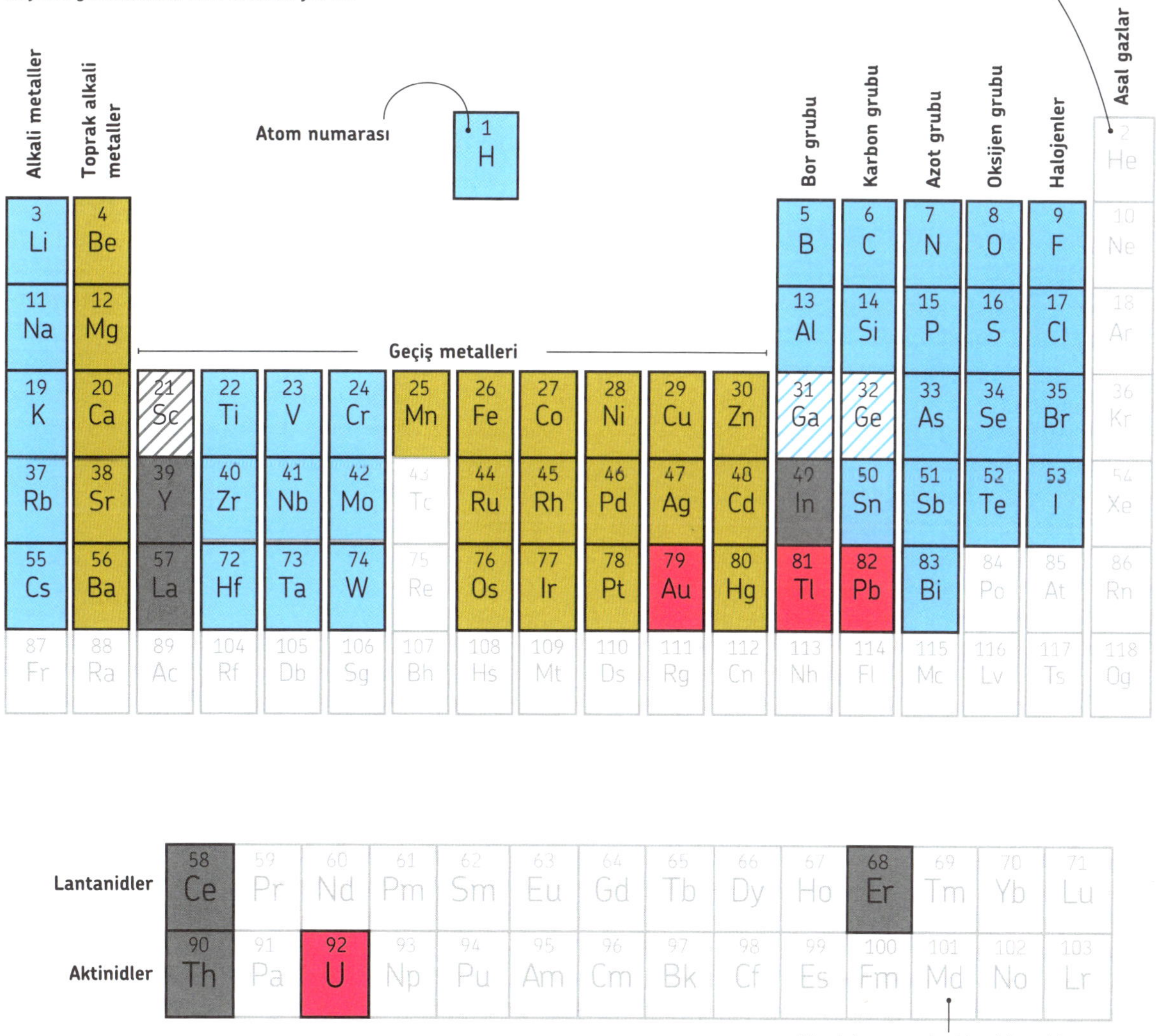

Mendelevyum adını Mendeleyev'den almıştır (1955)

Gerçekliğin bu kadar tuhaf olduğunu nasıl keşfettik?

1874'te Max Planc adında 17 yaşında bir dâhi, üniversitede ders aldığı profesöre fizik alanında kariyer yapmak istediğini söyleyince yaşlı adam ona bazı önerilerde bulunarak, "Bu alanda hemen her şey zaten keşfedildi, geriye sadece doldurulacak birkaç delik kaldı," demişti.

Geriye kalanların Lewis Carroll'ın bile tuhaf bulacağı cinsten tavşan delikleri olduğu düşünülürse bir anlamda haklıydı da. Birkaç yıl içinde, bu delikleri doldurma girişimleri, evrenle ilgili devrim niteliğinde ama akıl almaz yeni anlayışlar ortaya çıkmasına neden oldu. Deliklerden kerhen de olsa ilk aşağı inen kişiyse Planck'tı.

Günümüzde kuantum mekaniği gerçeklikle ilgili en başarılı açıklamamızdır. Atomlardan yıldızlara kadar her şeyi anlamamıza olanak sağlar. Aynı zamanda bizlere, gerçekliğin temelde ve derinden gizemli, hatta bazen anlaşılmaz olduğunu gösterir.

Ampulün yandığı an

Devrim, gerçekten de bir elektrik ampulüyle başladı. O sırada Berlin'de üniversite profesörü olarak görev yapan Planck, 1894'te Thomas Edison'ın yeni buluşu üzerinde teknik bir çalışma yapmakla görevlendirildi. Elektrik şirketleri, en az miktarda enerjiyle en fazla miktarda beyaz ışığın nasıl elde edilebileceğini öğrenmek istiyorlardı. Planck da filaman sıcaklığıyla ışık rengi arasındaki ilişkiyi incelemeye girişti.

Bu, kara cisim ışıması problemi olarak bilinen, bir metal parçası ile yaydığı ışık rengi arasındaki ilişkiyi tanımlayan muammanın yeni bir ifadesine dönüştü (kara cisim, elektromanyetik radyasyonu hem mükemmel bir şekilde emen hem de yayan kuramsal bir cisimdir). Deneysel ölçümlerde, fizik biliminin çözemediği büyük bir anormallik saptanmıştı: Kara cisimler, ne kadar sıcak olurlarsa olsunlar hemen hemen hiç morötesi ışın yaymıyorlardı. Bu duruma, morötesi felaketi adı verildi.

Aralık 1900'de, o yıl 42 yaşında olan Planck, Alman Fizik Derneği'nin karşısına çıkıp, "Enerji, bütün niceliksel değerlerde var olabilen sürekli bir olgu olmaktan ziyade, ancak kesikli değerler alabilen bir olgudur," şeklinde bir çözüm önerisinde bulundu. O sırada Planck, kaçışı olmayan bir deliğe girmekte olduğunun farkında değildi. Fakat "umutsuz bir çaba" olarak nitelendirdiği bu çözüm, deliğin derinliklerine ilerlemeye hevesli genç nesil fizikçilere ilham kaynağı oldu.

Bunlardan biri de henüz kimsenin tanımadığı 25 yaşındaki Albert Einstein'dı. Einstein, fotoelektrik etkiyi (şiddeti ne olursa olsun, çeşitli ışık frekanslarına maruz bırakılan metallerden elektron kopmasına neden olan olay) anlamaya çalışıyordu. İhtiyacı olan tam da Planck'ın kuantumuydu. Bu etkinin ancak ışığın da kuantalanması (nicemlenmesi) halinde açıklanabileceğini fark etti. Artık ışığı uzayda yayılan bir dalga olarak düşünmek mümkün olamazdı. Işık daha ziyade, her biri tek bir enerji kuantumu taşıyan bir parçacıklar akışı olarak tanımlanabilirdi.

Ne biri ne öteki

Fizikçilerin bu görüşü kabullenmesi zordu, çünkü ışığın dalga olduğuna dair çok kesin kanıtlar vardı. Bunların başında da iki yarıktan geçirilen ışığın, aynı bir su birikintisi yüzeyindeki dalgalar gibi girişim desenleri oluşturması geliyordu. Çözümü olanaksız görünen bu sorunu aşmanın tek yolu, sağduyulu fikirleri bir kenara atıp ışığın hem dalga hem de parçacık olarak ilerlediğini kabul etmekten geçiyordu.

1920'lerde dalga-parçacık ikiliğinin her alanda geçerli olduğu açıklığa kavuştu. Bu gelişme, muhafazakâr fizikçileri çok kızdırdı. Fakat her şey daha yeni başlıyordu.

1927'de Alman kuramcı Werner Heisenberg, dalga-parçacık ikiliğinin sonuçlarının, dünyayla ilgili sahip olabileceğimiz bilginin bir sınırı olduğu-

Kutudaki kedi
1920'li yıllarda kuantum mekaniğinin Kopenhag Yorumu, kuantum dünyasının tuhaflığıyla tanışmanın en popüler yolu haline gelmişti ama sonuçlarının herkesin içine sindiği söylenemezdi. Erwin Schrödinger, ünlü fakat çoğunlukla yanlış anlaşılan deneyiyle kuantumun absürdlüğüne dikkat çekmek istedi. Kırılıp ortaya saçılma olasılığı yüzde 50 olan bir şişe zehirle birlikte bir kutuya yerleştirilmiş bir kedi hayal edin. Kuantum mekaniğine göre kutu açılıncaya kadar şişenin kırılmış veya kırılmamış olma olasılığı eşittir. Dolayısıyla da biri kutunun içine bakıncaya kadar kedi hem ölü hem de canlı olacaktır.

nu gösterdiğini fark etti. Örneğin, bir parçacığın konumunu ne kadar hatasız bilirsek momentumu hakkında o kadar az bilgiye sahip oluruz. Kuantum dünyasında parçacıklar, bilardo toplarına benzemezler; konum ve momentum adlı iki ayrı özelliğe değil, bu ikisinin birbirinden ayrılamaz bir karışımına sahiptirler.

Heisenberg'in belirsizlik ilkesi, kuantum teorisinin en akla aykırı öngörülerinden biridir. Üstelik fikirleri geliştikçe gündelik gerçeklikten daha da uzaklaşmışlardır.

Absürd tiyatro

Birçok kişi, Heisenberg'in Avusturyalı rakibi Erwin Schrödinger'in çalışmalarının daha yenir yutulur cinsten olduğunu düşündü. Schrödinger, bir parçacığın konumunu uzayda sabit bir noktada tanımlamanın olanaksızlığını kabul ediyordu. Onun yerine ancak parçacığın uzayda mevcut olabileceği tüm konumlarla ilgili bir dizi olasılık belirleyebilmeyi umabilirdiniz. Bu mantıkla, bir parçacık ancak bir gözlemci ona bakma zahmetine katlandığı takdirde belirli bir konuma yerleşebilir.

Ancak ve ancak gözlem sonucunda ortadan kalkan bir dizi durumun süperpozisyonu kavramı, Heisenberg ve Niels Bohr tarafından formüle edilen "kuantum mekaniğinin Kopenhag Yorumu'nun" temel ilkesini oluşturur. Öte yandan, bir diğer önemli ama bir o kadar da tuhaf kavramın –birbirinden çok uzakta bulunan iki parçacığın süperpozisyonu olan dolaşıklık kavramının– doğmasına neden olmuştur.

Bu absürdlükler kuantumun öncülerini bir hayli uğraştırmıştır. Zaten Bohr'un kendisinin de söylediği üzere, "kuantum kuramıyla ilk karşılaştığında beyninden vurulmuşa dönmeyen biri, büyük olasılıkla kuramı hiç anlamamıştır."

Fakat kuantumcular haklı çıktılar. Yapılan bir dizi yeni deney, en kafa karıştırıcı tahminleri bile doğruladı. Bu alandaki bilgiler büyük bir hızla artmış olsa da, hayretimiz sürüyor. Evet, gerçekten de delikler var ama belki de bu delikler hiçbir zaman doldurulamayacak.

Tavşan deliğinden içeri

20. yüzyıl başında kuantum mekaniğine öncülük edenler, gerçekliğin kurallarını yeni baştan yazdılar ama içlerinden hiçbiri keşfettikleri şeyin temeldeki tuhaflığını tam olarak kabullenemedi.

1900
Max Planck
enerjinin yalnızca kuanta adı verilen minik paketçikler halinde var olabileceğini öne sürerek yanlışlıkla bir devrim başlattı. Ancak, buna gerçekten inanmıyordu. Bu, yalnızca kafa karıştırıcı deneysel sonuçlara açıklık getirecek matematiksel bir açıklamaydı.

"Aslında konu üzerinde çok fazla düşünmedim."

1905
Albert Einstein
Planck'ın fikirlerini başarıyla ışığa uyarladı ve kuantum teorisi şekillenmeye başladı. Fakat Einstein aslında bunu hiçbir zaman bir gerçeklik olarak kabul etmedi.

"Kuantum mekaniği kesinlikle çok etkileyici. Fakat içimden bir ses bunun henüz gerçek bir şey olmadığını söylüyor."

1913

Niels Bohr kuantum kuramını atomlara uyarladı. Sonra da bunun felsefi çıkarımlarıyla uğraştı.

"Kuantum kuramıyla ilk karşılaştığında beyninden vurulmuşa dönmeyen biri, büyük olasılıkla kuramı hiç anlamamıştır."

1926

Erwin Schrödinger gerçekliğin temelde tuhaf olduğunu kanıtlayan ünlü denklemini yayımladı.

"Bu konudan hoşlanmıyorum ve bir şekilde buna bulaşmış olduğum için de çok üzgünüm."

1927

Werner Heisenberg kuantum kuramının dünyayla ilgili sahip olabileceğimiz bilginin bir sınırı olduğunu gösterdiğini fark etti ve ünlü belirsizlik ilkesini ortaya attı.

"Doğa gerçekten de bu atom deneylerinde bize göründüğü kadar absürd olabilir mi?"

6. Bölüm

İcatlar

Tekerleği icat etmek neden bu kadar uzun sürdü?

5500 yıl önce, Uruk. Dünyanın o güne dek gördüğü en büyük ve en zengin yerleşim yeri olan bu Sümer kenti muhteşem bir yer. On binlere ulaşan nüfusu, büyük binaları, surları, çarşıları ve merkezden uzak yerleşim yerleriyle farklı bir kent.

Kentin kalıntılarından öğrenebildiklerimiz bunlar. Ancak, modern bir kentin vazgeçilmez unsurlarından birinin yokluğu dikkati çekiyor: Tekerlek!

Eşyaları ve insanları taşıyan arabaların, taksilerin, otobüslerin, kamyonların, bisikletlerin, üç tekerli çekçeklerin olmadığı, işleyen modern bir şehir hayal etmek zor ama Uruk, tekerleklerin olduğu bir kente benzemiyor. Elimizde kanıt olarak yalnızca, tarihlemesi tam olarak yapılamayan kil tabletlere kazınmış, dört tekerlekli yük arabalarını andıran birkaç şekil var. Buna karşılık, Uruk'un yerde sürüklenmek üzere tasarlanmış araçların bulunduğu bir şehir olduğunu düşündüren, kızağa benzer araçları gösteren çok sayıda piktogram bulunuyor.

Sümerler'de tekerleğin çok nadir bulunması veya hiç olmaması oldukça kafa karıştırıcıdır. Uygulamaya geçirilmesi bu kadar kolay ve sonucu bariz bir şekilde yararlıyken, üstelik uygarlık bunu yapma olgunluğuna da erişmişken, tekerlek teknolojisinin gelişmemiş olması hayret vericidir. O dönemde çömlekçi çarkları çoktan beridir kullanımdadır. Kentin kızak sürükleyecek kadar pürüzsüz ve düz sokakları tekerlek kullanımına gayet uygundur. Dört tekerlekli yük arabalarını çekebilecek eşekler, öküzler ve diğer yük hayvanları evcilleştirilmiş, bölgede karmaşık ticaret ağları çoktan kurulmuştur. Metal işlemeciliği sıradan bir zanaat haline gelmeye başlamıştır. Yani diyeceğimiz o ki, artık Taş Devri çok gerilerde kalmıştır!

Belki de Uruk'ta kullanılan çekçeklerin ve yük arabalarının kalıntılarını biz henüz bulamadık. Ayrıca ilk taşıtların, arkeolojik kalıntılarda iyi korunmayan ahşap ve halattan yapılmış olma olasılığı yüksektir. Öte yandan, Sümer Uygarlığı'nın kuşkuya yer kalmayacak denli belirgin şekilde yapılmış ilk tekerlekli taşıt tasvirleri, bin yıl sonrasına tarihlenmektedir. Bu, eşeklerin çektiği dört tekerlekli bir arabanın, tahta bir kutu üzerine çizilmiş tasviridir. Buradan yola çıkarak Uruk'ta tekerleklerin o kadar da elzem bir rol oynamadığı sonucuna varabiliriz.

Daha da tuhafı, Sümerler'de soylu takımı gözlerinin önünde olanı icat etmek için ter dökerken, görece daha arka plandakiler seyahat etmeye başlamışlardı bile. Arkeologlar Almanya'nın Flintbek Bölgesi'ndeki 5500 yıllık bir mezarda, çarpık tekerlekli bir yük arabasına ait gibi görünen, paralel, dalgalı bir tekerlek izine rastlamışlardır. Aynı kültür (Funnel Beaker kültürü) dört tekerlekli yük arabalarına çok benzeyen motiflerle bezeli çömlekler üretmiştir.

Günümüzde kullanılan tekerleğe ait en eski kalıntılar yine Avrupa'da bulunmuştur. 2002'de Slovenya'da bir bataklıkta keşfedilen 5150 yıllık Ljubljana Bataklık Tekeri ahşap bir tekerlek ve dingilden oluşmaktadır. Tekerleğin ne tür bir araca takılı olduğu bilinmemekle birlikte, bunun büyük olasılıkla bir el arabası olduğu düşünülmektedir. Daha doğuda, günümüzün Ukrayna bozkırlarında, 5000 yıllık mezarlarda tekerlekler ve bozulmadan kalmış yük arabaları bulunmuştur.

Bir devrim

Avrupa'daki antik yük arabası teknolojisinin tekerlekleri başka bir yerden mi geldi, yoksa bağımsız olarak o topraklarda mı üretildi, bilmiyoruz. Ancak tekerleğin Avrupa'da çok erken dönemde yapılmaya başlandığına dair bir dizi başka kanıt daha vardır. Kemikler ve DNA gibi, diller de uzak geçmişin izlerini taşırlar. Biyologların iki türün ortak atasını, paylaştıkları genlere ve fiziksel özelliklere bakarak yeniden oluşturmaları gibi, dilbilimciler de yok olan dilleri yeniden oluşturabilirler. Örneğin, "isim" sözcüğünün Latince karşılığı *nomen*, Fransızcada *nom*, İspanyolcada *nombre* şeklinde kullanılır.

Modern Avrupa dilleri için bir aile ağacı oluşturulduğunda bunların çoğunun ve bazı Avrupa dışı

Neden hayvanların tekerleği yok?
Evrim, hareket sorununa bin bir türlü zekice çözüm üretmiştir: Kuşlar uçar, kalamar suyu hızla püskürterek ilerler, gekolar duvarlara tırmanır ve pireler yaylı bacakları üzerinde sıçrarlar. Ama bugüne kadar hiçbir hayvanda tekerlek gelişmemiştir. Neden peki? Bunun nedeni, evrimin kademe kademe işlemesi ve öngörüye sahip olmamasıdır; evrim sürecinde yalnızca burada ve bu anda yararlı olan tasarımlar ortaya çıkar. Uçuşa veya suyu hızla püskürterek ilerlemeye doğru atılan her küçük adım daha öncekilerden daha iyidir. Fakat kendi başına kullanışlı olacak bir tekerlek organına doğru adım adım bir ilerleme söz konusu olamaz. Kan damarları ve sinirleri olup da serbestçe dönebilen bir uzantı oluşturmanın olanaksızlığı da cabası...

dillerin ortak bir kökenden, artık konuşulmayan bir dil olan Proto-Hint-Avrupa dilinden geldiği görülür. Bu dil, büyük olasılıkla Batı Asya'da bir yerde ortaya çıkmış ve göç edenlerle Avrupa'ya getirilmiştir.

Dilbilimciler tarafından yeniden yapılandırılan özgün söz dağarcığı, tekerlekle ilişkili beş sözcük içerir. Bunlardan ikisi tam olarak tekerleğin karşılığıdır; biri "dingil" anlamına gelir; biri "hayvanları bir yük arabasına koşmaya yarayan sırık" anlamındadır; diğeri de "araçla taşıma" fiilidir. Bu kadar fazla bahsedildiğine göre tekerlek insanların yaşamında önemli bir rol oynamış olmalıdır.

Proto-Hint-Avrupa dilinin kökeni 5500 yıl öncesine uzandığına göre, Ljubljana tekeri yapıldığında tekerlek çok önceden beri bilinen bir teknoloji olmalıdır. Dahası, dili konuşanların bir kısmı, Ukrayna'daki "yük arabası mezarlarını" yapan Yamnaya'lardır. Genetik kanıtlar Yamnaya'ların 4500 yıl önce batıdan gelip Orta Avrupa'nın içlerine yayıldıklarını ve burada, kıtada baskın olan Geç Neolitik Çağ ve Bakır Çağı kültürleriyle birleştiklerini ortaya koymaktadır. Bunlardan biri de, Kuzey Denizi'nden Rusya'nın merkezine kadar uzanan ve adını kendilerine özgü çömleklerinden alan "Corded Ware" kültürüdür.

Yük arabasında

Yamnaya'lar sığır çobanlığı yapıyorlardı. Yaklaşık 5500 yıl öncesine kadar anavatanlarındaki nehir vadilerinden ayrılmamışlardı, çünkü hem kendilerinin hem de çiftlik hayvanlarının gereksinim duyduğu suya kolay erişebilecekleri tek yer burasıydı. Avrupa'ya gelmeleriyse yük arabası teknolojisini öğrendiklerinin bir göstergesiydi. Bu arabalarla su ve yiyecekleri istedikleri yere yanlarında götürebildiler ve arkeolojik kanıtlara göre, geniş topraklara yayılmaya başladılar.

Tekerlek hızla yayıldı. Yaklaşık 4500 yıl önce iki tekerlekli hafif ve hızlı savaş arabaları ortaya çıktı ve çok geçmeden savaşlarda kullanılmaya başladı. Tekerlek aynı zamanda su çarkı, dişli çark ve çıkrık gibi barışçıl buluşlara da ilham kaynağı oldu. Tekerleğin icadıyla, biraz gecikmeyle de olsa teknolojik uygarlık yola koyuldu.

Tekerleği olan yollara düşer

Fakat ne kadar uzağa gidebilir? Zamanında çığır açmış tekerlekli araçlar arasında bir saatlik bir yarış yapılsa, her biri ne kadar ilerleyecekti bir bakalım.

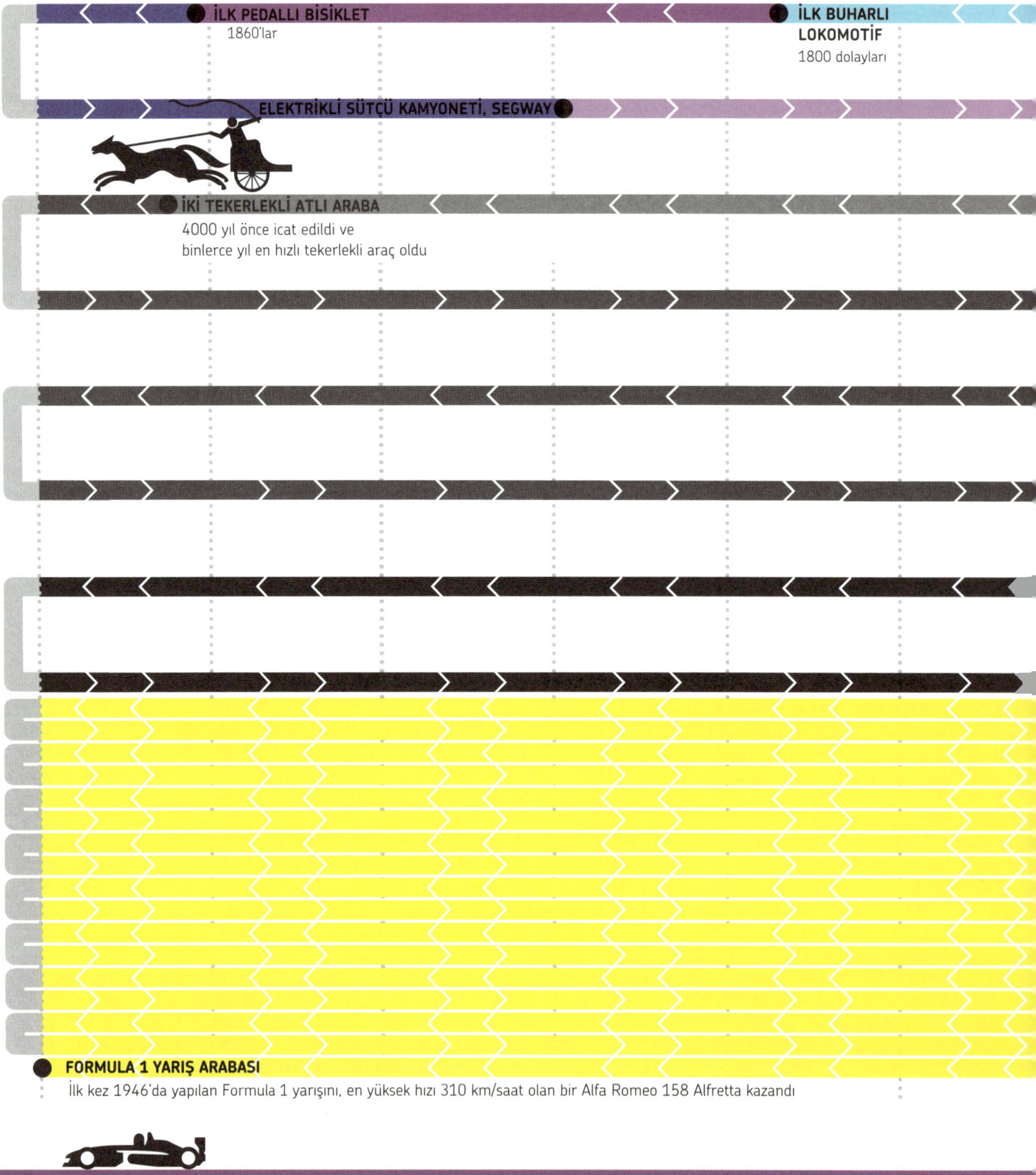

İlk tekerlekli araç 5500 yıl önce icat edildi
TEKERLEKLİ AYAKKABI
ÖLÇEK
Saatte 1 kilometre
4 TEKERLEKLİ ÖKÜZ ARABASI
EL ARABASI
İlk olarak MS 100'de Çin'de kullanıldı
←İLK MOTORSİKLET
POSTA ARABASI
TEKERLEKLİ İSKEMLE
1884 model Daimler Reitwagen'ın ulaştığı en yüksek hız saatte 11 km idi
17. yüzyılın ortalarında Londra'dan Liverpool'a gitmek 10 gün sürüyordu
KAYKAY
PENNY FARTHING TİPİ BİSİKLET
Hızıyla şaşırtıcı, dengesizliğiyle korkutucu
FORD MODEL T
1908'de satışa çıktı, ulaştığı en yüksek hız saatte 70 km
DİZEL LOKOMOTİF 1950'ler

Havada yayılan dalgalarla konuşmaya ne zaman başladık?

Pontecchio, İtalya, Aralık 1895. Genç bir İtalyan aristokrat, sabahın erken saatlerinde yeni buluşunu göstermek için annesini uyandırdı. Guglielmo Marconi, Bologna yakınındaki villalarının çatı katında gizlice yaptığı aygıta Mors alfabesiyle bir mesaj yazınca odanın diğer ucunda bir zil çaldı. Kablosuz iletim gerçekleşmişti.

Televizyon, cep telefonu ve Wi-Fi'a alışmış günümüz insanı için bu büyük bir başarıymış gibi görünmeyebilir ama Marconi'nin kablolar aracılığıyla değil de radyo dalgalarıyla sinyal ileten bir aygıt icat etmesi, 20. yüzyılın en etkili teknolojik dönüm noktalarından biridir. Hatta öyle etkilidir ki, birçok başka mucit –sıklıkla da haklı gerekçelerle– icadın kendilerine ait olduğunu öne sürmüşlerdir.

Mesaj alındı ve anlaşıldı

Marconi'nin başarısının anahtarı, iki mevcut buluşu birleştirerek yeni bir buluş yaratmasıydı. Bunlardan ilki, Alman fizikçi Heinrich Hertz'in elektromanyetik dalga üretmenin mümkün olduğunu göstermek için kullandığı laboratuvar donanımından geliştirdiği radyo vericisiydi. İkincisiyse, Fransız fizikçi Édouard Branly'nin, ortamdaki –örneğin yıldırımdan kaynaklanan– elektromanyetizmayı belirlemek için icat ettiği "koherer" adlı bir alıcıydı.

Marconi, çatı katı deneyinden sonra sinyal iletimini iş edindi. Çok geçmeden, açık havada uzun mesafelere sinyal göndermeye başladı. 1896'da Londra'ya taşındı ve buluşu için patent başvurusunda bulundu. Ertesi yıl, ilk uluslararası radyo bağlantılarını kuran ve ticari radyo yayıncılığının temelini atan Wireless Telegraph & Signal Company'yi kurdu. 1909'da, "kablosuz telgrafın gelişimine katkılarından" dolayı, bir başka bilim insanıyla Nobel Ödülü'nü paylaştı.

Marconi, dünya genelinde radyonun mucidi olarak tanınmaktadır; ama aslına bakarsanız tek yaptığı, bir yenilik rüzgârından yararlanıp sonunda bir şekilde övgüleri toplamayı başarmak olmuştu. Marconi, ne kablosuz iletimin mümkün olduğunu anlayan ilk mühendisti ne de bu konu üzerinde çalışan tek kişi. Kader ağlarını başka şekilde örmüş olsa, şimdi tarih kitaplarında çok farklı bir hikâye anlatılıyor olabilirdi.

Daha fazla itibar görmeyi hak eden bu bilim insanlarından ilki, birlikte çalışmamış olmalarına rağmen Marconi'yle Nobel Ödülü'nü paylaşan Alman fizikçi Karl Ferdinand Braun'dur. Marconi'nin yararlandığı teknolojilerin çoğunu Braun icat etmiş, Marconi'nin kendisi de Braun'un fikirlerinden bazılarını "ödünç aldığını" itiraf etmiştir.

Bir diğer ciddi rakip ise, sıra dışı dâhi Nikola Tesla'ydı. Tesla, 1893'te, yani Marconi'nin çatı katı gösterisinden iki yıl önce, Philadelphia'daki Franklin Enstitüsü'nde, kablosuz bir verici ile alıcının nasıl yapılacağını kuramsal olarak açıklamış, konferans geniş yankılar uyandırmıştı. Ne var ki o sırada hiçbir teçhizatı yoktu. Tesla, "bu, elektrik mühendisliğinde bir gün mutlaka çözülmesi gereken ciddi bir

Yayında mıyız?

Marconi'nin telsiz telgraf buluşunun bir kitle piyasası teknolojisine dönüştürülebileceği yatırımcılar tarafından çok geçmeden fark edildi. 2 Kasım 1920'de dünyanın ilk ticari radyo istasyonu KDKA, Pennsylvania'nın East Pittsburgh kentinde yayına başladı. O gün yapılan başkanlık seçimi sonuçları yayınlandıktan sonra, dinleyicilere hüzünlü bir çağrıda bulunuldu: "Yayınımızın ne kadar uzağa eriştiği ve ne netlikte duyulduğu konusunda kaygılı olduğumuzdan bu yayını dinleyenlerin bizimle iletişime geçmelerini rica ediyoruz."

sorun" demişti. Daha sonra kendi kendine aygıtı yapmaya çalıştı ve 1897'de patent başvurusunda bulundu, ancak Marconi ondan önce davranmıştı.

İnsanın ensesinde bir tane gerçek dâhinin nefesini hissetmesi hadi neyse de iki tanesini ne yapmalı? Marconi'nin çatı katında denemeler yaptığı sırada, Yeni Zelandalı dâhi Ernest Rutherford, Christchurch'teki Canterbury Koleji'nde bu alandaki çalışmalarını bir adım öne taşımaktaydı. Ancak Marconi'nin başına talih kuşu kondu: Rutherford 1895'te çalışmalarına devam etmek için Cambridge'e gitti ama çalıştığı laboratuvar yeni keşfedilen X ışınlarına odaklanmaya karar verince, istediği yolda ilerleyemedi.

Zamanının ötesinde

Tesla ve Rutherford çağlarının ötesinde bilim insanları olduklarından, başka keşifleriyle tarihe geçtiler, ama Marconi'nin diğer rakipleri büyük oranda unutuldular. Bunlardan biri, icadı Marconi'den önce yaptığı konusunda belki de en haklı gerekçeleri olan İngiliz fizikçi Oliver Lodge'tu. Lodge Ağustos 1894'te, Oxford's Clarendon Laboratuvarı'ndan yaklaşık 60 metre ötedeki Oxford Müzesi'ne kablosuz olarak Mors sinyalleri göndermişti. Kullandığı donanım, Marconi'nin "icat ettiğinin" hemen hemen aynısı olduğu halde, Marconi bu konuda hiçbir bilgisi olmadığını iddia etmişti.

Çalışmalarını "telsiz telgrafın bebeklik aşamasındaki hali" olarak tanımlayan Lodge'un, alçakgönüllülüğünün kurbanı olduğunu söylemek mümkün. Çünkü Lodge, Marconi'nin fikri mülkiyet haklarını tekeline aldığı yıl olan 1897'ye kadar patent başvurusunda bulunmayarak buluş üzerindeki bütün haklarını kaybetmiş oldu.

Patent hakkına belki de en inatçı itiraz Markoni'nin ölümünden sekiz yıl sonra geldi. 7 Mayıs 1945'te, St. Petersburg yakınlarındaki Deniz Mühendisliği Koleji'nden Rus fizikçi Aleksandr Popov onuruna, "bugünün bundan böyle Radyo Günü olarak kutlanacağını" duyurmak için Moskova'daki Bolşoy

İlk ticari radyo alıcılarından 1924'te piyasaya çıkan Siemens D-Zug

Tiyatrosu'na seçkin bir dinleyici kitlesi davet edildi. 50 yıl önce Rus Fizik-Kimya Topluluğu'nun bir toplantısında dinleyicilere ilk telsiz telgraf iletiminin Popov tarafından gerçekleştirildiği bildirilmişti.

Propaganda makinesi

Sovyet bilim insanı Viktor Gabel'in, olaya ilişkin 1925'te *Wireless World*'de yayımlanan açıklamasına göre Popov, "Heinrich Hertz" sözcüklerini telsiz telgrafla aktarmıştı. İletim, Marconi'nin patent almasından önce gerçekleştirilmişti; demek ki telsizin asıl mucidi Popov'du.

Eğer bu gerçekse, diyecek bir şey yok. Ne var ki toplantıya ilişkin tek açıklama Gabel'e ait. Dergi editörü şüphede kalmış ama makaleyi yine de yayımlamıştı. Popov, icadı Marconi'den önce yaptığı iddiasında hiç bulunmadı, hatta onu bir rakip olarak bile görmüyordu. İki adam 1902'de tanışıp sıkı dost oldular.

Ne var ki Popov'un alçakgönüllülüğü, Sovyet devletinin meydan okuma hırsıyla baş edemedi –bunda Marconi'nin İtalyan faşist partisine üye olmasının etkisi de olabilir. *Wireless World*'deki makale 1925'te yayımlandığında, SSCB'nin propaganda makinesi faaliyete geçti. Bu sırada Sovyet bilim ve teknolojisi Batı'nın hayli gerisinde kalmıştı ve Stalin bu durumu kamuoyundan gizlemek istiyordu. Bu amaçla, yalnızca Popov telsizin ilk mucidi olarak lanse edilmekle kalmayıp, Rus bilim insanlarının televizyon ve uçak modelleri icat ettiği de ilan edildi. Propaganda işe yaramıştı: 1963'te yayımlanan *Radyonun Temelleri* adlı Rus ders kitabında Marconi'nin adı bile geçmiyordu. Bu onur kime ait olursa olsun kablosuz telgrafın keşfi tartışmasız bir şekilde modern dünyayı yarattı. 1928'de televizyon yayınları başladı, radar İkinci Dünya Savaşı'nın sonucunda etkili oldu. Basit bir alıcı-verici olarak başlayan süreç günümüzün önde gelen teknolojisi akıllı telefona kadar evrildi.

Yıldızlara uzanan yayınlar

Dünyadan yayınlanan radyo dalgaları, uzay boşluğuna doğru ışık hızıyla yayılır. 2004 gibi yakın bir tarihte yapılan programlar bile, yerleşme potansiyeli bulunan gezegenlere şimdiden ulaşmış durumdadır.

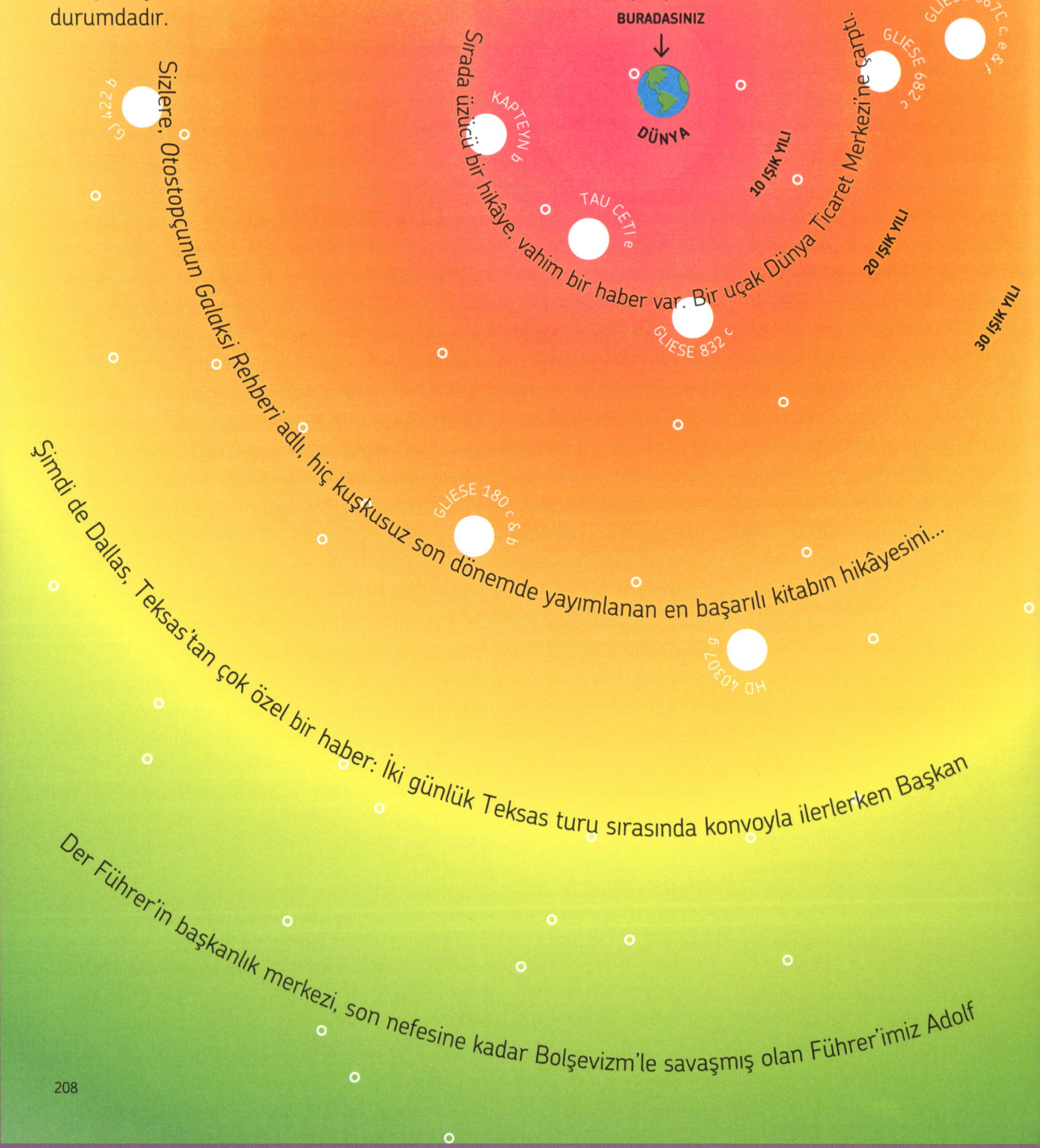

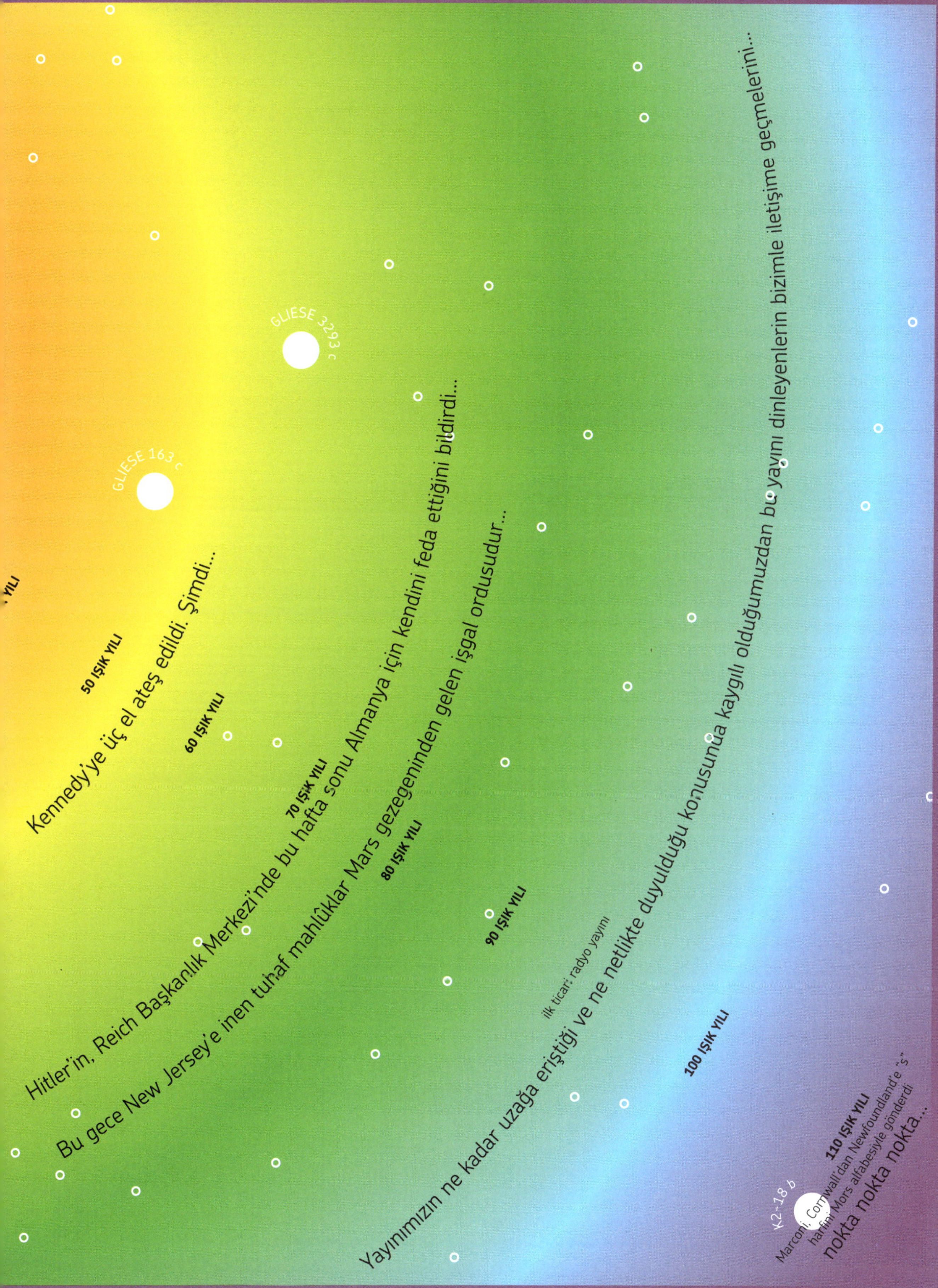
GLIESE 3293 c
GLIESE 163 c
50 IŞIK YILI
Kennedy'ye üç el ateş edildi. Şimdi...
60 IŞIK YILI
70 IŞIK YILI
Hitler'in, Reich Başkanlık Merkezi'nde bu hafta sonu Almanya için kendini feda ettiğini bildirdi...
80 IŞIK YILI
Bu gece New Jersey'e inen tuhaf mahlûklar Mars gezegeninden gelen işgal ordusudur...
90 IŞIK YILI
ilk ticari radyo yayını
Yayınımızın ne kadar uzağa eriştiği ve ne netlikte duyulduğu konusunda kaygılı olduğumuzdan bu yayını dinleyenlerin bizimle iletişime geçmelerini...
100 IŞIK YILI
110 IŞIK YILI
K2-18 b
Marconi, Cornwall'dan Newfoundland'e "s" harfini Mors alfabesiyle gönderdi
nokta nokta nokta...

Uçan ilk insan kimdi?

Eğer bir gün yolunuz İngiltere'nin Somerset bölgesinde küçük bir kasaba olan Chard'a düşerse, "motorlu uçuşun doğduğu yere hoş geldiniz" yazan tabelayı gördüğünüzde şaşırabilirsiniz. Gözlerinize inanamazsanız, şehir merkezine gidin. Ana caddede dünyanın ilk uçağını temsil eden bronz bir heykel göreceksiniz.

Her kentin ünlenmek için bir iddiada bulunması gerekir. Ancak burada hak sahibi, Wright Kardeşler'in insanın yüzyıllardır hayali olan kuşlar gibi uçmayı nihayet hayata geçirdiği yer olan Kuzey Carolina'daki Kitty Hawk olması gerekmez mi?

Hem evet hem hayır. Kitty Hawk'ın havacılık tarihindeki yeri tartışılamaz ama aynı durum Chard için de geçerlidir. Mucit John Stringfellow'un buharla çalışan uçağı, Haziran 1848'de kasaba merkezindeki kullanılmayan bir dantel fabrikası boyunca uçtuğunda olanaksız sanılan bir şey başarılmıştır.

Stringfellow ölümsüzleşmenin sınırına kadar gelmiş ama bir şey eksik kalmıştı: Kendisi uçmamıştı. Uçağı, günümüzde kullandığımız ifadeyle "insansız hava aracıdır". Nihayet Orville Wright, 1903'te Kitty Hawk'ta 37 metrelik uçuşunu 12 saniyede tamamlayınca, insanlar sonunda kuşları taklit etmeyi ve havadan ağır ilk motorlu uçuşu gerçekleştirmeyi başarmıştır.

Uçmanın tarihi, kıl payı kurtulmalar ve unutulan öncülerle doludur. Ancak Orville ve Wilbur'un gayet iyi bildikleri üzere, en sonunda ulaşılan başarıların yolunu bu kişiler açmıştır. Uçuş tarihini en fazla etkileyen bilim insanlarından biri, bir İngiliz beyefendisi olan George Cayley'dir. Cayley, çağdaşı Stringfellow'dan bir adım ileri giderek, Wilbur ve Orville'den tam 50 yıl önce ilk insanlı planör uçuşunu gerçekleştirmiştir –keşke motor teknolojisi o dönemde var olsaydı.

Cayley'nin gençliğinde, bilim insanları ve halk, bir kuş gibi uçmanın olanaksız olduğuna inanmakla kalmayıp bunu ancak delilerin denemeye kalkışabileceğini düşünüyorlardı. Çağdaşları bir tahtasının eksik olduğuna inansalar da, bütün bunlar Cayley'nin cesaretini kıramadı. 1799'da ilk uçak tasarımının yanı sıra uçak kanadına etki eden ve uçmayı sağlayan aerodinamik güçleri yayımladı. 1809-1810 yıllarında üç cilt halinde yayımlanan *Aerial Navigation* (Havada Seyir Üzerine) adlı notları şüpheyle karşılandı.

Cayley umursamadı. Hesaplarını doğrulamak için bir dizi deney yapmış ve motorlu uçuş sorununu

Rotadan Saptık!

İnsanlar öteden beri uçmaya heves ediyorlardı ve nihayet Ekim 1783'te bunu başardılar. Tam olarak emin olmasak da, ilk uçan kişi Jacques-Étienne Montgolfier ya da birlikte çalıştığı Pilâtre de Rozier oldu. Bildiğimiz şu ki, bu iki kişiden biri, Paris yakınlarında bir sıcak hava balonunun sepetine tırmandı ve göğe yükseldi.

Bu sansasyonel bir başarıydı ama bir düş kırıklığı da yarattı. Evet, insanlar öteden beri uçmayı düşlemişlerdi ama bir kuş gibi! Sıcak hava balonu içinde (yani havadan hafif motorsuz bir taşıtla) yukarı yükselmek, tam da uçmak sayılmazdı ki! Bir ay sonra Rozier, balonun yerle bağlantısının kesildiği ilk uçuşu yaptı ve 25 dakika süreyle yavaşça Paris'ten uzağa sürüklendi. Rozier, 1785'te havacılıkta başka bir ilke daha imza attı: Balonu patlayıp Calais yakınlarında yere çakıldı ve dünyada uçuş kazasında ölen ilk kişi oldu.

Pilâtre de Rozier'nin balonunun 1785'te Calais yakınlarında yere çakılması havacılık tarihinin ilk ölümlü kazasıydı

çözdüğüne ikna olmuştu. Giderek daha karmaşık uçan makineler yapan Cayley, nihayet 1853'te torunu George'u taşıyan tam boyutlu bir planörü Yorkshire'da, Scarborough yakınlarındaki küçük bir vadide uçurmayı başardı.

Kuş gibi uçuyor

Uçağın sabit kanatları, basit bir kuyruğu ve uçağı yönlendirmek için arka tarafta bir dümeni vardı. Cayley, kuşların uçabilmesinde kuyruğun vazgeçilmez bir rol oynadığını fark etmişti; demek ki uçan makinelerde de mutlaka bir kuyruk olmalıydı. Tek eksik, geliştirmek için yıllarca uğraşıp bir sonuç alamadığı motordu. Hep bardağın dolu tarafını gören bir insan olduğundan uçak yerine planörü geliştirmeyi seçti.

Wright Kardeşler, çalışmalarına büyük etkisi olanlar arasında, havacılığın diğer iki öncüsünü de sayıyorlardı. Bunlardan biri, üst kısımları aynı kuşlarınki gibi kavisli kanatları olan planörler üreten Alman Otto Lilienthal'dı. Bu kanatlarla diğer araştırmacıların hayal bile edemeyeceği kaldırma kuvvetlerine ulaşılabiliyordu. Lilienthal, Berlin'in dışındaki evinin yakınına özel olarak inşa edilen 15 metrelik tepe de dahil olmak üzere birçok yüksek noktadan planör uçuşları gerçekleştirdi. Fakat ne yazık ki, bu denemelerinin bedelini çok pahalı ödedi; 1896'da planörlerinden biri hızı kesilerek düşünce boynu kırılarak öldü.

Diğer bir öncü, Amerikan gökbilimci Samuel Langley idi. Langley, 1896'da küçük bir buharlı motorla çalışan bir model uçak yapmıştı. Uçak, yakıtı bitip de düşene kadar 1 kilometrenin üzerinde uçmayı başardı. Fakat Langley hiçbir zaman bir insan pilotu taşıyacak kadar büyük bir uçak yapamadı, çünkü o dönemde buharlı motorlar çok ağırdı. Bu sorunun geleceğin havacıları tarafından çözülebilmesi için benzinli içten yanmalı motorlu araç teknolojisinin geliştirilmesi gerekecekti.

Buhar makinesinden vazgeçen Langley Ekim 1903'te Washington DC'deki Potomac Nehri'nde bir yüzerevin çatısından benzinli bir uçak kaldırmaya çalışıyordu. Ne yazık ki çalışmaları başarısızlıkla sonuçlandı, çünkü uçağın havalandıktan sonra nasıl kontrol edileceği konusuna yeterince kafa yormamıştı. Bu başarısız denemeden kısa süre sonra, Wright Kardeşler benzinli uçaklarını havalandırabildiler, çünkü onlar diğer araştırmacıların deneyimlerinden –ve tabii kuşlardan– çok şey öğrenmiş, taşıtın kontrolüyle ilgili ödevlerini layıkıyla yapmışlardı.

Wright Kardeşler'in kaydettikleri en zekice gelişmelerden biri de, uçağın yalpalamasını –gövde boyunca uzanan eksen etrafında hareketini– kontrol altına almanın bir yolunu bulmalarıydı. Wright Kardeşler, Lilienthal'in ölümle sonuçlanan planör uçuşunda uyguladığı "pilotun ağırlığını bir yandan diğer yana kaydırma sistemi" yerine, kaldırma gücünün hangi kanada aktarılacağına pilotun karar verebileceği bir kanat tasarımı geliştirdiler.

Ay'a uçur beni

Bu önemli bir adımdı, çünkü uçağı felaketle sonlanacak bir irtifa kaybı olmadan yönlendirmek büyük sorundu. Buna ek olarak, denetimi pilotta olan ve ön tarafa monte edilerek burnun yukarı aşağı hareketini sağlayan bir irtifa dümeniyle uçağın sapma hareketini (iki yana zikzak yapmasını) denetleyen bir arka dümen vardı. Bu kontrol sistemleri, Wright Kardeşler'e uçağın hareketi üzerinde üç boyutlu kontrol sağladı; bu da, deneyimlerinden yararlandıkları öncülerin hiçbirinin gereğince hesaba katmadığı önemli bir faktördü.

Orville'in kısa uçuşu, günümüzde hâlâ teknoloji tarihinin en büyük başarılarından biri olmayı sürdürüyor. NASA, bu uçuştan yalnızca 66 yıl sonra Ay'a insan indirdi ve yolcular düzenli olarak uçağa binip dünyanın diğer ucuna uçmaya başladılar. Uçmak artık o kadar alışılmış, sürekli ve alelade bir faaliyet oldu ki, atalarımızın bunu gerçekleştirebilmek için ne kadar çaba harcadığını kolayca unutuyoruz. Herhalde onlar için, bütçeye uygun bir havayolunun sıkış tepiş bir uçağına binmek bir çeşit mucize olurdu.

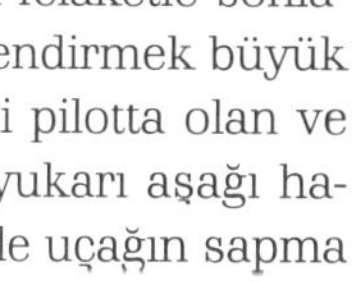

Dünya küçülüyor

Yüzyıl önce gemiyle veya trenle günler hatta aylar süren yolculuklar, bugün uçakla birkaç saatte tamamlanabiliyor.

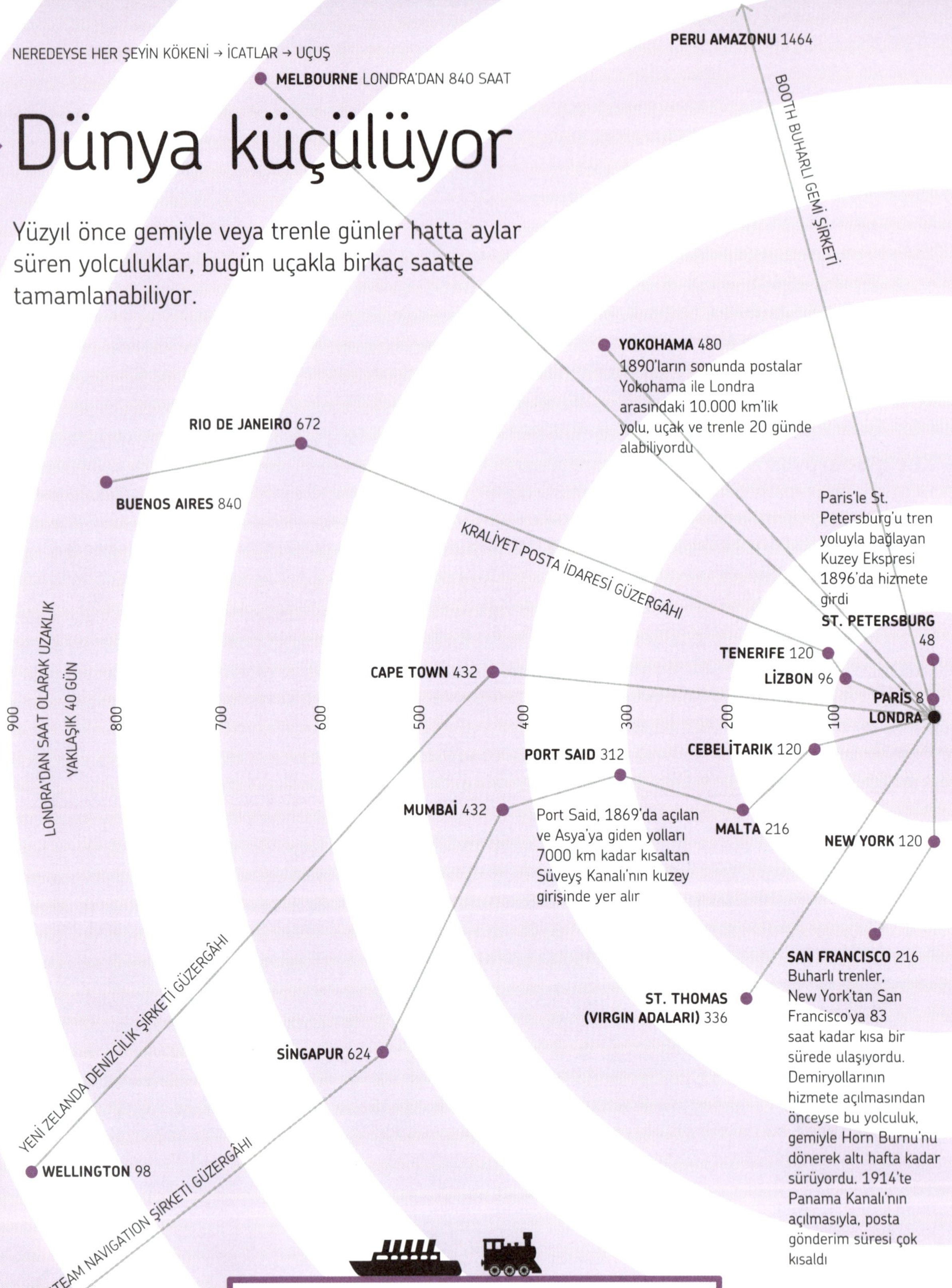

1900

Londra'dan **bir aylık** yolculuk

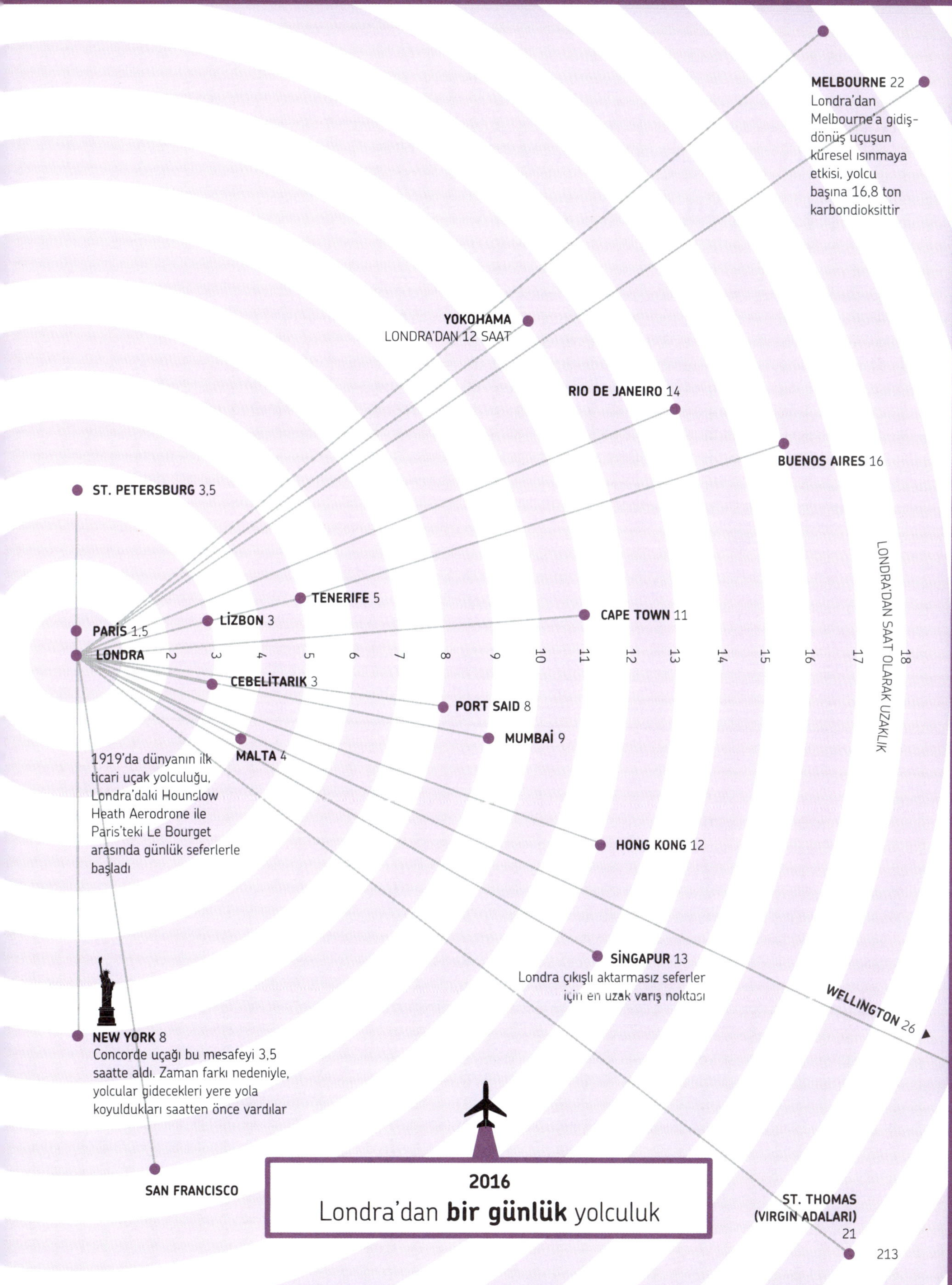
MELBOURNE 22
Londra'dan Melbourne'a gidiş-dönüş uçuşun küresel ısınmaya etkisi, yolcu başına 16,8 ton karbondioksittir
YOKOHAMA
LONDRA'DAN 12 SAAT
RIO DE JANEIRO 14
BUENOS AIRES 16
ST. PETERSBURG 3,5
TENERIFE 5
LİZBON 3
PARİS 1,5
CAPE TOWN 11
LONDRA
2 3 4 5 6 7 8 9 10 11 12 13 14 15 16 17 18
LONDRA'DAN SAAT OLARAK UZAKLIK
CEBELİTARIK 3
PORT SAID 8
MUMBAİ 9
MALTA 4
1919'da dünyanın ilk ticari uçak yolculuğu, Londra'daki Hounslow Heath Aerodrone ile Paris'teki Le Bourget arasında günlük seferlerle başladı
HONG KONG 12
SİNGAPUR 13
Londra çıkışlı aktarmasız seferler için en uzak varış noktası
WELLINGTON 26
NEW YORK 8
Concorde uçağı bu mesafeyi 3,5 saatte aldı. Zaman farkı nedeniyle, yolcular gidecekleri yere yola koyuldukları saatten önce vardılar
SAN FRANCISCO
2016
Londra'dan bir günlük yolculuk
ST. THOMAS (VIRGIN ADALARI) 21

Neden Q klavyeden ayrılamıyoruz?

Teknoloji genellikle dile yeni sözcükler eklenmesine katkıda bulunur. Televizyon, elektrikli süpürge, iPod... ama hiçbirinin kökeni QWERTY'ye benzemez.

Her gün milyarlarca kişi tarafından kullanılmasına ve dünyanın en yaygın teknolojilerinden biri olmasına rağmen bilgisayar klavyelerine pek kafa yormayız. Ne var ki klavyelerin bütün o sıradanlıklarının, alışılmışlıklarının ardında bir tuhaflık vardır. Harfler neden o sırayla dizilmiştir hiç düşündünüz mü?

Dünyanın QWERTY (kısaca Q) klavyeyle sevgi-nefret ilişkisi, 1866'da Milwaukee'deki küçük bir atölyede başladı. Christopher Latham Sholes adlı bir yayıncı, zengin olma umuduyla bir buluş üzerinde çalışmaya başlamıştı. Kitapların sayfalarını otomatik olarak numaralandıran bir makineydi bu.

Sholes, Carlos Glidden adlı mucit bir arkadaşıyla birlikte çalışıyordu. Tesadüf bu ya, Temmuz 1867'de *Scientific American* dergisinde "daktilonun" kısa bir tanımı çıktı karşılarına. Onlar da fikir değiştirip, "insanın düşüncelerini el yazısından iki kat daha hızlı yazabilmesine" olanak veren bir aygıt geliştirmeyi akıllarına koydular.

Piyano mu daktilo mu?

Bir yıl sonra üç patent almışlardı bile. Yine de o sırada baksanız, ortaya çıkan şeyi pek de daktiloya benzetemezdiniz. Her harf için bir adet olmak üzere fildişi ve abanoz tuşlarıyla daha çok bir piyanoyu andırıyordu.

Alet habire sıkışıyor, satırları kaydırıyordu ama Sholes yine de potansiyel yatırımcılara bu aletle yazdı. İçlerinden biri, James Densmore adlı bir yatırımcı, aleti daha hiç görmeden patent haklarının dörtte birini satın aldı. Neye yatırım yaptığına bir bakmak için Milwaukee'ye gittiğindeyse gördüğünden pek memnun kalmayıp, aleti "işe yaramaz" olarak nitelendirdi. Yine de Densmore genel olarak fikri destekliyordu, o yüzden de Sholes'u çalışmalarına devam etmesi için cesaretlendirdi.

Daha sonra anlaşılması biraz güç şeyler oldu. Sholes 1872'de, piyano yerine yuvarlak tuşlu sıralardan oluşan bir klavye için yeni bir patent başvurusunda bulundu ama harflerin yerini belirtmedi.

Derken, neredeyse damdan düşer gibi, tuşların üzerinde QWERTY harfleri beliriverdi. *Scientific American* dergisi, Ağustos 1872'de "Sholes'un Yazı Makinesi" hakkında övgü dolu bir yazı yayımladı. Sayfada aletin resmi de yer alıyor, dört sıralı klavyenin ikinci sırasının başında QWE.TY harfleri okunuyordu.

QWERTY harfleri yan yana geliyor

Densmore, yazı makinesini New York'ta bulunan ve ev aletleri işine el atmış olan silah üreticisi E. Remington & Sons'daki mühendislere gösterdi. Remington, aleti pazarlamak için bir anlaşma imzalayarak, harf sıralaması QWERTUIOPY şeklinde olan biraz farklı bir klavyeyle ilk prototipi üretti.

Sholes hiç memnun kalmamıştı; Y'nin yeniden T ile U arasına konmasını istedi. Remington kabul etti ve böylece QWERTY harfleri ilk kez yan yana geldi. Remington ilk yazı makinesini 1874'te piyasaya sürdü ve alet çok kısa sürede, dünyanın ticari başarı kazanan ilk yazı makinesi haline geldi.

1890'a gelindiğinde, Birleşik Devletler'de kullanılan Q klavyelerin sayısı 100.000'i aşmıştı. Bu arada QWERTY, 1870'lerdeki ilk tasarımına kıyasla epey gelişme kaydetmişti. Peki, bu harf dizilimi nereden çıkmıştı?

Hep tekrarlanan açıklamalardan biri, mekanizmanın sıkışmasını önlemek için "daktiloyu kullanan kişiyi yavaşlatmanın" amaçlandığıydı. Önceki tasarımlarda rastlanan bu sorunu çözmek için, sıkça yan yana gelen harf çiftleri birbirinden ayrılmıştı.

Ancak bu doğru olamazdı. E ve R, İngilizcede en sık yan yana gelen harf çiftleri arasında ikinci sıradaydı. En sık yan yana gelen T ve H harf çifti ise, klavyede yakın komşuydular. 1949'da yapılan istatistiksel bir analizde, Q klavyede, rasgele düzenlenecek bir klavyeye kıyasla harf çiftlerinin daha yakın konumda bulundukları ortaya çıktı.

Batının en hızlı parmakları

Yazı makinesinin mucitleri, "insanın düşüncelerini el yazısından iki kat daha hızlı yazabilmesine" olanak veren bir aygıt geliştirme düşüncesiyle yola çıktılar ve bunu büyük ölçüde başardılar. El yazısıyla bir dakikada yazılabilecek sözcük sayısı nadiren 30'un üstündedir ama en kötü klavye kullanıcıları bile bu sayıyı aşabilir. Ne var ki klavyede yazmanın bir başka zorluğu vardır. En hızlı klavye kullanıcısı bile stenonun hızına ulaşamaz.

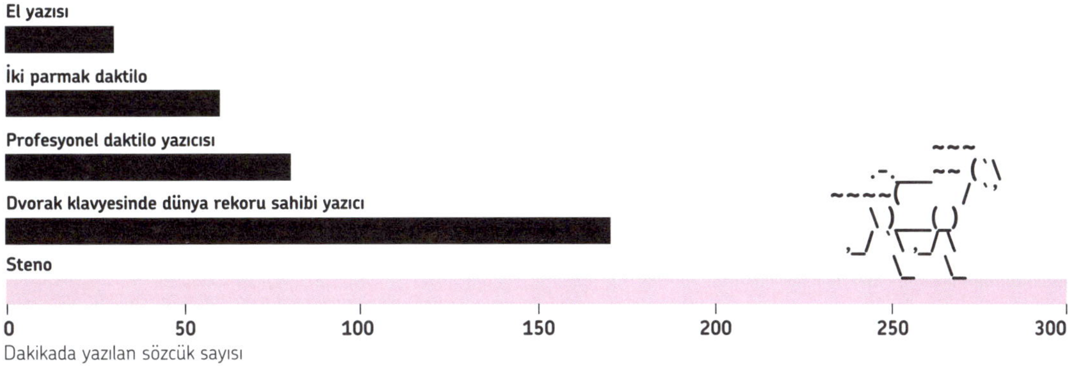

Bir diğer şehir efsanesi, pazarlamacıların müşterileri etkilemek amacıyla, yalnızca üst sırayı kullanarak hızlıca "TYPE WRITER QUOTE" (DAKTİLO YAZISI) yazmalarını sağlamak için bu dizilimin kullanıldığıdır. Bu hoş bir fikirdir –ve gerçekten de bu harfler tesadüfen yan yana gelmiş olamaz– ama bu görüşü destekleyen tarihsel bir kanıt yoktur.

Belki de daha inandırıcı, ama mantıksız bir sebep, Q klavyenin, başlangıçtaki piyano tarzı klavyenin yarı yarıya rasgele olarak yeniden düzenlenmesiyle oluşturulması olabilir.

Gerçek sebebi belki de hiç öğrenemeyeceğiz. Tek bildiğimiz, Sholes'un klavyeyi tamamlamasından yüzyıl sonra, Loughborough Üniversitesi'nden tarihçi Jan Noyes'in, "Harflerin QWERTY düzeninde yerleştirilmesinin belirli bir nedeni varmış gibi görünmediğini" açıklayan uzun bir analiz yayımlamış olduğu.

Olası en kötü düzenleme

Kesin olan şu ki, klavye tasarlanırken klavyeyi kullanacak olanlar hiç düşünülmemişti. Noyes'in de belirttiği gibi, "özgün QWERTY klavyesi, tuşlara bakmadan on parmak yazanlara değil, tavuğun yemi gagaladığı gibi iki parmakla yazanlara yönelikti". On parmak yazma, daha sonra keşfedilmişti.

Bu, QWERTY'nin bilinen pratik eksikliklerini açıklayabilir. 1930'larda, daktilocular ve daktiloyla yazmak yaygınlaştıkça araştırmacılar klavyenin kullanışlılığını sorgulamaya başladılar. Eğitim psikolojisi uzmanı August Dvorak (bestecinin uzak bir kuzeni) bir mühendis ekibiyle birlikte klavyenin 250 varyasyonunu test etti ve QWERTY tasarımının olası en kötü düzenlemelerden biri olduğuna karar verildi.

Aslında Dvorak'ın fena niyetleri vardı. 1936'da "Dvorak'ın Basitleştirilmiş Klavyesi" adıyla yeni bir patent başvurusunda bulundu. Kendi klavyesinde ustalaşmanın daha kolay olduğunu, daha hızlı yazıldığını ve ellere daha az baskı uygulandığını iddia ediyordu. Ne var ki başarılı olamadı. Fiili standart haline gelen Q klavye, üstün olduğunu iddia eden daha onlarca hatta yüzlerce rakibi uğurlayacaktı. Mekanik daktilodan bilgisayarlara sorunsuz bir şekilde aktarıldı; ardından dokunmatik ekranlara geçti ve Latin alfabesinin standart olduğu her yerde kullanıma girdi.

Aslında Q klavyenin itibarı kötü olsa da, kendisi o kadar kötü değildir: 1975'te yapılan bir çalışmada, yetenekli bir daktilocunun, kuramsal olarak ulaşılabileceği düşünülen azami hızın yüzde 90'ının üzerine çıkabileceği ortaya koyulmuştu.

Klavyenin bugüne kadar direnebilmiş olmasının asıl nedeni atıllıktır: Alternatif bir klavye tasarlamak, test etmek ve üretmek için harcanacak parayı –ve sonra milyarlarca insanı bu yeni klavyeyi kullanmak üzere yeniden eğitmek gerekeceğini– düşünün. Bir aleti tuşlamak gerekliliği devam ettiği sürece QWERTY'den vazgeçilemeyecek gibi duruyor.

Alfabe çorbası

QWERTY klavyedeki harflerin gizemli düzenlenmesi, yılların denemelerinin ürünüdür.

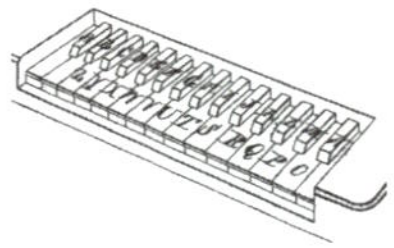

Mucit Christopher Latham Sholes "ilk yazı makinesi" için patent aldı

1868
Piyano şeklinde klavye
Harf ve sayıların iki sıra halinde yer aldığı, piyano şeklinde alfabetik klavye

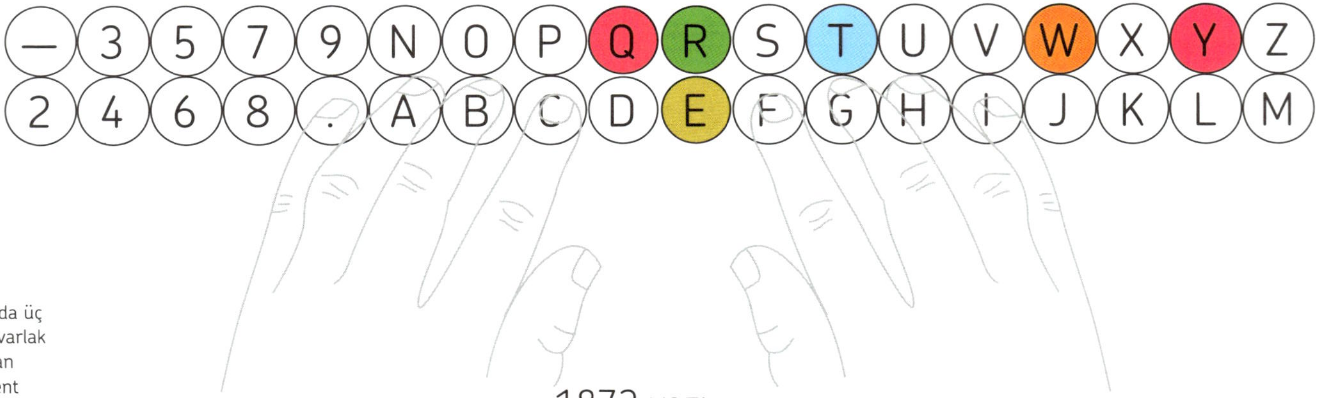

O yılın başlarında üç sıra halinde yuvarlak tuşlardan oluşan klavye için patent alınmış ama harflerin yerleri belirlenmemişti

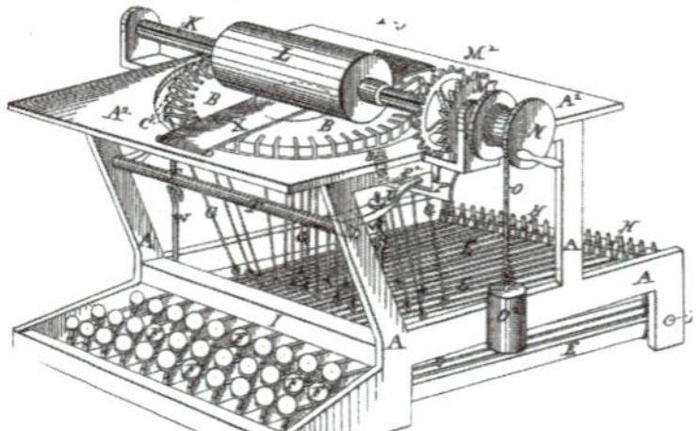

1872 yazı
İki yerine dört sıra
Scientific American dergisinde yayımlanan bir makalede, QWERTY klavyenin sinyallerini veren düzenleme görülüyordu

Klavyenin, mekanizmanın sıkışmasını önlemek için sıkça yan yana gelen harf çiftlerini birbirinden ayıracak şekilde tasarlanmış olduğu söylense de bu bir şehir efsanesidir. İngilizcede en sık rastlanan harf çifti TH'dir.

Sholes'un ilk başta noktayı neden buraya koyduğu bilinmiyor. Nokta, çok geçmeden sağda en alta yerleştirildi

1873
İlk QWERTY

Remington Company klavyenin haklarını satın alarak hemen hemen bugünkü klavyenin prototipini üretti

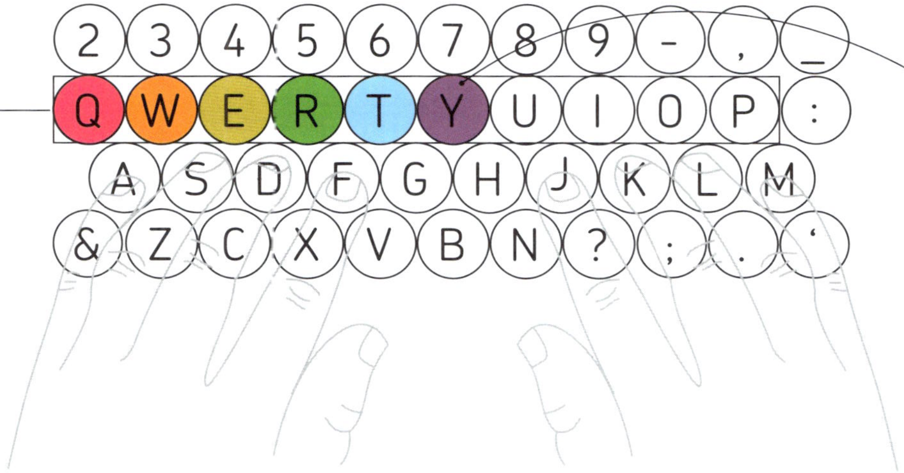

İngilizcede klavyenin yalnızca üst sırasını kullanarak yazılabilecek sözcüklerin sayısı pek fazla değildir. Bunlardan biri de "typewriter" yani "daktilo"dur ve bu bir tesadüfmüş gibi görünmemektedir

Remington Y harfini üst sıranın en ucuna koymak istedi ama Sholes Y'nin T'nin yanında kalmasında ısrar etti

1878
Son QWERTY

Sıralamada, muhtemelen Sholes'un patentini ihlal etmemek amacıyla, ufak tefek düzenlemeler yapıldı

QWERTY klavye, on parmak daktilo yazmadan önce geliştirilmiştir ve günümüzde harflere bakmadan yüksek hızda yazmak için olası en kötü tasarım olmakla eleştirilmektedir

Elektronik bilimini matematiğin emrine vermek

70 yıl önce birisine "computer" (bilgisayar) deseydiniz, aklına masanın üzerine konulan bir makine değil, masanın başına oturmuş, elinde kâğıt kalemle hesaplar yapan bir kişi gelirdi. O günlerdeki "bilgisayarlar" genellikle kadınlardı ve karmakarışık sayılarla ilgili talepleri karşılamak için zahmetli hesaplarla uğraşıyorlardı.

Bu çalışmalarla, o dönemde vazgeçilmez değere sahip matematiksel tablolardan oluşan kitaplar hazırlanıyordu. Bilim insanları, mühendisler, denizciler, bankacılar ve sigortacılar, karmaşık hesaplar yapmaları gerektiğinde hep bu tablolara başvuruyorlardı.

Bunlar belki de şimdiye kadar yayımlanan en sıkıcı kitaplardı –telefon rehberlerinde bile okuyacak daha ilginç şeyler bulabilirdi insan– ama Charles Babbage adlı bir matematikçi aynı fikirde değildi. Babbage, kırk bilimsel tarakta bezi olan, paradan yana sıkıntısı bulunmayan bir adamdı. Birçok başka şeyin yanı sıra, basılı matematik tablolarını da topluyor, üstelik bir de acımasızca hatalarını tarıyordu.

Tablolar kullanışlı olmasına kullanışlıydılar ama içleri hatalarla doluydu. Babbage'ın bir çağdaşı, rasgele seçilmiş 40 cilt tabloda 3700 hata saptamıştı. Oysa bu tablolar gelişmekte olan endüstriyel devrim açısından büyük önem taşıyordu ve bu durum Babbage'ı çok rahatsız ediyordu.

1821 yılında bir akşam, Babbage ve arkadaşı John Herschel, tablolarda ne gibi hatalar olduğunu bulup dökmek için bir araya geldiler. Birçok hata buldular. Babbage daha sonra, "O kadar çok hata vardı ki, bir an geldi 'Tanrı bu hesapların topunu yok etse!' diye bağırdım," yazacaktı. Otomatik bir hesap makinesi geliştirme fikri, Babbage'ın aklına işte o an geldi.

Kısa bir süre içinde, insanların yaptığı hesapları otomatik olarak ama hata yapmadan gerçekleştiren bir makine tasarladı ve adını "Fark Makinesi" koydu.

Makine bu adı, dayandığı matematiksel prensipten, yani "sonlu farklar yönteminden" alıyordu. Uzun denklemin kısası, sonlu farklar yöntemi, $x = y^2 + yz - 1$ gibi, iki veya daha çok bilinmeyenli matematiksel ifadeleri çözmek için kullanılan bir yöntemdir. Yöntemin en iyi yanı, tekrarlanan toplamalardan başka bir işlem yapmadan uygulanabilmesidir.

Babbage, 1837'de Fark Makinesi'nin prototipini üretirken, farklı işler yapabilen bir hesap makinesi üzerinde düşünmeye başladı. Fark Makinesi yalnızca toplama yapabiliyordu, oysa Babbage toplama, çıkarma, çarpma ve bölme yapabilen, kullanan kişinin herhangi bir sırayla programlayabileceği, her amaca uygun bir makine de yapılabileceğini anlamıştı. Buna "Analitik Makine" adını verdi.

Bana ne istersen sor

Analitik Makine, genellikle dünyanın ilk bilgisayarı olarak tanımlanır. Bu abartılı bir tanım da sayılmaz, çünkü makine, ana işlemci ve bellek de dahil olmak üzere modern bilgisayarların temel özelliklerinden birçoğuna sahipti. Daha da önemlisi, kuramsal olarak hesaplanabilen her türlü matematiksel fonksiyonu hesaplayabiliyordu. Yani, bilgisayar diliyle "Turing complete" idi.

Daha doğrusu, eğer yapımı tamamlanabilseydi böyle olacaktı. Babbage yaşamının geri kalanında hep makinenin tasarımı üzerinde çalıştı ama 1871 yılında öldüğünde, makinenin yalnızca bir kısmı tamamlanabilmişti. Aslında bu çok da şaşırtıcı değil, çünkü eğer Analitik Makine tamamlanabilmiş olsaydı bir lokomotif büyüklüğünde olacaktı.

Bu fikirleri gerçeğe dönüştürmek için bir başka vizyoner matematikçinin, Alan Turing'in çalışmalarını beklemek gerekecekti. Turing 1936'da, 24 yaşında bir lisansüstü öğrencisiyken, modern bilgisayar kullanımına zemin hazırlayan makaleyi yazdı.

Turing, gerçek bir makine yapmak niyetinde değildi, böyle bir şeyle ilgilenmiyordu da. Onun asıl amacı, 1928'de David Hilbert tarafından ortaya atılan ve "karar problemi" denilen çok zor ama gizemli bir matematiksel sorunu çözmekti.

Hilbert, şunu merak ediyordu: Bütün matematiksel önermeler (örneğin $2 + 2 = 4$) çözümlenebilir

Charles Babbage'ın 1871 yılında yapılan mekanik bilgisayarının bir bölümü

mi yoksa bazıları "kararsız" mıdır? 2 + 2 = 4 gibi bir önerme için bu önemsiz olabilir ama daha karmaşık önermelerde durum zorlaşır.

Eğer matematik, karar verilebilir bir bilim dalıysa, herhangi bir matematiksel ifadeye kesin bir evet veya hayır cevabı verecek bir makine yapılabilecek ve böylelikle matematiğin tüm önemli problemleri çözülebilecekti.

Bu sorunun yanıtını bulabilmek için Turing'in önce ne tür bir makinenin böyle zor bir işi başarabileceğin kavramlaştırması gerekti. O güne dek yapılmış en zorlu düşünce deneylerinden birini gerçekleştirerek, sonsuz bir kâğıt şeridine basılan sembolleri okuyabilen bir makine düşledi. Makine sembolü okuduktan sonra, önceden programlanmış bir dizi kurala göre ne yapacağına karar verecekti: Sembolü sil ve/veya yeni bir sembol yaz; şeridi bir boşluk sola veya sağa hareket ettir veya dur. Bu tür bir "Turing makinesi", kurallara bağlı olarak matematiksel problemleri çözebilecekti. Bununla birlikte, her makine kendi sabit kurallarına sahip olduğundan, Hilbert'in genel sorusunu test etmek için kullanılamayacaktı.

Bilgisayar hayır diyor

Alan Turing'in bir bilgisayar tarafından asla çözülemeyeceğini söylediği problemlerden biri, özgöndergeli "Bu program duracak mı?" sorusudur. Hiçbir bilgisayar, programı çalıştırılmadan buna yanıt veremez. Ve bir sonuca ulaşmadan milyarlarca yıl aynı soruyu çözmeye çalışsa da, kesin bir yanıt bulamaz. Turing, işte bu bir tek sonuç üzerinden, herhangi bir matematiksel ifadenin doğru mu yoksa yanlış mı olduğunu belirleyebilecek bir prosedür olmadığını kanıtlamıştır. Böylelikle, matematiği kökten çözme olasılığı puff diye kaybolmuştur.

Evrensel makine

Derken Turing'in kafasında bir şimşek çaktı: Şeridin kendi içinde de kurallar belirlenebileceğini fark etmişti. Bu tür bir aygıt, tasarlanabilecek herhangi bir Turing makinesinin fonksiyonlarını gerçekleştirecek şekilde programlanabilirdi. Bu aygıt, her türlü matematiksel ve mantıksal işlem sırasının üstesinden gelebilecek "evrensel Turing makinesi" olabilirdi. Yani, bir bilgisayar.

Bu şekilde, neyin "hesaplanabilir" neyin "hesaplanamaz" olduğunu belirleyerek, Hilbert'in problemini çözmek oldukça kolaydı. Turing, evrensel bir Turing makinesiyle bile çözülemeyecek problemler olduğunu gösterdi.

Durum o kadar da kötü değildi. Turing'in kuramsal aygıtı beş yıl içinde hayata geçirildi. İlk "Turing complete" bilgisayar olan Z3, 1941'de Berlin'de yapıldı. Nasıl olduysa, Alman hükümeti bilgisayarın askeri alandaki potansiyelini fark edemedi ama İngilizler aynı hataya düşmediler. Turing, Bletchley Park'ta, Nazi şifrelerinin kırılmasında büyük rol oynayan Colossus bilgisayarlarıyla çalışmaya başladı.

Bilgisayarlar, oda büyüklüğündeki devasa aygıtlardan biraz da olsa ileri gittiler. Yine de Babbage ve Turing'in ortaya koydukları kavramların hayata geçmiş şekilleridirler.

Daha hızlı, daha hızlı

1965 yılında, Intel şirketinin kurucularından Gordon Moore, bir entegre devredeki transistor sayısının her iki yılda bir iki katına çıktığını fark etti ve bu üstel artışın en az on yıl süreceğini tahmin etti. "Moore Yasası" olarak tanımlanan bu öngörü, o zamandan günümüze kadar geçerliliğini korumuştur.

Entegre devreler, bir dizi transistor ve silisyum bir çip içine yerleştirilmiş diğer mikro elektronik bileşenlerden oluşur

Moore Yasası, bir doğa yasası değil, bilgisayar endüstrisindeki ilerlemeyi yönlendiren, kendi kendini gerçekleştiren bir kehanettir

Transistor, modern bilgisayarların temel yapıtaşıdır

1971
Intel 4004

Gerçek boyut

2016
Intel Core i7-5960X

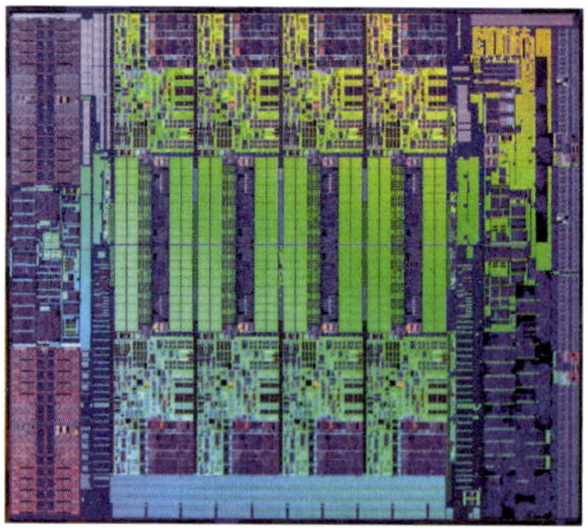

Tek bir çipte ilk ana işlemci (CPU)

Saniyede milyonlarca talimat

2300 transistor

0,092 MIPS işleme hızı

200 dolar maliyet

0,43 dolar bir transistorun maliyeti

Modern masaüstü bilgisayarlardaki son teknoloji çip

26 milyar transistor

238,310 MIPS işleme hızı

999 dolar maliyet

0,000000038 dolar bir transistorun maliyeti

1971'de, 26 milyar transistorlü bir çip yapılacak olsa bir tenis kortu büyüklüğünde olurdu

Eğer diğer teknolojiler de Moore Yasası'na

uysalardı, günümüzde otomobiller 500

1971 model Mercedes-Benz 280 SE
Maksimum hız 200 km/saat 7,27 km/lt tüketim 6485 dolar

milyon km/saat hızla gidip, 1 kuruştan daha

ucuza, 1 litre benzinle yaklaşık 1 milyon km

yol kat ediyor olacaklardı. Uçaklar,

1971 Boeing 727
Maksimum hız 870 km/saat 4,25 milyon dolar

2 dolar gibi bir maliyetle, 2 milyar km/saat'in

üzerine çıkabileceklerdi. Uzunçalarlara 44

yıl boyunca çalabilecek uzunlukta müzik

depolanabilecekti.

1971'de 30 cm'lik bir uzunçalar
90 dakika müzik

Röntgeni çekilen ilk kişi kimdir?

Wilhelm Röntgen gibi ciddi ve ilgi odağı olmaktan kaçan bir adam için 1895 kışı oldukça şaşırtıcı geçmiş olmalı. Kışın başında herkes Röntgen'in delirdiğini düşünürken, kışın sonunda dünyanın en ünlü bilim insanı olmuştu çünkü.

Röntgen on bir yıldır Almanya'da, Würzburg Üniversitesi'nde çalışıyordu. Arkadaşları tarafından çalışkan bir fizikçi olarak tanınıyor, ama kimse onun büyük bir bilim insanı olduğunu düşünmüyordu. Zaten kendisi de dikkat çekmek isteyen biri değildi. Ne var ki 1895 yılının bir Kasım akşamı, laboratuvarında parlayan gizemli bir ışık görmesiyle istemeden bu yola itilmiş oldu.

Tuhaf parıltı

Röntgen, Crookes tüpü adı verilen ve eski televizyonlarda görüntünün ekrana yansıtılmasında kullanılan katot ışını tüplerinin ilk versiyonu olan bir aygıtla deneyler yapıyordu.

Crookes tüpü, her iki ucunda birer elektrot bulunan, içi kısmen boşaltılmış cam bir haznedir. Elektrotlara yeterince yüksek bir voltaj uygulandığında, negatif elektrotun karşısındaki cam floresan yayar. Günümüzde bu olaya, elektrik alanın hızlandırdığı enerji yüklü elektronların –katot ışınlarının– cama çarpmasının neden olduğunu biliyoruz.

Oysa Röntgen'in gördüğü ışık bu tüpe yakın bir yerden değil, laboratuvarın diğer tarafında, tüpten metrelerce ötede, floresan bir malzemeyle boyanmış küçük bir mukavva parçasından geliyordu. Katot ışınlarının bu kadar uzağa gitmiş olması olanaksızdı.

Röntgen deneylere başladı. Vakum tüpünü, görülebilir ışığı kesecek şekilde siyah bir mukavvanın arkasına yerleştirdi, ama ekran yine parıldamaya devam etti. Birkaç hafta boyunca laboratuvarından pek dışarı çıkmadan parlamanın kaynağını saptamaya çalıştı. "Çalışmalarımdan kimseye bahsetmedim," diye yazacaktı daha sonra, "Başkası duysa 'Röntgen delirmiş' diyeceği kesin olan bir şeyle uğraştığımı yalnızca eşime anlattım."

Noel geldiğinde, Röntgen delirmediğine emin oldu. Tüpün içinden daha önce bilinmeyen tipte bir ışıma çıkıyordu. Bunun tam olarak ne olduğu belli olmadığından, Röntgen bu ışınlara X ışını adını verdi. Açık olan bir şey varsa, o da bu ışınların yalnızca mukavvadan değil, tahtadan ve insan etinden de geçebildiğiydi. Fakat kemikten geçemiyordu. Röntgen bunu, elini tüple ekran arasına koyup da, bir anlığına kendi iskeletini gördüğünde anladı.

Röntgen buluşunu, 28 Aralık 1895'te, öyle pek de tantana yaratmadan, kendi bilimsel derneklerinin dergisinde yayımladı. Yine de ilginç bir keşfin kıyısında olduğunu sezmişti. Bu yüzden de makalesinin tıpkıbasımlarını 1896'nın yılbaşı günü, Avrupa'nın dört bir yanındaki fizikçilere yolladı. Bunlardan on ikisinde, belki de kendi reklamını yapma açısından gizli bir yeteneğin göstergesi sayılabilecek bir ek vardı: Eşi Anna Bertha'nın elinin bir röntgen filmiydi bu ve filmde kadının el kemiklerinin yanı sıra, alyansı da açıkça görünüyordu.

Bundan sonra işler hızlanmaya başladı. Dünyanın ilk röntgen filmini alanlardan biri, Röntgen'in öğrencilik yıllarından arkadaşı olan ve o sırada Viyana Üniversitesi'nde fizik profesörlüğü yapan Franz Exner'di. Girişken bir adam olan Exner'in arkadaşları arasında, Viyana'nın en çok satan gazetesi *Die Presse*'nin editörü de vardı.

Manşetten

Gazetenin 5 Ocak 1896 tarihli baskısının manşeti, "Eine sensationelle Entdeckung" (Sansayonel Bir Buluş) şeklindeydi. Muhtemelen Noel sonrasının pek de haber çıkmayan sakin günlerinden biriydi ama gazeteciler gerçek haberi görür görmez üzerine atlamışlar, hatta heyecandan Röntgen'in adını yanlış yazmışlardı.

"Profesör Routgen'in Würzburg'da yaptığı söylenen keşif, Viyana bilim çevrelerinde büyük yankı yaratıyor," diye başlıyordu yazı ve şöyle devam ediyordu: "Eğer gerçekten böyle bir keşif yapıldıysa... pozitif bilim alanında, hem fizikte hem de tıpta önemli sonuçlar doğuracak çığır açıcı bir araştırma sonucuyla karşı karşıyayız." Dünyadaki gazeteler atlatma haberi yakalayan *Die Presse*'yi izlediler ve X ışınları, ilk uluslararası bilimsel medya sansasyonu oldu.

Satılık X ışını

Özgün makalede, X ışınlarının en önemli uygulama alanının ne olacağı doğru olarak tanımlanmıştı: Bu ışınlar sayesinde insan vücudunun içine bakmak mümkün olacaktı. X ışınlarının bu vaadi yerine getirmesi için, dünyanın çok da beklemesi gerekmedi.

Bu da, büyük ölçüde Röntgen'in alçakgönüllülüğünün bir sonucuydu. Röntgen, "buluşun bütünüyle dünyaya ait olduğunu ve patentler, lisanslar ve benzeri belgelerle tek bir kuruma tahsis edilmemesi gerektiğini" söyleyerek, buluşunu paraya çevirme yoluna gitmeyi reddetmişti. İlk bildirimden yalnızca yirmi gün sonra, Berlin'den bir şirket, hekimlere "Röntgen tüpü" satışına başlamıştı bile.

X ışınlarının tam olarak ne olduklarını anlamak biraz daha zaman aldı. Bu ışınların polarize edilebileceği 1910'da, kırılabildikleri 1912'de anlaşıldı. Bu iki özellik de X ışınlarının, aynı ışık gibi, elektromanyetik radyasyonun bir başka şekli olduğunu gösteriyordu; ancak bu ışınlar, çok kısa dalga boyuna ve çok yüksek enerjiye sahiptiler, dolayısıyla da birçok malzemeden geçebiliyorlardı.

Bu sırada Röntgen, 1901'de ilk kez verilen Nobel Fizik Ödülü'nü kazanmış, ancak kişiliğine uygun olarak, törende ödülü kendisi almayı reddedip çalıştığı üniversiteye bağışlamıştı.

Röntgen 1923'te kanserden öldü ama bilimsel çalışmalarının kurbanı olduğunu söyleyemeyiz çünkü ışınlara çok uzun süre maruz kalmamaya dikkat ettiğini biliyoruz. Öldükten sonra, kişisel bilimsel belgeleri vasiyeti gereği imha edildi.

Günümüzde, ister hastanede ister dişçi koltuğunda isterse havaalanı güvenlik tarayıcısında olsun, röntgen ışınlarıyla temas etmeden yaşamını geçiren pek az kişi var. Özel teleskoplar ışınları toplayıp bu ışınlarla, gökadaların çarpışması veya kara deliklerin verdiği hasarlar gibi evrendeki en sert süreçlerin fotoğraflarını üretiyorlar. Bu ışınlar sayesinde çıplak gözle görebileceğimizden çok daha fazlasını görüyoruz.

İsteksiz X-Man

Wilhelm Röntgen ünlü olmaya isteksiz bir bilim insanıydı ama üyesi olduğu bilimsel dernek, yani Würzburg Fizik ve Tıp Derneği, Röntgen'i de ışınlarını da dünyaya tanıtmaya çok hevesliydi. Dernek, buluş yapıldıktan bir ay sonra coşkulu bir kutlama düzenleyerek çılgın alkışlar eşliğinde X ışınlarının "Röntgen Işınları" olarak adlandırılmasını önerdi. Röntgen ise, her zamanki alçakgönüllülüğüyle ışınlara ilk verdiği ismi kullanmayı tercih etti ve İngilizce konuşulan bütün ülkelerde de "X ışını" terimi oturdu. Oysa Almanca ve diğer bazı Avrupa dillerinde öneri kabul gördü. Google da buna uygun olarak, "Herr Röntgen"i, "Mr. X" olarak çeviriyor.

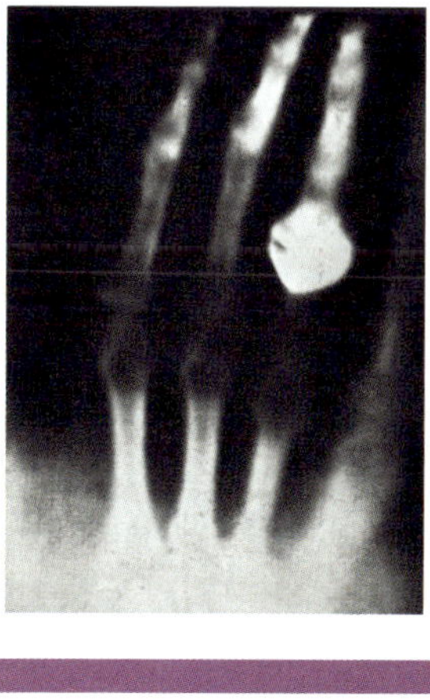

Çekilen ilk röntgen filmi, Bayan X'in el röntgenidir

Gizli bilgiler

Havaalanlarındaki güvenlik görevlileri, bagajların içini X ışınları yardımıyla görürler. Ama havaalanlarında kullanılan sistemlerin çoğu, her şeyi göstermez.

Tarayıcı içindeki bir kaynaktan çıkan X ışınları, birçok maddeden geçebilse de, metaller gibi daha yoğun maddelerden geçemez. Bu yoğun maddeler, başka eşyaların görülmesini de engelleyebilir

Kâğıt, tahta, giysi, yiyecekler ve plastik gibi daha az yoğun maddeler turuncu görünür

Metal veya cam gibi daha yoğun maddeler, yoğunluklarına göre yeşil, mavi veya siyah olarak görünür

"Backscatter X-Ray" adı verilen bir başka sistemle daha yüksek güvenlikli tarama yapılabilir. Bu teknoloji, kaynağa doğru geri yansıyan X ışınlarını toplayarak standart teknolojiyle gözden kaçan nesnelerin yakalanabilmesini sağlar

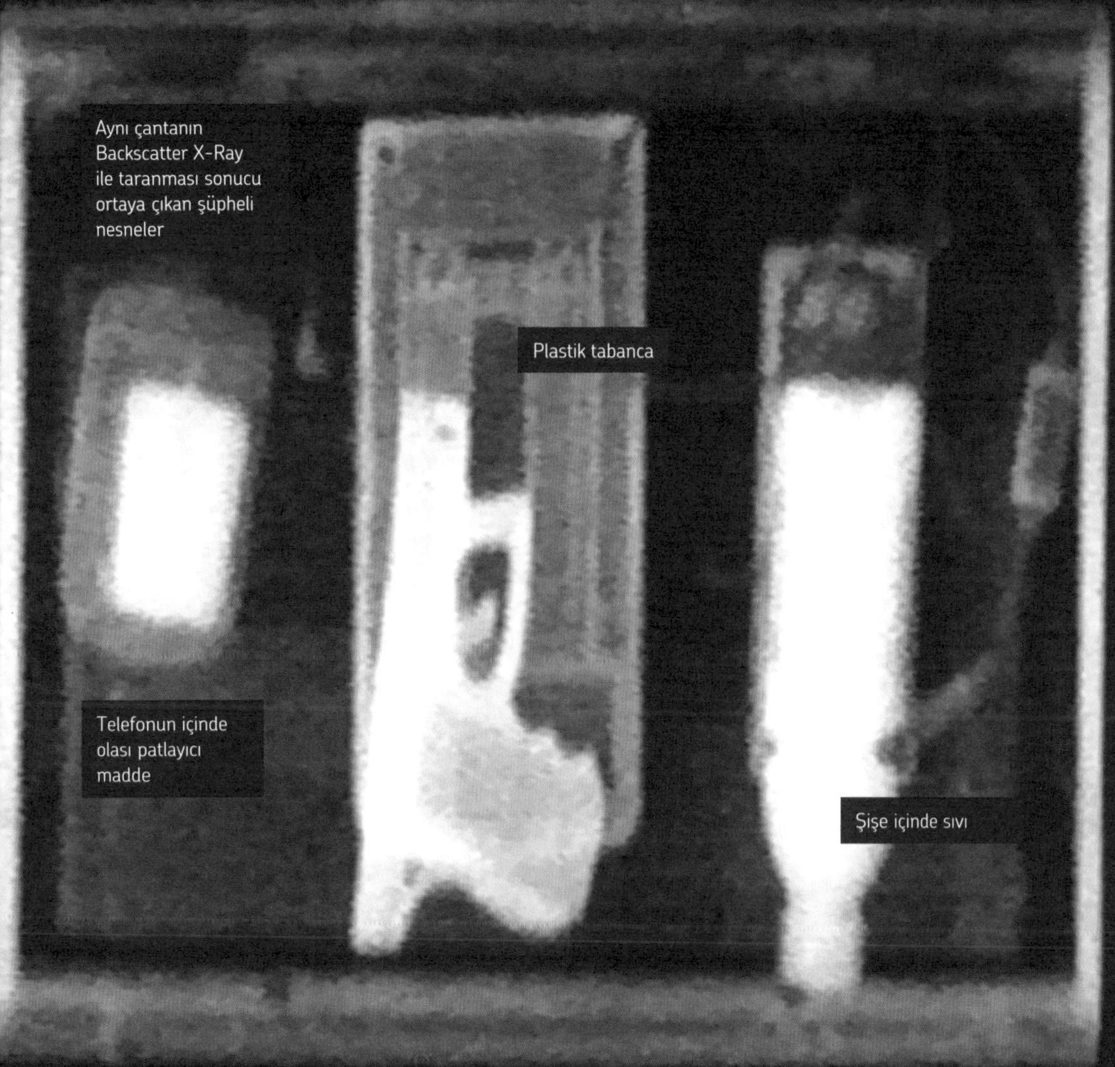

Backscatter X-Ray, 2008 yılında insanları taramak için kullanıma girdi ama görüntülerin mahrem yerleri açığa çıkarması şikâyetleri üzerine 2013'te kullanımdan kaldırıldı

İşimiz şansa kalmış

"Buluşlar zorunluluktan doğar" derler. Ama bazen de bunun tam tersi olur.

1968'de, Amerikan kimya şirketi 3M'de çalışan Spencer Silver, çok güçlü bir yapıştırıcı geliştirmeye çalışıyordu. Ne var ki çalışmaları tam bir fiyaskoyla sonuçlandı: Güçlü ne kelime, çok güçsüz bir yapıştırıcı çıkmıştı ortaya! Ancak Silver, ürünün çok ilginç özelliklere sahip olduğunu fark etti.

Ürün, iki şeyi birbirine yapıştıracak kadar güçlü, ancak aynı zamanda kalıntı bırakmadan ayrılmalarına izin verecek kadar zayıftı. Öte yandan yapışkanlığını da koruyordu.

Silver, bu ürüne "problemi bulunmayan çözüm" adını verdi ve problemi bulmayı gerçekten de başaramadı. Acaba bir başkası bulabilir mi diye, ürünü 3M'dekilere tanıtmaya girişti. 1974'te Arthur Fry adlı bir çalışan, Silver'ın seminerlerinden birine katıldı. Fry kilise korosundaydı ve kâğıt sayfa ayraçlarının ilahi kitabının arasından habire düşüp durmasından şikâyetçiydi. Semineri dinlerken Silver'ın yapıştırıcısını, ayraçları geçici olarak sayfalara yapıştırmakta kullanabileceğini düşündü. Üstelik bu şekilde kitap da zarar görmeyecekti. İşte yeniden kullanılabilir yapışkan not kâğıtları fikri böyle doğdu.

Yapışık bir durum

3M, "Press'n Peel" adlı ürünü 1977'de piyasaya sürdü ama başlangıçta ürün pek de ilgi görmedi. Fakat sonra 1980'de ismini "Post-it notes" olarak değiştirdi ve satışlar aldı yürüdü. Kâğıtlarının göze çarpan rengi de bir rastlantı eseriydi. Fry'ın laboratuvarında, denemelerde kullanabileceği tonla sarı renkli atık kâğıt vardı.

Post-it kâğıtları, bazen başarısızlıktan doğan başarının dört dörtlük örneği olarak gösterilir. Ancak kuşkusuz bu durumun tek örneği değildir. 1942'de Eastman-Kodak'ın New York, Rochester'daki kimya bölümünde kimyagerler tarafından yanlışlıkla keşfedilen Japon yapıştırıcısı da "şans eseri keşfedilen yapıştırıcılar" grubundandır. Kimyagerler plastik nişangâh üretimine uygun şeffaf plastik madde arayışı içindeydiler. Günlerden bir gün, siyanoakrilatlar denilen, su varlığında kendiliğinden polimerleşen bir kimyasal sınıfını denediler. Testlere başlandı ama kimyasallar değdikleri her şeye çabucak yapıştığından denemeler hemen durduruldu.

Bu ekip tarafından bir kenara atılan sinoakrilatlar, 1951'de yeniden keşfedildi ve bu kez yapıştırıcı olarak kullanılabilecekleri fark edildi. O dönemde yapıştırıcılar uygulandıktan sonra, yapışmayı sağlamak için genellikle basınç, ısı veya zaman gibi tamamlayıcı bir muameleye gerek duyuluyordu. Oysa siyanoakrilatın yapışmak için havadaki (veya parmaklarınızdaki) nemle temas etmesi yeterliydi. Eastman bu yeni ürünü 1958'de piyasaya sürdü ama ürüne "yapışkanlıkla" ilgili bir isim yerine "Eastman #910" ismini koyduğundan voliyi vuramadı. Ürünü satın alan Loctite, "Loctite Quick Set 404" adıyla biraz daha iyi satış yaptı. "Japon yapıştırıcısı" (*superglue*) ismi ise daha sonra uyduruldu.

Başarısızlıkla yola çıkıp sonradan şöhret kazanan bir diğer kimyasal, tetrafloroetilendi. Roy Plunkett adlı bir kimyager, 1938 Nisan'ında bir cumartesi sabahı, New Jersey, DuPont'daki laboratuvarında yeni bir soğutucu bulmaya çalışıyor ama başaramıyordu.

Neye niyet neye kısmet

Post-it kâğıtları, Japon yapıştırıcısı, mikrodalga ve Teflon, başka bir şey keşfetmeye yönelik bir proje sayesinde rastlantı eseri keşfedilen ürünlerin en ünlü örnekleridir. Buna benzer daha birçok örnek vardır. İsrail'deki Arison İşletme Fakültesi'nden Jacob Goldenberg, iki yüz önemli buluşun kökenlerini incelemiş, bunların neredeyse yarısında, malzemenin uygulamasından önce keşfedildiğini saptamıştır. Kimi zaman da zorunluluk buluştan doğar.

Çalışmalarına karbon ve flordan oluşan, tetrafloroetilen adlı bir gazla başlamıştı. Bir depo dolusu gazı vardı ama 1 gramını bile çıkarıp kullanamıyordu. Önce vananın açık olup olmadığına baktı. Açıktı ama hiç gaz gelmiyordu. Bunun üzerine depoyu testereyle yarısından kesti. Deponun içi balmumuna benzeyen beyaz bir maddeyle doluydu. Plunkett, gaz moleküllerinin deponun çelik kaplamasıyla katalize olup polimerleştiklerini anladı.

Vazelin, petrol sondajının yapışkan atık ürünü olan "rod wax"tan elde edildi

Sukraloz, böcek ilacı olarak geliştirilmişti

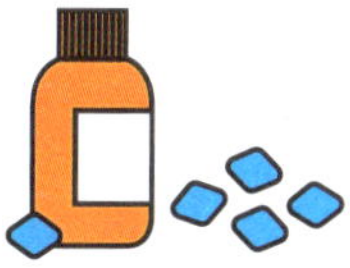

Başlangıçta kalp ilacı olarak geliştirilen **Viagra**'nın bazı istenmeyen yan etkileri olduğu anlaşıldı

Kızartma tavası

Politetrafloroetilenin (PTFE) bazı yararlı özelliklere sahip olduğu anlaşıldı. Öncelikle, karbon-flor bağı inanılmaz derecede sağlamdı; bu da polimerin ileri derecede inert olmasını sağlıyordu. İlk uygulama alanı da bu özellikten çıktı. Manhattan Projesi üzerinde çalışan bilim insanları, uranyumu zenginleştirmek için kullandıkları floru zapt etmenin bir yolunu arıyorlardı. Flor çok reaktif bir maddedir ama PTFE o kadar inertti ki, flor bile onunla tepkimeye giremiyordu. Böylece, boruların ve vanaların üzerleri polimerle kaplandı.

Kimyagerler çok geçmeden PTFE'nin su ve yağı iten, dolayısıyla da kızartma tavaları için ideal bir kaplama oluşturabilecek bir madde olduğunu keşfettiler. PTFE, Teflon adıyla tescillendi. Teflon astronotların uzay giysilerinde koruyucu kaplama olarak kullanıldı. Günümüzde, bağışıklık sistemi tarafından reddedilmediğinden, kalp kapakçıklarında kaplama olarak da kullanılıyor.

Savaş zamanında tesadüfen yaşanan bir diğer olay, mutfakların bir başka sihirbazı olan mikrodalga fırının geliştirilmesine yol açtı. ABD savunma şirketi Raytheon'da görevli mühendis Percy Spencer, cebindeki çikolatanın, ambalajının içinde eridiğini fark ettiğinde radar üzerinde çalışıyordu. Radar, Manhattan Projesi'nden sonra en önemli askeri donanım projesiydi.

Spencer, çikolatayı eritenin radarın temel bileşeni olan ve mikrodalga yayan magnetrondan çıkan elektromanyetizma olduğunu tahmin etti. Hemen deneysel bir fırın yaptı ve pişirmeye başladı. Önce biraz mısır patlattı, sonra bir yumurta pişirmeyi denedi. Ne var ki yumurta bir arkadaşının yüzüne patladı.

Böylece radar magnetronu tarafından üretilen mikrodalgaların, su moleküllerini çılgınca titreştirerek ısıtmaya yarayan bir dalga boyuna sahip oldukları anlaşıldı. Raytheon iki yıl sonra, radar vericilerinde kullanılan magnetronlarla çalışan mikrodalga fırınlar üretip satmaya başladı. "Radarange" adıyla satışa sürülen bu ilk mikrodalga fırınlar, günümüz mikrodalga fırınlarından çok daha güçlüydüler, öyle ki patatesi iki dakika içinde kumpire dönüştürebiliyorlardı. Spencer'ın torunu Rod, yıllar sonra, "Yiyecekleri ısıtmak için radar kalitesinde magnetron kullanmaya gerek olmadığını anlamak uzun yıllar aldı," diye açıklayacaktı.

Plastik çağı

Tarihte en büyük talih kuşunun, New York'ta yaşayan Belçika doğumlu kimyager Leo Baekeland'ın başına konduğunu söyleyebiliriz. 1907'de, dünyada gomalak kıtlığı baş göstermişti. Böceklerin salgıladığı bir reçine olan gomalak, ahşap koruyucu olarak kullanılıyordu. Baekeland, fenol ile formaldehiti birleştirerek yapay bir reçine oluşturmaya çalıştı ama hamur kıvamında kahverengi bir topak elde edebildi. İyimser bir adam olan Baekeland, bu hamurun kalıba dökülüp şekillendirilebileceğini ve ısıtılarak dayanıklı bir maddeye dönüştürülebileceğini fark etti. Dünyanın ilk ısıyla sertleşen plastiğini keşfetmişti. Bu maddeye alçakgönüllükle "bakalit" ismini verdi ve buluşundan bol para kazandı. Öyleyse şöyle diyebiliriz: Buluşların her zaman zorunluluktan doğması gerekmez ama şans ancak hazır olan beyne güler.

Ding

Mikrodalga fırınların kökeni, İkinci Dünya Savaşı'nda radarın geliştirilmesi sırasında yaşanan bir rastlantıya dayanır

Müttefiklerin önde gelen radar geliştirme uzmanlarından biri, Amerikalı fizikçi Percy Spencer'dı. 1945 yılında, Raytheon adlı bir savunma şirketinde radar teknolojisi üzerinde çalışıyordu.

Günlerden bir gün, cebindeki çikolatayı çıkardığında erimiş olduğunu gördü.

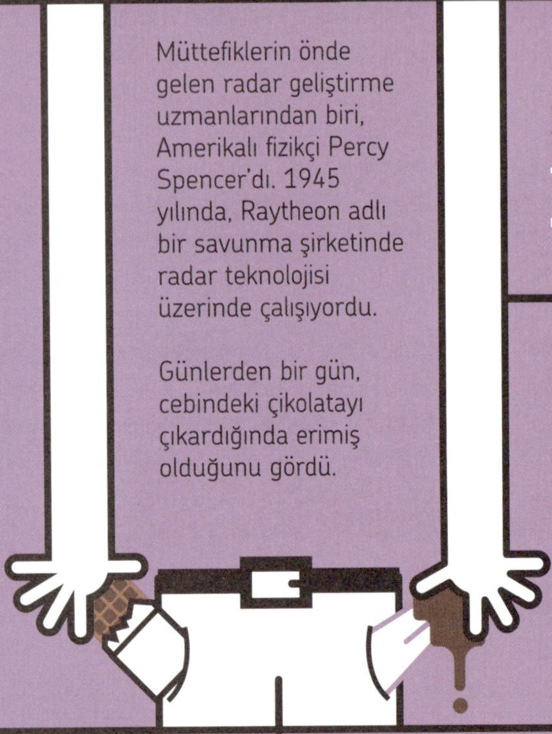

Radar, mikrodalga adı verilen radyo dalgaları yayarak çalışır

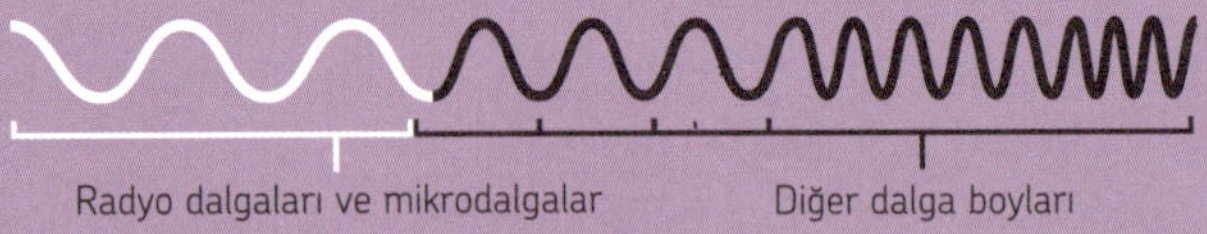

Spencer, bir mikrodalga magnetronunun önünde durduğunu fark etti. Bu, radarın dalga yayan kısmıydı.

Hemen bir asistanını cin mısır almaya gönderdi ve mısırları magnetronun etrafına serpti.

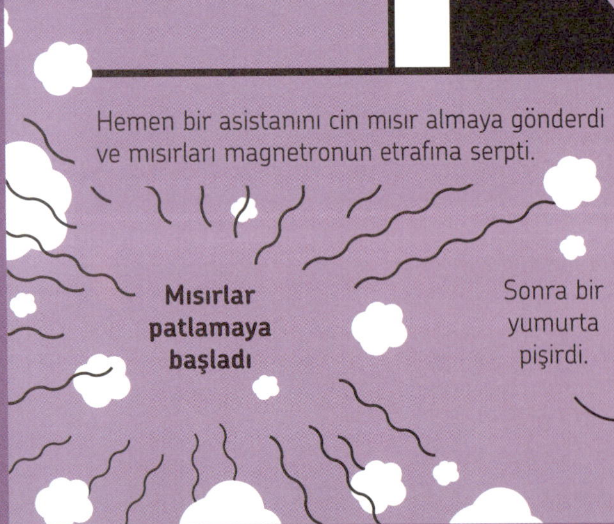

Sonra bir yumurta pişirdi.

Mikrodalgaların içindeki enerji besinlerdeki su moleküllerinin normalden daha hızlı titreşmesini sağlar ki bu da aslında pişirmenin temelidir.

Raytheon'un barış zamanı ekonomisi için yeni ürünlere gereksinimi vardı. Spencer, şirketi, radarları bir pişirme cihazına dönüştürme projesine yatırım yapmaya ikna etti.

İngilizcede piyasaya yön veren kurumlar için "300 kiloluk goril" (800 pound gorilla) terimi kullanılır. İşte ilk mikrodalga fırınlar da, aynı böyle bir goril gibi, 2 metre boyunda ve yaklaşık 250 kg ağırlığındaydı

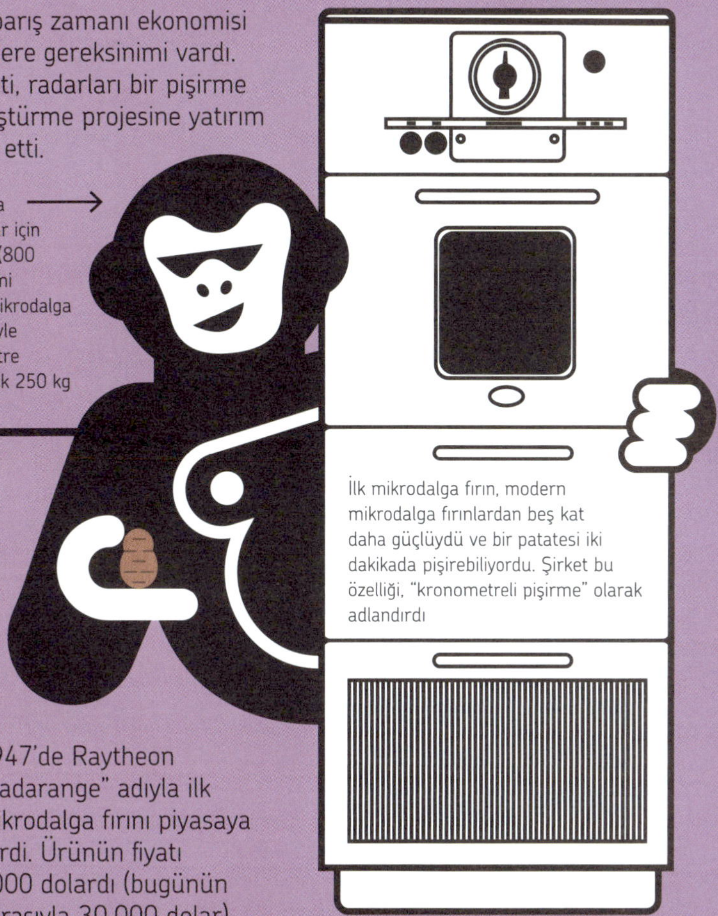

İlk mikrodalga fırın, modern mikrodalga fırınlardan beş kat daha güçlüydü ve bir patatesi iki dakikada pişirebiliyordu. Şirket bu özelliği, "kronometreli pişirme" olarak adlandırdı

1947'de Raytheon "Radarange" adıyla ilk mikrodalga fırını piyasaya verdi. Ürünün fiyatı 3000 dolardı (bugünün parasıyla 30.000 dolar).

Fiyaskoyla sonuçlandı

Raytheon'un hatası, radar kalitesinde pahalı magnetronlar kullanmasıydı.

1965'te yeni bir girişimde bulunuldu. Bu kez, daha küçük fırınlarda daha ucuz magnetronlar kullanıldı ve ürünün fiyatı 500 dolara düştü. 1970'lerin sonlarında mikrodalga fırın satışları, klasik fırın satışlarının bile üzerine çıkmıştı.

Nasıl "Dünyaların Yok Edicisi" haline geldik?

Leo Szilard, fikir aklına geldiğinde, Londra'da Russell Meydanı yakınında karşıdan karşıya geçmeyi bekliyordu. Günlerden 12 Eylül 1933'tü. Bundan on iki yıl kadar sonra, ABD Hiroşima'ya atom bombası atarak tahminen 135.000 kişinin ölümüne neden olacaktı.

Szilard'ın aklına gelen fikirden bu ölümcül olaya kadar geçen süreç, bilim ve teknoloji tarihinin en dikkat çekici kısımlarından biridir. Sürece dahil olan olağanüstü karakterlerin çoğu, faşizmden kaçan ve manen bomba fikrine karşı olsalar da Nazi Almanya'sının bu korkunç hedefe daha çabuk ulaşmasından çekinen kişilerdir.

Szilard da Adolf Hitler'in şansölye seçilmesinden iki ay sonra Almanya'yı terk eden Macaristan doğumlu bir Yahudiydi. Ülkesinden ayrılınca, o dönemde nükleer fizikte en ileri ülke olan İngiltere'ye gitti. O sırada James Chadwick nötronu yeni keşfetmiş, çok geçmeden Cambridge'li fizikçiler "atomu parçalamışlardı". Bir lityum atomunun çekirdeğini proton bombardımanına tutarak ikiye ayırmışlar, böylece Einstein'ın $E = mc^2$ denklemiyle ifade ettiği üzere, kütle ve enerjinin birbirinin eşdeğeri olduğu doğrulanmıştı.

Szilard'ın aydınlanma anı, yaptığı çığır açıcı deneye dayanıyordu. Eğer nötronlar tarafından parçalanan bir atom bulunabilse ve her parçalanmada iki veya daha fazla nötron açığa çıksa, bu elementin belirli bir kütlesiyle, kendi kendini sürdürecek bir zincirleme reaksiyonla büyük miktarda enerji açığa çıkarılabilir diye düşünüyordu.

Szilard bu fikrini geliştirmede pek başarılı olamadı. Bu alanda en önemli adım ancak Otto Hahn ve Fritz Strassman'ın 1938 yılında –ironik bir şekilde– Nazi başkenti Berlin'de, uranyum atomlarını nötron bombardımanına tutmalarıyla atıldı. İki bilim insanı, tepkimeden geriye kalan artıkları incelediklerinde, çok daha hafif bir element olan baryumun izlerine rastlayınca çok şaşırdılar.

Zincirleme reaksiyon

Neyse ki, Hahn ile Strassman rejim karşıtıydılar. Hahn, yaptıkları deneyle ilgili fikir danışmak için Avusturyalı kimyager Lise Meitner'e yazdı. İkisi, Naziler 1938'de Viyana'yı işgal edene kadar Berlin'de birlikte çalışmışlar, Meitner işgalden sonra ülkeden kaçıp İsveç'e yerleşmişti. Meitner yazdığı yanıtta, uranyum çekirdeğinin hemen hemen eşit iki parçaya ayrılmış olduğunu düşündüğünü açıkladı ve bu süreci "fisyon" olarak adlandırdı.

Yapbozun bir sonraki parçasını, faşist rejimden kaçıp ABD'ye yerleşerek New York'ta Columbia Üniversitesi'nde çalışmaya başlayan İtalyan fizikçi Enrico Fermi yerleştirdi. Fermi, uranyum fisyonunun, diğer uranyum çekirdeklerini parçalayarak bir zincirleme reaksiyon oluşturacak nötronları açığa

Bomba etkisi

Manhattan Projesi, Nazilerin atom bombasını tamamlama yarışını kazanacağı korkusuyla başlatılmıştı. Bugün, böyle bir şeyin asla olmayacağını biliyoruz. Almanya 1945'te teslim olduktan sonra, önde gelen Alman nükleer bilim insanlarından on tanesi, Cambridge yakınlarındaki bir kır evinde gözaltına alındı. Odalar dinleniyordu ve kayıtlar deşifre edilince, Almanların atom bombası geliştirmemiş oldukları, üstelik geliştirilebileceğine de inanamadıkları açıkça anlaşıldı.

"Tek sözcüğüne bile inanmıyorum."

Alman nükleer fizikçi Werner Heisenberg'e Hiroşima'nın yerle bir olduğu haberi verilince, bilim insanı buna nükleer bir silahın neden olduğuna hiçbir surette inanamadı

çıkardığını ortaya koydu. Çok geçmeden Szilard da New York'a, Fermi'nin yanına gitti.

İki bilim insanı, bir kilogram uranyumdan yaklaşık 20.000 ton TNT'ye eşdeğer enerji elde edilebileceğini hesapladılar. Szilard daha o zaman nükleer savaş tehlikesini sezmişti. Sonraki bir konuşmasında, "Dünyanın bir felakete doğru sürüklendiğine kuşkum yoktu," diyecekti.

Oysa kuşkulu olanlar da vardı. O dönemde Alman bilim insanlarının Kopenhag üzerinden kaçmalarına yardım etmekte olan Danimarkalı fizikçi Niels Bohr, olumsuz bir eleştiri ortaya atmıştı. Doğal uranyumun yüzde 99,3'ünü oluşturan uranyum-238 izotopunun, ikincil nötron açığa çıkarmayacağını düşünüyordu. Ona göre ancak, uranyumun oldukça nadir bir izotopu olan uranyum-235 bu şekilde fisyona uğrayabilirdi.

Szilard ise hâlâ zincirleme reaksiyonun gerçekleşebileceğine inanıyor ve Nazilerin de bunu keşfetmiş olmalarından korkuyordu. Kendisi gibi Macar göçmeni olan Eugene Wigner ve Edward Teller'e danıştı. Düşünüp taşındılar ve Başkan Roosevelt'i bu tehlikeye karşı uyarabilecek en doğru kişinin Einstein olduğuna karar verdiler. Einstein'ın ünlü mektubu, Avrupa'da savaşın başlamasından kısa bir süre sonra Başkan Roosevelt'e gönderildi ama pek fazla bir etki yaratmadı.

1940'ta gelen haberler, işlerin akışını kökünden değiştirdi. İngiltere'de çalışan iki Alman fizikçi, Bohr'un yanıldığını kanıtlamışlardı. Rudolf Peierls ve Otto Frisch, büyük miktarlarda uranyum-235'in nasıl üretilebileceği, bunun bir bomba yapılmasında nasıl kullanılabileceği ve bu tür bir bombanın doğuracağı korkunç sonuçlar hakkında çalışıyorlardı. Bohr'un kaçmalarına yardım ettiği Peierls ve Frisch de Nazilerin atom bombası yapmasından korkuyorlardı. Mart'ta bir mektup yazdıkları İngiliz hükümetini derhal harekete geçmeye çağırdılar. Yazdıkları "Radyoaktif 'Süper Bombanın' Özellikleri ile İlgili Memorandum", Einstein'ın Roosevelt'e yazdığı mektuptan daha etkili oldu ve İngilizlerin "Tube Alloys" kod adlı atom bombası projesi böylece başladı.

Mektup ABD'nin de harekete geçmesine neden olmuştu. ABD hükümeti, Nisan 1940'ta, tecrübeli fizikçi Arthur Compton'u, Manhattan Projesi adıyla anılan nükleer silah programının başına geçirdi. Projenin ilk adımlarından biri, zincirleme reaksiyon üzerinde çalışan farklı araştırma gruplarını Chicago'da toplamak oldu. Ekip, çalışmalarına hemen o yaz başladı.

Aralık 1941'de Pearl Harbor'ın bombalanması, çalışmalara daha da ivme kazandırdı. Bir yıl sonra Manhattan Projesi ekibi, Chicago Üniversitesi'ndeki futbol sahasının altında artık kullanılmayan bir duvar tenisi salonunda, uranyum ve grafit bloklarından bir yığın oluşturdu. İlk zincirleme reaksiyon denemesi için her şey hazırdı ve deneme 2 Aralık 1942 Çarşamba günü gerçekleştirildi.

Kara gün

Kutlamalar sessizce yapıldı. Reaksiyonun gerçekleştiği onaylanınca Szilard Fermi ile el sıkıştı ve "Bu, insanlık tarihinde kara bir gün olarak yazılacak," dedi.

Sonraki dört yıl boyunca ABD, İngiltere ve Kanada, Manhattan Projesi'ne çok büyük kaynaklar akıttılar. "Tube Alloys" Projesi bir süre devam etti ama sonunda ABD'nin projesiyle birleştirildi. Naziler de bir nükleer silahlanma programı başlattılar ama pek fazla ilerleme kaydedemediler.

ABD, 16 Temmuz 1945'te dünyanın ilk nükleer bombasını New Mexico Çölü'nde patlattı. Bu son deneme, nükleer enerjinin silah olarak kullanılabileceğinin korkunç bir kanıtıydı ve Robert Oppenheimer'a kutsal Hindu metni Bhagavad Gita'dan bir pasajı çağrıştırmıştı: "Ben şimdi ölüm oldum, dünyaların yok edicisi."

Japonya'ya yapılan saldırılar, dünya genelinde bir silahlanma yarışı başlattı. ABD 1945'ten sonra fisyon yerine nükleer füzyonu kullanan, yıkıcı gücü çok yüksek hidrojen bombalarını geliştirdi. Sovyetler kendi bombalarını 1949'da geliştirip test etti. Bugün ise dünya nükleer cephaneliğinde 27.000 bomba bulunuyor.

Gece yarısına üç dakika

1947'de, Manhattan Projesi katılımcıları tarafından kurulan *Bulletin of the Atomic Scientists* (Atom Bilimcileri Bülteni) bilim ve güvenlik kurulu tarafından, dünyanın nükleer felakete ne kadar yaklaştığını temsil eden sembolik bir saat yapıldı. Saat gece yarısına yaklaştıkça tehlike artıyor.

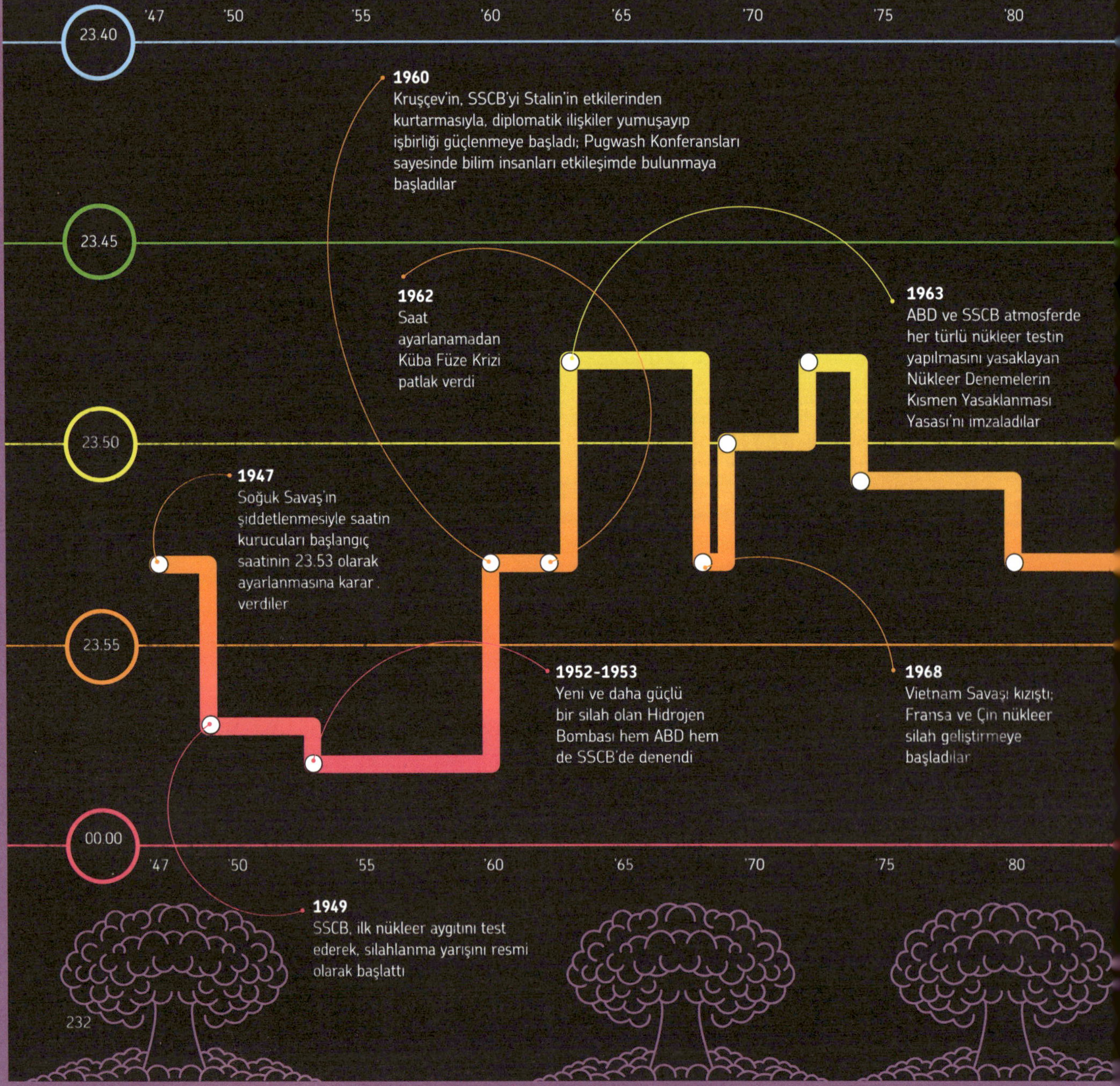

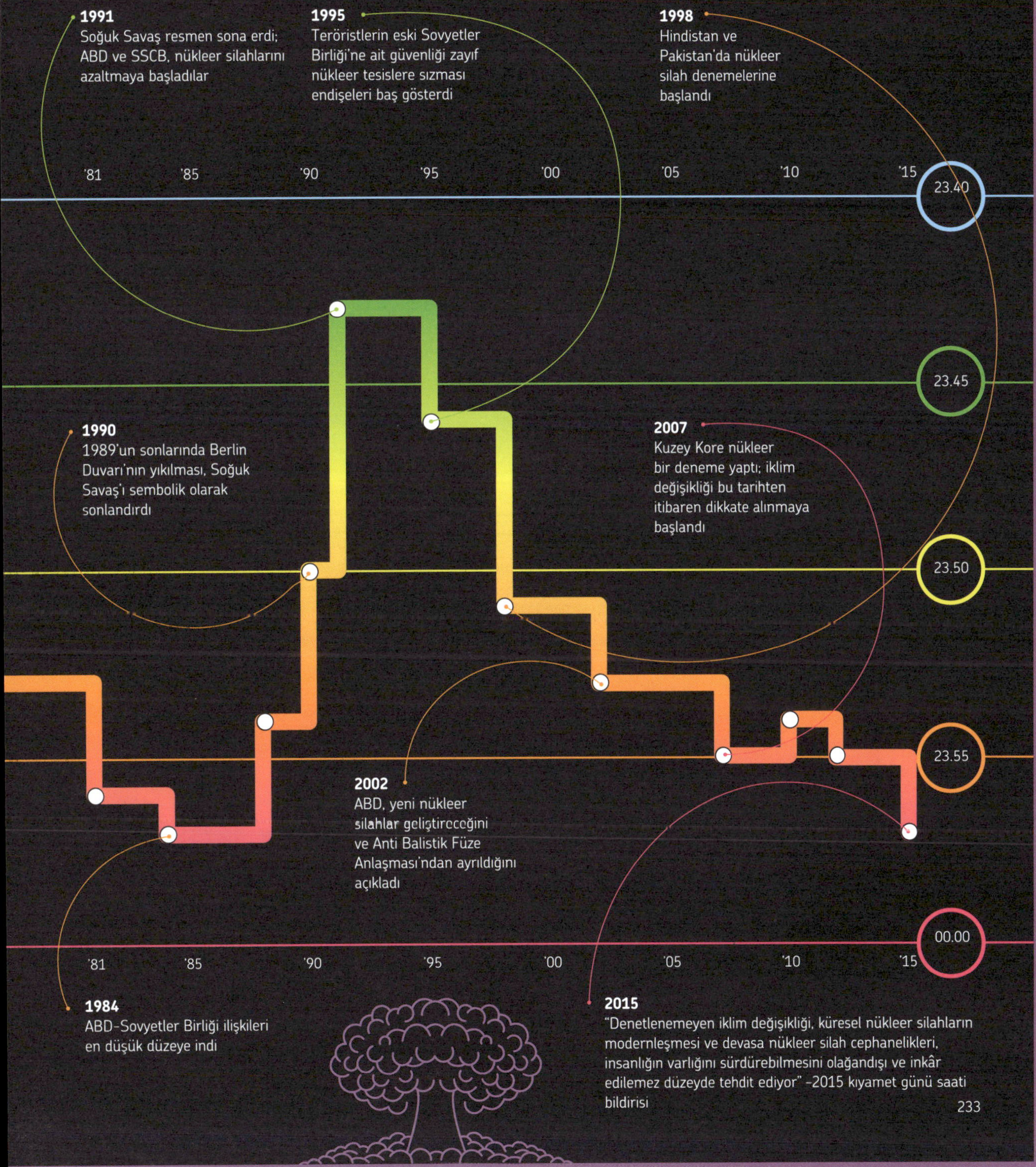
1991
Soğuk Savaş resmen sona erdi; ABD ve SSCB, nükleer silahlarını azaltmaya başladılar
1995
Teröristlerin eski Sovyetler Birliği'ne ait güvenliği zayıf nükleer tesislere sızması endişeleri baş gösterdi
1998
Hindistan ve Pakistan'da nükleer silah denemelerine başlandı
'81
'85
'90
'95
'00
'05
'10
'15
23.40
23.45
1990
1989'un sonlarında Berlin Duvarı'nın yıkılması, Soğuk Savaş'ı sembolik olarak sonlandırdı
2007
Kuzey Kore nükleer bir deneme yaptı; iklim değişikliği bu tarihten itibaren dikkate alınmaya başlandı
23.50
23.55
2002
ABD, yeni nükleer silahlar geliştireceğini ve Anti Balistik Füze Anlaşması'ndan ayrıldığını açıkladı
00.00
'81
'85
'90
'95
'00
'05
'10
'15
1984
ABD-Sovyetler Birliği ilişkileri en düşük düzeye indi
2015
"Denetlenemeyen iklim değişikliği, küresel nükleer silahların modernleşmesi ve devasa nükleer silah cephanelikleri, insanlığın varlığını sürdürebilmesini olağandışı ve inkâr edilemez düzeyde tehdit ediyor" -2015 kıyamet günü saati bildirisi

Mikropları nasıl (bir süreliğine) yendik?

"28 Eylül 1928 sabahı güneşin doğumuyla uyandığımda, tıp alanında bir devrim yapmayı kesinlikle planlamıyordum... Ama sanırım tam olarak bunu yaptım." Alexander Fleming, biyomedikal biliminin en önemli dönüm noktalarından biri olan penisilini keşfini işte böyle tanımlıyordu.

Olayların resmi hikâyesi malumunuz. Londra'da St Mary's Hastanesi'nde mikrobiyoloji uzmanı olan Fleming, *stafilokok* adı verilen ve vücutta hastalıklara yol açan bir bakteri sınıfını araştırmaktadır. Bir gün tatilden erken döner ve bakteri kültürü kaplarından birine bulaşmış olan küfün, stafilokokların üremesini durdurduğunu fark eder. Sonradan, küf sporlarının içeriye açık bir pencereden uçarak gelmiş olabileceğini söyler.

Küflü besiyeri

Fleming, küfü bir besiyerinde yetiştirir ve küften elde ettiği özütün hastalıklara yol açan bir dizi mikrobu, özellikle de difteriye yol açan bakteriyi öldürdüğünü saptar. Bakterilerin bir kısmı, mesela tifoya ve koleraya yol açanlar ise etkilenmemektedir. Önce, küf özütüne "besiyeri filtratı" adını verir ama sonra küfün Latince isminden yola çıkarak *Penicillium* isminde karar kılar. Yaptığı deneylerle penisilinin çok yüksek dozlarda bile hayvanlarda toksik etki oluşturmadığını gösterir.

Fleming, elde ettiği sonuçları 1929'da bir dergide yayımlayarak, penisilinin bakteri enfeksiyonlarının tedavisinde kullanılabileceğini iddia eder. Sonraki on yılını, penisilinin potansiyelini ortaya koymak için bitmek tükenmek bilmez çalışmalarla geçirir. Daha da önemlisi, büyük miktarlarda özüt elde etmek ve saflaştırmak için kimyagerlerden yardım ister. Fleming bunu kendi başına başaramaz.

Sonunda sorun, Avustralyalı Howard Florey'in başında bulunduğu, Oxford Üniversitesi'nden bir ekip tarafından çözülür ve 1944'te penisilinin seri üretimine geçilir. İkinci Dünya Savaşı'nda Müttefiklerin Normandiya Çıkartması sonrası yaralılarda kullanımı, tıp tarihindeki yerini daha da sağlamlaştırır.

Penisilin hiç kuşkusuz tıp alanında 20. yüzyılın en önemli keşfidir. Daha önce stafilokokların neden olduğu kan zehirlenmesi vakalarının yüzde 80'i ölürken, penisilin tedavisiyle hemen hemen bütün vakalar iyileşmeye başlamıştır. Bugüne kadar toplam kaç hayat kurtardığını söylemek zor olsa da, en mütevazı tahminle bu sayı on milyonları bulur. Üstelik antibiyotik çağının başlamasına öncülük ederek, daha yüz milyonlarca yaşamın kurtulmasını sağlamıştır. Oysa keşfin asıl hikâyesi, göründüğü kadar utkulu değildir.

Çok sıkıcı çok

Bir kere, *Penicillium* küfünün antibakteriyel etkileri Fleming'den önce de biliniyordu. Fleming, küfün özelliklerini keşfetme yolunda kendinden öncekilerden çok daha ileri gitse de, az kalsın çuvallayacaktı.

Fleming'in 1929'da yazdığı makale genel olarak görmezden gelinmişti. Bir dizi sunum da yaptı ama sıkıcı bir konuşmacı olduğu için, bu sunumlar kimsenin ilgisini çekmedi. Penisilin üzerinde çalışmaya devam etti ama bu onun için öncelikli bir

Stafilokoksik bakteriyemiye bağlı ölüm oranları

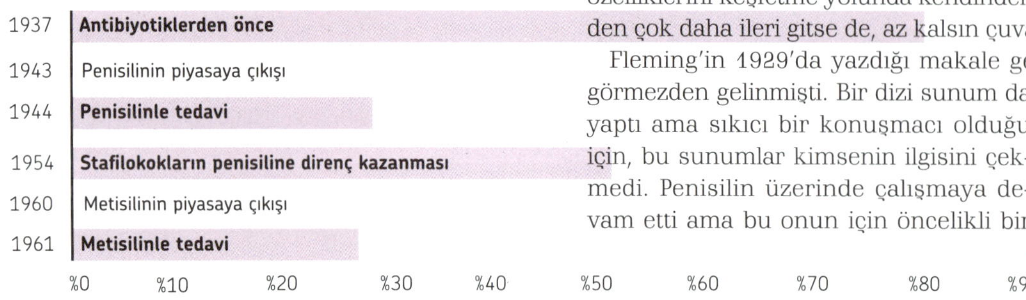

Kaynak: ABD Hastalık Kontrol ve Korunma Merkezleri

konu değildi ve araştırmalar da olumlu sonuç vermiyordu. Bir deneyde, fareye enjekte edilen penisilinin 30 dakika içinde kan dolaşımından kaybolduğu, kültür kabındaki bakterileri ancak 4 saatte öldürebildiği ortaya konuldu. Fleming, penisilinin muhtemelen işe yaramayacağını düşünmüştü.

Bir keşfin yüzde 1'i ilham, yüzde 99'u ter ise, bu başarıdaki aslan payının Florey'in ekibine ait olduğunu söyleyebiliriz. Florey ve ekibi, Fleming'in çalışmalarını ele alıp, penisilini bir tedavi aracına dönüştürmeye çalışan birçok bağımsız ekipten biriydi. Ne var ki Fleming, üzerinde çalışmaları için küfün kültürlerini ekibe vermediği gibi, onlara aldırış bile etmedi. Ancak 1942'de ekip başarılı olunca onlara ilgi gösterdi.

Ah! Ne tatlı savaş

Florey de kendi adına epey bir uğraş verdi. Çalışmalarına 1938'de başlamıştı, ama bir süre sonra para sıkıntısı baş gösterdi. Neyse ki ekibi sonunda penisilini ayrıştırmayı başardı ve ilacın enfeksiyonların tedavisinde kullanılabileceğini gösterdi. Ancak, çöp kovaları ve lazımlıklar da dahil olmak üzere, bulabildikleri her türlü kabı kullanmalarına rağmen, hükümetleri veya özel şirketleri büyük ölçekli üretime başlamaya ikna edecek kadar penisilin elde etmeyi başaramadılar.

Neyse ki, çalışmalarının ortasında başlarına talih kuşu kondu: İkinci Dünya Savaşı başlamıştı. ABD ve İngiltere hükümetleri projeye büyük yatırımlarda bulundular, böylece nihayet ABD'de penisilinin seri üretimine başlandı.

Peki, nasıl oldu da sonunda bütün övgüyü alan Fleming oldu? Tabii ki daha iyi bir halkla ilişkiler çalışmasıyla! St Mary's Hastanesi'nin kalantor hamilerinden biri, Fleming'in buluşunun hararetli bir coşkuyla basında yer almasını sağladı. Fleming'in St Mary's Hastanesi'ndeki şefi Almroth Wright'ın da bu buluşta yine öncelikli olarak Fleming'i göklere çıkarması, olaya daha bir ivme kazandırdı. Aslında Wright'ı

Ah o ellili yıllar

Cinsel devrim genellikle, 1960'ta ABD'de kullanıma giren doğum kontrol hapının keşfiyle ilişkilendirilir. Oysa bir başka ilaç bundan çok daha önce önemli bir rol üstlenmiştir: Penisilin! Frengi 1939'da ABD'de 20.000 kişinin ölümüne, belsoğukluğu da büyük salgınlara neden olmuştur. 1950'lerin ortalarında çıkagelen penisilin, bu hastalıkları neredeyse bütünüyle ortadan kaldırarak, halkın cinsel ilişkiyle ilgili genel tutumunda ani bir değişime neden oldu.

motive eden de olayın halkla ilişkiler boyutuydu, çünkü o dönemde İngiltere'deki eğitim hastaneleri ancak hayırseverlerin bağışlarıyla ayakta durabiliyordu.

Bu arada Florey de, St Mary's Hastanesi'nden, "Dr Alexander Fleming'in penisilini keşfettiğini duymuş olabilirsiniz," diye başlayan bir mektup almıştı. Mektubu çerçeveletip duvarına astı. İngiliz Haber Alma Bakanlığı da Fleming efsanesini propaganda amaçlı kullanmaya devam etti.

1945'te Fleming, Florey ve Florey'in sağ kolu Ernst Chain, Nobel Ödülü'nü paylaştılar ama halkın ilgi odağı Fleming oldu. Ödülü almasından 1955'teki ölümüne kadar, 140 büyük ödül daha kazandı. Ölümünden sonra, düzensizliğiyle nam salan laboratuvarı müze haline getirildi.

Yalnız bir konuda Fleming'in hakkını teslim etmemiz gerekir. Kendisiyle röportaj yapan her muhabiri Oxford'a gidip hikâyenin Florey'le ilgili kısmını da öğrenmeye yönlendirmiştir. Ne var ki Florey basınla konuşmayı reddetmiş, ekibinin konuşmasını da yasaklamıştır. Öte yandan muhabirler de, Fleming'in penisilini şans eseri keşfetme hikâyesini, Florey'in küfü metodik bir şekilde besiyerlerine ekip çoğaltmasından –çöp kovaları ve lazımlıklarla ilgili kısma rağmen– daha ilginç bulmuşlardır. Böylece hikâye almış başını yürümüştür.

Savaş var!

Antibiyotikler bakterilere nasıl saldırıyor? Bakteriler nasıl karşılık veriyor?

Silahlar

- Sefalosporinler
- Glikopeptidler
- Penisilinler

Hücre duvarı

Bu antibiyotikler bakterinin koruyucu hücre duvarını **kuşatarak** yeni yapıtaşları oluşturmasını engeller ve böylelikle duvarı yavaş yavaş zayıflatırlar

- Siklik lipopeptidler
- Polimiksinler

Plazma zarı

Bu antibiyotikler, bakterinin ince plazma zarına aynı bir **koçbaşı** gibi defalarca vurarak, sonunda parçalanmasına yol açarlar

- Lipiarmisinler
- Kinolonlar
- Sülfonamidler
- Rifamisinler

DNA ve RNA

Bu antibiyotikler hücrenin genetik materyali üzerinden **Truva Atı** gibi hücre içine sızar ve bakteriye içeriden saldırırlar

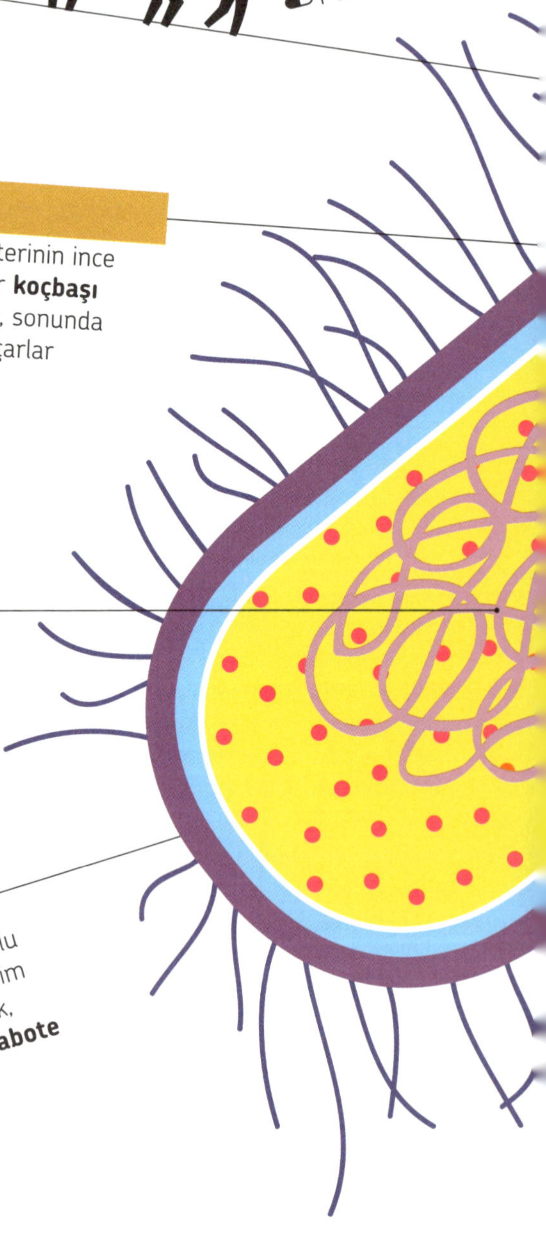

- Aminoglikozidler
- Linkozamidler
- Makrolidler
- Tetrasiklinler

Ribozomlar

Hücrenin protein yapımından sorumlu organelleridir. Bu antibiyotikler, deyim yerindeyse işin içine çomak sokarak, ribozomların iç mekanizmalarını **sabote** ederler.

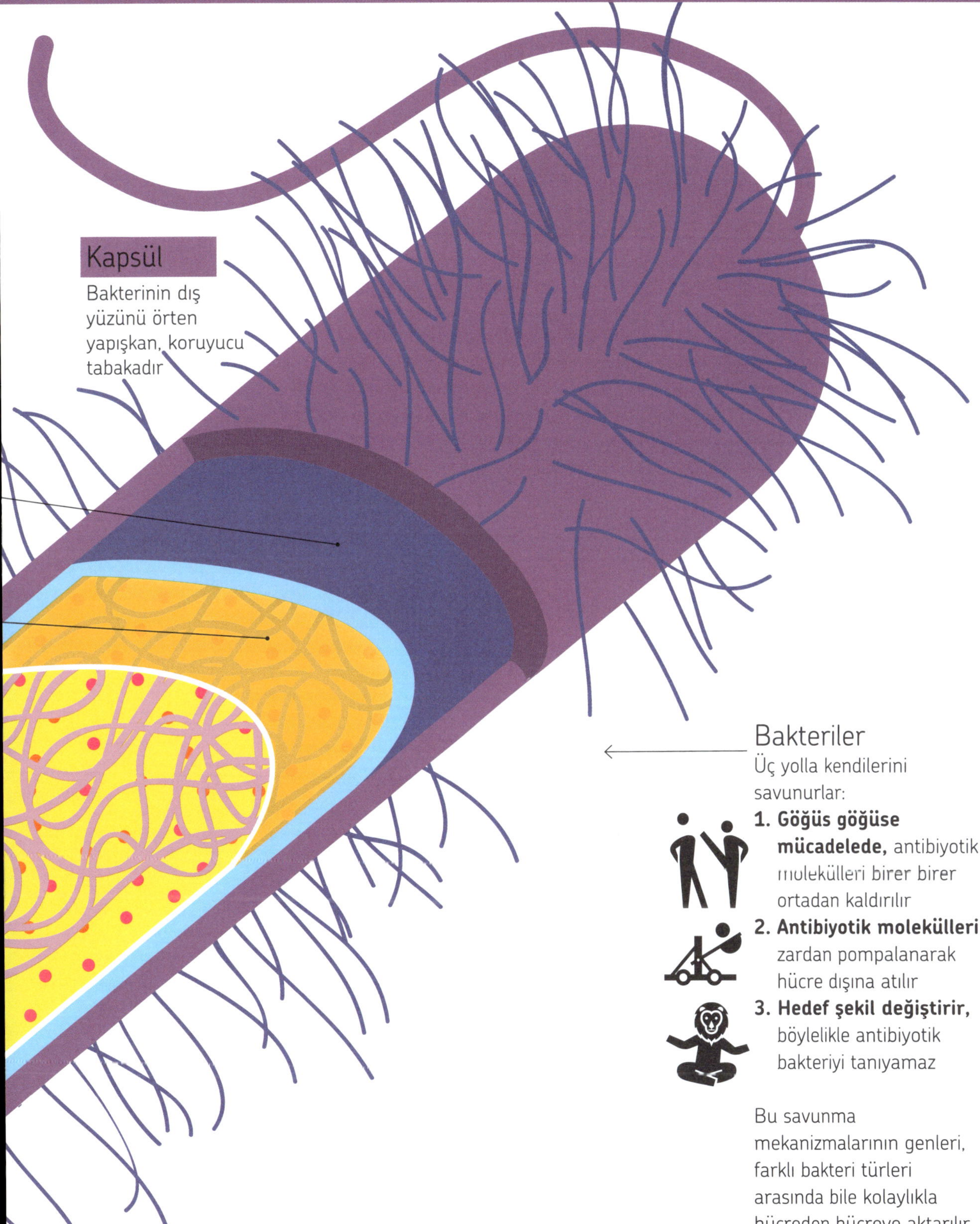

Bakteriler

Üç yolla kendilerini savunurlar:

1. **Göğüs göğüse mücadelede,** antibiyotik molekülleri birer birer ortadan kaldırılır
2. **Antibiyotik molekülleri** zardan pompalanarak hücre dışına atılır
3. **Hedef şekil değiştirir,** böylelikle antibiyotik bakteriyi tanıyamaz

Bu savunma mekanizmalarının genleri, farklı bakteri türleri arasında bile kolaylıkla hücreden hücreye aktarılır. Antibiyotik direnci de işte bu şekilde ortaya çıkar

Dünya gerçekten bilgisayar kurtlarına mı kaldı?

İnternetten önceki yaşamı gözünüzün önüne getirmeye çalışın. Cep telefonu yok. Sosyal medya yok. Google yok. Netflix, Spotify, Amazon, Uber veya Airbnb yok. Hatta e-posta bile yok. Haber okumak istiyorsanız, gidip gazete almanız gerekiyor. Müzik dinlemek isterseniz gidip CD'sini alıyorsunuz. Görüş mesafesinde olmayan biriyle konuşmak istiyorsanız ona telefon açıyorsunuz.

Peki, biz 1990 öncesindeki o Karanlık Çağlar'da yıllarca nasıl böyle yaşayabildik?

Günümüzde internet o kadar yaygın kullanılıyor ki, aslında ne kadar yeni olduğunu kolayca unutuyoruz. Yirmi yıl önce Amerikalıların ancak yarısı internet diye bir şey olduğundan haberdardı. Aslında o zaman bile, hâlâ gizemli ve teknik bir bilgisayar bilimi projesi olan internetin ne amaçla kullanılacağı veya insanların yaşamını ne kadar değiştireceği bu işin öncüleri tarafından bile öngörülemiyordu.

Daha iyi bir iletişim yolu

İnternetin miladı ne zamandır diye sorulacak olsa, muhtemelen 1961 yılı diye yanıtlamak gerekir. O zamana kadar iletişim sistemleri iki noktayı doğrudan doğruya birbirine bağlayan kanallar şeklindeydi. Telefon görüşmelerinde, iki telefon arasındaki fiziki hatlar kullanılırdı. Telsiz iletişimi, bir noktadan diğerine yayın şeklinde yapılırdı. Ne var ki doğrudan bağlantılar çok yetersizdi. İnterneti mümkün kılansa, bilgisayarları daha etkili bir şekilde birbirine bağlamanın yolunu aramak oldu. İnternet, Massachusetts Institute of Technology'den mühendis Leonard Kleinrock'un çalışmaları sonucunda ortaya çıktı. Kleinrock 1961'de, büyük bilgisayar ağları arasında verilerin en iyi şekilde nasıl aktarılabileceği üzerinde düşünmeye başladı.

Kleinrock, mesajın tamamını doğrudan bir noktadan diğerine aktarmak yerine, mesajı parçalara, yani veri paketlerine bölerek, her birinin ağ üzerinden kendi yollarını bulmasını sağlamaya çalışıyordu. Tüm paketler yerine ulaştığında hedef bilgisayar mesajı yeniden birleştirecekti.

"Paket anahtarlamanın" gerçekten de özel hatların kullanımından çok daha etkili ve kullanışlı olduğu açıktı. İki bilgisayar arasındaki bağlantılardan biri kesildiğinde, paketlerin kendilerine başka bir yol bulmaları yeterli olacaktı. Ancak bunun için, iletişim ağlarının çalışma şekli üzerinde yeniden düşünülmesi gerekiyordu. Ağ üzerinde, her paketi okuyup hedefine yönlendirecek donanımlar olmalıydı. Bir de, her pakete eklenecek ve yönlendiriciye mesajın ne olduğunu ve nasıl yeniden birleştirileceğini anlatan özel bir kod parçası lazımdı. Bu kod daha sonra, internet protokolü denen ve ağdaki her bilgisayara özgü ayrı bir adresi de içeren –IP adresi– bir kurallar dizisine evrildi.

1966'da, bu çalışmalar İleri Araştırma Projeleri Ajansı (ARPA) adlı askeri bir Ar-Ge kuruluşunun ilgisini çekince, Kleinrock'tan kurumun araştırmacılarını birbirine bağlayan büyük ölçekli bir bilgisayar ağı oluşturması istendi. Kleinrock o sırada California Üniversitesi, Los Angeles'a geçmişti. İlk paket ağı düğümünü üniversitedeki kendi laboratuvarına, ikincisini ise San Francisco yakınındaki Standford Araştırma Enstitüsü'ne kurdu. Bunlara başka düğümlerin de eklenmesiyle giderek büyüyen ağa ARPANET adı verildi.

İlk deneme ilk hezimet

İlk iletişim denemesi başarısızlıkla sonuçlandı. Kleinrock'un bilgisayarı "login" sözcüğünü iletirken çökünce, internet üzerinden iletilen ilk mesaj "lo" oldu. Sözcüğün tamamı ancak bir saat kadar sonra gönderilebildi. Günlerden 29 Ekim 1969'du.

1973'te ARPANET, Hawaii'den, ABD topraklarını aşarak Londra'ya erişti. Ağ genişledikçe, kontrol yazılımının yetersiz olduğu anlaşıldı. Vint Cerf ve Robert Khana adlı iki bilgisayar bilimcisi daha iyi bir sürüm ürettiler. İnternet protokolünü, bilgisayar-

1968 model, el yapımı ilk fare

ların birbirlerini tanımalarından iletim hatalarının saptanmasına kadar her şeyi ele alan bir iletişim kuralları dizisi (TCP/IP: İletim Denetimi Protokolü / Internet Protokolü) oluşturacak şekilde güncellediler.

TCP/IP 1975'te, Stanford Üniversitesi ile University College London arasındaki bağlantı üzerinden başarıyla test edildi. Bu olay internet tarihinde çok önemli bir dönüm noktasıydı ama sorunlar da büyüyordu. Bilgisayar ağları tüm dünyaya yayılmıştı ama çoğu kendi iletişim kurallarını kullanıyordu. Bu ağlar birbirleriyle iletişim kuramıyorlardı, dolayısıyla da internet herkesin farklı bir dil konuştuğu Babil Kulesi'ne benzeme tehlikesiyle karşı karşıyaydı.

Bu durum yavaş yavaş değişti. 1982'de Amerikan Savunma Bakanlığı, bütün ağlarında TCP/IP'yi kullanmaya başladı; bunu ertesi yıl ARPANET izledi. Bu arada, AT&T telefon şirketi, UNIX bilgisayar dilinde yazılmış bir TCP/IP sürümü geliştirmeye başlamıştı. Kodun herkesin kullanabilmesi için genel kullanıma açılması da bir diğer dönüm noktası oldu.

Bu yüce cömertlik eyleminin internetin yaygınlaşması üzerinde büyük bir etkisi oldu, çünkü böylelikle UNIX kullanan her bilgisayar çevrimiçi olabiliyordu. Bunlar 1989'da oluyordu ve çok geçmeden internetin olağanüstü bir hızla yayılmaya başlaması tesadüf değildi.

Aynı yıl önemli bir gelişme daha oldu. O dönemde Avrupa'daki en geniş internet düğümü, Cenevre yakınındaki parçacık fiziği laboratuvarı CERN'deydi. Burada çalışan Tim Berners-Lee adlı genç bir bilgisayar bilimcisi, internette belgelerin görüntülenmesini, paylaşılmasını ve bunlara link verilmesini sağlayan bir sistem olmamasını çok saçma buluyordu. Bu sorunları çözmek için, ilk ağ tarayıcısını içeren WorldWideWeb adlı bir yazılım sistemi oluşturdu. Bu sisteme "Hiper Metin Transferi Protokolü" (HTTP) adlı bir özellik de dahildi. Berners-Lee, bunu ilk ağ sitesini kurmak için kullandı ve çevrimiçi olarak "info.cern.ch" adresine yerleştirdi.

Bilgi devrimi

WorldWideWeb, internetin –bilgisayar donanım sisteminin– laboratuvar ortamından çıkması için tam da gereken şeydi. Altyapının yayılmasına paralel olarak yıldırım hızıyla yayıldı. 1993'te internet ağı dünya bilgi akışının sadece yüzde 1'ini taşıyordu. Oysa bu oran günümüzde yüzde 100'e yakındır ve bu, tarihte benzeri görülmemiş ölçek ve hızda bir teknolojik devrimdir. İnternetten önceki günleri hatırlıyorsanız kendinizi şanslı sayabilirsiniz çünkü o zaman siz de, bir tarihin yazılışına tanıklık edenlerden birisiniz.

1968 model internet

İnternetin gelişimindeki bir diğer dönüm noktası, "Tüm Sunumların Anası" adıyla anılır. California'daki Standford Araştırma Enstitüsü'nden bir grup mühendis, 8 Aralık 1968'de bilgisayar kullanımının geleceğini anlatmak amacıyla San Fransisco'da bir bilgisayar teknolojisi konferansında bir araya geldi. Sunumda, video konferans, kolektif düzenleme, hiper metin ve bilgisayar faresinin de aralarında bulunduğu birçok yenilik tanıtıldı. Bu ileri görüşlü sunum, otuz yıl sonra normalleşecek bir yaşam biçimini, internet adı verilen tamamen yeni iletişim sisteminin ani gelişiminden hemen sonra gözler önüne sermişti.

WWW'nin tarihçesi

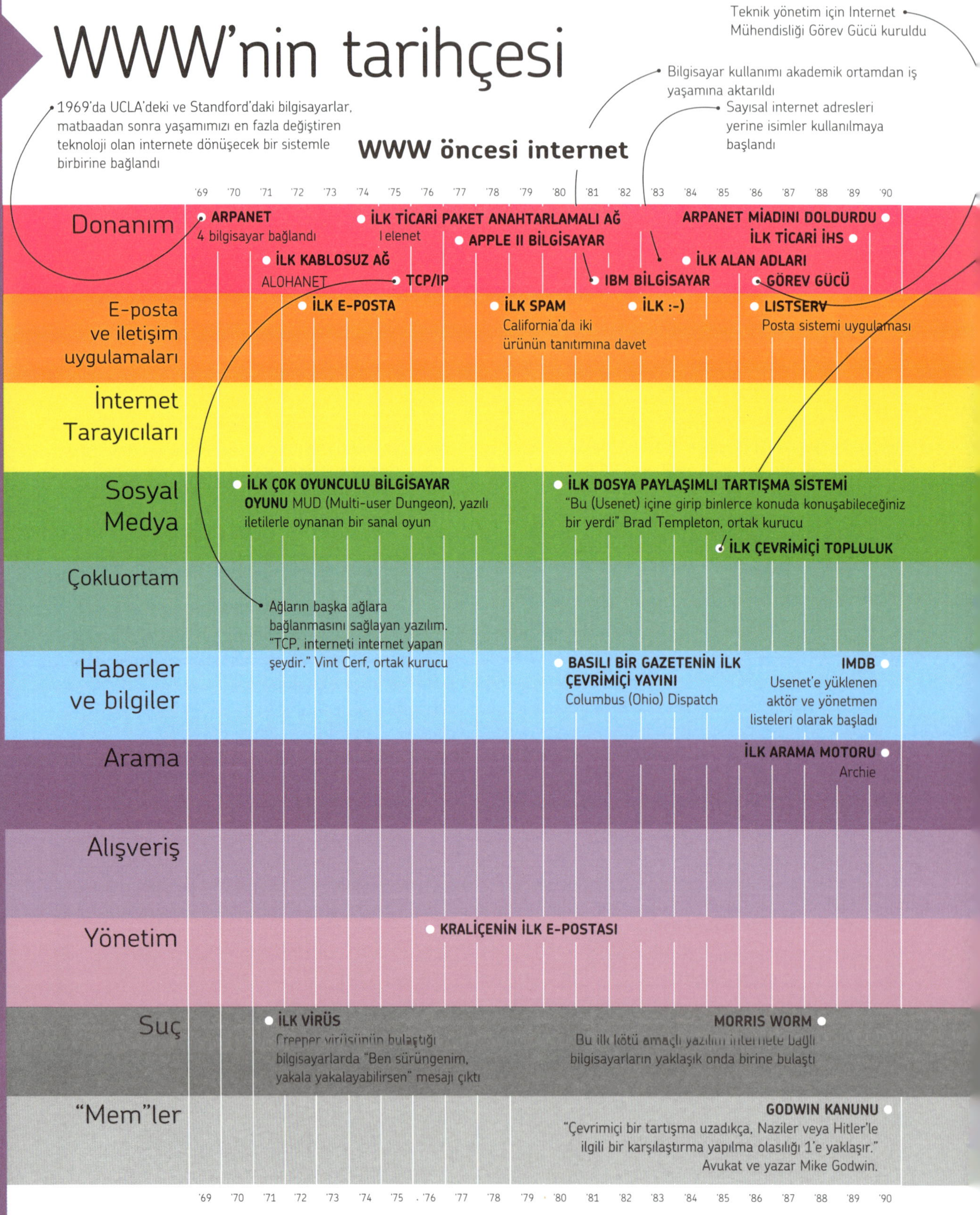

Ortak kuruculardan biri olan Larry Brilliant, prototip sanal topluluk sitesi The Well'i "Günümüzde internette bulunabilecek ticaret dışındaki her şey" şeklinde tanımlayacaktı

Mucit Tim Berners-Lee'ye göre "www", bilgisayar donanımı hakkında bilgi sahibi olmayan kişilerin de bilgiye erişmelerini olanaklı hale getirerek, internetten herkesin yararlanmasını sağladı

CERN "World Wide Web"i genel kullanıma açtı

Alan adlarını ve IP adreslerini düzenlemek için kâr amacı gütmeyen bir kurum kuruldu

WWW sonrası internet

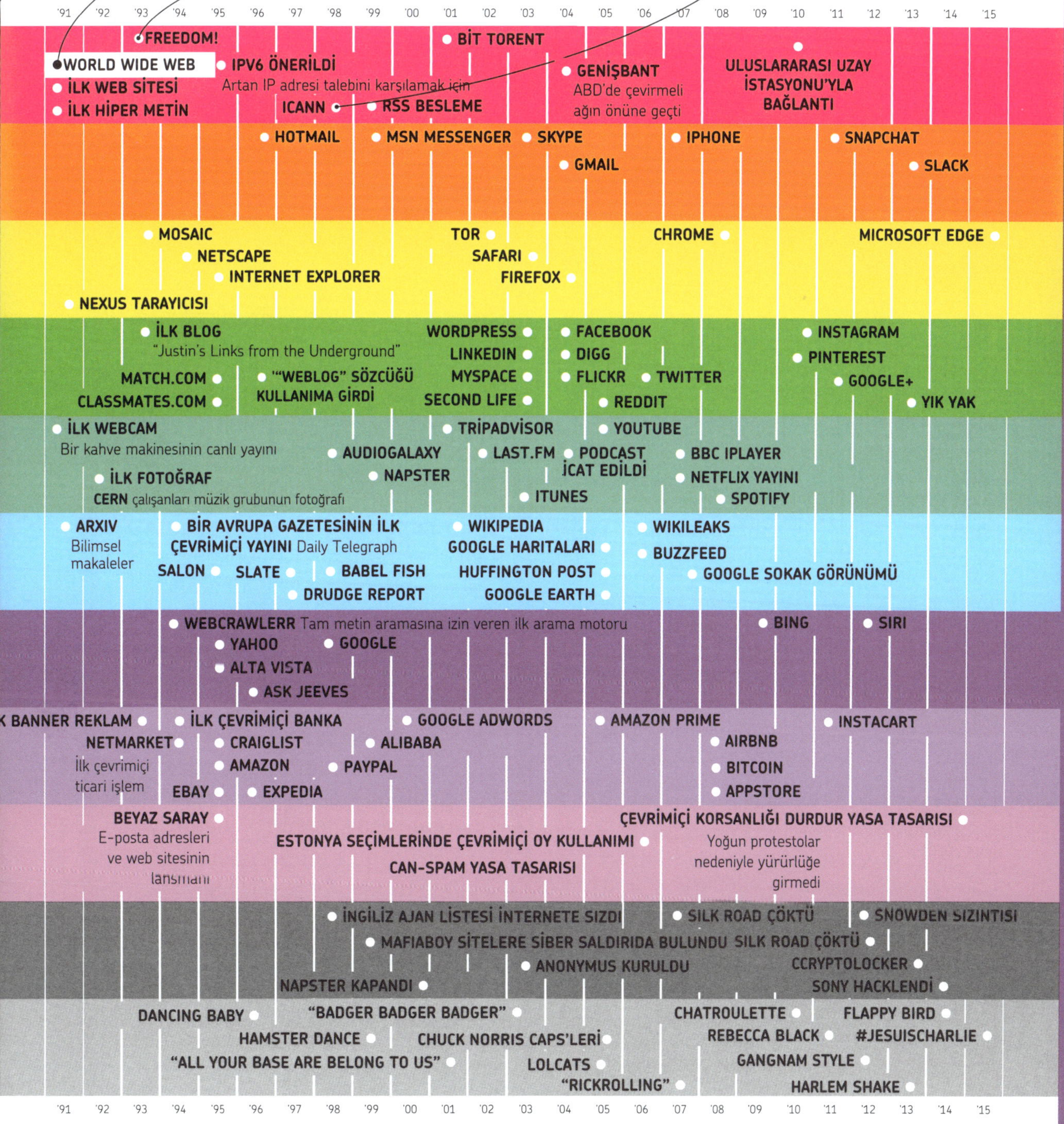

Uzayı nasıl fethettik?

8 Eylül 1944'te, dünya güne korkunç bir yeni silahla uyandı. Önce Paris ardından Londra, gökyüzünden yağan dev uçan bombalar tarafından vuruldu. V-2 balistik füzeleri, Nazi Almanya'sının son hamlesiydi. Hitler, bu füzelerin kaybetmekte olduğu savaşta işleri tersine çevireceğine inanıyordu. Bunda yanılmıştı ama füzeler tarihin akışını değiştirecekti.

V-2, ilk roketli silah değildi; katı yakıtlı (barutlu) füzeler Napolyon Savaşları sırasında icat edilmişti. Ancak V-2, atmosferde çok yükseğe çıkıp uzay sınırına yaklaşabilen ilk roketti.

Bunun müsebbibi ise, 1882'de doğan Amerikalı mühendis Robert Goddard'dı. Geçirdiği bir çocuk hastalığı sırasında kendi kendine aerodinamik öğrenmiş, daha sonra uzay uçuşunun mümkün olduğuna ikna olmuştu.

Dünya'nın yerçekimini yenebilecek kadar güçlü yegâne teknolojinin "çok aşamalı sıvı yakıtlı roketler" olduğunu keşfeden Goddard, 1914'te iki patent başvurusunda bulundu. 1919'da bu düşüncelerini, *A Method of Reaching Extreme Altitudes* (Yüksek İrtifalara Ulaşmanın Bir Yöntemi) başlıklı çığır açıcı çalışmasında daha da genişletti.

Roketçiler

Goddard, uzayla ilgili tasarımlar yapan tek mühendis değildi. 1922'de Hermann Oberth adlı bir Alman, Heidelberg Üniversitesi'nde roket bilimi üzerine bir doktora tezi sundu. Tez reddedildi. Ancak Oberth ertesi yıl *Roketle Gezegenler Arası Uzaya Doğru* adlı kitabını kendi imkânlarıyla bastırdı ve kitap, benzer düşüncelere sahip Almanlardan oluşan bir gruba Uzay Yolculuğu Derneği'nin kuruluşu için ilham kaynağı oldu.

Bu arada Sovyetler Birliği'nde, Moskova'daki harp okulu kökenli resmi bir kurum olan Gezegenler Arası Yolculuk Çalışmaları Derneği kuruldu. Dernek Ekim 1924'te, Ay'a bir roket fırlatmanın mümkün olup olmadığına ilişkin kamuya açık bir tartışma düzenledi. İlk sıvı yakıtlı roketi üreterek Dünya'nın yerçekiminden kurtulma yarışı başlamıştı.

İlk adımı Amerikalılar attı. Goddard, 16 Mart 1926'da Massachusetts, Auburn'de ilk sıvı yakıtlı roketin ateşlenmesine önayak oldu. 2,5 saniyede 12 metre yüksekliğe çıkan roket, bir lahana tarlasına mecburi iniş yaptı. Aracı yönlendirmenin bir yolunu bulması gerektiğini anlayan Goddard, daha sonra rokete hareketli pervaneler ve jiroskobik kontrol ekledi.

Bu sırada Goddard yarışta açık ara öndeydi. Ne var ki rakipleri de arkadan atağa kalkmışlardı. Oberth 1929'da, statik bir denemede bir roket motorunu hava-

Bilimkurgudan gerçek yaşama

Uzay her zaman hayal gücünü çok etkilemiş ama uzaya gitmekle ilgili gerçekçi hayaller ancak Jules Verne'in *Aya Seyahat* ve *Ayın Etrafında* adlı romanlarını yayımladığı 1860'lı yıllarda başlamıştır. Amerikan roket biliminin babası Robert Goddard ve Alman meslektaşı Hermann Oberth, çocukluklarında okudukları bu bilimkurgu eserlerinden ilham almışlar, herkes kuşkuyla yaklaşırken, yayımlanmalarından bir asır sonra kitaplardaki hayallerin gerçeğe dönüşmesine katkıda bulunmuşlardır.

İlk roket bilimciler, Jules Verne'in romanlarından ilham almışlardı

landırmayı başardı. Ekibinde, Alman roket çalışmalarının fiili lideri Oberth'i çok geçmeden geride bırakan Wernher von Braun adlı 18 yaşındaki bir öğrenci de vardı.

1933'te Sovyetler Birliği de roket biliminin gelecekteki liderlerinden Sergey Korolyov'un önderliğinde kendi deneme fırlatmasını gerçekleştirdi. Sonraki yıllarda Korolyov, SSCB uzay programına yön vererek Yuri Gagarin'in 1961'de Dünya'nın yörüngesinde dolanan ilk insan olmasını sağladı.

Bu sırada dünya savaş beklentisiyle seferberlik haline geçmiş, hükümetlerin ve silahlı kuvvetlerin rokete olan ilgisi artmaya başlamıştı. Bir düğmeye basarak başka bir ülkeye bombalar atılabildiğini bir düşünün! Uzay uçuşuyla ilgili yüce idealler bir süreliğine arka plana atıldı.

Bombalar yolda!

Çok geçmeden Almanya yarışta başa geçti. V-2'nin ortaya çıkmasıyla sonuçlanacak çalışmalar 1933'te başladı. İlk başarılı deneme fırlatmaları 1934'te gerçekleştirildi. Ne var ki kaydedilen ilk gelişmelerin ardından Von Braun ve ekibi birçok sıkıntıyla karşılaştı. Üstelik Hitler de çalışmalara karşı kayıtsızdı. Ancak savaş Müttefikler lehinde ilerlemeye başlayınca programa tekrar hız verildi.

V-2, bazı yönlerden büyük bir başarı hikâyesiydi. Dünyanın ilk balistik füzesiydi, daha doğrusu 20 Haziran 1944'te yapılan test uçuşunda uzaya erişen ilk insan yapımı araçtı. Mühendislerin sıvı yakıtlı roketlerin insanları uzaya götürebileceği konusunda artık pek kuşkusu kalmamıştı.

Nazilerin yenilmesi, Almanya'yı uzay yarışından çıkardı ama Alman roket bilimciler, savaş zamanında düşmanları olan ABD ve SSCB tarafından kendi ülkelerine gelmeye ikna edilerek konu üzerinde çalışmaya devam ettiler. Başlangıçta iki ülke de, kullanılmayan V-2'leri ve teknolojinin geliştirilmesini istiyordu. Sonraları, nükleer savaş başlıkları fırlatmak için kıtalararası balistik füzeler yapmaya heveslendiler. En nihayetinde Ay'a gitme yarışı başladı. Tüm bunlar Almanların roket bilimine dayanıyordu.

Rekabet sıkı, ilerleme hızlıydı. 1946'da New Mexico'daki White Sands Füze Deneme Atış Alanı'ndan fırlatılan V-2 füzesinin üzerindeki bir fotoğraf makinesiyle Dünya'nın kavisi ve ötesindeki boşluk kayda alındı. Bu uzaydan çekilen ilk fotoğraftı.

Her iki taraf da V-2'leri geliştirerek daha büyük ve daha iyi roketler yaptılar. İki taraftan birinin yörüngeye bir uydu fırlatması an meselesiydi. Ve o gün 4 Ekim 1957'de geldi.

Sovyetler Birliği'nin dünyanın ilk yapay uydusunu fırlatmasının yarattığı endişeyi bugün anlamamız çok zor. Batı, Sputnik-1'in Dünya'ya zayıf bir radyo sinyali gönderişini heyecanla izledi. Küçük metal küre, on hafta yörüngede kaldıktan sonra yeniden atmosfere girerek yandı. Uydunun sadece 58 cm çapında, içinde bir radyo vericisinden başka pek de bir şey bulunmayan bir küre olduğu düşünüldüğünde, bu endişe abartılı gibi görülebilir. Yine de, ABD yörüngeye uydu yerleştirme yarışında yenilmişti. Dört yıl sonra Korolyov, Gagarin'i yörüngeye gönderdiğinde Sovyetler bir adım daha öne geçti.

Ay'da yürümek

Fakat "son gülen iyi güler" demişler. NASA, Ağustos 1969'da bir Saturn V roketiyle Ay'a insan gönderdi. Böylelikle Almanya'nın savaşı kazanmak için son çare olarak başlattığı şey, ABD'nin propaganda zaferiyle sonuçlandı ve bize nereden gelip nereye gittiğimiz konusunda her şeyden fazla bilgi sağlayan bir uzay araştırması programının geliştirilmesini sağlamış oldu.

Roket bilimi dedikleri...

...aslında o kadar da karmaşık bir şey değildir. 1969-1972 yılları arasında Ay'a 24 kişi taşıyan ve mühendisliğin en büyük başarılarından biri olan roketlerin temel işleyiş prensipleri havai fişeklerle aynıdır.

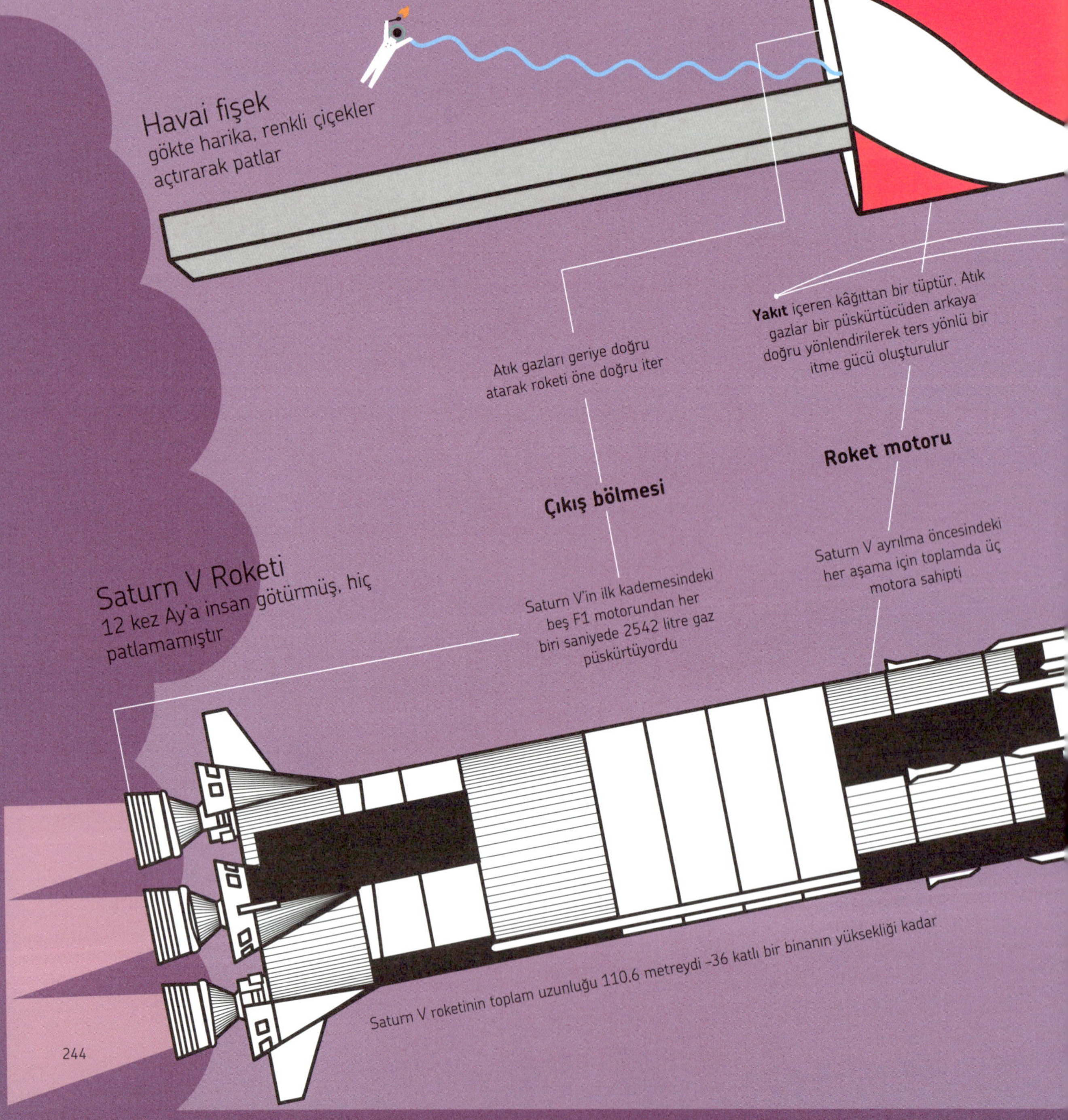

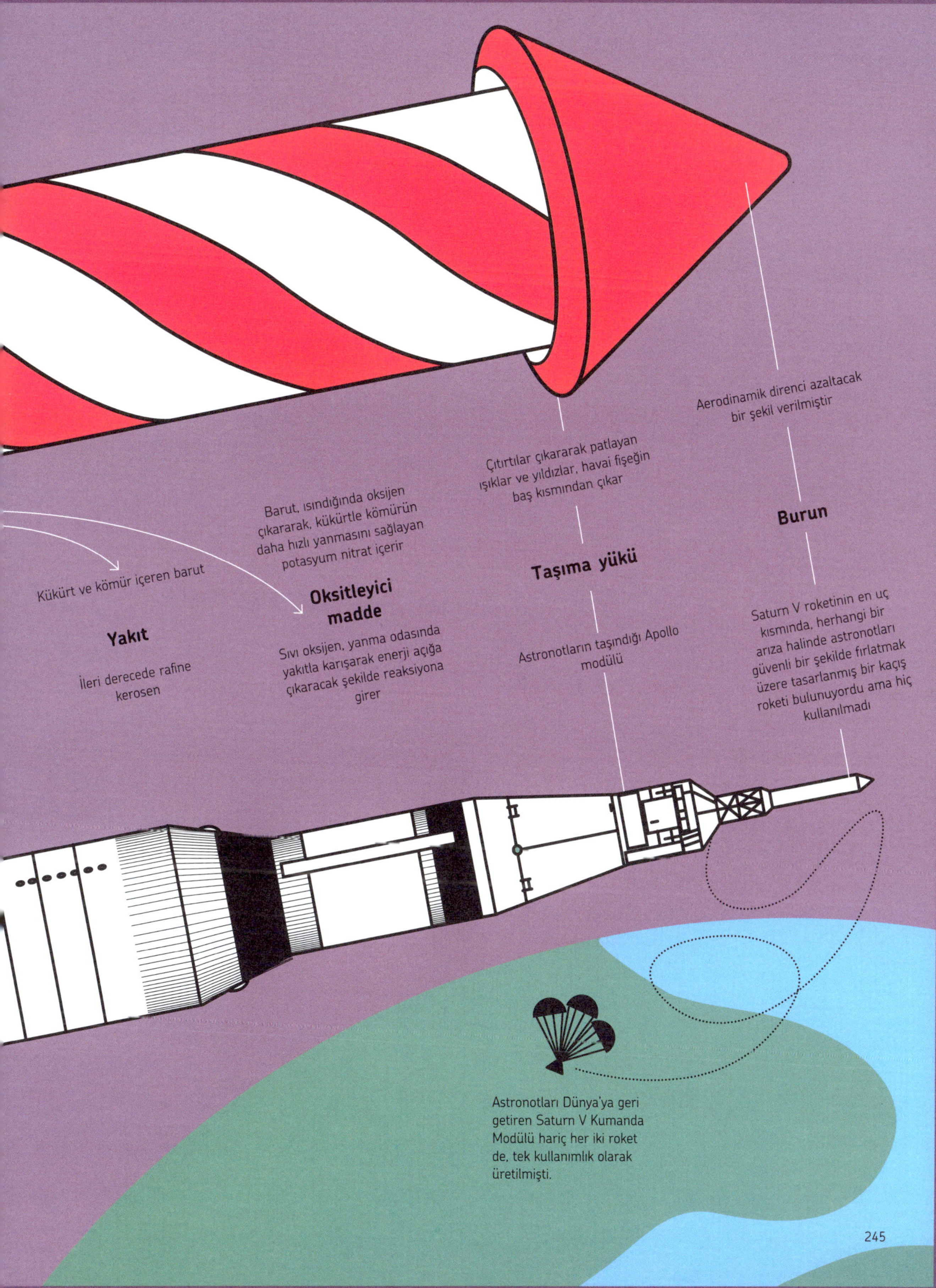
Aerodinamik direnci azaltacak bir şekil verilmiştir
Çıtırtılar çıkararak patlayan ışıklar ve yıldızlar, havai fişeğin baş kısmından çıkar
Barut, ısındığında oksijen çıkararak, kükürtle kömürün daha hızlı yanmasını sağlayan potasyum nitrat içerir
Kükürt ve kömür içeren barut
Yakıt
İleri derecede rafine kerosen
Oksitleyici madde
Sıvı oksijen, yanma odasında yakıtla karışarak enerji açığa çıkaracak şekilde reaksiyona girer
Taşıma yükü
Astronotların taşındığı Apollo modülü
Burun
Saturn V roketinin en uç kısmında, herhangi bir arıza halinde astronotları güvenli bir şekilde fırlatmak üzere tasarlanmış bir kaçış roketi bulunuyordu ama hiç kullanılmadı
Astronotları Dünya'ya geri getiren Saturn V Kumanda Modülü hariç her iki roket de, tek kullanımlık olarak üretilmişti.

Ek Okumalar

1. Bölüm Evren

Madde, uzay ve zaman
A Brief History of Time: From the Big Bang to Black Holes; Stephen Hawking (Bantam Dell, 1988)

Yıldızlar ve gökadalar
Galaxies: A Very Short Introduction; John Gribbin (Oxford University Press, 2008)

Kimyasal elementler
The Elements: A Visual Exploration of Every Known Atom in the Universe; Nick Mann, Theodore Gray (Black Dog & Leventhal, 2011)

Göktaşları
Atlas of Meteorites; Monica M. Grady, Giovanni Pratesi, Vanni Moggi Cecchi (Cambridge University Press, 2013)

Karanlık madde ve karanlık enerji
The 4% Universe: Dark Matter, Dark Energy, and the Race to Discover the Rest of Reality; Richard Panek (Oneworld, 2012)

Kara delikler
Black Holes: The Reith Lectures; Stephen Hawking (Bantam, 2016)

2. Bölüm Gezegenimiz

Güneş Sistemi
Wonders of the Solar System; Brian Cox, Andrew Cohen (Collins, 2010)

Ay
The Moon, a Biography; David Whitehouse (Orion, 2002)

Kıtalar ve okyanuslar
Ocean Worlds: The Story of Seas on Earth and Other Planets; Jan Zalasiewicz, Mark Williams (Oxford University Press, 2014)

Hava durumu
The Cloudspotter's Guide; Gavin Pretor-Pinney (Sceptre, 2006)

Toprak
Earth Matters: How Soil Underlies Civilization; Richard Bardgett (Oxford University Press, 2016)

Hava
Out of Thin Air: Dinosaurs, Birds, and Earth's Ancient Atmosphere; Peter Ward (National Academies Press, 2006)

Petrol
The Prize: The Epic Quest for Oil, Money and Power; Daniel Yergin (Simon & Schuster, 1991)

3. Bölüm Yaşam

Yaşam
Creation: The Origin of Life / The Future of Life; Adam Rutherford (Penguin, 2014)

Kompleks yapılı hücreler
The Vital Question: Why is Life The Way It Is?; Nick Lane (Profile Books, 2015)

Cinsellik
Power, Sex, Suicide: Mitochondria and the Meaning of Life; Nick Lane (Oxford University Press, 2005)

Böcekler
Planet of the Bugs: Evolution and the Rise of Insects; Scott Shaw (University of Chicago Press, 2014)

Dinozorlar
Dinosaurs; Michael Benton, Steve Brusatte (Quercus, 2008)

Gözler
Climbing Mount Improbable; Richard Dawkins (W. W. Norton, 1996)

Uyku
Sleep: A Very Short Introduction; Steven W. Lockley, Russell G. Foster (Oxford University Press, 2012)

İnsanlar
The Strange Case of the Rickety Cossack and Other Cautionary Tales from Human Evolution; Ian Tattersall (Palgrave Macmillan, 2015)

Dil
The Evolution of Language; W. Tecumseh Fitch (Cambridge University Press, 2010)

Arkadaşlık
How Many Friends does One Person Need? Dunbar's Number and Other Evolutionary Quirks; Robin Dunbar (Faber & Faber, 2010)

Göbek deliği pamuğu
Elephants on Acid: And Other Bizarre Experiments; Alex Boese (Mariner Books, 2007)

4. Bölüm Uygarlık

Kentler
Mesopotamia: The Invention of the City; Gwendolyn Leick (Penguin, 2002)

Para
Money Changes Everything: How Finance Made Civilization Possible; William N. Goetzmann (Princeton University Press, 2016)

Cenaze
The Palaeolithic Origins of Human Burial; Paul Pettitt (Routledge, 2010)

Yemek pişirme
Catching Fire: How Cooking Made us Human; Richard Wrangham (Profile Books, 2010)

Evcil hayvanlar
The Covenant of the Wild: Why Animals Chose Domestication; Stephen Budiansky (Orion, 1994)

Kurumsal din
Big Gods: How Religion Transformed Cooperation and Conflict; Ara Norenzayan (Princeton University Press, 2015)

Alkol
Uncorking the Past: The Quest for Wine, Beer, and Other Alcoholic Beverages; Patrick E. McGovern (University of California Press, 2009)

Eşyalar
Paraphernalia: The Curious Lives of Magical Things; Steven Connor (Profile Books, 2011)

Giysiler
The Wild Life of our Bodies: Predators, Parasites, and Partners that Shape Who We Are Today; Rob Dunn (HarperCollins, 2011)

Müzik
The Singing Neanderthals: The Origins of Music, Language, Mind and Body; Steven Mithen (Harvard University Press, 2006)

Kişisel hijyen
Bum Fodder: An Absorbing History of Toilet Paper; Richard Smyth (Souvenir Press, 2012)

5. Bölüm Bilgi

Yazı
Lost Languages: The Enigma of the World's Undeciphered Scripts; Andrew Robinson (McGraw-Hill, 2002)

Sıfır
Nothing: From Absolute Zero to Cosmic Oblivion – Amazing Insights into Nothingness; New Scientist (Profile Books, 2013)

Ölçüler
The Measure of All Things: The Seven-Year Odyssey and Hidden Error that Transformed the World; Ken Alder (Little, Brown, 2002)

Zamanın ölçümü
The Mastery of Time: A History of Timekeeping, from the Sundial to the Wristwatch. Discoveries, Inventions, and Advances in Master Watchmaking; Dominique Fléchon, Franco Cologni (Flammarion, 2011)

Siyaset
The Righteous Mind: Why Good People are Divided by Politics and Religion; Jonathan Haidt (Penguin, 2013)

Kimya
The Disappearing Spoon: And Other True Tales of Madness, Love, and the History of the World from the Periodic Table of Elements; Sam Kean (Little, Brown, 2010)

Kuantum mekaniği
Quantum Theory Cannot Hurt You: Understanding the Mind-Blowing Building Blocks of the Universe; Marcus Chown (Faber & Faber, 2014)

6. Bölüm
İcatlar

Tekerlek
The Wheel: Inventions and Reinventions; Richard W. Bulliet (Columbia University Press, 2016)

Radyo
Marconi: The Man who Networked the World; Marc Raboy (Oxford University Press, 2016)

Uçuş
First Flight: The Wright Brothers and the Invention of the Airplane; T. A. Heppenheimer (John Wiley, 2003)

Q klavye
Quirky Qwerty: A Biography of the Typewriter & its Many Characters; Torbjorn Lundmark (Penguin, 2003)

Bilgisayarlar
Alan Turing: The Enigma; Andrew Hodges (Princeton University Press, 2014)

X ışınları
Röntgen Rays: Memoirs; Wilhelm Conrad Röntgen, Sir George Gabriel Stokes, Sir Joseph John Thomson (Sagwan Press, 2015)

Raslantısal keşifler
Chance: The Science and Secrets of Luck, Randomness and Probability; New Scientist (Profile Books, 2015)

Nükleer silahlar
Inside the Centre: The Life of J. Robert Oppenheimer; Ray Monk (Jonathan Cape, 2012)

Antibiyotikler
Alexander Fleming: The Man and the Myth; Gwyn Macfarlane (Chatto & Windus, 1984)

İnternet
Tubes: Behind the Scenes at the Internet; Andrew Blum (Ecco Press, 2012)

Roket bilimi
Rockets into Space; Frank H. Winter (Harvard University Press, 1993)

Teşekkür

Bu kitap, başta Sumit Paul-Choudhury ve John MacFarlane olmak üzere, birçok *New Scientist* çalışanının desteği olmadan ortaya çıkamazdı. Fikirleri ve önerileri için Catherine Brahic, Daniel Cossins, Liz Else, Dave Johnston, Will Heaven, Valerie Jamieson, Frank Swain ve Jeremy Webb'e ve *New Scientist*'teki herkese dehâlarıyla verdikleri destek için çok teşekkürler.

Ayrıca, editörlük çalışmalarında Nick Davies, Georgina Laycock ve Kate Miles, üretimde Amanda Jones, tanıtımda Rosie Gailer, pazarlamada Ross Fraser, tasarımda Al Oliver ve satışta Ben Gutcher olmak üzere, John Murray yayınevinin aynı derecede parlak ekibine de teşekkür ederim.

Bu arada San Francisco'dan Alan McLean'e yapıcı eleştirileri, Derek Watkins'e haritalardaki uzmanlığı ve Brian X. Chen'e kulak kiri için teşekkürler. Buradaki illüstrasyonların çoğu, verilerin görselleştirmesine yönelik bir JavaScript kitaplığı olan D3 kullanılmadan yapılamazdı.

Bu kitaptaki malzemelerin bazıları, daha önce *New Scientist*'te yayımlanan makalelerden uyarlanmıştır. Telif hakkı sahiplerine ulaşmak için azami çaba gösterilmiş olmakla beraber, herhangi bir hata veya eksiklik olmuş olması halinde, John Murray, sonraki baskı ve edisyonlarda gereken onayı almaktan memnuniyet duyacaktır.

Görsel izinleri

© Education Images/UIG via Getty: Sayfa 27.
© The New York Times/Redux/eyevine: Sayfa 35.
© John Chumack/Science Photo Library: Sayfa 36.
© NASA, ESA, J. Hester and A. Loll, Arizona State University: Sayfa 37.
© NASA/Goddard/Lunar Reconnaissance Orbiter: Sayfa 48-9.
© John Valley, University of Wisconsin: Sayfa 52-3.
© Science Stock Photography/Science Photo Library: Sayfa 60-1 (Toprak).
© Natural History Museum, London/Science Photo Library: Sayfa 60-1 (Tespihböcekleri).
© Phil Degginger/Science Photo Library: Sayfa 76.
© Leonello Calvetti/Science Photo Library: Sayfa 77 (üst).
© Photo Researchers, Inc/Science Photo Library: Sayfa 77 (alt).
Sayfa 92-3 (soldan sağa):
Postosuchus © Dr. Jeff Martz/NPS; Tapejara © Deagostini/UIG/Science Photo Library; Eudimorphodon © Leonello Calvetti/Science Photo Library; Sarchosucus © Walter Myers/Science Photo Library; Sinornithosaurus © Nobumichi Tamura/Stocktrek Images/Getty. Anchiornis © Julius T. Csotonyi/Science Photo Library; Ornithosuchus © Natural History Museum, London/Science Photo Library; Scansoriopteryx © IVPP, China; Desmatosuchus © Friedrich Saurer/Science Photo Library; Microraptor © Natural History Museum, London/Science Photo Library; Pterodactyl © Friedrich Saurer/Science Photo Library; Liopleurodon © Friedrich Saurer/Science Photo Library; Gigantoraptor © Friedrich Saurer/Science Photo Library; Mosasaurus © Jacopin/BSIP/Science Photo Library; Archaeopteryx © Leonello Calvetti/Science Photo Library; Poposaurus © Dr. Jeff Martz/NPS.
© Fernando Gómez: Sayfa 95.
© Nicolas Primola/E. Panagopoulos/Craig Mackie: Sayfa 96-7.
© Jennifer Daniel: Sayfas 116-7.
© Stuart Bur/Getty: Sayfa 135.
© FLPA/REX/Shutterstock: Sayfa 139.
© Davit Hakobyan/AFP/Getty: Sayfa 155.
© CDC/Phanie/REX/Shutterstock: Sayfa 156 (giysi biti).
© Biophoto Associates/Science Photo Library: Sayfa 156 (baş biti).
© CDC-Who/Phanie/REX/Shutterstock: Sayfa 156 (kasık biti).
© Natural History Museum, London/Science Photo Library: Sayfa 156-7 (goril biti ve şempanze biti).
© Jennifer Daniel: Sayfa 184-5.
© Schmidt-Luchs/ullstein bild via Getty: Sayfa 207.
© The United States Patent and Trademark Office: Sayfa 216 (sağ).
© The United States Patent and Trademark Office: Sayfa 216 (sol).
© Mansell/Time & Life Pictures/Getty: Sayfa 217 (sağ).
© Universal History Archive/UIG via Getty: Sayfa 217 (sol).
© SSPL/Getty: Sayfa 219.
© Courtesy of Intel: Sayfa 220 (sol).
© Courtesy of Intel: Sayfa 220 (sağ).
© Car Culture Collection/Getty: Sayfa 221 (üst).
© Granger, NYC/Alamy: Sayfa 221 (orta).
© Plainview/Getty: Sayfa 221 (alt).
© Science Photo Library: Sayfa 223.
© American Science and Engineering, Inc.: Sayfa 224-5.
© Apic/Getty: Sayfa 239.
© Detlev Van Ravenswaay/Science Photo Library: Sayfa 243.

Dizin

D

E

F

G

Q

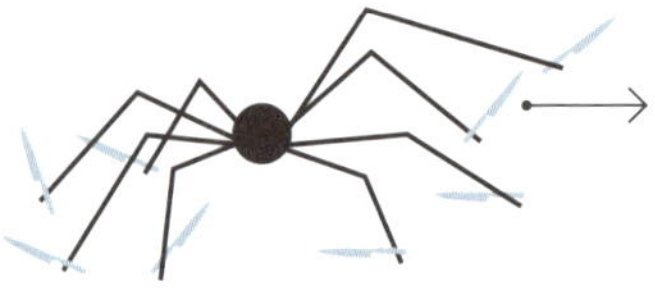

R

S

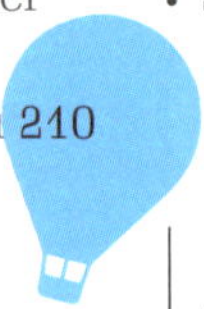

Ş

T

U

NEREDEYSE HER ŞEYİN KÖKENİ
Graham Lawton

Orijinal Adı: The Origin of (almost) Everyting

First published in Great Britain in 2016 by John Murray (Publishers)
An Hachette UK company
First published in USA in 2016 by Nicholas Brealey Publishing

Sertifika No: 40077
ISBN: 978-605-295-806-3 Genel Yayın Numarası: 4477

Çeviren: Yonca Aşçı Dalar
Editör: Cumhur Öztürk

1. Basım: Mayıs 2019

Baskı
GOLDEN MEDYA MATBAACILIK VE TİCARET A.Ş.
100. Yıl Mh. Mas-Sit 1. Cad. No: 88, Bağcılar - İstanbul
(0212) 629 00 24
Sertifika No: 12358

TÜRKİYE İŞ BANKASI KÜLTÜR YAYINLARI
İstiklal Caddesi, Meşelik Sokak, No: 2/4 Beyoğlu 34433 İstanbul
Tel. (0212) 252 39 91 Fax. (0212) 252 39 95
www.iskultur.com.tr